Official Study Kit for
Wrox Certified Big Data Analyst Program

U0736447

大数据分析师权威教程

大数据分析与预测建模

Wrox 国际 IT 认证项目组／编　姚军／译

人民邮电出版社
北　京

图书在版编目（CIP）数据

大数据分析师权威教程. 大数据分析与预测建模 /
Wrox国际IT认证项目组编 ; 姚军译. -- 北京 : 人民邮
电出版社, 2017.11（2021.8重印）
　书名原文: Official Study Kit for Wrox
Certified Big Data Analyst Program
　ISBN 978-7-115-46366-1

　Ⅰ. ①大… Ⅱ. ①W… ②姚… Ⅲ. ①数据处理—教材
Ⅳ. ①TP274

中国版本图书馆CIP数据核字(2017)第202599号

内 容 提 要

　　“大数据”已连年入选 IT 领域的热点话题，人们每天都会通过互联网、移动设备等生产大量数据。如何
从每量数据中洞悉出隐藏其后的见解是当今社会各领域人士极为关注的话题。本系列图书以“大数据分析师”
应掌握的 IT 技术为主线，共分两卷，以 7 个模块（第 1 卷包括 4 个模块，第 2 卷包括 3 个模块）分别介绍大
数据入门，分析和 R 编程入门，使用 R 进行数据分析，用 R 进行高级分析，机器学习的概念，社交媒体、移
动分析和可视化，大数据分析的行业应用等核心内容，全面且详尽地涵盖了大数据分析的各个领域。

　　本书为第 1 卷，首先提供大数据的概览，介绍大数据概念及其在商业中的应用、处理大数据的技术、
Hadoop 生态系统和 MapReduce 的相关内容，然后介绍如何理解分析、分析方法与工具，重点讲解流行分
析工具 R，介绍如何将数据集导入 R 和从 R 导出数据、在 R 中如何操纵和处理数据，最后详细介绍 R 中的
函数和包、R 的描述性统计、R 中的图形分析、R 中的假设检验、R 中的线性回归、非线性回归、聚类分
析、决策树、R 和 Hadoop 的集成及 Hive，通过这些实战内容，使读者掌握 R 语言在数据分析中的全面应
用。通过本书，读者能对大数据概念、重要性及其应用有全面的了解，熟悉各种大数据分析工具。

　　本书适用于想成为大数据分析师的人员以及所有对大数据分析感兴趣的技术人员和决策者阅读。

◆ 编　　　　Wrox 国际 IT 认证项目组
　　译　　　　姚　军
　　责任编辑　杨海玲
　　责任印制　焦志炜
◆ 人民邮电出版社出版发行　　北京市丰台区成寿寺路 11 号
　　邮编　100164　　电子邮件　315@ptpress.com.cn
　　网址　http://www.ptpress.com.cn
　　北京虎彩文化传播有限公司印刷
◆ 开本：800×1000　1/16
　　印张：32
　　字数：715 千字　　　　　　　　　2017 年 11 月第 1 版
　　印数：4 401 – 4 700 册　　　　　　2021 年 8 月北京第 7 次印刷
　　著作权合同登记号　图字：01-2015-2395 号

定价：108.00 元
读者服务热线：(010)81055410　印装质量热线：(010)81055316
反盗版热线：(010)81055315
广告经营许可证：京东市监广登字 20170147 号

版权声明

Copyright © 2014 by respective authors:

Module 1	Session 1	Kogent Learning Solutions Inc.
Module 1	Session 2	Bill Franks
Module 1	Session 3~5	Judith Hurwitz, Alan Nugent, Dr. Fern Halper, Marcia Kaufman
Module 2	Session 1~2	Bill Franks
Module 2	Session 3~4	Joris Meys, Andrie de Vries, Mark Gardener
Module 2	Session 5	Joris Meys, Andrie de Vries
Module 3	Session 1	Joris Meys, Andrie de Vries
Module 3	Session 2	Mark Gardener
Module 3	Session 3	Dr Murray Logan
Module 3	Session 4	Michael J. Crawley
Module 3	Session 5	Mark Gardener
Module 4	Session 1	Michael J. Crawley, Deborah J. Rumsey, Mark Gardener
Module 4	Session 2	Michael J. Crawley
Module 4	Session 3	Johannes Ledolter, Stephane Tuffery
Module 4	Session 4	Dean Abbott
Module 4	Session 5	Kogent Learning Solutions Inc.
Appendix		Joris Meys, Andrie de Vries

前　言

欢迎阅读"大数据分析师权威教程"和"大数据开发者权威教程"系列图书！

信息技术蓬勃发展，每天都有新产品问世，同时不断地形成新的趋势。这种不断的变化使得信息技术和软件专业人员、开发人员、科学家以及投资者都不敢怠慢，并引发了新的职业机会和有意义的工作。然而，竞争是激烈的，与最新的技术和趋势保持同步是永恒的要求。对于专业人士来说，在全球 IT 行业中，入行、生存和成长都变得日益复杂。

想在 IT 这样一个充满活力的行业中高效地学习，就必须做到：

○　对核心技术概念和设计通则有很好的理解；

○　具备适应各种平台和应用的敏捷性；

○　对当前和即将到来的行业趋势和标准有充分的认识。

鉴于以上几点，我们很高兴地为大家介绍"大数据分析师权威教程"系列图书（两卷）和"大数据开发者权威教程"系列图书（两卷）。

这两个系列共 4 本书，旨在培育新一代年轻 IT 专业人士，使他们能够灵活地在多个平台之间切换，并能胜任核心职位。这两个系列是在对技术、IT 市场需求以及当今就业培训方面的全球行业标准进行了广泛并严格的调研之后才开发出来的。这些计划的构思目标是成为理想的就业能力培训项目，为那些有志于在国际 IT 行业取得事业成功的人提供服务。这一系列目前已经包含了一些热门的 IT 领域中的认证项目，如大数据、云、移动和网络应用程序、网络安全、数据库和网络、计算机操作、软件测试等。根据我们的全球质量标准加以调整之后，这些项目还能帮助你识别和评估职业机会，并为符合全球著名企业的招聘流程做好准备。

这两个系列是学习和培训资源的知识库，为在重要领域和信息技术行业中培养厂商中立和平台独立的专业能力而设立。这些资源有效地利用了创新的学习手段和以成果为导向的学习工具，培养富有抱负的 IT 专业人士。同时也为开设大数据分析师和大数据开发者相关培训课程的讲师提供了全面综合的教学和指导方案。

"大数据分析师权威教程"系列图书概览

大数据可能是今天的科技行业中**最受欢迎的流行语**之一。全世界的企业都已经意识到了可用的大量数据的价值，并尽最大努力来管理和分析数据、发挥其作用，以建立战略和发展竞争优势。与此同时，这项技术的出现，导致了各种**新的**和**增强的工作角色**的演变。

"大数据分析师权威教程"系列图书的目标是培养新一代的国际化全能大数据分析师，使他们精通数据挖掘、数据操纵和数据分析方面的基本及高级分析技术，熟悉大数据平台以及业务和行业需求，能够高效地参与大数据分析项目。

本系列旨在：

- ○ 使参与者熟悉整个数据分析的生命周期；
- ○ 通过众多案例分析，使参与者熟悉大数据在不同相关行业中的角色和用途；
- ○ 提供基本及高级大数据分析以及可视化的完整技术诀窍，帮助他们分析数据、创建统计模型和提供业务洞察力；
- ○ 最后包含一个完整的项目，使参与者能够实施分析生命周期。

学习者的必备条件

要阅读这个系列图书，读者必须具备以下基础知识：

- ○ 统计学基础知识，包括主要趋势和平均值计量、分散度计量、概率；
- ○ 基本图表、直方图和散点图的创建；
- ○ 基本熟悉数据库、表和字段，包括电子表格与计算。

建议的学习时间

"大数据分析师权威教程"系列图书由 **7 个学习模块**（第 1 卷包括 4 个模块，第 2 卷包括 3 个模块）组成。

根据参与者的技能水平，可以选择任何数量的模块以积累特定领域的技能，每个模块的学习目标会在后面列出。

对于**入门级的参与者**，建议学习 7 个模块，为成为合格的大数据分析师做好充足的准备。**专业人士**或者已经拥有某些必备技能的参与者则可以选择能够帮助自己加强特定领域技能的模块。

每个模块占用大约 10 小时的学习时间，因此完整的学习时间大约是 70 小时。

模块清单

第 1 卷《大数据分析师权威教程：大数据分析与预测建模》的 4 个模块的具体名称和学习目标如表 1 所示。

表 1

模块编号	模块名称	模块目标
模块 1	大数据入门	• 了解大数据的角色和重要性 • 讨论大数据在各行各业中的使用和应用 • 讨论大数据相关的主要技术 • 解释 Hadoop 生态系统中各种组件的角色 • 解释 MapReduce 的基础概念和它在 Hadoop 生态系统中的作用

模块编号	模块名称	模块目标
模块 2	分析和 R 编程入门	• 讨论高级分析的重要性 • 介绍分析方法和工具的发展 • 讨论各种分析工具的特性 • 用 R 语言开发脚本 • 用 R 语言中的各种附加编辑器执行脚本 • 用 R 语言执行读写操作 • 用 R 语言操纵数据
模块 3	使用 R 进行数据分析	• 使用 R 脚本和函数 • 使用 R 函数环境和方法 • 执行数据样本总结步骤 • 使用积累的统计数据和汇总表 • 用 R 创建列表、矩阵和数据帧 • 使用 R 中的循环和条件执行 • 安装 RHadoop 和创建用户定义函数 • 用 R 实现图表分析 • 用 R 进行假设检验
模块 4	使用 R 进行高级分析	• 描述线性回归分析及其应用 • 在 R 语言中应用线性回归分析的知识 • 从应用角度理解非线性回归 • 在 R 语言中应用非线性回归分析 • 解释聚类分析技术 • 用 R 实现聚类分析 • 探索用于构建决策树的基本概念 • 用 R 构建决策树 • 将 R 与 Hadoop 集成,以进行统计分析

第 2 卷《大数据分析师权威教程:机器学习、大数据分析和可视化》的 3 个模块的具体名称和学习目标如表 2 所示。

表 2

模块编号	模块名称	模块目标
模块 1	机器学习的概念	• 讨论机器学习在技术上和商业上的应用 • 理解图模型的用途 • 用 R 实现图模型 • 理解贝叶斯网络表示法及其解读 • 用贝叶斯网络解决预测问题 • 探索人工神经网络及其结构和学习规则 • 阐述人工神经网络的训练 • 用 R 实现神经网络 • 用因子分析和主成分分析实现降维 • 从给定的预测因素列表识别最大影响因子/维度 • 解释支持向量机 • 用 R 语言实现支持向量机

续表

模块编号	模块名称	模块目标
模块 2	社交媒体、移动分析和可视化	<ul><li>应用可用于大数据实现的解决方案设计过程</li><li>分析业务环境中社交媒体所承担的角色</li><li>实施社交媒体分析</li><li>执行基本移动分析</li><li>讨论数据可视化及其重要性</li><li>使用表格进行数据可视化</li><li>有效地准备求职面试</li></ul>
模块 3	大数据分析的行业应用	<ul><li>理解保险业中的数据分析应用</li><li>理解金融机构中数据分析的实施</li><li>理解电信行业中的分析工具</li><li>实施在线客户细分中的分析</li></ul>

学习方法和特色

本书开发了一套独特的学习方法，这种专门设计的方法不仅以最大限度地学习大数据概念为目标，还注重对真实专业环境下应用这些概念的全面理解。

本书的独特方法和丰富特性简单介绍如下。

○ 涵盖了大数据分析师必备的所有**大数据和 Hadoop 基础组件及相关组件的基本知识**，使学习者有可能在一个系列书中获得对所有相关知识、新兴技术和平台的了解。

○ 在与大数据分析师关系最为密切的**描述性和预测性分析技术**上培养全面、结构化的技能，逐步理解**各种技术在 R 语言上的实施**（R 语言是最通用、使用最广泛的统计软件之一）。

○ **基于场景的学习方法**，通过多种有代表性的现实场景的使用和案例研究，将 IT 基础知识融入现实环境，鼓励参与者积极、全面地学习和研究，实现体验式教学。

○ 强调**目标明确、基于成果的学习**。每一讲都以"本讲目标"开始，该目标会进一步关联整个教程的更广泛的目标。

○ **简明、循序渐进的**编程和编码**指导**，清晰地解释每行代码的基本原理。

○ 强调**高效、实用的过程和技术**，帮助参与者深入理解巧妙、合乎道德的专业方法及其对业务的影响。

学习工具

下列学习工具将确保参与者高效地使用本教程。

○ **模块目标**：列出某一讲所属模块的目标。

○ **本讲目标**：列出与模块目标对应的本讲目标。

○ **预备知识**：说明对特定部分或者整体概念的理解有特定作用的预备知识点。

- ○ **交叉参考**：将在整个模块中学到的相关概念联系起来，启发参与者理解和分析其中的不同功能、职责和挑战，确保任何概念都不是孤立地学习的。
- ○ **总体情况**：不断提醒参与者，某个主题为什么是相关的，在行业中如何应用，从而为学习提供实践维度。
- ○ **快速提示**：提供明智、高效地运用概念的简便技巧。
- ○ **与现实生活的联系**：提供简短的案例分析和简报，阐述概念在现实世界中的适用性。
- ○ **技术材料**：提供加强技术诀窍理解的方法和信息。
- ○ **定义**：定义重要概念或者术语。
- ○ **附加知识**：提供相关的附加信息。
- ○ **知识检测点**：提出互动式课堂讨论的问题，强化每一讲之后的学习。
- ○ **练习**：在每一讲结束时提出以知识为基础的实践问题，评估理解情况。
- ○ **测试你的能力**：提供基于应用的实践问题。
- ○ **备忘单**：提供这一讲涵盖的重要步骤及过程的快速参考。

关键的大数据技术术语

大数据是一个非常年轻的行业，新的技术和术语每周都会出现。这种快节奏的环境是由开源社区、新兴技术公司以及 IBM、Oracle、SAP、SAS 和 Teradata 这样的业界巨人推动的。不用说，建立一个持久的权威术语表是很难的。鉴于这样的风险，我们在这里只提供一个小型的大数据词汇表，如表 3 所示。

表3

术　语	定　义
算法	用来分析数据的数学方法。一般情况下，是一段计算过程；计算一个功能的指令列表；在软件中，这样一个过程以编程语言来实际实现
分析	一组用于查询和梳理平台数据的分析工具和计算能力
装置	专为特定活动集建立的一组优化的硬件和软件
Avro	一个可编码 Hadoop 文件模式的数据序列化系统，特别擅长于数据解析，是 Apache Hadoop 项目的一部分
批处理	在后台运行、不与人发生交互的作业或进程
大数据	大数据事实上的标准定义是超越了传统的 3 个维度（数据量、多样性、速度）限制的数据。这3 个维度的结合使得数据的提取、处理和呈现更加复杂
Big Insights	IBM 的具有企业级增值组件的 Hadoop 商业发行版
Cassandra	由 Apache 软件基金会管理的开源列式数据库
Clojure	基于 LISP（从 20 世纪 50 年代起的人工智能编程语言事实标准）的动态编程语言，读作"closure"。通常用于并行数据处理
云	用以指代任何计算机操作的软件、硬件或服务资源的通用术语。它作为一种服务通过网络传送

术　语	定　义
Cloudera	Hadoop 的第一个商业分销商。Cloudera 提供了 Hadoop 发行版的企业级增值组件
列式数据库	按列进行的数据存储与优化。使用基于列的数据，对于一些分析处理特别有用
复杂事件处理（CEP）	对实时发生事件进行分析并采取措施的过程
数据挖掘	利用机器学习，从数据中发现模式、趋势和关系的过程
分布式处理	在多个 CPU 上的程序执行
Dremel	一个可扩展、交互式、点对点分析查询系统，有能力在数秒内对数万亿行的表进行聚合查询
Flume	一种从 Web 服务器、应用服务器、移动设备等目标抓取数据填充 Hadoop 的框架
网格	松散耦合的服务器通过网络连接起来，并行处理工作负载
Hadapt	一家提供 Hadoop 相关插件的商业供应商，这个插件可以通过高速连接器在 HDFS 和关系型表之间移动数据
Hadoop	一个开源项目框架，可以在计算机集群（网格）中存储大量的非结构化数据（HDFS）并在其中对其进行处理（MapReduce）
HANA	来自 SAP 的内存处理计算平台，为大容量事务和实时分析而设计
HBase	一种分布式、列式存储的 NoSQL 数据库
HDFS	Hadoop 文件系统，是 Hadoop 的存储机制
Hive	一种 Hadoop 的类 SQL 查询语言
Norton	具有企业级增值工作组件的 Hadoop 商业发行版
HPC	高性能计算。通俗地说，就是为高速浮点处理、内存磁盘并行化而设计的设备
HAStreaming	为 Hadoop 提供实时 CEP（复杂事件处理）的 Hadoop 商业插件
机器学习	从经验数据中学习，然后利用这些经验教训去预测未来新数据的结果的算法技术
Mahout	为 Hadoop 创建可伸缩机器学习算法库的 Apache 项目，主要用 MapReduce 实现
MapR	具有企业级增值组件的 Hadoop 商业发行版
MapReduce	一种 Hadoop 计算批处理框架，其中的作业大部分用 Java 编写。作业将较大的问题分解为较小的部分，并将工作负载分布到网格中，使多个作业能够同时进行（mapper）。主作业（reducer）收集所有中间结果并将其组合起来
大规模并行处理（MPP）	能协调并行程序执行的系统（操作系统、处理器和内存）
MPP 装置	带有处理器、内存、磁盘和软件，能够并行处理工作负载的集成平台
MPP 数据库	一种已为 MPP 环境优化的数据库
MongoDB	一种用 C++编写的可扩展、高性能的开源 NoSQL 数据库
NoSQL 数据库	一个用以描述数据库的术语。这种数据库不使用 SQL 作为数据库的主要检索，且可以是任意类型。NoSQL 拥有有限的传统功能，并为可扩展性和高性能检索及添加而设计。通常情况下，NoSQL 数据库利用键值对存储数据，能够很好地处理在本质上不相关的数据
Oozie	一个工作流处理系统，允许用户定义一系列用各种语言（如 MapReduce、Pig 和 Hive）编写的作业
Fig	一种使用查询语言（Pig Latin）的分布式处理框架，用以执行数据转换。目前，Pig Latin 程序被转换为 MapReduce 作业，在 Hadoop 上运行

术　　　语	定　　　义
R	一种开源的语言和环境，用以统计计算和图形化
实时	通俗地说，它被定义为即时处理。实时处理起源于 20 世纪 50 年代，当时多任务处理机提供了为更高优先级任务的执行而"中断"一个任务的能力。这些类型的机器为空间计划、军事应用和多种商业控制系统提供了动力
关系型数据库	按照行和列存储和优化数据
Scording	使用预测模型，预测新数据的未来结果
半结构化数据	依靠可用的格式描述符，把非结构化的数据放入结构中
Spark	内存分析计算处理的高性能处理框架，通常被用来做实时查询
SQL（结构化查询语言）	关系型数据库中，存储、访问和操作数据的语言
Sqoop	一种命令行工具，具有把单个表或整个数据库导入 Hadoop 文件中的能力
Sorm	分布式、容错、实时分析处理的开源框架
结构化数据	有预设先定数据格式的数据
非结构化数据	无预先设定结构的数据
Whirr	一套用于运行云服务的库
YARN	Apache Hadoop 的下一代计算框架，除了 MapReduce 之外还支持编程范式

提示

本书提供配套的网上下载资源，包括预备知识内容、PowerPoint 幻灯片、模拟试题和其他附加资源（包括额外的面试题）。以上所有资源均为英文资料。[①]

"知识检测点"和"测试你的能力"环节中的问题可能需要使用特定数据集。读者可以使用本书配套的网上下载资源中提供的数据集，也可以使用从网上找到的合适的数据或者自己生成数据。

---

① 本书配套的网上下载资源请登录异步社区（https://www.epubit.com），访问本书对应页面下载。——编者注

目　录

模块 1　大数据入门

模块 2　分析和 R 编程入门

模块 3 使用 R 进行数据分析

目录

模块4　使用R进行高级分析

模块 1

大数据入门

　　模块 1 给出了大数据的概述，主要介绍大数据的概念以及大数据商业应用的概况。另外，这一模块还从宏观上介绍存储、处理、管理大数据所需的技术架构。最后，本模块对 Hadoop 生态系统和 MapReduce 框架稍做深入的探究，并解释了这些流行框架是如何支持大数据管理的。

- 模块 1 第 1 讲讨论大数据在信息技术（IT）产业中的流行趋势，详细综述了大数据的概念（包括 3V、数据源、数据类型以及大数据应用），还描述了当前与大数据相关的各种职业发展机会。
- 模块 1 第 2 讲讨论各行各业中的大数据商业应用。这一讲将讨论社交网络数据在市场营销、商业智能以及产品开发中的重要性。此外，这一讲还将介绍大数据在金融欺诈检测和零售业中的应用。
- 模块 1 第 3 讲宽泛地解释了促进大数据发展的各种技术基础设施，包括分布式计算、并行计算、云计算、虚拟化和内存计算。这一讲还会介绍目前流行的大数据技术框架——Hadoop。
- 模块 1 第 4 讲对 Hadoop 生态系统的各种组件进行详细描述。这一讲将描述 Hadoop 的架构、MapReduce 和 HDFS 所扮演的角色，还将介绍其他与 Hadoop 生态交互的工具，如 Pig、Pig Latin 和 Flume 等。
- 模块 1 第 5 讲对 MapReduce 的操作基础做略深入的探索，并对其应用进行详细分析。这一讲还会讨论 MapReduce 在各种大数据存储工具（如 HBase 和 Hive）中的作用。

大数据简介

模块目标

学完本模块的内容，读者将能够：

▸▸ 了解大数据所扮演的角色和大数据的重要性

本讲目标

学完本讲的内容，读者将能够：

▸▸▸	描述什么是大数据
▸▸▸	讨论数据管理的历史以及大数据的演变
▸▸▸	描述大数据的类型和结构化数据的重要性
▸▸▸	列出大数据的要素
▸▸▸	描述商业环境中大数据的应用
▸▸▸	介绍大数据领域中的职业发展机会

"不是所有有价值的都能被计算，不是所有能计算的都有价值。"

——阿尔伯特·爱因斯坦

观察一下周围的世界，你就会发现，几秒内会产生、捕获并通过媒介传输庞大的数据。这些数据可能来自于个人计算机（PC）、社交网站、企业的交易或通信系统、ATM 机和许多其他渠道。

一些报告宣称，在 2002 年的时候大约有 5 EB（1 EB=1 024 PB=2^{60} 字节）的在线数据。然而到了 2009 年，这个数字增长了 56 倍，达到 281 EB。在 2009 年之后，该数字更是呈现了指数级的增长。这些数据以网络帖子、图片、视频和天气信息的形式不断地产生出来。

如果对**不断产生**的庞大数据进行合理分析，可能会产生巨大的价值，因为我们可以根据大量的关键信息做出更明智的决定。**换句话说，仔细的分析可以把数据转换为信息，把信息转化成洞察力。**

正因为我们有着系统、全面地分析和提供关键数据的需求，促使了一个火爆的术语——**大数据**出现了。

定　义

　　大数据是在可接受的时间内，对相关信息或数据进行捕获、存储、搜索、共享、传输、分析和可视化的大型数据集。
　　大数据分析是通过检查大量的数据来获取洞察力的过程。

因为大数据是 IT 领域的一个时髦术语，它提供了许多新的**就业和成长机会**，本教程简介部分希望帮助你理解大数据的概念（大数据的重要性、类型和要素），同时引导你适应不断增长的大数据环境以及与大数据相关联的各种就业机会。

1.1　什么是大数据

考虑如下事实：

○　每一秒，全球消费者会产生 10 000 笔银行卡交易。
○　每小时，作为全球折扣百货连锁店的沃尔玛需要处理超过 100 万单的客户交易。
○　每天，数以百万计的用户在主流网站上产生数据，例如：
　●　每天，Twitter 用户发表 5 亿篇推文；
　●　每天，Facebook 用户发表 27 亿个赞和评论。
○　射频识别（RFID）系统产生的数据是条码系统数据的近千倍。

数据无处不在，它以数字、图像、视频和文本的形式存在于各个行业及业务功能中。

交叉参考　1.4 节将详细介绍数据的速度、容量和多样性。

随着数据量的不断增长，需要有一种方法来对数据进行组织，使个人或组织可以将其当作信息源来使用。这就是体现**大数据**价值的地方。

在 IT 行业，大数据指的是分析数据以获得深入洞察力的艺术和科学。在大数据诞生之前，由于缺少访问数据和处理数据的手段，这是不可能实现的。

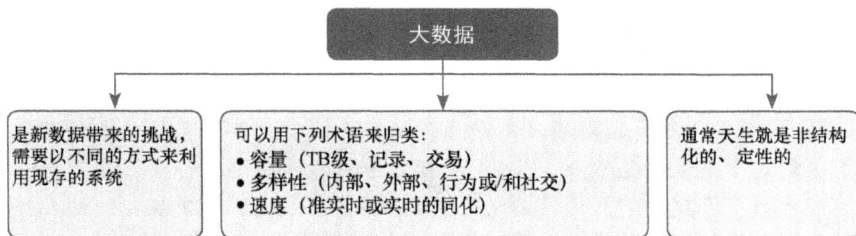

大数据

| 是新数据带来的挑战，需要以不同的方式来利用现存的系统 | 可以用下列术语来归类：
● 容量（TB级、记录、交易）
● 多样性（内部、外部、行为或/和社交）
● 速度（准实时或实时的同化） | 通常天生就是非结构化的、定性的 |

大数据确实是"大"，其意义在于持续增长。任何从 1 TB（1 TB=1 024 GB）增长到 1 PB（1 PB=1 024 TB）继而增长到 1 EB（1 EB=1 024 PB）的数据均可称为大数据。

1.1.1　大数据的优势

在当今的竞争社会中，大数据是一种有发展前途的新兴生产力和创新手段。通过对不同行业和地区的大数据进行系统性的研究，可以：

○　更好地了解目标客户；
○　在医疗保健行业削减开支；
○　增加零售业的营业利润率；
○　通过运营效率的提升带来数十亿美元的资金节省，等等。

纵观各行各业，数据和数据分析可以在许多方面带来显著的业务流程的变革，例如：

○　通过分析及跟踪表现和行为提高运动成绩；
○　改善科研；
○　通过更好的监控改善安全和执法；
○　通过更多信息化决策改进金融交易。

纵观各个企业，对可用数据进行正确的分析可以在许多方面带来显著的业务流程的变革。

○　**采购**：找出哪些供应商在交货及时、有效的情况下更节约成本。
○　**产品开发**：提出对创新产品、服务形式和设计的深刻见解，强化开发流程，以期创造出符合要求的产品。
○　**制造**：发现机械和流程方面的差异，预见质量问题。
○　**分销**：针对各种外部因素（如天气、假日、经济环境等），加强供应链活动，使最优库存水平标准化。
○　**市场营销**：找出哪些市场活动能最有效地推动和吸引顾客，并洞悉顾客行为和渠道表现。
○　**价格管理**：根据对外部因素的分析优化价格。
○　**销售规划**：基于目前的购买模式，改进商品分类。根据对大量顾客行为的分析，改进库存水平和产品利润点。
○　**销售**：优化销售资源、账目、产品组合和其他经营活动的分配。
○　**店铺运营**：根据对购买模式的预期和对人口统计、天气、关键事件及其他因素的研究，进行库存水准的调整。

○ **人力资源**：总结成功雇员和高效雇员的特质和行为，以及其他雇员的所思所想，以此来更好地管理人才。

与现实生活的联系 ◎◎◎

　　Google 公司利用其强大的数据收集能力，能够比现有公共服务提前大约两周发布流感预警。为了达到这个效果，Google 监测了数百万用户的健康跟踪行为，随后进行了包括流感症状、胸部充血、温度计购买率在内的一系列调研。Google 分析收集到的数据并生成反映美国流感告警级别的综合结果。为了确定数据的精确性，在发布信息前，Google 做了进一步的研究和数据比较。

1.1.2　挖掘各种大数据源

　　术语**大数据**由"大量数据"演变而来。另外，它还涉及数据类型和数据来源多样化的概念。表 1-1-1 展现了一些数据来源类型及其用途。

表 1-1-1　数据源类型及其用途

来源类型	大数据用途	常见来源
社交数据	• 提供对顾客行为和购买模式的洞察力 • 可结合客户关系管理（CRM）数据对客户行为做出分析	Facebook、Twitter 和 LinkedIn
机器数据	• 涉及 RFID 标签产生的信息 • 有能力处理来自传感器的实时数据，这些传感器使企业能够跟踪和监视机器零（部）件 • 为跟踪在线顾客提供 Web 日志	从 RFID 芯片读出的或者全球定位系统（GPS）输出的位置数据
交易数据	• 帮助大型零售商和 B2B 公司进行顾客细分 • 帮助跟踪与产品、价格、付款信息、生产日期以及其他类似信息相关的交易数据	Amazon、达美乐比萨连锁等零售网站，它们产生 PB 级的交易大数据

　　对大数据的需求是显而易见的。如果领导人和经济体希望看到示范性的增长，并希望为自己的所有利益相关人产生价值，那么请拥抱大数据，并将其广泛地用于：

○ 允许以数字化形式存储和使用业务数据；
○ 提供更多、更具体的信息；
○ 细化分析，做出更好的决策；
○ 对顾客进行分类，根据购物模式提供个性化的产品和服务。

技术材料

　　IBM 最新的大数据技术平台利用具有专利技术的先进分析方法来探索这个充满机遇的世界。大数据使企业能够深入地理解新型的数据和内容类型，从而变得更加灵活。

　　一个制造业公司需要改善明年的销售状况，但是不知道该如何着手。该企业有销售交易数据库和客户数据库。你认为该企业应当如何利用这些信息？
- a. 公司应该利用销售数据来研究顾客行为，并采取相应的措施
- b. 公司给全体顾客发送优惠券
- c. 公司无法利用自己的数据
- d. 公司应该着手开发新产品

1.2　数据管理的历史——大数据的演化

　　速度、多样性及数据量 3 个因素导致数据演化进入了新阶段——大数据阶段。图 1-1-1 展示了过去几十年中我们在数据处理上面临的挑战。

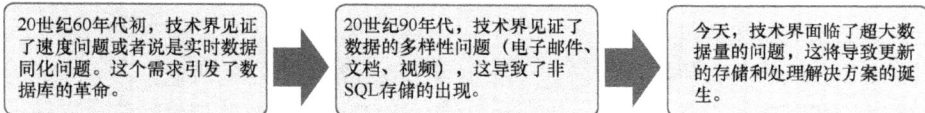

图 1-1-1　大数据的演化

　　信息技术、互联网和全球化的浪潮有力地推动了数据和信息产生量的指数级增长，导致了"信息大爆炸"。这反过来促进了始于 20 世纪 40 年代，直到今日还方兴未艾的大数据的演化进程。

定　义

　　对信息大爆炸的描述包括两个方面——发布的信息或数据量的持续增长，以及这些丰富的信息或数据所产生的影响。

　　表 1-1-2 列出了大数据演化过程中的一些主要里程碑。

表 1-1-2　大数据演化

时　间	里　程　碑
20 世纪 40 年代	一位美国图书管理员推测出了书架和图书编目工作人员的缺口，意识到了快速增长的信息和有限存储空间之间的矛盾
20 世纪 60 年代	一篇名为《自动数据压缩》（Automatic Data Compression）的论文发表在《ACM 通讯》上。它指出在过去的几年中，信息大爆炸使得信息的存储必须最小化。 这篇论文把"自动数据压缩"描绘成全自动的、快速的三部分压缩器，可以用来压缩任何形式的信息，以便减少对慢速的外部存储的需求，进而提高计算机系统的传输效率
20 世纪 70 年代	日本邮政为了跟踪国内的信息循环量，提出了一个信息流研究项目
20 世纪 80 年代	匈牙利中央统计局为了统计国家的信息产业，启动了包括以位（bit）为计量单位测量信息量在内的一个研究项目
20 世纪 90 年代	存储系统发展为比纸张存储经济得多的数字存储。 与数据量和过时数据相关的挑战已变得显而易见，有大量的相关论文发表。举几个例子来说： ● Michael Lesk 发表了 *How much information is there in the world?*

续表

时　　间	里　程　碑
20 世纪 90 年代	<ul><li>John R. Masey 发表了一篇题为 *Big Data...and the Next Wave of InfraStress* 的论文</li><li>K.G. Coffman 和 Andrew Odlyzko 发表了 *The Size and Growth Rate of the Internet*</li><li>Steve Bryson、David Kenwright、Michael Cox、David Ellsworth 和 Robert Haimes 联合发表了 *Visually Exploring Gigabyte Datasets in Real Time*</li></ul>
2000 年以后	<ul><li>许多研究者和科学家发表了论文</li><li>多种方法被引入，使信息得以合理化</li><li>出现了分别控制数据 3 个维度（数据量、速度和多样性）的技术，随后产生了 3D 数据管理</li><li>开展了一项估算世界范围内以 4 种物理介质（纸张、胶片、光介质和磁介质）创建和存储的原创信息的研究</li></ul>

表 1-1-2 仅仅是对演化过程进行了概要的简介。正如在表 1-1-2 中解释的那样，当那位图书管理员推测需要更多存储书架时，大数据的概念就诞生了。随着时间的推移，大数据进一步成长为了一个文化、技术和学术现象。

大数据的产生，以及与大数据相伴而生的用于处理这些信息的新型存储及处理解决方案，能够帮助企业完成如下的任务：

- 增强和合理化现有的数据库；
- 洞悉存在的机遇；
- 探索和利用新的机遇；
- 提供更快的信息访问；
- 存储大量信息；
- 更快地处理数据，提高洞察力。

下一讲将进一步帮助你了解大数据在各行业中的业务适用性。

大数据是一个已被用了很久的概念。当研究人员使用计算机来分析大量的数据时，他们分析的就是大数据。对快速访问数据的需求，以及处理这些数据的应用和程序的需求，推动了目前 IT 行业中的大数据和大数据分析概念的产生。

总体情况

假设一家银行计划在一个主要城区设立自助服务亭。市场部希望根据顾客穿越城市的交通模式，确定最繁忙的地方以建立自助服务亭。在银行现有的数据仓库中，不存在这些信息。在这种情况下，银行可以通过第三方来获得顾客的 GPS 定位数据，从而获得客户的流动模式。

这样，通过合适的大数据集，利用正确的数据提取、准备和整合技术，以及来自银行营销部门的数据仓库所交付的客户交易数据，如今银行可以确定城市中最繁忙的地点，以此建立自助服务亭。

知识检测点 2

数据驱动的决策方法不仅限于收集数据，而且要知道所收集的数据在做出关键性决策的时候是如何被使用的。这里所采取的方法主要是基于：

- a. 数据及其分析
- b. 经验
- c. 直觉
- d. 数据利用

1.3　大数据的结构化

简单来说，数据的结构化是用于研究和分析数据的技术，旨在了解用户的行为、需求和偏好，为每个人提供个性化的建议。

那么，为什么需要结构化？

在日常生活中，你可能会遇到这样的问题：

○　如何利用我的优势，使用我所遇到的海量数据和信息？

○　在每天遇到的数以千计的新闻中，我该阅读哪些？

○　如何在我喜欢的网站或商店里，从数以百万计的书籍中，选择一本书？

○　全球范围内每时每刻都有大量新的事件、突发新闻、体育、发明和发现发生，如何让自己始终都能了解最新信息？

如今，计算机可以找到解决这类问题的方法。推荐系统可以根据搜索内容、查看内容以及所持续时间，专门为你进行大量的数据分析和结构化——从而按照你的行为和习惯进行扫描，为你提供定制化的信息。

技术材料

推荐程序或推荐系统可以定义为信息过滤系统，这种系统一般通过协同或基于内容的过滤产生一个推荐列表。

总体情况

当一个用户经常地在 eBay 网上在线购买时，每一次他/她登录时，系统可以根据其先前的购买或搜索，呈现一个用户可能感兴趣的推荐产品列表，从而为每一个用户提出了特别定制的推荐。这就是大数据分析的力量。

因此，当今的网络世界在应对数百万种可用数据类型造成的信息过载方面越来越得心应手。数据结构化过程需要人们理解各种类型的可用大数据。

大数据的类型

来自多个来源（如数据库、企业资源计划（ERP）系统、博客、聊天记录和 GPS 地图）的数据有着不同的格式。然而，为了用于分析，必须将不同格式的数据转化成一致、清晰的数据。

从不同来源获得的数据根据来源类型主要分类如下。

○　**内部来源**：如组织或企业数据。

○　**外部来源**：如社交数据。

表 1-1-3 比较了数据的内部来源和外部来源。

表 1-1-3　数据的内部来源和外部来源对比

数据来源	定　义	来源例子	应　用
内部	提供来源于企业的结构化或有序的数据，并帮助经营业务	• 客户关系管理（CRM） • 企业资源计划（ERP）系统 • 客户详细资料 • 产品和销售数据	该数据（目前位于运营系统中的数据）被用来支持企业日常的商业运营
外部	提供来源于企业外部环境的，非结构化或散乱的数据	• 商业伙伴 • 集团数据供应商 • 互联网 • 政府 • 市场研究组织	这些数据常常被用来分析，以了解竞争对手、市场、环境和技术

因此，根据从上述来源得到的数据，大数据包括了：

○ 结构化数据；　　　　　○ 非结构化数据；　　　　　○ 半结构化数据。

在现实世界中，非结构化数据在数量上通常要比结构化数据和半结构化数据大。图 1-1-2 展示了大数据的数据类型组成。

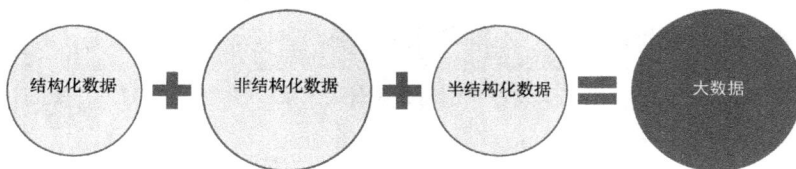

图 1-1-2　大数据的类型

结构化数据

结构化数据可以定义为一组具有确定重复模式的数据集。这种模式使任何程序都能更容易地排序、读取和处理数据。结构化数据的处理速度远远快于没有具体重复模式的数据处理速度。

因此，结构化数据：

○ 以预定义的格式组织数据；

○ 是驻留在一个记录或文件中的固定字段上的数据；

○ 是具有实体-属性映射的格式化数据；

○ 用于对预先确定的数据类型进行查询和报告。

结构化数据的部分来源包括：

○ 关系型数据库；

○ 使用记录格式的平面文件；

○ 多维数据库；

○ 遗留数据库。

表 1-1-4 展示了结构化数据的样例，其中每个客户的属性数据都存储在已定义字段的单个数据点上。

表 1-1-4　结构化数据样例

客户编号	名　字	产品编号	城　市	州
12365	Smith	241	Graz	Styria
23658	Jack	365	Wolfsberg	Carinthia
32456	Kady	421	Enns	Upper Austria

在结构化系统中，处理和输出是高度组织和预先定义好的。这些系统最适合：
- IT 部门；
- 银行系统；
- 机票预订；
- ATM 交易。

非结构化数据

非结构化数据是一组具有复杂结构的数据，可能具有或者不具有重复模式。非结构化数据：
- 一般由元数据组成；
- 包含不一致的数据；
- 由不同格式的数据组成，如电子邮件、文本、音频、视频或图像文件。

非结构化数据的部分来源包括：
- **企业内部的文本**，包括在企业数据库和数据仓库中的文档、日志、调查结果和电子邮件；
- **来自社交媒体的数据**，包含来自社交媒体平台的数据，包括 YouTube、Facebook、Twitter、LinkedIn 和 Flickr；
- **移动数据**，包括文本消息和位置信息等数据。

非结构化系统通常很少采用甚至不采用预定义形式，并为用户提供了一个宽泛的范围，可以根据他们的选择对数据进行结构化。企业部署非结构化数据通常有如下目的：
- 获得可观的竞争优势；
- 获得明确的、完整的未来前景展望。

与现实生活的联系

对超市的店内闭路电视片段进行彻底分析，着重关注客户浏览商店所使用的行进路线，堵塞时的客户行为，以及在购物时客户通常会停下来的位置。来自闭路电视片段的非结构化信息，与包括点钞机、产品和安排在购物区的物品在内的结构化信息相结合，形成数据驱动的客户行为全貌。这种分析可以用于规划超市中的最佳布局，为顾客提供一个愉快的购物体验，得到更好的销售业绩。

技术材料

元数据通常是关于数据本身的数据——定义、映射和其他用于描述数据和软件组件的查找、访问和使用方式的特性。

与非结构化数据相关的挑战

处理非结构化数据面临如下挑战：

○ 理解非结构化数据的难度和时间消耗；

○ 组合和链接非结构化数据，以得到更结构化的信息，借此改进决策和计划，是很困难的；

○ 处理指数级增长的大数据会增加存储和人力资源（数据分析师和科学家）方面的成本。

图 1-1-3 展示了对非结构化数据相关挑战进行调查的结果。图中按照投票比例的顺序，显示了非结构化数据带来的挑战——从最具挑战的 IT 领域到最容易应付的 IT 领域。

调查显示，**数据量**是最大的挑战，其次是管理**这些数据量的基础设施需求**。管理非结构化数据也很困难，因为不容易识别它们。

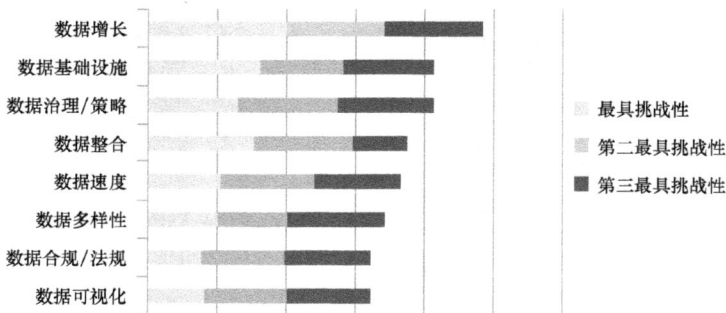

图 1-1-3　非结构化数据的挑战

（来源：英特尔于 2012 年 8 月所做的调查）

例　子

位图图像、地震数据、音频和视频等文件往往只有一个文件名和扩展名。同一类别的不同文件在不同来源中可能具有相同的文件名，仅靠名称和扩展名无助于数据识别、分类甚至基本的搜索。因此，企业发现对不同类型文件的基本管理任务具有挑战性。

知识检测点 3

1. ABC 是一个零售企业，它通过电子商务运营业务。企业为他们的客户提供定制的在线购物体验，提供一个具有吸引力、反应灵敏的网页用户界面。现在公司想要收集有关客户在互联网上活动的数据。这些数据的最佳来源是什么？

   a. 交易数据库　　　　　　　　b. 社交媒体

   c. 客户的博客　　　　　　　　d. 以上全部

2. 你认为，对于一个企业的生产或者经营部门，最大的挑战是什么？

   a. 确定用于商业决策的数据

   b. 确定要使用的最佳的大数据技术

   c. 保护大数据免遭未授权访问

   d. 确定呈现大数据中发现的最佳方式，协助决策

半结构化数据

半结构化数据，也被称为**无模式**或**自描述结构**，指一种包含标记或者标记元素的结构化数据形式，这种形式中的标记或者标记元素旨在分离语义元素，为给定的数据生成记录和字段层次结

构。这种类型的数据不像关系数据库中的数据那样遵循适当的数据模型结构。

为了组织半结构化数据,这些数据应该从数据库系统、文件系统,通过数据交换格式(包括科学数据和可扩展标记语言 XML)以电子形式提供。XML 使数据具备精细、复杂的结构,这种结构明显更加丰富,也相对复杂。

半结构化数据的部分来源包括:

○ 数据库系统;   ○ 文件系统,如网页数据和书目数据;
○ 数据交换格式,如科学数据。

技术材料

XML 被设计成半结构化,提供精确并且灵活的规则。

半结构化数据的一个例子如表 1-1-5 所示,它表明属于同一类的实体即便组合在一起也可以有不同的属性。

表 1-1-5 半结构化数据

SI 编号	名　字	电 子 邮 件
1	Sam Jacobs	smj@xyz.com
2	名:David 姓:Brown	davidb@xyz.com

我们已经检查了数据到达和呈现的方式,下面研究描述这些数据特性的要素。

1.4 大数据要素

大数据主要包括以下 3 个要素:

○ 数据量;
○ 速度;
○ 多样性。

图 1-1-4 展示了大数据的基本要素。

图 1-1-4 大数据的基本要素

1.4.1 数据量

数据量是指由企业或者个人产生的数据的量。今天,数据量正在接近 EB 量级。一些专家预测在未来几年中,数据量会达到 ZB 量级。企业正在尽最大努力来处理这一不断增长的数据量。

例　子

企业处理的数据量正在显著增长,例如:
○ Google 公司每天处理 20 PB 的数据。
○ Twitter 简讯每天产生大约 8 TB 的数据,相当于 80 MB/s。

1.4.2　速度

速度用以描述数据生成、捕获和共享的速率。只有当数据被实时捕获和共享时，企业才可以利用这些数据。

现有系统（如客户关系管理和企业资源计划）面临与数据速度相关的问题——数据不断地增加，却不能迅速地得到处理。这些系统能每隔几小时批量地处理数据，然而，时间的滞后使得这些数据失去了重要性，同时，新的数据还在源源不断地产生。

> **例　子**
>
> eBay 每天实时分析 500 万个交易，以处理 PayPal 使用中发生的欺诈行为。

1.4.3　多样性

来自社会、机器和移动资源的数据池不断地向传统交易数据中添加新的数据类型和数据种类，因此，数据不再以任何预先确定的形式组织，而且包含了新的数据类型，如网络日志数据、机器数据、移动数据、传感器数据、社交数据和文本数据。

> **例　子**
>
> 现在，每年存储的数据量已达到 PB 甚至 EB 的数量级。Twitter 公司运营的时间并不长，但是现在其积累和存档的图像、文本、视频等数据已多达数 PB。

> **总体情况**
>
> 全球定位系统、社交媒体和传感器数据，对多种多样数据的产生做出了积极的贡献，这些数据可以处理并转换成有用的信息。

> **知识检测点 4**
>
> 随着技术的增强，企业正在使用不同的方法营销其产品和服务。新的营销活动中将使用新型传感器，这将产生新的数据和信息种类。这里所讨论的大数据要素是什么？
> a. 数据量　　　　　　　　　　b. 速度
> c. 多样性　　　　　　　　　　d. 数据量和速度

1.5　大数据在商务环境中的应用

在技术和业务的增长和扩张中，可以对丰富的可用数据进行合理化，并加以利用。如果能够成功对数据进行分析，它就解答了一个重要问题：企业如何才能获得更多的客户并增进业务洞察力？

关键在于能够获取、联系、理解和分析数据。

图 1-1-5 强调了使用大数据而使业务领域受益的比例。

下面让我们来了解企业应用大数据的一些常见分析方法。

表 1-1-6 描述了与大数据相关的各种常见的分析方法。

大数据分析的好处	企业报告效益的比例
更好的社会影响力人物营销	61%
更准确的商业洞察力	45%
客户群体细分	41%
确定销售和市场机会	38%
实时处理的自动决策	37%
欺诈监测	33%
风险量化	30%
更好的规划和预测	29%
确定成本动因	29%

图 1-1-5　大数据的受益领域

（来源：TDWI，即 The Data Warehousing Institute，2013 年 7 月）

表 1-1-6　分析方法

方　　法	可能的评估
预测分析	• 企业如何使用现有的数据，在不同的领域进行预测和实时分析？ • 企业如何从非结构化的企业数据中受益？ • 企业如何利用情绪数据、社交媒体、点击流和多媒体等新数据类型？
行为分析	企业如何利用复杂的数据来为下列事项创建新的模型： • 推动业务产出 • 降低经营成本 • 推动经营战略的创新 • 提高整体客户满意度 • 提高由受众成为客户的转化率
数据解释	• 哪些新的业务分析可以从现有的数据估算得到？ • 哪些数据可以用来对新产品的革新进行分析？

大数据应用领域

当今所有的业务和行业都受到来自多个方面的大数据分析的影响，并从中受益。计算机、电子产品和 IT 等行业的销售额都因此得到了巨大的增长，金融、保险和政府部门都为此开发了准确的评估技术。

仔细观察某些特定的行业，将有助于了解大数据在这些行业的应用。

交通运输

大数据通过提供改进的交通信息和自治功能改变了交通运输。

例　　子

○ **挑战**：长时间的交通拥堵浪费能源，导致全球变暖，并让人们花费了更多的时间、金钱、燃料和精力。

○ **措施**：安装在手持设备、道路和车辆上的分布式传感器可以提供实时路况信息。可以对这些信息进行分析并传送给乘客及交通控制管理部门。

○ **效果**：这些重要的信息可以帮助驾驶者们规划他们的路线，安全并按时地行驶到目的地。

教育

大数据向教师提供了用以分析学生理解能力的创新方法,改变了现有的教育过程,根据每个学生的需求,有效地进行教育。

该分析是通过研究在课堂上,学生对问题的回答、尝试这些问题所花费的时间以及其他行为的迹象而完成的。

旅游

旅游业也在使用大数据开展业务。大多数航空公司都在更加努力地记住个人喜好,以提高客户满意度,比如发现乘客在短距离航班中选择靠窗座位,在长途飞行时选择靠过道座位以舒展自己的腿。因此,当同一位旅客在航空公司进行新的预订时,该模式就可以自动重复操作了。这种定制的方式超越了以里程奖励为基础的忠诚度计划。

在大数据的帮助下,航空公司可以跟踪在特定航线之间飞行的客户,据此制订交叉销售和追加销售的优惠措施,甚至可以据此决定库存。一些航空公司还将分析应用于定价、库存和广告,以提升客户体验,这会提升客户满意度,从而带来更多的业务。

一些航空公司甚至评估由于延误导致错过中转航班的可能性,在这一基础上,要么推迟中转航班的飞行,要么为客户预订其他航班。

连锁酒店研究数据以了解要花多少钱、在哪里进行整修,以提供独特的客户体验。

政府

对现有数据的分析,可以让政府对欺诈管理做出明智的决策,发现未知的威胁,通过监控全球货运以确保全球供应链的安全,更明智地使用预算,分析风险等。

医疗保健

在医疗保健行业中,医生可以利用大数据确定最佳的临床方案,确保病人在特定的地点得到最佳的医疗效果。制药公司和医疗设备公司使用大数据来改进研究和开发决策,而医疗保险公司使用大数据确定特定病人的治疗模式,保证最佳的结果。大数据也有助于研究人员在与医疗保健有关的挑战成为真正的问题前,发现并消除它们。

知识检测点5

你是一个企业的营销主管,计划将潜在客户转化为实际客户,以实现市场拓展。下面的分析方法中,你认为最好采用哪种方法?
a. 数据解释   b. 行为分析   c. 数据可视化   d. 数据采集

1.6 大数据行业中的职业机会

现在你已经知道,在当今世界中,大数据确实是一件"大"事,你可以很好地理解它以及与之相关的机会。**该行业需要大量的人才和合格的人员,**以利用大数据专业知识帮助企业实现价值。

　　合格、有经验的大数据专业人员必须将技术专长、创造性、分析思考和沟通技巧结合在一起，以便于能够有效地进行大数据的核对、清理、分析，呈现从大数据中抽取的信息。

　　大数据中的大部分工作源于以下 4 大领域的公司：

○　大数据技术推动者，如 Google；

○　大数据产品公司，如 Oracle；

○　大数据服务公司，如 EMC；

○　大数据分析公司，如 Splunk。

图 1-1-6 提供了雇用大数据专业人员的顶级公司的名单。

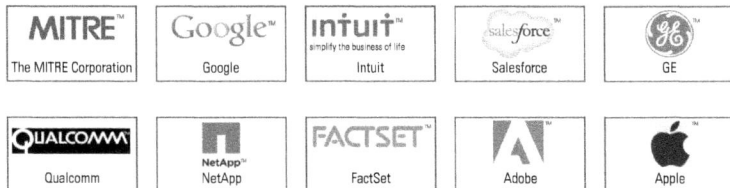

图 1-1-6　雇用大数据专业人员的公司（来源：2011 年 10 月，Glassdoor 报告）

1.6.1　职业机会

大数据中最常见的职位包括：

○　大数据分析师；　　　　○　大数据科学家；　　　　○　大数据开发人员。

图 1-1-7 说明了一些大数据相关职位的角色。

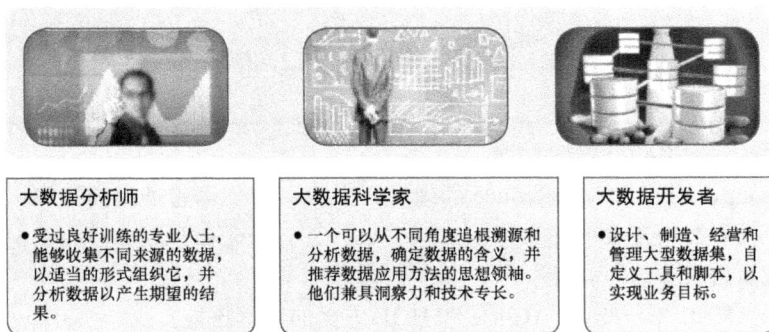

大数据分析师
●受过良好训练的专业人士，能够收集不同来源的数据，以适当的形式组织它，并分析数据以产生期望的结果。

大数据科学家
●一个可以从不同角度追根溯源和分析数据，确定数据的含义，并推荐数据应用方法的思想领袖。他们兼具洞察力和技术专长。

大数据开发者
●设计、制造、经营和管理大型数据集，自定义工具和脚本，以实现业务目标。

图 1-1-7　大数据分析中不同职位的角色

总体情况

　　在 2011 年，一份由麦肯锡公司发布的报告表明，在 2018 年之前，仅在美国，具备深入知识分析技能的专业人士就可能有 14 万～19 万的巨大缺口。

1.6.2　所需技能

　　大数据专业人员可以有不同的专业背景，如经济学、物理学、生物统计学、计算机科学、应用数学或工程学。数据科学家大多拥有硕士或者博士学位，因为它是一个高级职位，通常要在数据处理领域取得相当多的经验和专业知识后才能获得该职位。开发人员通常必须熟悉编程。

现有的面向大数据专业人士的培训和认证项目很少。

下面的流程图为读者展示了循序渐进的学习思路。该课程提供了模块化的学习机会，读者可以根据学习和提升技能的需要以及自己选择的职业道路，从所提供的模块中选择特定的模块。

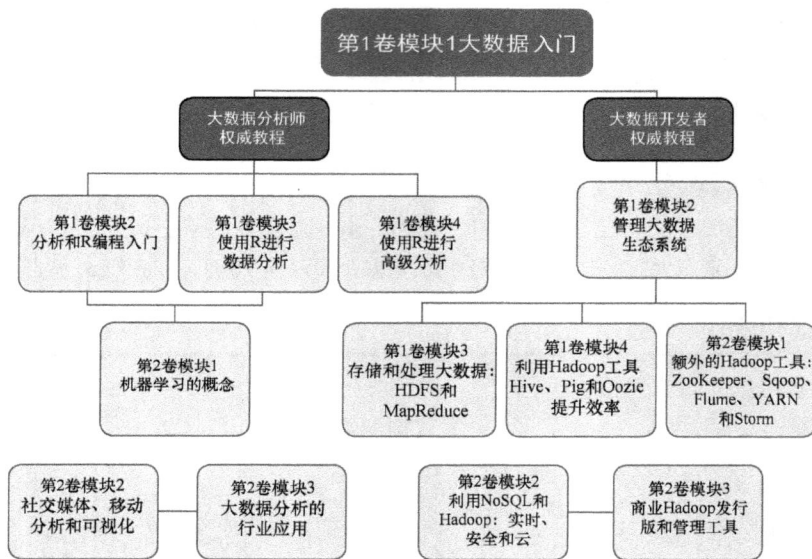

所需技术技能

大数据分析师应具备以下技术技能：

- ○ 对 Hadoop、Hive 和 MapReduce 的理解；
- ○ 统计分析和分析工具的知识；
- ○ 自然语言处理的知识；
- ○ 概念和预测建模的知识。

大数据开发者应具备以下技能：

- ○ 在 Java、Hadoop、Hive、HBase 和 HQL 方面的编程技能；
- ○ 对 HDFS 和 MapReduce 的深刻理解；
- ○ ZooKeeper、Flume 和 Sqoop 方面的知识。

这些技能可以通过适当的培训和实践而获得。

所需软技能

企业追求的是拥有良好的逻辑和分析能力，具有良好沟通能力及战略商业思维的专业人员。大数据专业人员首要的软技能要求是：

- ○ 较强的文字和口头沟通能力；
- ○ 分析能力；

　　○　对业务原理的基本理解。

Sam 正在寻找一个大数据分析师的职位。数据分析师的主要职责是什么？
a. 确定数据的含义，推荐搜索数据的方法
b. 精通从不同来源收集数据，以适当的格式组织数据并进行分析
c. 设计、创建、管理和解释大型数据集，以实现业务目标
d. 开发代码和图像，实现数据报告自动化

1.6.3　大数据的未来

　　今天，大多数组织认为数据和信息是除了员工之外最有价值和差异化的资产。通过有效地分析数据，世界各地的企业正在寻找新的竞争手段，争取在所属领域成为领导者，并完善决策、增强绩效。同时，随着数据数量和种类的飞速增长，使用大数据以获取商业价值和竞争优势的全球性现象及其相关机遇只会持续增长。

　　图 1-1-8 描绘了未来几年中大数据量的巨大增长。

数据正以每年 40% 的复合年化比率增长，到 2020 年，几乎接近 45 ZB
数据以 ZB 为单位

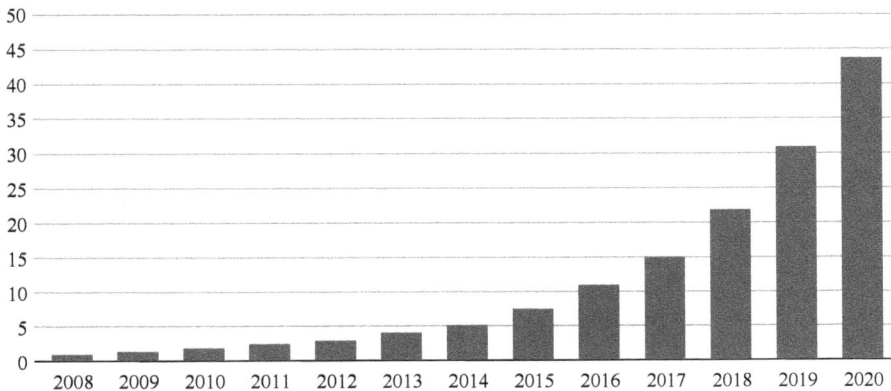

图 1-1-8　数据的增长（来源：Oracle，2012 年）

总体情况

　　由 MGI 和麦肯锡商业技术办公室进行的研究表明，最大限度地利用大数据极有可能成为个体企业在成功与增长、强化消费者盈余、生产增长和创新方面的关键竞争基础。

多项选择题

选择正确的答案。在下面给出的"标注你的答案"里将正确答案涂黑。

1. 下列哪一个不是大数据的特征？
   a. 数据量
   b. 可变因素
   c. 多样性
   d. 速度

2. 你将应用哪些分析方法来理解包含用户的关键字搜索、导航路径和点击模式在内的人性化模式？
   a. 行为分析
   b. 预测模型
   c. 数据解释
   d. 数据挖掘

3. 被捕获的数据可以是任何形式，可以是结构化或非结构化的。我们正在讨论的是大数据的哪个特征？
   a. 数据量
   b. 速度
   c. 多样性
   d. 价值

4. 在下列人员中，你认为谁能够有效地处理越来越多的数据源？
   a. 业务开发员
   b. 数据科学家
   c. 销售经理
   d. 软件工程师

5. 大数据分析师从各种来源获取数据。其中，哪个不是外部数据源的例子？
   a. 来自 CRM 的数据
   b. 来自博客的数据
   c. 来自政府来源的数据
   d. 来自市场调查的数据

6. 下列哪项不属于传统数据库技术？
   a. 关系型数据库管理系统
   b. 数据库管理系统
   c. 平面文件（译者注：一种包含没有相对关系结构记录的文件）
   d. NoSQL

7. 如果一位大数据分析师分析来自某电信服务商所提供的呼叫日志数据库中的数据，那么他将处理大数据的哪个要素？
   a. 数据量
   b. 可变因素
   c. 多样性
   d. 速度

8. 从全球定位系统卫星和网站接收到的数据，应归入哪一类？
   a. 结构化数据
   b. 非结构化数据
   c. 既有结构化数据又有非结构化数据
   d. 半结构化数据

9. 有些人把这些数据称为"结构化，但非关系型"。我们正在讨论哪种数据？

a. 结构化数据   b. 非结构化数据

c. 半结构化数据   d. 混合数据

10. 如果你需要寻找担任数据分析师的人才，你将着眼于：

    a. 目前在职的业务发展顾问

    b. 来自计算机科学以外团体的专业人士

    c. 具有统计学背景、概念建模及预测建模知识的学生

    d. 机械工程专业的学生

标注你的答案（把正确答案涂黑）

1. (a) (b) (c) (d)   6. (a) (b) (c) (d)

2. (a) (b) (c) (d)   7. (a) (b) (c) (d)

3. (a) (b) (c) (d)   8. (a) (b) (c) (d)

4. (a) (b) (c) (d)   9. (a) (b) (c) (d)

5. (a) (b) (c) (d)   10. (a) (b) (c) (d)

测试你的能力

1. 研究和讨论大数据在医疗保健行业中的重要性。

2. 列出并讨论大数据的三大要素。哪个要素造成了大数据的开端？

3. 一家零售公司想推出一系列新的产品，但却没有经验。哪类数据可以帮助公司有效地制订和推出新产品？这些数据的潜在来源是什么？

4. 作为为客户提供大数据解决方案的公司人力资源经理，当招聘一位数据分析师的潜在候选人时，你会寻求什么特质的人？

5. 在当今世界里，实时处理大量数据和将结果及时地应用到业务中的需求是不可避免的。请对这一论断是否正确展开辩论。

6. 你正在为公司新产品的市场营销策略做计划，确定并列出与此相关的结构化数据的局限性，以及与非结构化数据相关的挑战。

○ 大数据是积累大型数据集,并在一个可接受的耗费时间内,进行相关信息或数据的捕获、存储、搜索、分享、传递、分析和可视化的过程。

○ 大数据在以下方面存有差异:
- 数据量(TB、记录、交易);
- 多样性(内部、外部、行为、社交);
- 速度(准实时或者实时同化)。

○ 使用大数据会在如下方面带来帮助:
- 以更高的频度,使信息透明和可用;
- 以数字形式创建和存储交易数据;
- 积累更准确和详细的信息;
- 完善分析,以改进决策;
- 对客户分类,以提供个性化的产品和服务。

○ 数据可从以下渠道获得:
- 内部来源,如组织或企业数据;
- 外部数据,如社交数据。

○ 大数据包括:
- 结构化或已组织的数据;
- 非结构化或未组织的数据;
- 半结构化数据。

○ 结构化数据可以解释为具有已定义重复模式的数据集,这使得它对于程序来说,更容易排序、读取和处理。

○ 非结构化数据是具有复杂结构的数据集,它可能有重复的模式,也可能没有。

○ 半结构化数据也被称为无模式的或自描述的结构。

○ 合格且有经验的大数据专业人员拥有分析、创造性思考以及沟通技巧方面的技术专长。

○ 解决涉及大数据的业务问题的一些重要方法:
- 预测分析;
- 行为分析;
- 数据解释。

○ 使用大数据以获取商业价值和竞争优势的全球性现象,以及随之而来的机遇都将持续增长。

大数据在商业上的应用

模块目标

学完本模块的内容，读者将能够：

▸▸ 讨论大数据在不同行业中的应用

本讲目标

学完本讲的内容，读者将能够：

▸▸	描述社交媒体数据在商业环境中的重要性
▸▸	解释大数据在金融行业欺诈管理中的应用
▸▸	解释大数据在保险欺诈管理中的应用
▸▸	讨论大数据在零售业中的应用

> "从社交、移动到云和游戏，大数据是今天正在发生的一切大趋势的基础。"
>
> ——Chris Lynch

前一讲概括地介绍了"大数据"的概念，以及它对人类生活的影响。在某种意义上，数据的好坏取决于它所能提供的洞察力；因此，了解数据在真实世界里的使用是很重要的。

本讲将更深一步地探究大数据对当今业务的影响。因为这是理解在"现实世界"中如何使用和为什么使用这些技术和方法的关键。公司如何利用大数据来发挥优势？如何将大量的可用数据转化为知识？如何由数据产生更好的商业策略，从而获得可伸缩性和盈利能力？理解和实施大数据的关键在于，有效地管理大数据使其能够满足给定解决方案所预期支持的业务需求。

模块1第1讲的出口	➡	模块1第2讲的入口
• 大数据的介绍		• 了解大数据的商业应用

2.1 社交网络数据的重要性

人类是社会性动物，不能孤立地生活。只有生活在一个社会环境中，人才能获得知识，学习沟通和思考，工作和玩耍。如今，社交不再局限于与他人的交往和交流。移动电话和互联网的使用已使得全球范围内的通信变得快捷和容易，也使得社交既经济又方便。

不仅如此，基于这些新技术的通信使我们可以在全球范围内即时共享图片和视频。移动电话、社交网站都是新的流行社交模式。Twitter、Facebook 和 LinkedIn 是一些最流行的社交网站，它们都是由社交媒体所构成的。

本小节分析了由社交媒体产生的大数据及其对各行业的影响。涉及社交网络数据的第一个问题是：什么是社交网络数据？

定　义

社交网络数据是人们通过社交媒体进行社交或沟通时产生的数据。

正如你所看到的，在社交网站上，无数人不断地新增和更新自己的评论、点赞、偏好、情绪和感觉，从而产生了**海量数据**。对这些海量数据进行挖掘和分析，就能找出大的群体中关于好恶、需求和偏好的集中性观点和倾向。

这种集中性数据也可以根据不同群体进行隔离和分析，例如，不同年龄段、不同性别、散布在世界各地的人群。组织可以利用这些信息设计和调整人们想要的产品和服务。这就是**社交网络数据**的重要性。

社交网络分析（SNA）是指对社交网络所产生的数据进行的分析。由于数据量巨大，因此 SNA 是大数据的一个应用场景。

（来源：Image courtesy of Domo）

我们考虑一个移动网络运营商（MNO）的例子，以理解社交网络数据的价值。

MNO 捕获的完整手机通话或短信记录是非常大的数据。这些数据经常用于各种用途。

在这个例子中，我们将看到数据分析水平是如何通过寻找多维关联（而不仅仅是一维关联）来提高的。这就是社交网络分析将简单数据源变成大数据源的方法。

例　子

对于一个移动网络运营商来说，仅仅观察所有的电话呼叫并对它们进行单独分析是不够的，还需要进一步的分析。对于该公司来说，观察通话发生在哪些客户之间，然后更深入地拓展视野，是非常有必要的。不仅需要知道该客户打给了谁，而且要依次探究客户社交圈中的人打给了谁，等等，以便利用数据来提供客户想要的服务。

这是一个来电者的社交网络。图 1-2-1 以图形化的方式展示了这个结构是如何创建的。

充分利用分析的多层次处理能力，获取客户的社交网络全貌是有可能的。从不同客户、不同呼叫中进行多层次深入分析的需求产生了巨大的数据量。特别是涉及传统方法时，分析的难度也将有所增加。

社交网站的工作方法是相同的。在分析社交网络的成员时，并不难确定一个成员有多少联系人，发布消息有多频繁，以及其他的标准指标。然而当包含了

图 1-2-1　一个来电者的社交网络结构

朋友、朋友的朋友、朋友的朋友的朋友时，若想知道一个成员拥有多广泛的社交，需要的工作量就大多了。

1 000 个用户不难跟踪，然而这些用户之间可能有多达 100 万个直接连接，若把"朋友的朋友"考虑在内，则又会有 10 亿个连接。对这些点生成的所有数据进行分析是一个现实的挑战，这就是社交网络分析属于大数据问题的原因。

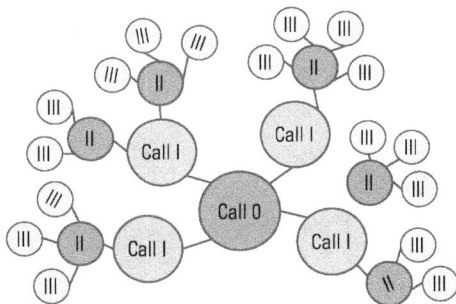

总体情况

社交网络数据使组织能了解特定顾客所能影响的总收益（该顾客所影响的所有支付款项的总和），而不仅仅是该顾客所提供的直接收益（该顾客所做的实际支付）。这是很有吸引力的，可以使组织创造性地投资于特定的顾客。

一个很有影响力的顾客应当获得远远超出他或她的直接价值指标所对应的关注程度。通常情况下，最大化网络总盈利能力的优先级要高于最大化每个客户账户的个体盈利能力。

社交网络数据分析的用途

利用社交网络数据分析，可以在以下几个方面改善决策。

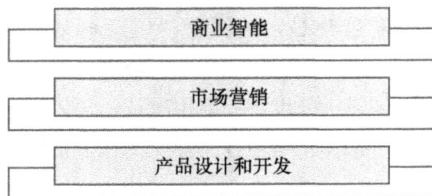

```
┌─────────────────────────────────┐
│  ┌───────────────────────────┐  │
│  │        商业智能            │  │
│  └───────────────────────────┘  │
└─────────────────────────────────┘

┌─────────────────────────────────┐
│  ┌───────────────────────────┐  │
│  │        市场营销            │  │
│  └───────────────────────────┘  │
└─────────────────────────────────┘

┌─────────────────────────────────┐
│  ┌───────────────────────────┐  │
│  │      产品设计和开发        │  │
│  └───────────────────────────┘  │
└─────────────────────────────────┘
```

商业智能

你可以分析产生于社交网络的数据，以获得一些高价值的商业见解。社交客户关系管理（CRM）在当今很时髦。这种分析能够改变组织评价其客户价值的角度。现在我们已经可以评估客户的整个社交网络的价值了，而不再只能评估单个客户的价值。

下面的例子广泛适用于人们或群体之间关系已知的其他行业，但我们着重讨论移动电话行业，因为在这个行业中最广泛地应用了社交网络分析。

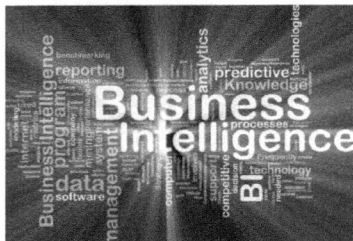

例 子

假设一个移动服务提供商拥有一个相对低价值的订购客户。该客户使用基本的通话套餐，不会产生任何额外的收入。该客户几乎不能产生利润。从传统上讲，服务提供商会根据他或她的个人账户做出对该顾客的评价。从历史上来说，当这样的一个客户对服务不满意并想离开时，公司可能会直接让客户离开，因为该客户是低收入价值的客户。

然而，公司通过社交网络分析有可能认识到，这个客户会影响他或她圈子中的重量级用户和交友广泛的人。这可能会使公司做出一个截然不同的商业决策——更加重视该客户。换句话说，客户的影响力对组织来说是非常有价值的数据。

研究表明，一旦一个电话圈子里的某个成员离开了，其他人很有可能会跟随他一起离开。随着圈子里越来越多的成员离开，类似传染病的情形就会发生，很快整个圈子都消失了。利用社交网络分析，就有可能理解顾客能够影响的潜在价值，而不仅仅是他们能直接产生的收入。这就从一个完全不同的角度分析了应如何对待客户。

现在，移动服务供应商可以选择投资该客户，以保护该客户和他/她所属的电话圈子网络。应该让客户及其电话圈子对服务感到满意，使他们不选择退出服务，从而该移动服务供应商的收入也就保住了。另外一种方法是制订业务案例来弱化客户的个体价值，如果这样做，将保护顾客的更广泛的圈子。

与现实生活的联系 ◉━◉━◉

现在，执法和反恐机构也需要利用社交网络分析。这有可能识别哪些个人是直接或间接与已知的麻烦团体或人员有联系的。这种类型的分析通常被称为**链接分析**。

因此，从上面提到的例子，我们可以推断出以下的业务见解。

○ 社交网络数据分析可以帮助提供新的语境，在新语境中，决策是数据驱动的而不是意见驱动的。

○ 大数据分析允许组织从"最大限度地提高个人账户盈利能力"转向"最大限度地提高客户圈子盈利能力"。

○ 大数据能帮助组织确定高度关联的客户，并能协助确定在什么时间、什么地点、用什么方法来调整和关注市场营销工作，以建立一个更好的品牌形象。

○ 大数据使得企业用免费试用装来吸引高度关联的客户，并征求他们对产品和服务改进意见的反馈。

○ 大数据分析帮助组织鼓励内部客户变得更加活跃，积极地在公司社交网站上对产品或服务提出评论和意见。

一些机构积极地寻求有影响力的客户，并给予他们特权、先期试用和其他特别吸引人的条件。作为回报，这些客户持续影响他们的圈子，产生积极的品牌形象，带来更多的客户，从而使得组织能够做出明智的商业决策。

总体情况

社交网站（如 LinkedIn 或 Facebook）能洞察吸引大多数用户的广告种类。这是通过在客户及其朋友圈、联系人和同事亲述的兴趣、喜好和偏爱的基础上设计广告来完成的。

例　　子

当今，游戏产业都利用社交网络数据进行商业智能的开发。社交网络数据分析或链接分析已成为跟踪游戏相关的遥测数据的有用手段。这些遥测数据包括谁在玩什么游戏、谁和谁一起玩、人或小组间游戏模式的变更等。

遥测有助于在对战游戏基础上帮助玩家确定首选合作伙伴。玩家可以按照自己的游戏风格进行分类。

○ 部分玩家可能更倾向于以尽可能快的速度来通过一个级别，因为完成这一级别才能得到礼遇。

○ 另一部分玩家可能会在完成每一个级别前，尝试收集可获得的奖励项目。

○ 还有一部分玩家可能着眼于探索游戏各个级别中的细节。

在玩游戏时，有相同风格的玩家会组队吗？还是玩家会寻求混搭风格？

游戏制作人可能会发现这种信息很有价值。捕捉这样的信息需要使用遥测技术。这使得生产厂商可以在玩家/用户登录时，为可用组中的玩家提供加入的选项和建议。这样的选项和建议使得玩家保持了对游戏的参与度和兴趣，并反过来催生了能创造收入的参与度。

技术材料

遥测技术是视频游戏产业中使用的术语，用来描述游戏中的捕获活动。遥测技术与网络日志分析工具有概念上的相似性，在浏览游戏时能够捕捉玩家所采用的动作。

市场营销

今天的消费者已经变了。他们再也不从头到尾地阅读报纸，也不看快速推进的电视广告和垃圾邮件了，因为他们有很多更契合其数字生活方式的选择。消费者现在可以选择在他们所希望的时间、地点、来源得到营销信息。在当今竞争激烈的形势下，营销者利用数字渠道（电子邮件、移动设备、社交和网站），通过互动交流，提供消费者想要的东西。

反过来，这些渠道生成了洞察目标受众品牌传播偏好所需的社交数据。他们使用的口吻、兴趣爱好、所讨论的其他品牌以及大量的其他数据，能帮助各大品牌商家个性化与消费者的沟通，尽量维持大部分客户。

这种数据的社交网络分析已经在市场营销中以各种有趣的方式广泛应用着。

使用社交媒体监测平台对特定目标受众进行研究，可能会发现相对于其他社交平台而言，消费者更多地会在 Facebook 上进行对话，记录他们对产品、服务和在线行业的好恶与评论。与电子邮件营销平台上花费的工作量相比较，你可能会发现，把市场营销的精力花在 Facebook 上比花在电子邮件或其他任何渠道上更好。

与现实生活的联系

沃尔玛已经收购了社交媒体分析公司 Kosmix，并建立了**沃尔玛实验室**，这是一个通过对媒体传播进行分析以了解零售趋势的部门。

沃尔玛实验室的产品管理主管 Tracy Chu 在一篇博客帖子里说了如下的话："沃尔玛实验室正在致力于帮助沃尔玛解读社交媒体来预测趋势，并能了解更多客户的想法。我们正在挖掘社交媒体的源头，诸如 Twitter、Facebook、博客、搜索活动以及交易数据，寻求有用的见解。"

这一部门的关键职责之一是监测公共领域的交流，然后把沃尔玛的产品投放到相应的位置。沃尔玛实验室一直跟踪社交闲聊，以分析各种类别的趋势，比如节日玩具、愤怒的小鸟的覆盖范围和移动商务应用情况。

最近，该部门还推出了一个名为 Shopycat 的 Facebook 应用程序。这款应用分析来自社交网络的数据，并据此做出赠礼的推荐。然后应用程序把这些推荐与沃尔玛和其他网站目录中拥有的产品进行匹配。不仅如此，该款应用还推荐礼品卡和可取礼品卡的最近沃尔玛门店位置。

总体情况

品牌知名度对营销是非常关键的。确定营销工作在每一项活动中是如何运作的，是一项相当艰巨的任务。Brandlove 应用程序的用户在 1 至 10 分的范围内，根据他们将产品或服务推荐给朋友的可能性，对产品进行评级。一旦一个品牌的评级超过了 300，应用程序就会发出一份报告，该报告包含了客户对产品的看法，以及与竞争对手相比的品牌声誉详细分析。

联盟营销是一种基于奖励的营销结构。在联盟营销中，联盟公司利用自己的市场努力，为另一家公司吸引客户，相应地也从获益的公司得到酬谢。

今天，所有主流品牌几乎都有蓬勃发展的联盟计划。行业分析师估计，联盟营销是一个价值 30 亿美元的行业。Couponmountain 和其他一些著名的联盟网站为其促销商家推动了交易，产生的年收入可达数百万美元。

产品设计和开发

随着身边社交媒体的普及和使用，用户生成内容（大数据）的数量巨大。人们每秒共享数以百万计的状态更新、博客帖子、照片和视频。要取得成功，组织机构不仅需要确定与公司、产品和服务相关的信息，而且应该能够实时、连续地剖析、理解和响应相关的信息。

能够以数据表示情绪并具备更高精度的系统，为客户提供了在社交平台上访问信息的方式。在设计产品和服务时，更紧密地测量情绪是很有价值的。对品牌而言，能够理解所接收到的人口统计信息并设计出更好的目标产品和项目是很重要的。

通过倾听消费者所想，了解产品的差距在哪里等，组织机构可以在产品开发和服务的方向上，做出正确的决策。这样，社交网络数据可以帮助组织机构提高产品的开发和服务，确保消费者最终获得想要的产品和服务。

附加知识

情绪分析是指一种分析流行社交网络（包括 Facebook、Twitter 和博客）上人类情绪、态度和看法的计算机编程技术。该技术需要分析技能以及计算技术。

遍布全球的商业公司、研究机构和营销专业人士都使用某种形式的情绪分析，以确定和衡量客户的行为和在线趋势。然而，这种技术仍在不断发展，充满潜力的情感分析尚待市场人员和其他业务的专业人士去探索。目前大多数的组织机构只是简单地依赖点赞、推文和评论的数量，而不是真正地研究在对话中所表达情绪的特质。

与现实生活的联系

根据 MSN 理财（MSN Money）的说法，美国航空公司，已被列入全美最令人反感的公司名录。

像其他大多数航空公司一样，美国航空公司有一大块预算分配给社交媒体和在线营销，研究表明这家航空公司在 Twitter 上有约 346 259 个粉丝，在 Facebook 上有 273 591 个赞。但这不能被视作公司知名度的真正指标。对顾客情绪的深层次研究表明，有关该公司的在线谈话的趋势是负面的，这表明它是最令人反感的航空公司之一。显然，该公司在社交媒体社区的努力还没有产生足够的成效。

为了获得更好的形象和排名，美国航空公司和类似的公司，若能注重情感和情绪的数据和输入数据源的"正确"类型，而不是仅仅专注于粉丝的数量和点赞的数字，则会做得更好。

知识检测点 1

讨论一些社交网络数据分析对其有用的部门。

2.2 金融欺诈和大数据

在银行和其他金融机构中经常发生欺诈。这些金融机构会发送一些关于如何阻止此类欺诈和不要参与欺诈的教育性电子邮件。金融欺诈在在线零售业中更是经常发生，在此类欺诈案例中，在线零售商（如 Amazon、eBay 和 Groupon）往往因此招致巨额损失。

巧妙地运用大数据，不仅能教育网上零售商，而且也能管理和防止在他们业务中发生的欺诈和损失。以下是影响在线零售商的最常见的金融欺诈。

- ○ **信用卡欺诈**：这是一种广泛而频繁的欺诈行为。网上零售商看不到用户的卡，因此无法验证卡的所有权。在交易中很可能使用的是被盗甚至是伪造的信用卡。

  尽管在网上交易过程中进行了多次检查，例如地址验证或卡安全码，但也并不是所有的系统漏洞都被堵上了。

- ○ **换货或退货政策欺诈**：每个在线零售商都有退换货的政策，这为骗子行骗提供了很大的操作空间。骗子使用过商品后，声称不满意将货退回。更有甚者，他们甚至宣称货物未收到，稍后将其在网上出售。正是零售商鼓励顾客订购超出需求的产品，然后退回不需要的商品的做法，使得这种欺诈变得很容易。抑制这种欺诈的现成方法包括为退货商品收取再入库费用、交货时从客户处获得签名以及对已知的欺诈犯罪的顾客保持警惕。

- ○ **个人信息欺诈**：在这种欺诈案件中，顾客的登录信息被窃取，然后该骗子登录，顺利完成整个销售交易，接着将交货地址更改到不同的地点。这对网上零售商有着巨大的影响，因为真正的客户会由于未下单购买而打电话来要求退款。当他或她能证明这是一笔欺诈性交易时，零售商反过来必须要退款。如果欺诈者以这种方式取得新的信用卡，那么欺诈的影响范围还会进一步变化。

防止这些欺诈的唯一办法是了解客户的订货模式，并对超规订单和交易保持监视，同时对变更发运地址、大额订单、紧急订货和可疑账单地址等危险信号保持警觉。但这只是一些手段，任何方法都不能完全消除欺诈。

利用大数据分析防止欺诈

现在我们对网上零售业的一些金融欺诈有了一些认识，下面将介绍大数据是如何帮助防止金融欺诈的。

分析数据以了解各种欺诈模式是众多预防方法之一，但它只在样本尺寸小的时候才起作用。样本尺寸难以增大，因为这需要大量的时间和金钱的投资。然而，利用大数据技术，这个难题现在可以克服了。对全套的可用数据进行评估，可以获得有意义的见解。

大数据分析可以用下列方式帮助发现欺诈行为：

- ○ 可以在所有的数据上运行检查，以确定任何欺诈性事项；
- ○ 可以识别任何新的欺诈方式，然后将它们添加进欺诈预防检测集中；

○　不会以不必要的政策和治理结构妨碍客户。

通过检查数据流，大数据可以判断一个产品是否实际交付了，这些数据流表明了顾客的位置及产品交付的时间。也可以访问来自 eBay 和其他电子商务网站的列表，确定该产品是否在其他地方有售。

实时欺诈检测

为了实时检测欺诈，大数据将实时对比来自不同数据源的数据，以验证网上交易。例如，如果有一个在线交易，大数据将立即启用传入 IP 地址与来自客户智能电话应用程序的地址数据之间的比较。若两者匹配，则可以证明该交易是真实的。

大数据也可以梳理历史数据并指出欺诈模式，这些模式稍后用于创建检查以防止实时欺诈。

通过了解物品交付给客户的准确时间，零售商可以有效地使用实时分析。高价值物品拥有可传送自身位置的传感器。当这样的物品交付给客户时，零售商可以接收并处理来自这些传感器的流化数据，这样就防止了欺诈行为。

与现实生活的联系 ◉◉◉

Visa 使用一个强大的欺诈管理系统，该公司报告已经确定了高达 20 亿美元的潜在欺诈机会。该欺诈管理系统基于被称之为**大规模并行处理**（MPP）数据库的大数据技术。为了检测和防止欺诈，该系统从 500 个不同方面对每一笔交易进行分析并返回有效的结果。

预备知识　了解 MPP 方法及其在大数据中的使用。

可视化欺诈分析

大数据可以方便地绘制可对比的地图和图表，然后用它们做出决策，建立高效的系统，并精准定位以阻止欺诈。

例如，图形化形式的分析可帮助确定拥有较高欺诈率的地区、客户和产品。

大数据甚至可以显示产品和地区间的比较等情况，就有更高欺诈可能性存在的位置向零售商提出警告。零售商可以相应地缓解风险。

可视化还可以降低逐行或逐个物品地复查数据的工作量。

总体情况

图像分析是利用图像数字处理技术，对图像数据中所发现信息的分析。条形码和二维码的使用是简单的例子，其他有趣的解决方案可能很复杂，如面部识别和位置运动分析。今天，图像和图像序列（视频）约占企业和公众非结构化大数据的 80%。随着非结构化数据的增长，分析系统必须消化和解释可解释的结构化数据（如文本和数字）以及图像和视频。

知识检测点 2

信用卡的验证方法是什么？

2.3　保险业的欺诈检测

我们假设一家保险公司想要提高处理新理赔案件时的实时决策能力，从而减少理赔周期。另外，该公司的诉讼和欺诈性索赔费用都在稳定增长。该公司有政策和程序，以帮助保险从业者评估欺诈性索赔；然而，保险从业者没有在合适的时间拥有所需数据以做出必要的决定，这进一步拖延了处理的时间。

在此背景下，公司实施了一个大数据分析平台，它使用来自社交媒体的数据，以提供实时视图。这使得呼叫中心代理人可以在客户第一次打进电话要求理赔时，就判断出该行为模式以及与其他索赔人之间的关系，并记录下来供保险从业者检查。

在某些情况下，社交媒体也可以为识别欺诈行为提供强有力的启发；例如，客户可能会表示他或她的汽车在洪水中被摧毁，但是来自社交媒体反馈的文件显示，在洪水发生的那天，汽车实际上在另外一个城市。这些明显的差异反映了欺诈。

保险欺诈行为对组织机构的成本有着巨大的影响，这就是组织机构喜欢使用大数据分析和其他先进技术来处理这个问题的原因。这对客户也有积极的影响，因为损失会以更高保费的形式转嫁给客户。

大数据可以从大量的结构化和非结构化数据中，检测欺诈行为模式，并有助于实时监测欺诈，从而减少处理索赔的天数，保证更好的回报。实施大数据分析平台之后，组织机构现在可以在几分钟内而不是几天或数月，分析复杂的信息和事故情节。

欺诈检测方法

传统上，保险公司一直在使用统计模型以识别欺诈性索赔。这种模型有很多的局限性，仅仅可以在一定程度上防止欺诈。本节考察了这些局限性，以及大数据是如何克服它们的。

- ○ 保险公司通常使用小样本数据进行分析，从而导致一起或多起欺诈未被发现。这种方法依赖于先前记录的欺诈案件；因此每一次基于新技术的欺诈行为发生时，保险公司不得不承担后果和第一次的损失。
- ○ 识别欺诈的传统方法是独立工作的。它不能以综合的方式处理来源于不同渠道和不同功能的各种信息源。相反，大数据分析可以处理这种挑战。

公共数据可以提供避免欺诈的实用预测分析方法。银行对账单、法律判决、犯罪记录、医疗账单是可用于检测可疑人行为的一些公共数据的例子。

为了从这样的公共数据中得到最有效的预测值，企业组织将其内部数据与第三方数据做了整合。这种整合有助于调查和限制欺诈活动。

下一小节更详细地说明了各种创新的欺诈检测方法。

社交网络分析

早些时候，我们了解了社交网络分析（SNA）以及大数据如何用于发现业务中的盲点。SNA同时也是创新、有效的欺诈识别和检测手段之一。下面举一个例子。

例　子

　　假设在一次事故中，所有涉及的人都已经交换了他们的地址和电话号码，并将其提供给了保险人。在他们当中，如果其中一个事故受害者提供的地址显示了好几次索赔，或者车辆也被认定为已经牵涉各种其他索赔，这时将自动显示欺诈性索赔的可能性。有了获取此类信息的能力，就能更快地捕捉此类欺诈性索赔。社交网络分析有助于揭示此类信息，因为它可以审查巨大的数据集，并通过链接揭示关系，例如，打给保险公司理赔部门的电话数量和车辆索赔之间的联系。

SOCIAL

　　SNA 工具使用混合的分析方法。这种混合方法包括**统计方法、模式分析和链接分析**，发现大量的数据以显示关系。当**链接分析**用于欺诈检测时，人们可以寻找数据聚类以及这些数据聚类与其他聚类的联系。如前所述，判决、止赎权、犯罪记录、地址变更频率和破产等公共记录是可以集成到一个模型中的不同数据源。

　　使用这种将各种数据源集成到一个模型中的方法，保险人可以对索赔进行评级。如果评级很高，则表明该索赔是欺诈性的。这可能是因为记录不良的地址，或是可疑的供应商，或该车辆涉及多家运输公司的多起交通事故。

　　然而，在实施 SNA 之前，组织机构应该仔细考虑以下问题：

　　（1）数据到达的速度有多快？

　　（2）到达的数据中有多少是不需要的？

　　（3）需要多么深入的分析，才能确定最准确的结果？

　　（4）SNA 仪表盘需要包括什么类型的用户界面组件？

技术材料

　　在技术领域中，提取、转换和加载（ETL）是用于数据库中的一个过程。提取意味着从外部源中引入数据。转换意味着改变数据以适应经营需求。加载则意味着将数据推送到所需的领域。

　　以下是循序渐进的欺诈检测 SNA 方法。

　　（1）来自不同来源的结构化和非结构化的数据流入 ETL（提取、转换和加载）工具中。然后这些数据被转换并加载到数据仓库中。

　　（2）分析小组使用来自不同来源的信息，对欺诈风险进行打分，并对欺诈可能性评级。所使用的信息可以来自不同的来源，比如之前的信用水平、与另一个人早期情况的任何类型的联系、被拒绝的索赔数量、可疑的数据组合或者可疑的个人信息变更。

　　（3）可以在欺诈检测和预测建模机制中纳入多种大数据技术，包括文本挖掘、情感分析、内容分类和社交网络分析。

　　（4）根据特定网络的得分生成警报。

　　（5）调查人员可以利用这些信息，并开始探究更多的欺诈性索赔。

　　（6）最终，已识别的欺诈问题被添加到案例系统中。

在通用电气公司的消费者及工业家庭服务部，负责保修期内消费者产品维修的技术人员通常也处理索赔。对旧流程最大的挑战是，技术人员无法从可得到的数据中找出模式。没有人能够发现不寻常的行为。

不久前，通用电气遇到了一个完美的场景，可以对来自商业分析软件开发商 SAS（Statisitical Analysis System）的 SNA 解决方案进行测试。该公司得到消息，某些服务提供商存在欺诈现象；这种情形成为一个理想的试点场景。用 SAS 可以对获得的数据进行分析，并识别数据中的模式，从而找出是谁实施了欺诈行为。

SAS 欺诈检测系统的功能：每次索赔的度量标准和指标都有助于识别可疑的或者欺诈性的索赔。通用电气声称，将把这些数据提供给欺诈检测软件。对于每次索赔，都自动进行多达 26 种索赔级别的分析。在各种度量指标的基础上，计算一些特征指标；这些索赔发送到审计部门，当审计结果表明索赔中的多个元素低于正常曲线时，该索赔就被标记为可疑索赔，供通用电气的审计人员再调查。

成果：通用电气的消费者及工业家庭服务部估计，在检测欺诈性索赔当中使用 SAS，在第一年就节省了约 510 万美元。

技术材料

数据仓库：从技术上讲，数据仓库是一个用于报表和数据分析的数据库。这是一个存储来自各种来源的所有数据的中心位置。

预测分析

预测分析的理念是"欺诈检测越早进行，业务遭受损失就越小"。

例 子

一位顾客以汽车着火为由提出索赔。然而，该顾客的文件陈述表明，大多数有价值的物品在火灾前已从车上取出。这可能清楚地表明了汽车是故意被烧毁的。

预测分析包括使用文本分析和情绪分析来观察大数据以进行欺诈检测。

多页的索赔报告并没有给文本分析留下多少轻松进行欺诈检测的空间。大数据分析有助于筛选非结构化数据（这在以前是不可能的），也有助于主动检测欺诈。

预测分析技术正被越来越多地用于发现潜在的欺诈性索赔，加快合法索赔的支付。在过去，预测分析被用来分析存储在数据库中的统计信息；然而，它现在正在扩展到大数据领域。

下面是预测分析技术的工作方式。

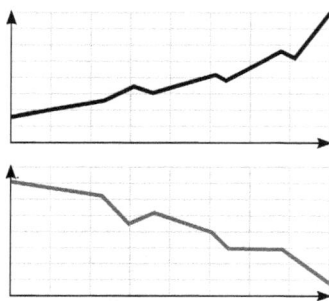

| 1 | 在调查索赔时，理赔人员撰写长篇报告。通常，线索是隐藏于报告之中的，索赔人不会注意到。 |

| 2 | 基于业务规则的计算系统强调了这些可能的欺诈线索。 |

| 3 | 欺诈检测系统可以发现这些差异，并将该索赔标示为欺诈性的。 |

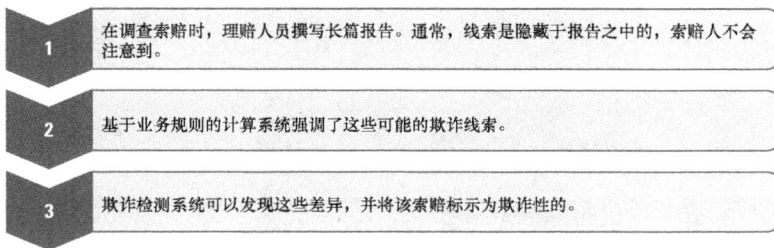

与现实生活的联系

　　Infinity 是一家财产和意外险公司，提出了对客户的保险索赔进行分级以寻找欺诈迹象的思路。Infinity 使用预测分析技术来发现潜在的欺诈性索赔，同时也加快合法索赔的支付。使用预测分析之后，索赔欺诈检测系统发现欺诈性索赔的成功率从 50% 提高到了 88%，而发现需要调查的可疑索赔所需的时间则减少了 95%。

社交客户关系管理（CRM）

　　社交 CRM 使保险行业能够有效地进行欺诈检测。社交 CRM 既不是一个平台也不是一种技术，而是一个过程。由于它的出现，保险公司将其 CRM 系统链接到社交媒体网站（如 Facebook 和 Twitter）就显得很关键了。

　　当社交媒体被整合到组织机构中时，可以让客户得到更大的透明度。互利的透明度表明，该公司信任其客户，反之亦然。这种以客户为中心的生态系统日益加强了对客户群体的控制。如果企业能够利用其客户群的集体智慧，这种生态系统就能给企业带来益处。

　　以下几点简要说明了社交 CRM 过程是如何工作的。

○　使用组织机构现有的 CRM，收集来自各种社交媒体平台的数据。

○　使用"倾听"工具，从社交交流中提取数据，并将该数据作为组织机构 CRM 现存数据的参考数据。

○　参考数据和 CRM 存储的信息一起流入案例管理系统。

○　案例管理系统在本组织业务规则的基础上，分析这些信息并发送响应。

○　然后，调查人员确认索赔管理系统对欺诈性索赔的响应。这是因为社交分析的输出只是一个指标，不应该被视为拒绝索赔的最终理由。

与现实生活的联系

　　土耳其保险公司 AXA OYAK 已经开始使用 SAS 社交 CRM 解决方案管理风险和防止欺诈。它整合了所有客户相关信息，围绕社交 CRM 建立了一个软件。使用社交 CRM，AXA 能够清理它的客户组合数据。这有助于 AXA OYAK 检测和纠正客户数据中的不一致性：即使同一客户有两条差别很小的记录，也能将其找出来。

　　利用更"干净"的数据，AXA OYAK 能够运行更准确的客户分析，更有效地调查欺诈性索赔。使用 SAS，该保险公司能够快速有效地检测客户行为和欺诈性索赔之间的关系。利用 SAS 数据仓库，AXA 可以根据在数据集中分析特定关系时所产生的标志，检查他们的客户数据。

1. 描述文本分析技术是如何工作的。
2. 列出 SNA 检测欺诈时遵循的步骤。

2.4 在零售业中应用大数据

对于零售业，大数据也有巨大的潜力。鉴于巨大的交易数量及其相关性，零售业是一个很有前途的大数据运营领域。

如果只有一个零售店且客户群很小，下面的问题似乎很容易回答：

○ 我们今天卖出了多少打底衫？
○ 这一年中的什么时候，我们卖出的紧身裤最多？
○ 顾客 X 还买了什么？我们可以寄什么样的优惠券给这位顾客？

技术材料

    全渠道维持流程类似于多渠道零售的早期阶段。这个流程通过所有可用的渠道，包括移动电话、互联网、实体店、电视、广播、邮件等，专注于消费者体验。为了迎合新客户的需求，零售商实施了专业化的软件应用。

由于每天都要进行数以百万计的交易，这些交易散布在多个互不相连的遗留系统和 IT 团队中，不可能看到数据的全貌。

找到公司销售部门、实体店以及在线商店销售之间的关联，可以深入洞察客户行为和公司整体健康状况，但这些信息往往难以汇聚，以致问题得不到解决。零售商店通常依靠每日更新的传统销售点系统运营，这些系统往往无法相互通信，更不用说与电子商务网站通信了。

对于市场分析师而言，尝试和了解公司产品或活动的优势和健康度，协调这些系统和它们的不同数据是一项不可能完成的任务。虽然**全渠道零售解决方案**确实存在，但它们要求商店管理者和网站开发人员学习全新的系统，公司范围的培训和系统部署导致了巨大的时间和金钱成本。让团队熟悉不同的技术及其访问数据的方式，以及后续的再培训，都是艰巨的任务。

此外，由于系统的伸缩性问题，实时访问数据并不是总能做到。

假设你想知道，某个特定物品是否在附近的另一家商店有库存。该信息最终并不容易获得，需要采用电话呼叫或其他通信方式，这进一步增加了交易时间，而且有可能阻碍该商品在生产之后立即出售。

即使有可能访问这些数据，它们也可能无法提供特别丰富或者实用的信息。原始形式的交易数据仅能帮助公司了解其销售量，但不一定能了解销售和天气、购物者人口统计数字之间的联系，以及顾客和其他购买行为之间的关系。

此外，仍然存在这样一个事实：大数据中的绝大多数是没有必要的，也是没有用的。在大数据流中，某些信息有长远的战略价值，有些仅对立刻使用和战术使用有效，而另一些数据则毫无用处。驾驭大数据的关键是确定数据属于哪一个类别。

沃尔玛使用大约 10 个不同的网站，收集购物和交易数据并提供给分析数据处理系统。其他公司（如 Sears 和 Kmart）利用大数据技术，根据特殊顾客的喜好，专注于个性化营销策略。Amazon 还使用大数据技术为建立联盟网络提供支持，提供风险管理并更新他们的网站。

随着沃尔玛和 Amazon 等零售业越来越大规模和广泛地使用技术，对运输和生产的跟踪也有了显著的增长。在这些场景中，大数据被证明有巨大的益处。来自标签等创新解决方案的数据被用于分析。这些标签可以产生大量的数据，可以进行分析以提供各种解决方案，它们中的一些将在下一小节中讨论。

零售业中 RFID（射频识别）数据的使用

RFID 标签指的是包含唯一代码（如 UPC 码）以识别产品的小标签。此标签作为一个邻接图像，放置在装运托盘或产品包装中。

除了条码之外，RFID 还可以：

- ○ 将某个托盘分配给一组精确、专用的计算机系统；
- ○ 有助于发现商店中的缺货现象；
- ○ 指定商店中每种商品的剩余数量，在需要重新进货时触发警报；
- ○ 区分缺货产品和货架上的可售产品，可以更好地跟踪产品。例如，如果一个产品在货架上没有了，这并不意味着该产品彻底没有了。使用 RFID 阅读器和移动计算机，可以从仓库中识别存货并立即替换。

技术材料

UPC 是 Universal Product Code（通用产品代码）的缩写，是某些国家（包括英国、美国、加拿大、澳大利亚和新西兰）为在购物商店中交易所售商品而采用的条码符号。

除此之外，使用 RFID 还能节约时间，减少劳动量，在整个生产交付生命周期中提高产品可见度，并节约成本。使用 RFID 的一些常见的好处如下所示。

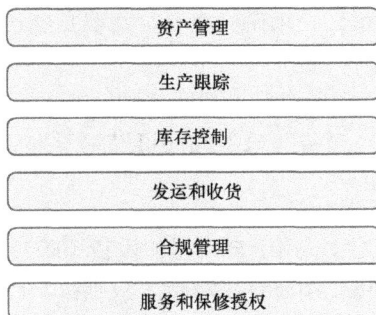

资产管理

生产跟踪

库存控制

发运和收货

合规管理

服务和保修授权

资产管理

组织机构可以标记他们的所有资本资产，如托盘、车辆和工具，以便随时随地跟踪它们。固定在特定地点的阅读器可以用最大限度的准确度，观察并记录所有标记资产的活动。当工人需要时，所收集的数据也可以用来跟踪工具和设备，从而减少了寻找它们的工作。

该机制还可以作为安全检查和警报的监督者，当有人在授权区域以外移动资产时发出声音报警。

当包装箱装货后准备发运时，也包含了带有 RFID 的跟踪托盘。这些 RFID 包含了储存在包装箱内物品的记录。这有助于生产管理者对库存水平和包装箱的实时位置有一个完整的视图。此信息可在无须浪费任何时间的情况下，用于定位物品并完成紧急的订单。

当拥有 RFID 标签的运输包装箱、托盘、气罐和可重复使用的塑料包装箱装运时，很容易在码头入口处识别它们。当数据库与发运信息相匹配后，产品的生产商为每个发运包装箱建立详细日志，并为跟踪他们的货物制订一套程序。这些信息可用于减少文件周转所需要的时间，对解决货物丢失和损坏的纠纷也很有价值。

生产跟踪

最近的一项研究表明，制造商使用 RFID 可将其制造成本降低 2~8 个百分点，因为 RFID 在跟踪材料库存和工作流程方面提供了高度的可见性。在不能使用条形码的场合下，RFID 的使用能够准确而实时地反映情况。

库存控制

RFID 的主要好处之一是库存跟踪，特别是在以前没有做过跟踪的地方。RFID 标签可透过包装读取，而不需直接目视，这意味着可以在不打乱货物摆放顺序的情况下，读取整个混装货物托盘。RFID 标签对物理损伤（如灰尘、湿气、热量和污染物）具有足够的抵抗力。而条形码不具备这样的抵抗力，很容易发生损坏或错误。RFID 的优点有助于改善库存和供应链的运作。

RFID 跟踪系统的使用可以优化库存水平，从而降低库存和劳动力的整体成本。RFID 允许生产商跟踪原材料存货、进行中的工作或者已完工的货物。安装在货架上的阅读器可以自动更新库存数据，在需要再进货时发出报警。在移动计算机和 RFID 阅读器的帮助下，就有可能简单地定位物品了。

RFID 还可以创建安全存储区，在安全存储区里，可以对阅读器进行编程，当物品被移走或放置于其他地方时，就能发出警报。一项研究表明，消费品制造商通过使用 RFID，可以减少约 10% 的存货缩水或损失的可能性。

用同样的方式，移动计算机和阅读器可以帮助现场管理人员快速和精确地在商店或车辆里进行盘点。自动计数器节约了时间，节省下来的时间可以用于为更多的客户服务。

发运和收货

用于管理库存的 RFID 标签也可以用于自动化的发货跟踪应用程序。制造商可以使用这些读数来产生一个发运清单。该清单可以用于许多事情，包括：

- ○　打印出货文件；
- ○　在装运系统中，自动记录装运信息；
- ○　打印发运标签的二维码。

考虑**系列货运包装箱代码（SSCC）**数据结构，这是发运标签广泛使用的条形码。SSCC 很容易转换成 RFID 标签，以提供发运的自动化处理。

RFID 标签中的数据可以和发运信息一起输入，收货方很容易读取该数据，这简化了接收流程并消除了处理延迟。

物流公司从不同的地点，把各种包裹收取到了集散中心。此后，它从常规包裹中，分拣出紧急的包裹以供早晨投递。这就是 RFID 能起作用的地方，RFID 可以帮助定位这些包裹或货盘，并将其装运以便更快投递。

合规管理

如果和材料一起运输的 RFID 标签已经更新了所有处理数据，就可以生成全套的监管追踪痕迹，和监管要求的其他材料一起提交给监管机构，如食品药品监督管理局（FDA），交通运输部（DOT）和职业安全与健康管理局（OSHA）。这对从事危险品、食品、药品和其他监管物料工作的公司很有用处。

服务和保修授权

服务保修要求的保修卡或文件将不再是必需品，因为 RFID 标签可以保存所有这些信息。一旦修理或服务已完成，该信息可以输入 RFID 标签，以提供维护历史。RFID 一直都在产品上，如果未来需要维修，技术员就可以访问这些信息，而不需要访问外部数据库，这有助于减少通话和查阅文档的时间耗费。

附加知识　**更多关于 RFID 标签的内容**

各种类型的 RFID 标签可用于不同环境，如纸板箱，木制、玻璃或金属包装箱。标签也有不同的大小和不同的功能，包括读写能力、内存和电源需求。

它们有广泛的耐久性。有些品种如纸张一样薄，通常只是一次性使用，被称为"智能标签"。RFID 标签也可以定制，可以耐高温、潮湿、酸和其他极端条件。

一些 RFID 标签可重复使用，并可以提供比条形码标签更有优势的总体拥有成本（TCO）。

现在在你已经知道了大数据是如何变革和转变业务以及决策的。大数据更多的是与业务转型而不是与 IT 转型相关。

下表概括了企业使用大数据进行转型的具体做法。

序　　号	传统的策略制订	大数据的策略制订
1	回顾过去	前瞻性的建议
2	使用样本数据	使用来自多个源的所有数据
3	批处理、不完整、不连贯	实时、紧密结合
4	业务变现	业务优化

知识检测点 4

描述 RFID 标签在零售业中的应用。

基于图的问题

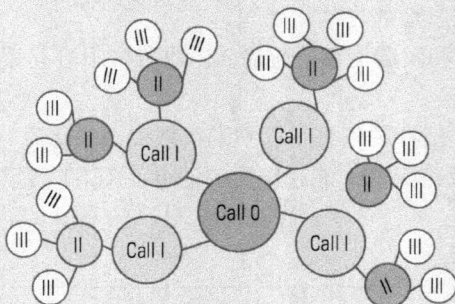

1. 上面的数字代表了哪种分析？
2. 该图中展现了多少层的数据？

多项选择题

选择正确的答案。在下面给出的"标注你的答案"里将正确答案涂黑。

1. 客户维护经理使用哪种社交网络数据分析应用？
   a. 商业智能
   b. 市场营销
   c. 产品设计和开发
   d. 保险欺诈

2. 通常会影响在线零售商的欺诈类型是哪个？
   a. 信用卡欺诈
   b. 正向欺诈
   c. 公司欺诈
   d. 保险欺诈

3. 如何用大数据来打击欺诈和帮助防止欺诈？
   a. 分析所有的数据
   b. 实时检测欺诈
   c. 使用预测分析
   d. 以上都是

4. 选出 SNA 用来通过链接显示关系的分析方法。
   a. 组织结构业务规则
   b. 模式框架
   c. 链接分析
   d. 统计方法

5. 指出能够用于欺诈识别和预测建模过程的技术。
   a. 文本挖掘
   b. 社交媒体数据分析
   c. 回归分析
   d. 以上都是

6. 基于历史和实时数据的预测模型可以帮助哪些企业在早期发现可疑的欺诈案件？
   a. 市场营销公司
   b. 医疗索赔公司
   c. 建筑公司
   d. 基于 CRM 的制造企业

7. 确定保险公司在实施 SNA 之前应当考虑的关键方面。

a. 数据达到得有多快　　　　　b. 到达的数据有多干净

c. 应对数据进行哪种分析　　　d. SNA 的输出是什么

8. 在下列哪种情况下，通过产品交付，RFID 可以减少人工劳动成本和时间并改善资产的可见性？

   a. 资产管理　　　　　　　　b. 身份欺诈检测

   c. SNA　　　　　　　　　　d. 公司欺诈检测

9. 下列哪一项可以使用 RFID 标签进行跟踪？

   a. 原材料　　　　　　　　　b. 废料

   c. 成品库存　　　　　　　　d. 保险欺诈

10. 下面哪一个是 RFID 阅读器的功能？

   a. 文本挖掘　　　　　　　　b. 信用证管理

   c. 保险欺诈检测　　　　　　d. 存货管理

标注你的答案（把正确答案涂黑）

1. Ⓐ Ⓑ Ⓒ Ⓓ　　　　6. Ⓐ Ⓑ Ⓒ Ⓓ

2. Ⓐ Ⓑ Ⓒ Ⓓ　　　　7. Ⓐ Ⓑ Ⓒ Ⓓ

3. Ⓐ Ⓑ Ⓒ Ⓓ　　　　8. Ⓐ Ⓑ Ⓒ Ⓓ

4. Ⓐ Ⓑ Ⓒ Ⓓ　　　　9. Ⓐ Ⓑ Ⓒ Ⓓ

5. Ⓐ Ⓑ Ⓒ Ⓓ　　　　10. Ⓐ Ⓑ Ⓒ Ⓓ

测试你的能力

1. 研究和讨论社交媒体分析在新政府选举投票后民意调查中的应用。

2. 研究和讨论大数据分析在下列项目中的适用性。

   a. 制造业

   b. 娱乐业

   c. 体育产业

   d. 改善和优化城市

   e. 执法

   f. 天气预报

- ○ 社交网络数据有资格作为一个大数据源，并提供比传统数据更全面的关于分析方法的洞察力。
- ○ 社交网络数据应用包括：
  - 商业智能；
  - 社交和联盟营销；
  - 为市场营销赋予社交智能。
- ○ 影响在线零售商的主要欺诈类型为：
  - 信用卡欺诈；
  - 退货欺诈；
  - 身份欺诈。
- ○ 为了阻止金融欺诈，大数据可以：
  - 分析全部数据；
  - 实时监测欺诈；
  - 使用可视化分析。
- ○ 保险欺诈检测的目标是在第一次受损通知时，就能识别欺诈性的索赔。
- ○ 组合来自不同来源的数据，能够建立有效的欺诈检测能力。
- ○ 欺诈可以通过如下手段识别：
  - 结合了分析方法的混合方法的社交网络分析工具；
  - 预测分析，包含了文本分析和情感分析的使用，审视大数据进行欺诈检测；
  - 社交客户关系管理，既不是平台也不是技术，而是一个过程。
- ○ 在零售业中，射频识别（RFID）数据可用于：
  - 资产管理；
  - 生产跟踪；
    - ◆ 库存控制；
    - ◆ 发运和收货；
    - ◆ 合规管理。
- ○ 服务和保修授权。

处理大数据的技术

模块目标

学完本模块的内容，读者将能够：

▶▶ 讨论与大数据相关的主要技术

本讲目标

学完本讲的内容，读者将能够：

▶▶ 解释大数据相关的分布式计算概念

▶▶ 概括 Hadoop 分布计算环境

▶▶ 解释云计算非常适合于大数据分析的原因

▶▶ 描述大数据内存计算的优点

> "大数据将导致客户细分的死亡，并迫使市场人员在 18 个月内理解每一个客户，否则就有被历史所遗弃的风险。"
>
> ——Ginni Rometty CER, IBM

在第 2 讲中，你已经概要了解了当今各个行业是如何应用大数据以提高业务决策，并使流程更有效和更有成效的。现在，为了以所需的速度使用大量和多样的数据，一个合适的技术框架是必需的。本讲将会介绍一些与大数据相关的主要技术，这些技术有助于存储、处理和分析数据并提供所需的业务洞察力。

技术的快速发展从根本上改变了数据产生、处理、分析和消耗的方式。组织机构以及互联网捕获和分析的数据量有了巨大的增长，互联网也推动了大型数据来源和有效数据处理的需求。为了满足这一需求，许多技术创新已经应用于操控、处理和分析我们所谓的"大数据"。大数据相关创新中最受欢迎的领域包括分布式和并行计算、Hadoop、大数据云以及大数据内存计算。

本讲的核心关注点是带你领略使大数据解决方案成为可能的各种技术的基础知识。

值得注意的是，在所有这些技术中，Hadoop 或许是大数据领域最流行的名词。Hadoop 是一个用于存储和处理不同类型数据的开源平台。它使数据驱动的企业从可用数据中，快速获得最大的价值。在本讲晚些时候，你将了解更多关于 Hadoop 的内容。

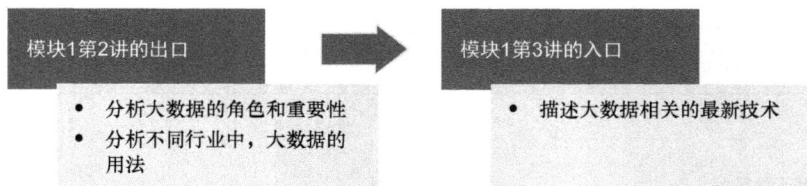

模块1第2讲的出口	模块1第3讲的入口
● 分析大数据的角色和重要性 ● 分析不同行业中，大数据的用法	● 描述大数据相关的最新技术

3.1　大数据的分布式和并行计算

分布式计算是一种在网络中连接多个计算资源，将计算任务按资源分布，从而提高计算能力的方法。分布式计算比传统计算更快捷、更高效，可在有限的时间内处理大量的数据，因而具有巨大的价值。

为了进行复杂的计算，独立个人计算机的处理能力也可以通过添加多个处理单元得以增强，它通过将复杂任务分解成子任务、同时执行单独子任务的方法，来执行复杂任务的处理。这样的系统通常被称为**并行系统**。处理能力越强，计算速度就越快。

这两种方法非常适用于大数据分析。让我们来看看这是为什么。

如果不存在一个大的时间约束，组织会选择将他们的数据移动到外部机构中去进行复杂的数据分析。这种方法是相当高效的，因为这些机构专注于提供巨大的数据源和资源进行数据处理和分析。这种方法也是经济的，因为与组织机构在内部进行这些任务所导致的费用相比，这些机构收取的费用是较低的。

技术材料

分布式计算已经出现了大约 50 年。最初，该技术作为一种在不投入大型计算系统费用的情况下扩展计算任务和攻克复杂问题的手段，用于计算机科学研究。

图 1-3-1 显示了分布式系统和并行系统的比较。

此外，如果组织机构自行分析数据，在大多数情况下，由于成本问题，他们仅仅捕获和分析了可用数据的一个样本，而不是所有的数据。这一分析的结果，几乎等同于分析样品的结果。

今天的市场和企业竞争残酷。同时，可用的数据量、数据多样性和数据速度以天文数字激增。为在市场上获得优势，组织机构觉得需要在很短的时间内分析所能得到的所有数据。这显然导致了对大容量存储和处理能力的需求。

今天的技术发展已经推动和确立了新的复杂数据的存储、处理、分析方法，并创造了更强大的硬件。

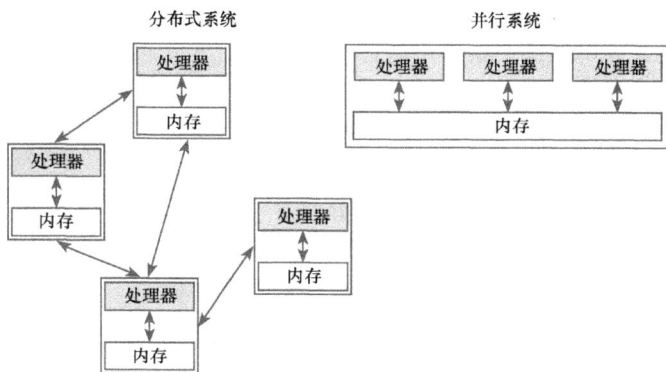

图 1-3-1　分布式系统和并行系统的比较

为了利用这些强大的硬件执行复杂的数据分析，编写了新的软件，新的软件遵循以下步骤：

（1）把工作分解成更小的任务；

（2）调查所有手头的计算资源；

（3）在网络中高效地分配任务到互联的节点或计算机。

软件也开始被用于防范资源故障。这通过利用虚拟化，将作业委托给另一个资源来完成。

尽管有这些技术上的发展，但是**延迟**的问题仍然存在。延迟是系统延时的总和，因为涉及大量数据的单个任务会造成延时。如果你使用过无线电话，就可能亲身体验过延迟——你和来电者之间的通信迟滞。

这种延迟会导致组织内部以及和客户及其他外部利益相关者之间的系统执行、数据管理和通信速度的下降。

常规的大数据应用通常会遭受延迟问题的困扰，因此性能水平较低。这对企业来说是一个潜在的问题。只要企业允许在后台从事数据工作，它们就可以处理延迟；然而，只要形势需要在企业和消费者之间快速通信以及快速访问和分析数据，问题就浮出水面了。

作为应对这些问题的措施，**分布式和并行处理技术**不仅为在一段时间内处理大量数据提供了具体解决方案，还提供了处理延迟的方案。

定　义

分布式计算系统是一个独立、自治、互联的计算机集合，能够协调和相互配合完成某项任务。

并行计算是指多个计算单元或处理器的同时使用，其中每个处理单元以更快的速度并行解决计算问题的不同部分。

预备知识　了解分布式计算的背景知识。

通过分布式计算的大数据处理流程如图 1-3-2 所示。

正如你在图 1-3-2 中看到的那样，节点是包含在一个系统集群或机架内的元素。节点通常包括 CPU、内存和某些种类的磁盘；但是，节点也可以是依赖附近存储的刀片 CPU 和内存。

在大数据环境中，通常聚合这些节点以提供伸缩性；这样，随着数据量的增长，可以添加更多的节点到集群中，这样它可以不断扩展以适应不断增长的需求。

分布式计算也使负载平衡和虚拟化成为可能。负载平衡是一种在多台计算机之间分布网络工作负载的技术。虚拟化是指创建一个虚拟环境，包括硬件平台、存储设备和操作系统（OS）。

分布式计算的发展帮助组织机构利用了所有的可用数据（而不仅仅是一个样本），在内部分析他们的复杂数据。

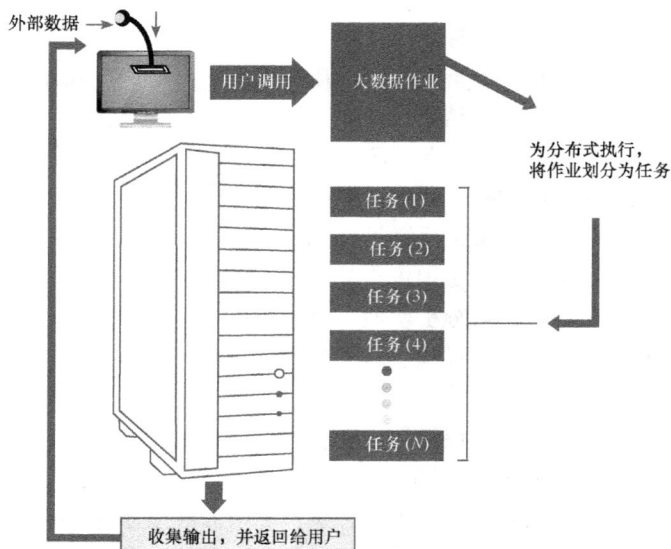

图 1-3-2   大数据分布式计算模型的工作流程

附加知识

分 布 式 系 统	并 行 系 统
通过网络连接以完成特定任务的独立计算机系统集合	连接多个处理单元的计算机系统
连接的计算机可以相互配合，是有独立处理单元和内存空间的自治系统	所有的处理单元共享常见的、可被处理单元直接访问的内存空间
连接的计算机是松散耦合的，可以访问位于远程的数据和资源	这些系统是紧密耦合的，通常用来解决单一复杂问题。

3.1.1 并行计算技术

表 1-3-1 展示了一些当今用于处理每天产生的高速、海量数据的并行计算技术。

表 1-3-1   并行计算方法

并行计算方法	描 述	使 用
集群或网格	多个服务器连接形成网络，这样就可以在它们之间共享工作负载。装备同类型商用硬件的集群称为同构集群。装备不同硬件组合的集群称为异构集群	组织机构可以利用在一段时间内获得的硬件组件，形成一个集群或网格。这种方法通常具有成本效益。同时，虽然整体成本可能很高，但网格提供了具有成本效益的存储解决方案
大规模并行处理（MPP）	MPP 平台是像网格一样工作的单一机器。它处理存储、内存和计算任务。这些功能通过为 MPP 平台专门编写的软件来优化。该平台还为可伸缩性进行了优化	MPP 平台适用于高价值的用途。EMC Greenplum 和 ParAccel 是 MPP 平台的例子
高性能计算（HPC）	HPC 环境提供非常高的性能和可伸缩性。它们使用内存技术，用于高速浮点处理。在下面的小节里，你会读到更多关于内存技术的内容	HPC 是专业应用和定制应用开发的理想环境。这些环境适合于研究或商业组织，在这种环境中，因为结果非常有价值或者项目在战略上很重要，高成本是可以接受的

附加知识

　　公共云环境是一种可以通过互联网访问的集群或网格类型。云拥有者或供应商开发了一个集群，然后允许用户使用它来进行付费的存储或者任务计算。Amazon 和 EC2 是公共云的实例。公共云使企业能够灵活地按需使用（即购买）计算能力。这是公共云的优点以及普及原因。在私有云的环境下，一个组织机构的集群是私有的，需要通过它的网络来访问。私有集群适合于对数据隐私有高度优先级的企业。私有云的成本会分摊到各个业务单位。

　　在本讲稍后，你会了解到更多关于公共云和私有云的知识。

3.1.2　虚拟化及其对大数据的重要性

- ○ 实现虚拟化的过程是为了把可用的资源和服务从基础物理环境中隔离开来，使你在单一物理系统中建立多个虚拟系统。公司实施虚拟化，以提高处理不同工作负载组合的性能和效率。
- ○ 解决大数据的难题通常需要管理大量高度分布的数据存储，使用计算和数据密集型应用程序。虚拟化提供了更高的效能，使大数据平台成为现实。虽然从技术上说虚拟化不是大数据分析的需求，但大数据环境中使用的软件框架（如 MapReduce）在虚拟化环境中更有效率。
- ○ 除了**封装、隔离和分区**等特性，大数据虚拟化成功的最重要需求之一是具有合适的性能水平，以支持大量不同类型数据的分析。
- ○ 当用户开始利用如 Hadoop 和 MapReduce 这样的环境时，拥有一个可伸缩的支撑基础设施也是至关重要的。虚拟化在 IT 基础设施的每一层都提高了效率，并提供了大数据分析所需的可伸缩性。

3.2　Hadoop 简介

　　在处理大数据源时，传统的方法达不到要求。你需要一个设计用于应对大数据所提出的挑战的产品和技术集合。

　　Hadoop 是一个开源平台，被设计用于处理数量巨大的结构化和非结构化数据——大数据。处理这样的海量数据，需要深入的分析技术，这需要更强大的计算能力。

　　这种海量数据分析在传统上已经可以通过分布式计算完成。除此之外，用户还可以选择使用 Condor 等现有系统进行计算机网格调度；然而 Condor 没有自动数据分布功能；除了计算集群之外，它还需要一个独立的系统区域网络（SNA），同时还需要一个通信系统（如 MPI）来实现在多个节点之间的协调。这个编程模型不仅很难，而且增加了错误的风险。

　　Hadoop 引入了简单编程模型，它可以让用户创建和运行分布式的系统，而且速度也相当快。Hadoop 利用了 CPU 核心的并行计算工作原理，能够有效、自动地在机器之间分布数据。

　　下面是 Hadoop 的一些显著特征。

- ○ Hadoop 可以工作在大量不共享任何内存或磁盘的机器上。这解决了高效存储和访问这两个共生的大数据问题。

○ 因为 Hadoop 将数据分布于不同服务器，所以当数据加载到 Hadoop 平台上时，存储得到了改善。

○ 因为 Hadoop 可以跟踪存储于不同服务器上的数据，访问得到了改善。

○ 由于 Hadoop 使用所有可用处理器并行运行计算任务，改善了处理性能。这样，不管是应对庞大多样的数据还是处理复杂的计算问题，Hadoop 都保持了性能。

○ Hadoop 通过保留多份在服务器失效时可用的数据备份，提高了恢复能力。

了解 Hadoop 是如何运作的

那么 Hadoop 是如何使用多个计算资源来执行一个任务的呢？

Hadoop 的核心部分有如下组件。

○ **Hadoop 分布式文件系统（HDFS）**：可靠、高带宽、低成本的数据存储集群，便于跨机器的相关文件管理。

○ **Hadoop 的 MapReduce 引擎**：高性能的并行/分布式 MapReduce 算法数据的处理实现。

Hadoop 被设计用来处理大量的结构化和非结构化数据，以 Hadoop 集群的形式在商业服务器机架上实施。每个服务器独立进行自己的工作并返回它的响应。也可以从集群中动态移除或添加服务器，因为 Hadoop 能够检测变化（包括失效），并根据这些变化进行调整，持续运行而无须中断。

MapReduce 是一种编程模型，可将任务映射（map）到不同的服务器上，并把响应归约（reduce）为一个结果。如前所述，Hadoop MapReduce 是一个由 Apache 项目开发和维护的 MapReduce 算法实现。该算法提供了将数据分解为易于管理的块，在分布式集群上并行处理数据，然后使数据可供用户消费或额外处理的能力。

MapReduce 的**映射**（map）组件将编程问题或任务分布到大量系统中，并用平衡负载和管理失效恢复的方式处理任务的存放。在分布式计算完成之后，另一项功能**归约**（reduce）聚合所有的元素，提供一个结果。

当 Hadoop 接收到一个索引作业时，组织机构的数据首先被加载到 Hadoop 软件中，然后，Hadoop 将数据分为不同的块，把每一块数据发送到不同的服务器。Hadoop 通过将作业代码发送到所有存储相关数据块的服务器的方式来跟踪数据。此后，每个服务器将作业代码应用于所存储的部分数据，并返回结果。

最后，Hadoop 整合来自所有服务器的结果，并返回结果，如图 1-3-3 所示。

下面的例子有助于更好地理解 Hadoop 是如何工作的。

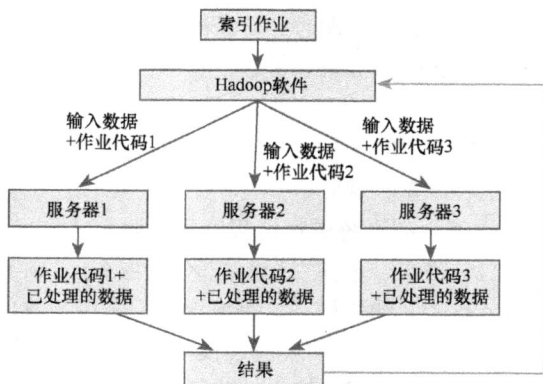

图 1-3-3　MapReduce 中作业跟踪流程的展示

考虑一个城市里的所有的电话呼叫记录。假设研究人员想要知道在特定事件发生时打电话的学生数量。索引查询将指定相关的用户信息和事件的时间。每个服务器将搜索它的呼叫记录集合，并返回匹配查询的那些记录。Hadoop 将所有这些集合组合成一个结果。

　　假设，所有的电话呼叫记录都以 csv 格式存储在服务器上。首先，数据在 Hadoop 上加载，接着用 MapReduce 编程模型处理数据。

　　假设在 csv 文件中有 5 列：

- ○ user_id；
- ○ user_name；
- ○ city_name；
- ○ service_provider_name；
- ○ call_time。

要找到在特定时间内打电话的用户（学生）数量，学生是由 user_id 标识的。

最终的输出是在特定时期内（如晚上 9～10 点）打电话的用户总数。

　　为了得到最终的输出，数据逐行通过各个映射组件（mapper）。在映射作业完成之后，Hadoop 框架整理或排序并分组这些数据，并将其发送到提供最终输出的归约组件（reducer）里。

　　Hadoop 平台也有利于在多台机器上的数据存储。这项能力允许一个企业使用多台商业服务器，并在每一台上运行 Hadoop，而不是建立一个整合的系统。

附加知识

　　搜索引擎的领导者（如 Yahoo! 和 Google）正在寻找一种方式，使他们的引擎每分钟都在收集的大量数据变得有意义。他们想了解收集的信息是什么，以及如何利用这些数据去盈利。这推动了 Hadoop 的发展，因为它为 Yahoo! 和 Google 这样的公司轻松管理大量数据指出了最明智的方式。Hadoop 最初是由 Yahoo! 的一位名叫 Doug Cutting 的工程师开发的，现在是一个由 Apache 软件基金会管理的开源项目。

总体情况

　　Hadoop 越来越多地被想要进行大数据分析的企业使用，因为这样的分析需要处理大数据问题。正如你所知的那样，Hadoop 可将大问题分解成更小的元素，这些元素可以用更快、更有成本效益的方式分析。也可以将大数据问题分解成可以并行处理的小部分，然后重新组合该分析并呈现结果。

知识检测点 1

1. 讨论分布式计算如何使你能够在社交媒体上搜索过去 24 小时内关于特定品牌的评论。
2. 在互联网上搜索和阅读 Hadoop 的工作方式。讨论你认为 Hadoop 最有趣的方面。使用下列资源。
   - ○ Brian Proffitt 所著的 "Hadoop: What Is It and How It Works"（2013 年 5 月 23 日）。
   - ○ 杜克大学的 "How Hadoop Works"。
3. Hadoop 以怎样的方式实施分布式计算？并解释说明。

3.3 云计算和大数据

任何组织机构为了存储和管理大数据，都需要预测硬件和软件的需求。需求可能随着时间的变化而变化，这可能导致资源利用不足或者是过度利用。此外，硬件设置和软件安装都需要组织机构的大量投资，组织机构通常会面临资源、成本和利用率的问题。

云计算是一种提供共享计算资源集合的方法，这些资源包括应用程序、存储、计算、网络、开发、部署平台以及业务流程。云通过提供可水平扩展的、经过优化的、支持大数据实际实施的架构，在大数据世界中扮演着重要的角色。要在现实世界中运营，云必须实现通用的标准流程和自动化。

图 1-3-4 显示了云计算模型。

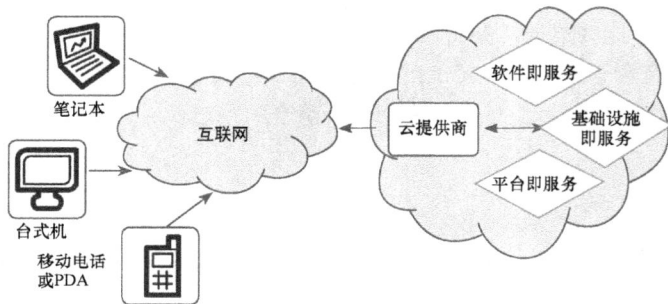

图 1-3-4　云计算模型的工作

基于云的应用平台使应用程序很容易获得计算资源，并根据使用的服务和组件为相应的资源付款。在云计算的背景下，这样的功能被称为弹性——只需点击按钮和支付，就可以动态地调节和访问计算资源；然而，在这样的情况下，组织机构需要监控和控制云计算资源的使用，否则产生的费用会出人意料地大。

在云计算中，所有的数据被收集到数据中心，然后分发给最终用户。而且，自动数据备份和恢复还能够确保业务连贯性。

云与大数据分析互补的主要原因是：和大数据一样，云也使用分布计算。

与现实生活的联系

想想 Google 和 Amazon。两家公司都需要有很强的海量数据管理能力，以推动它们的业务。它们需要可以支撑超大规模应用的基础设施和技术。考虑它们工作中的一个部分：Google 每分钟都要处理数以百万计的 Gmail 邮箱消息。Google 已经能够优化 Linux 操作系统和它的软件环境，有效地支撑电子邮件，并能够捕捉和利用有关其邮件用户和搜索引擎用户的大量数据，以驱动它的业务。同样，Amazon 的 IaaS 数据中心经过优化，协助大规模的工作负载来对无数的中心提供服务和支持。这两家公司也都提供了一系列基于云的大数据服务。

3.3.1　大数据计算的特性

下面是一些云计算适于大数据分析的特性。

- ○ **可伸缩性**：即使组织机构提高了硬件的处理能力，对于在新硬件上运行的软件，它们也可能需要改变架构和面临新问题。云对此提供了解决方案。它通过使用分布式计算提供了可伸缩性。
- ○ **弹性**：云解决方案允许客户根据需求，付费使用恰当数量的云服务。例如，某企业预计在商店促销时会有更多的数据，可以在这段时间购买更多的处理能力。另外，客户不必事先指定使用量。
- ○ **资源池**：使用类似计算资源的多个组织机构不需要对其单独投资。云可以提供这些资源，而且，因为这些资源被许多组织机构使用，云的成本得以降低。
- ○ **自助服务**：客户可以通过用户界面直接访问云服务，选择他们想要的服务。这是自动的，不需要人为干预。
- ○ **低成本**：企业不需要为了处理大数据分析等大型操作，对计算资源做大规模的初始投资。它们可以注册一个云服务，在使用的时候进行支付。在这个过程中，云供应商享有规模经济的优势。这也有利于客户。
- ○ **故障容错**：如果云的一部分失效了，其他部分可以接管并为客户提供不间断的服务。

技术材料

多个租户或客户使用云上的软件的单一副本的情形，称为多租户云。

技术材料

许多组织机构使用公共云或私有云。组织机构并不是单独使用它们，而是将两种云组合为**混合云**。在两种云之间形成许多连接，通过自动化运营提高效率。

3.3.2　云部署模型

云部署模型回答了关于所有权、操作和使用的问题。公共和私有是两种云部署模型。

- ○ **公共云**：公共云是由一个组织机构拥有并运营的，供其他组织机构和个人使用。公共云提供一系列的计算服务。对于每类服务，为特定类型的工作负载进行了专门化。通过专门化，云可以定制硬件和软件以优化性能。定制使得计算过程具备了高度可伸缩性。例如，一个云可以专注于为 YouTube 或 Vimeo 上的视频直播而存储视频，并为处理大流量而优化。对于企业来讲，公共云提供了经济的存储解决方案，是一种处理复杂数据分析的有效方式。这些因素有时比安全和延迟的问题更为重要，这是公共云的固有特性。
- ○ **私有云**：私有云是组织机构为了自身目的而拥有和运营的。除了员工，组织机构的合作伙伴和客户也能使用私有云。
  私有云是专为一个组织机构设计的，并结合了组织机构的系统和流程，包括可以集成到云中的组织机构业务规则、管理政策和合规性检查。因为多个客户提供了不同的规格，有些事情需要在公共云上手工操作，但可以在私有云中自动进行。因此私有云是高度自动化的，也受到了防火墙的保护。这减少了延迟，提高了安全性，使其成为大数据分析的理想选择。

总体情况

除了应用于大数据分析，云还可用于**存储、备份和客户服务**等其他目的。随着越来越多的人使用计算机，商业任务已经转移到了笔记本和移动设备上，后续将转移到云上。消费者可以从他们的家中订购产品，商店接收到订单后将指令发送到交付该产品的仓库。该商店可以使用云接收订单和发送指令，处理付款和跟踪支付。不使用云计算，这些任务也可以完成，但是云计算降低了基础设施成本，并提供了可伸缩的内容存储。

3.3.3　云交付模型

正如前面所讨论的，云将硬件、平台和软件作为服务交付。因此，云服务分为如下几类。

○　**基础设施即服务（IaaS）**：基础设施是指硬件、存储和网络。当你为了在云端保存假日照片而付费时，使用的就是公共 IaaS。当一个员工在组织机构的备份服务器上保存工作报告时，该员工使用了私有 IaaS。IaaS 将硬件、存储和网络作为服务提供。IaaS 的例子有虚拟机、均衡负载器和网络附加存储。

企业通过使用公共云 IaaS，可以在物理基础设施上节省投资。企业可以选择操作系统，而且可以利用 IaaS 建立具有可伸缩存储和处理能力的虚拟机。

○　**平台即服务（PaaS）**：PaaS 提供了一个编写和运行用户应用程序的平台。平台指的是操作系统，它是中间件服务、软件开发和部署工具的一组集合。PaaS 的例子有 Windows Azure 和 Google App 引擎（GAE）。

当一个组织拥有 PaaS 私有云时，业务单元的程序员可以按需创建和部署应用。PaaS 使得尝试新的应用变得更加容易。

○　**软件即服务（SaaS）**：SaaS 提供可从任意地方访问的软件。客户可以在云上使用软件，而不需要购买和在自己的设备上安装。这些软件应用程序提供月度或年度合同。为了使 SaaS 正常工作，基础设施（IaaS）和平台（PaaS）必须到位。

组织机构可以在它的私有云中维护定制开发的软件，并将其链接到存储在公共云中的大数据。在一个混合云中，应用程序可以利用私有云和公共云的优势，有效地分析数据。

3.3.4　大数据云

在云中，大数据有许多种部署和交付模式。大数据需要分布式的计算机集群能力，这就是云的架构方式。各种云的特性使其成为大数据系统的重要组成部分，是一个理想的大数据计算环境。

下面是云在大数据领域应用的一些例子。

○　**公共云中的 IaaS**：使用云提供商的大数据服务基础设施，提供几乎无限的存储和计算能力。

○　**私有云中的 PaaS**：PaaS 供应商开始将大数据技术（如 Hadoop 和 MapReduce）加入其 PaaS 产品中，这消除了管理单个软件和硬件元素的处理复杂性。

○　**混合云中的 SaaS**：许多组织机构都认为需要分析客户的呼声，特别是社交媒体上的意见。SaaS 供应商提供了分析平台以及社交媒体数据。此外，企业 CRM 数据可以在私有云中用于这样的分析。

3.3.5　大数据云市场中的供应商

已有和新建的云服务提供商很多，其中一些专门为大数据分析提供资源。我们将讨论其中 3 个。

Amazon

Amazon IaaS（称为**弹性计算云**，即 Amazon EC2）的开发是该公司用于自身业务的大规模计算资源基础设施的产物。这些基础设施实际上没有被完全利用，因此，Amazon 决定将其租出去并赚取收入。"弹性"这个词在字面上是有道理的，因为这些资源可以以小时为单位缩放。

除了 Amazon EC2，Amazon Web Services（AWS）还提供以下服务。

- ○　**Amazon MapReduce**：利用 Amazon EC2 和 Amazon 简单存储服务（Amazon S3），提供高成本效益的大数据量处理的 Web 服务。
- ○　**Amazon DynamoDB**：NoSQL 数据库服务，可以在固态驱动器（SSD）上存储数据项和复制数据，具有高可用性和耐久性。
- ○　**Amazon 简单存储服务（S3）**：在互联网上用于存储数据和用于网络规模计算的 Web 接口。
- ○　**Amazon 高性能计算**：具有高带宽和计算能力的低延迟网络，能解决教育和商业领域问题。
- ○　**Amazon RedShift**：PB 级规模的数据仓库服务，以高成本效益方式利用现有商业智能工具进行数据分析。

Google

Google 有下列为大数据设计的云服务。

- ○　**Google 计算引擎**：一种安全、灵活的虚拟机计算环境。
- ○　**GoogleBigQuery**：一种桌面即服务（DaaS）产品，以 SQL 格式的查询为基础，高速搜索大数据集。
- ○　**Google 预测 API**：在每一次使用中，从数据中识别模式、存储模式并改进模式。

微软

在 Windows 和 SQL 抽象的基础上，微软的 PaaS 产品中已经包含了一套开发工具、虚拟机支持、管理和媒体工具以及移动设备服务。对于具有深厚的.NET、SQL Server 和 Windows 专业知识的客户来说，采用基于 Azure 的 PaaS 十分简单。为了解决将大数据集成到 Windows Azure 解决方案的新需求，微软还添加了 Windows Azure HDInsight。HDInsight 基于 Hortonworks **数据平台**（HDP），据微软所说，HDInsight 提供了与 Apache Hadoop 100%的兼容性，支持与微软 Excel 和其他商业智能工具的连接。此外，Azure HDInsight 还可以部署到 Windows Server 上。

HDInsight 服务使 Hadoop 可作为云中的一个服务使用。它以更为简单和高成本效益的方式提供了与 Hadoop **分布式文件系统**（HDFS）及 MapReduce 相关的框架。HDInsight 服务的特性之一是高效的数据管理和存储。

HDInsight 也使用 Sqoop 连接器，使用 Sqoop 连接器可以从 Windows Azure SQL 数据库将数据导入 HDFS，也可以从 HDFS 导出数据到 Windows Azure。

3.3.6　使用云服务所存在的问题

在决定实施云解决方案——或者任何解决方案之前——组织机构必须仔细地检查该解决方案的优势和劣势。我们已经了解了赞成使用云服务的论点。以下是在使用云服务中存在的一些问题，以及组织机构应当采取的预防措施。

- ○ **数据安全**：为了保持组织机构的数据安全，云提供商必须仅允许组织机构的指定人员访问数据。组织机构必须确保它们与云服务提供商的协议涵盖了数据安全。
- ○ **性能**：必须在协议中尽可能量化地规定云性能参数。必须清楚地注明例外情形。大多数云提供商有一份现有的服务水平协议（SLA）。SLA 是指规定了服务使用者和服务提供商之间关于服务质量和时效性的所有条款和条件的文件。
- ○ **合规性**：云必须符合业务的合规性需求，特别是企业所在行业的监管合规性。例如，医疗保健机构必须保护患者信息的机密性，而云提供商必须保证所需的安全等级。
- ○ **法律问题**：由于数据存储的位置，可能会出现一些法律问题。组织机构必须确保云的物理资源位置不会带来任何法律问题。
- ○ **成本**：虽然云通常比内部解决方案便宜，但是组织机构应该意识到使用云涉及的所有费用，并以受控的方式使用该服务，持续监控使用情况。
- ○ **数据传输**：组织机构应当确保云提供商接收数据的方法是可行的和经济的。

知识检测点 2

1. 你认为组织机构的规模是决定是否使用云端的基础设施、平台或软件的一个因素吗？请加以论证。
2. 你认为制造业和服务业的组织机构使用云的方式有不同吗？举例说明。
3. 假设你进口欧洲葡萄酒，并在全国分销。你想知道人们在社交媒体上对于你的酒和通常的酒都说些什么。在 Amazon 或 Google 中，你会选择哪家的服务？请解释。
4. 研究医疗保健、酒店或任何你所选择的行业的监管合规性。解释监管合规是否影响云服务的选择。

3.4　大数据内存计算技术

现在，我们已经知道，大数据分析的处理能力需求可以通过分布式计算来满足。处理能力和速度还可以通过**内存计算**（IMC）进一步得到提升。

如果数据以行和列呈现，其处理是简单和快速的。这样的数据被称为**结构化数据**，它有一组变量，每个变量取得特定的值；然而，今天正在生成的数据中许多都是**非结构化**的。

大数据分析必须能够处理数据量和占比都不断增长的非结构化数据。IMC 为这一能力的实现提供了解决方案。

今天，组织机构希望持续跟踪消费者的活动并立即做出反应。生产过程和质量控制也跟踪了大量的信息，并且需要快速反应。这种实时分析需要大量的处理能力，IMC 使之成为可能。

内存计算的工作原理

早些时候，数据存储在称为辅助存储器的外部设备上。需要该数据工作的时候，用户必须使用输入/输出通道从外部源访问它。数据被临时移动到主存储器中进行处理。这个过程很耗时，但节省了金钱，因为辅助存储器比主存储器便宜。

IMC 使用在主存储器（RAM）中的数据，这使得分析更快。同时，主存储器的成本已经降下来了，因此，它可以用于存储数据。该应用程序驻留在和数据存储同样的地址上，因此分析的速度更快。数据库查询和事务还是像先前工作的方式一样工作，但会更快地返回结果。

结构化数据存储在关系数据库中（RDB），使用 SQL 查询进行信息检索。非结构化数据包括广泛的文本、图像、视频——网页和博客，商业报告和新闻稿，电子邮件和短信。信息一般通过关键字搜索来检索。存储这类信息的数据库被称为 NoSQL 数据库。如果你通过在运营商网站上填写一个表格，查询一个电话号码，访问的就是结构化数据。如果你在 Google 中输入一个名字，找到该人的网页、博客和生日视频，访问的就是非结构化数据。

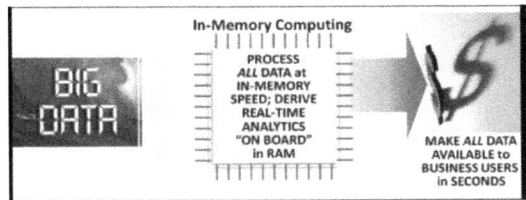

IMC 处理大数据的数据量，NoSQL 数据库处理大数据的多样性。

总体情况

大型组织机构将数据存储在一个中央数据库中，所有的用户都必须从那里访问它，这通常通过 IT 部门完成。内存技术使得部门或业务单元可以获取组织机构数据中和他们的需求相关的那一部分，并且在本地处理。这减少了中央仓库的工作负载，用户不需要 IT 部门处理数据。

知识检测点 3

1. 讨论计算机内存是如何被使用和被优化的。依据所学知识解释 IMC 实现了什么目标。
2. 访问报纸、杂志或学术期刊的网络档案，进行关键字搜索。你找到你要找的东西了吗？有多少不相关的搜索结果？如何能改善搜索词？

練
习

基于图的问题

下列哪一幅图代表了内存计算？

a. 磁盘

b.

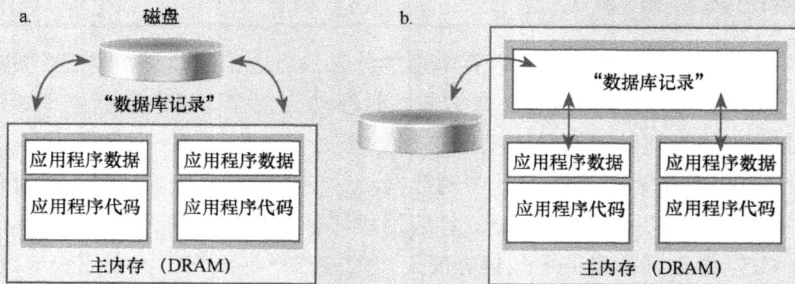

多项选择题

选择正确的答案。在下面给出的"标注你的答案"里将正确答案涂黑。

1. 分布式计算的哪个独特的特性提高了处理能力？
   - a. 在多台计算机之间分布计算任务
   - b. 添加更多的高容量磁盘
   - c. 将结果分发给网络中的几个用户
   - d. 将计算任务移动到云中

2. 为什么大数据应用容易受到延迟影响？
   - a. 数据量太大，不能被快速分析
   - b. 大数据可能存在于应用程序中的不同位置
   - c. 大数据不能在内存计算中使用
   - d. 大数据应用仍处于发展的早期阶段

3. 哪 3 个是主要的并行计算平台？
   - a. IaaS、PaaS、SaaS
   - b. 集群或网格、MPP、HPC
   - c. 数据库、SQL、网络
   - d. 网络、云、多租户

4. Hadoop 如何使用计算资源？
   - a. 只将数据分布到计算资源中
   - b. 将软件分布到计算资源中
   - c. 将数据和计算任务分布到计算资源中
   - d. 为计算资源创建共享内存

5. Hadoop 如何使得系统更具弹性？
   - a. 使用有效的防火墙和防毒软件
   - b. 保持多份数据备份
   - c. 上传数据到云端进行备份
   - d. 保持每个计算资源的隔离

6. 与内部分析相比，公共云的两大缺点是什么？
   - a. 延迟和数据安全的风险
   - b. 延迟和软件不兼容
   - c. 高成本和数据安全的风险
   - d. 高成本和场所的法律风险

7. 下面哪一个是混合云中的适当的组合？

a. 私有云中的备份；公共云中的人力资源政策

b. 私有云中的内部流程；公共云中的大数据

c. 私有云中的客户通信；公共云中的财务合规性

d. 私有云中的大数据；公共云中的备份

8. 下列哪一个是小企业为了能在云上使用会计软件而必须选择的？

a. 基础设施
b. 平台

c. 基础设施和平台
d. 平台和数据

9. 云如何能为计算资源提供具有成本效益的解决方案？

a. 与云供应商谈判，以降低资源的价格

b. 每个资源都有多个用户，分摊成本

c. 所有的计算资源都位于低成本地区

d. 分布式计算降低了每个资源的成本

10. 一个拥有客户机密信息的企业，想要使用公共云来备份。企业必须确保下列哪一项？

a. 云资源与业务的硬件和软件相兼容

b. 在服务协议中，详细规定云的预期性能

c. 云允许访问政府监管机构和授权的第三方

d. 云仅允许业务指定的人员访问数据

标注你的答案（把正确答案涂黑）

1. (a) (b) (c) (d)

2. (a) (b) (c) (d)

3. (a) (b) (c) (d)

4. (a) (b) (c) (d)

5. (a) (b) (c) (d)

6. (a) (b) (c) (d)

7. (a) (b) (c) (d)

8. (a) (b) (c) (d)

9. (a) (b) (c) (d)

10. (a) (b) (c) (d)

测试你的能力

美国政府的机构公布了大量数据。对于你感兴趣的任何城市或任何地区，审查从美国人口普查局、商务部、卫生部或其他你希望的机构那里得到的数据。首先，描述可用的数据类型并解释其重要性。接着，想想它的可能用途，描述企业如何分析数据以及他们可以期望从分析中学到什么。你不需要执行任何计算或做任何分析。

○ 分布式计算是一种在网络中连接计算资源并在资源中分布计算任务的方法。
  • 它可以更快地处理数据。
  • 它使组织能够在内部进行复杂的分析。
○ 大数据应用很容易受延迟影响。
  • 延迟是执行单个任务的延时。这些延时增加了系统的延迟。
○ 计算平台有以下 3 种主要类型。
  • 集群或网格，这是一种或多种网络中服务器连接的类型。
  • 大规模并行处理（MPP），这是以类似于网格的方式工作的单一机器。
  • 高性能计算（HPC），用于专业应用程序和定制应用程序开发。
○ Hadoop 是一个设计用于从事大数据工作的开源平台。
  • 它可以在没有共享内存或磁盘的机器上工作。
  • 它将数据和计算任务分发给服务器。
  • 它处理大量的数据。
  • 它处理具有结构化和非结构化部分的数据。
○ 云是一个集群或网格，把计算资源租给用户。
  • 云使中小企业的大数据分析变得更为容易。
  • 它是可伸缩的，这样用户可以根据自己的需要购买计算资源。
  • 云的类型——公共云、私有云和混合云。
  • 它将基础设施、平台、软件和数据作为服务提供。
  • 云提供商提供了专为大数据设计的资源。
  • 云的问题是数据安全、合规性、性能、成本以及法律方面的考虑。
○ 内存计算（IMC）使用主存储器（RAM）中的数据。
  • 它使更快速的分析和实时分析成为可能。
○ 大数据的非结构化部分存储在 NoSQL 数据库中。
  • 可以利用关键字进行检索。

了解 **Hadoop** 生态系统

模块目标

学完本模块的内容，读者将能够：

▶▶ 解释 Hadoop 生态系统各个组件的角色

本讲目标

学完本讲的内容，读者将能够：

▶▶	列出 Hadoop 生态系统的各个组件
▶▶	讨论在 Hadoop 分布式文件系统（HDFS）中存储文件的流程
▶▶	解释 Hadoop MapReduce 的角色
▶▶	解释利用 HBase 存储数据的流程
▶▶	解释 Hive 是如何协助大数据挖掘的
▶▶	解释 Hadoop 生态系统各个组件的角色，例如 ZooKeeper、Sqoop、Oozie 和 Flume

> "在每一个精心编写的大程序里面，都有一个精心编写的小程序。"
>
> ——Charles Antony Richard Hoare

你有没有想过，Facebook 是如何为你找到和推荐这么多朋友的？这不是一个巧合，而是通过精心设计实现的。他们是怎么做到的呢？让我们了解一些完成这项工作的核心概念，以及用作此类解决方案的大数据技术。

当你需要处理大数据源（如拥有数十亿个人际关系的 Facebook）时，传统的方法难堪重任。大数据的数据量、速度和多样性令大多数的技术无能为力。必须创建新技术来解决这一新挑战——Hadoop 就是其中之一。

正如前几讲中提到的那样，Yahoo! 和 Google 等搜索引擎创新者需要找到一种方法，使搜索引擎收集到的大量数据变得有意义，并可以为它们的业务所用。换句话说，这些公司需要了解它们收集了什么信息，以及它们如何将这些数据变现。开发 Hadoop 是因为它代表了使公司能轻松地管理和处理大数据的最实用的方式。

Hadoop 经常被比作一个生态系统，因为就像生态系统为所有生物提供了一个完美的环境，让它们在其中互动那样，Hadoop 也有开发和部署大数据解决方案所需的各种工具和技术。此外，Hadoop 最大限度地利用了可用资源，减少了浪费。本讲将详细描述 Hadoop 生态系统。

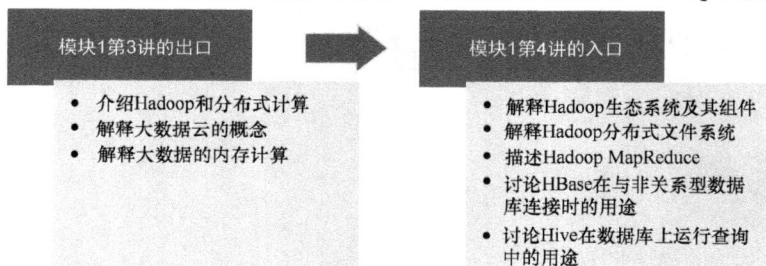

模块1第3讲的出口	模块1第4讲的入口
• 介绍Hadoop和分布式计算 • 解释大数据云的概念 • 解释大数据的内存计算	• 解释Hadoop生态系统及其组件 • 解释Hadoop分布式文件系统 • 描述Hadoop MapReduce • 讨论HBase在与非关系型数据库连接时的用途 • 讨论Hive在数据库上运行查询中的用途

4.1　Hadoop 生态系统

预备知识　了解 Hadoop 大数据存储和管理流行的原因。

不使用充满了技术和服务的工具箱，赤手空拳地面对大数据的挑战，正如用勺子去把海洋舀空。作为 Hadoop 生态系统的核心组件，Hadoop MapReduce 和 Hadoop 分布式文件系统（HDFS）不断改善，提供了极好的起点；然而，仅有这两个工具是不足以管理大数据的。因此，Hadoop 生态系统提供了一系列专为大数据解决方案的开发、部署和支持而创建的工具和技术。

MapReduce 和 HDFS 提供了支持大数据解决方案核心需求所需的基本结构和服务。生态系统的其余部分提供了为现实世界建立和管理以目标为导向的大数据应用程序所需的组件。缺少了该生态系统，开发人员、数据库管理人员、系统和网络管理员以及其他人员需要确定构建和部署大数据解决方案所需的独立的技术集合，并达成一致。在企业想要采用新兴技术趋势的情况下，这往往是昂贵而且费时的。

这就是 Hadoop 生态系统对于大数据的成功如此重要的原因；它是当今针对大数据挑战的最全面的工具和技术集合。该生态系统有利于为大数据的广泛采用创造新的机会。

图 1-4-1 显示了 Hadoop 生态系统中包含的一些工具和技术。

下面是 Hadoop 生态系统中的一些工具和技术：

- ○　HDFS；
- ○　MapReduce；
- ○　YARN；
- ○　HBase；
- ○　Hive；
- ○　Pig；
- ○　Sqoop；
- ○　Zookeeper；
- ○　Flume；
- ○　Oozie。

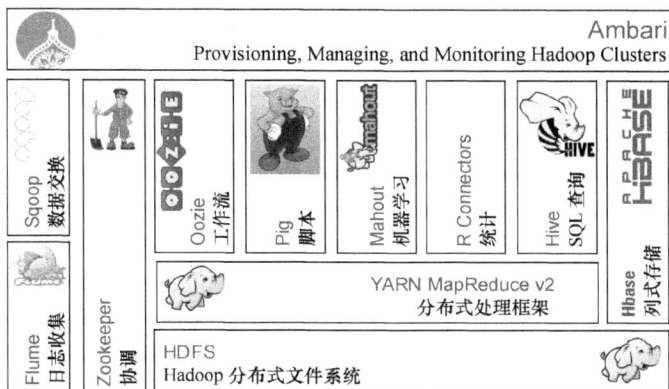

图 1-4-1　Hadoop 生态系统

下面是对 Hadoop 生态系统里的工具和技术的分析。

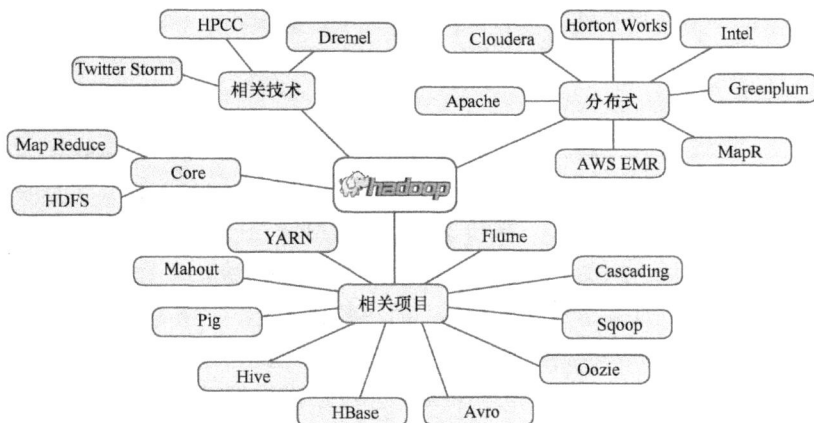

4.2　用 HDFS 存储数据

HDFS 是一种实用、稳定的集群化文件存储和管理方法。HDFS 不是文件的最终目的地，而是一个数据服务，它提供了一组处理大量高速数据的独特功能。和其他不断读写的文件系统不同，HDFS 仅写一次数据，然后多次读取。

技术材料

扇区是硬盘上可访问的最小单元，簇是用于组织和标识磁盘上文件的大一点儿的单元。

在 HDFS 中，每个文件仅能写一次，也就是说，只在文件创建的时候写入。这就避免了将存储在一个集群机器上的数据复制到其他机器上可能导致的一致性问题。HDFS 通过一次性写入数据，确保数据可以从任何复制到不同机器上的缓存文件副本中读出，而不需要验证该内容是否已被修改过。

这种做法使得 HDFS 成为支持大文件的极好选择。

HDFS 是有弹性的，所以这些数据块在集群中复制，以防服务器失效。HDFS 是如何跟踪所有的这些块的呢？简单地说，是用**文件系统元数据**。

元数据被定义为"关于数据的数据"。

可以将 HDFS 元数据视为提供了下列信息的具体描述的模板：

- ○ 文件何时被创建、访问、修改、删除等？
- ○ 文件块存储在集群的什么地方？
- ○ 谁有权查看或修改文件？
- ○ 集群中存储了多少文件？
- ○ 集群中存在多少个数据节点？
- ○ 集群中的事务日志位于何处？

HDFS 的元数据存储于**名称节点服务器**（NameNode Server）。这个服务器是所有 HDFS 元数据和数据节点（用户数据存储的地方）的存储库。你可能已经知道，HDFS 集群越大，元数据占用的空间也就越大。当集群运行时，所有的元数据都将加载到名称节点服务器的物理内存中。为了获得最佳性能，名称节点服务器应当有很多物理内存，理想情况下还应该有许多固态硬盘，也就是在 DRAM 或闪存中存储数据的存储设备。这些资源越多，性能就越好。

4.2.1 HDFS 架构

大数据带来了大的挑战。HDFS 通过将文件分解成一组更小的块，解决了这些难题。这些数据块分布在 HDFS 集群的数据节点上，通过名称节点来管理。块的大小是可配置的，通常是 128 MB 或者 256 MB，这意味着 1 GB 的文件的基本存储需求要消耗 8 个 128 MB 块。

HDFS 遵循主从架构，HDFS 集群包含单一的"**名称节点**"主服务器，和多个运行在 HDFS 集群上的"**数据节点**"。当整个集群位于数据中心的同一个物理机架上时，提供的性能水平最高。集群同时也包含了多个商品化服务器，它们是通常用于小型组织机构的专用服务器，为大规模计算或者文件访问服务。

HDFS 集群维护文件系统命名空间，并控制来自客户的文件访问。名称节点跟踪数据节点中数据的物理存储位置。在 HDFS 中，一个文件被划分成一个或多个块后存储于数据节点中。名称节点主服务器执行打开、重命名以及关闭文件和目录等操作，并将不同的文件块映射到数据节点中。除了在接收到名称节点的指令时创建、删除和复制块之外，数据节点还执行文件读写操作。

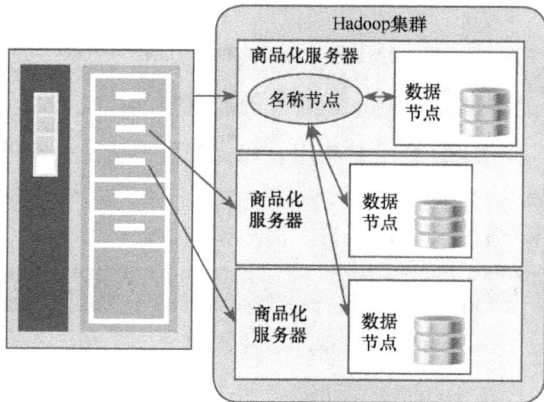

图 1-4-2 描绘了 HDFS 的基本架构。

下面的例子可以帮助你理解上述概念的工作原理。

图 1-4-2　HDFS 的基本架构

考虑一个用于存储生活在美国的联系人号码的文件。由于文件中包含的信息量巨大，因此，它被存储于 HDFS 集群中。姓氏以字母 A 开头的联系人的电话号码存储于服务器 1 上，B 开头的存储于服务器 2 上，以此类推。为了重构原始的电话号码簿，程序将从每个服务器收集文件块。

在一个或几个组件失去响应的情况下，为了实现数据可用性，HDFS 默认将文件块复制到两台服务器上。数据冗余提供了信息的高可用性。也可以根据每个文件的基本需求，增加或降低冗余度级别。

下面我们来详细讨论两个重要的 HDFS 组件。

名称节点

HDFS 通过将大文件分割成更小的被称作**块**的部分来进行工作。在 HDFS 集群中，当所有的数据节点被集中到一个机架中时，名称节点使用"机架 ID"来跟踪集群中的数据节点。

跟踪位于各种数据节点上、能组合成一个完整文件的数据块，是名称节点的职责。如果把块类比为汽车，那么数据节点就是停车场，而名称节点就是代客停车的司机。名称节点还扮演了"交通警察"的角色，管理所有的文件操作，如读、写、创建、删除和复制数据节点上的数据锁。正如停车员管理所有客人的车那样，**管理文件系统命名空间**就是名称节点的工作了。

文件系统命名空间是集群中的文件集合。

名称节点和数据节点之间有着密切的关系，但它们是"松耦合"的。集群元素可以动态地根据需求的增长（或减少）增加（或减少）服务器。在典型的配置中，我们有一个名称节点和一个可能的数据节点，它们运行在机架中的一个物理服务器上。其他服务器只运行数据节点。

数据节点不断地与名称节点交互，查看是否有需要数据节点做的事情。这种连续行为可以向名称节点发出关于数据节点可用性的警报。此外，数据节点自身也相互通信，使得它们可以在正常的文件系统操作时进行配合。这是必要的，因为一个文件的数据块很有可能存储于多个数据节点中。名称节点对于集群的正确操作十分重要，所以名称节点的数据应该复制以防止单点故障。

数据节点

数据节点提供"心跳"消息，以检测和确保名称节点和数据节点之间的连通性。当心跳不再存在时，名称节点从集群中取消该数据节点，就像没事发生过那样继续运行，如图 1-4-3 所示。

当心跳消息恢复或者新的心跳消息出现时，它会被添加到集群中。

数据安全性

与所有文件系统一样，保持数据安全是一个关键的特性。HDFS 支持许多为提供数据完整性而设计的功能。正如你期望的那样，当文件被分割成块，然后分布在集群中不同服务器上时，操作中的任何变化都可能会产生错误的数据。HDFS 采用下面的特性，以确保集群中不会出现错误数据。

○ **事务日志**：事务日志是文件系统和数据库设计中非常普遍的做法。它们跟踪每一个操作，在出现任何错误时，都可以有效地审核或重建文件系统。

○ **校验和（Checksum）验证**：校验和用于验证 HDFS 中的文件内容。验证以如下方式进行。

（1）当客户端请求一个文件时，可以通过检查其校验和进行验证。

（2）如果发送消息的校验和与接收消息的校验和匹配，那么文件操作可以继续进行。如果不匹配，则报告错误。校验和是一种错误检测技术，基于二进制数，为每一个传输的消息分配一个数值。

（3）随后消息接收者验证校验和，以确保该数字值与消息发送端发送的相同。

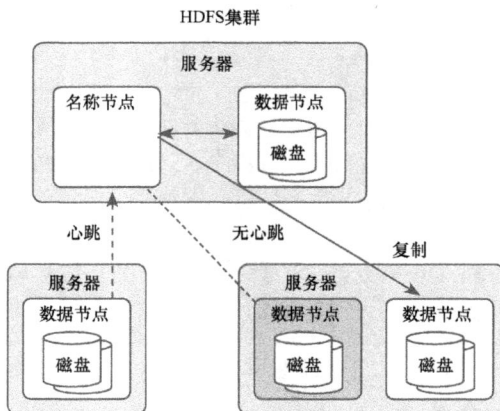

图 1-4-3 　HDFS 心跳消息图解

在有任何不同的情况下，接收者可以认为收到的消息在传输过程中被篡改了。

校验和文件是隐藏的，这样有助于避免篡改。

○ **数据块**：数据块会被复制到多个数据节点上，所以一个服务器的失效，可能不一定会损坏文件。当实施集群时，复制的程度、数据节点的数量以及 HDFS 命名空间就被确定了。因为 HDFS 是动态的，所有的参数都可以在集群运行过程中调整。

把数据块看作**块服务器**是合理的，因为这是它们的主要功能。块服务器是指在文件系统和块元数据中存储数据的服务器。

块服务器执行以下功能。

○ 在服务器本地文件系统存储（和检索）数据块。HDFS 可用于许多不同的操作系统，并且在所有的系统上（例如，Windows、Mac OS 或 Linux）都有类似的表现。

○ 根据名称节点中的元数据模板，在本地文件系统上存储块的元数据。

○ 执行文件校验和的周期性验证。

○ 给名称节点发送关于哪些块可用于文件操作的定期报告。

○ 为客户按需提供元数据和数据。HDFS 支持从客户应用程序到数据节点的直接访问。

○ 在"管道"模型的基础上，将数据转发到其他数据节点。

定　义

管道是多个数据节点之间的连接，用于支持跨服务器的数据移动。

在数据节点上，块的放置对数据复制和对数据管道的支持至关重要。在 HDFS 中，文件块以下面的方式来维护：

（1）HDFS 保留每个块的本地副本。

（2）然后在不同机架上放置第二个副本，以防止整个机架失效。

（3）发送第三个副本给同一个远程机架，但是发送给机架上的不同的服务器。

（4）最后，发送额外的副本到本地或远程集群的随机位置。

4.2.2　HDFS 的一些特殊功能

HDFS 的两个关键特性是**数据复制**和**弹性**。幸运的是，客户端应用程序不需要跟踪所有块的位置。事实上，客户被导向最近的副本，以确保最高的性能。

此外，HDFS 支持创建**数据管道**的能力。客户端应用程序将一个块写到管道中的第一个数据节点。该数据节点接管数据，并将其发送到管道中的下一个节点；这一直持续到所有的数据以及它们的备份数据都被写入磁盘。此时，客户端在文件中写入下一个块，重复这一过程。**这是 Hadoop MapReduce 的重要特性**。

了解了这些文件、块和服务器，你可能想知道这一切是如何保持平衡的。如果不加干预，一个数据节点可能过载，而另一个可能是空的。

HDFS 有一个**再平衡**（Rebalancer）服务，它的设计目的就是解决这些可能出现的问题。其目标是，根据每组本地磁盘的空间占用率平衡数据节点。再平衡在集群活动且可以节流以避免网络流量拥塞时运行。毕竟，HDFS 首先需要管理文件和块，其次才关心集群需要的平衡程度。

再平衡是有效的，但它没有多少内置的智能。例如，你不能创建访问或加载模式，不能为那些条件进行再平衡优化。或许这些特性会在未来的 HDFS 版本中提供。

知识检测点 1

1. HDFS 中数据节点和名称节点的功能是什么？
2. 块服务器的确切功能是什么？

4.3　利用 Hadoop MapReduce 处理数据

我们将使用 Hadoop 来解决业务问题，因此我们有必要了解它的工作方式。

Hadoop MapReduce 由 Apache Hadoop 项目开发和维护的算法实现。我们可以将 MapReduce 比作一个引擎，因为这就是它工作的方式。你提供输入（燃油），引擎快速有效地将输入转化成输出（驱动车轮），得到你需要的答案（向前移动）。

MapReduce 是一种**并行编程框架**，用于处理存储在不同系统中的大量数据。MapReduce 简化了并行数据处理，并因其流行的 Hadoop 实现而广为人知。

Hadoop Reduce 包括了几个阶段，每个阶段都有一组重要操作，帮助你从大数据中获取需要的答案。这个流程从用户请求运行 MapReduce 程序开始，到结果被写回 HDFS 结束。

如前所述，当今的组织需要快速分析它们所产生的大量数据，以做出更好的决策。MapReduce 是一种可以帮助商业组织处理非结构化和半结构化数据源的工具，而传统工具是难以分析这些来源的。

总体情况

需要注意的是，MapReduce 既不是一个数据库，也不是数据库的直接竞争对手。它与现有技术是互补的，使得用户能够执行许多在关系型数据库中也能完成的任务。

> MapReduce 提供了一个额外的好处：可以识别适用于给定情况的环境。你需要关注的是 MapReduce 在实践中最能发挥作用的方面，而不是理论上的能力，这样才能最大限度地利用 MapReduce 获益。

4.3.1　MapReduce 是如何工作的

除数据库中的关系型数据之外，大部分企业还要处理多种数据类型，包括文本、机器生成数据（如传感器数据、图像）等。组织机构需要快速有效地处理数据，以获取有意义的见解。利用 MapReduce，可以对存储于文件系统中的数据进行计算处理。没有必要先将它加载到数据库中。

MapReduce 包含由程序员构建的两个主要过程：**映射**（map）和**归约**（reduce）。这就是它名字的由来！这些程序在一组工作节点上并行运行。

MapReduce 遵循**主进程/工作者进程**（master/worker）方法，其中主进程负责控制整个活动，如识别数据，并将数据划分给不同的工作者进程。

MapReduce 以如下方式工作。

○　MapReduce 的工作者进程处理主进程中收到的数据，并将结果重新发送给主进程。

○　每个 MapReduce 的工作者进程对自己部分的数据应用相同的代码；然而，工作者进程间没有交互，甚至一点都不了解对方。

○　然后，主进程把从不同工作者进程那里收到的结果整合起来，进行最后的数据处理，以获取最终结果。

如果有稳定的网络日志流进入，它们可能以大数据块的形式分发到不同的工作者节点。**轮询程序**是一种简单的方法，条目被反复地依次传递到节点。某种散列排序也很常见。在这种情况下，MapReduce 按照一定的公式将记录传递给工作者进程，以便把类似的记录发送到同一个工作者进程；例如，在客户的 ID 列上进行散列，就能将给定客户的所有记录发送给同一个工作者进程。如果计划按客户 ID 分析，那么这就至关重要了。

总体情况

MapReduce 环境的重要特质之一是其处理非结构化文本的特殊能力。在关系型数据库中，一切东西都已存在于表、行和列中，数据已经有了定义明确的关系。但对于原始数据流来说，事实并不总是如此。加载大块文本到数据库的 "blob" 字段中是可能的，但它不是数据库的最佳使用方式，也不是处理此类数据的最佳方法。

4.3.2　MapReduce 的优点和缺点

MapReduce 可以运行在商品化硬件上，因此，启动和运行的成本可能相当低，扩展也很经济。扩展性能很容易，因为所需要做的就是购买更多的服务器，并将它们连接到平台上。

MapReduce 的独特之处

○　MapReduce 可以比关系型数据库更好地处理某些问题。例如解析文本、处理来自网络日志的大量信息和读取巨大的原始数据源。当所需数据很少时，不必浪费时间和空间去把一堆原始数据加载到企业数据仓库中。MapReduce 非常适合这种场合。在将数据加载到数据库之前，它将裁剪掉多余的数据。

○　在许多场合，MapReduce 被用作提取、加载和转换（ETL）工具。ETL 工具读取一组数据源，执行一组格式化或重组步骤，然后把结果加载到目标数据源中。为了支持分析，MapReduce 从运营系统中取得数据，将其加载到关系型数据库中，以便访问数据。同样，MapReduce 经常被用以处理大数据源，以有意义的方式进行总结，并将结果传递给分析过程或者是数据库。

MapReduce 的挑战

○　MapReduce 不是一个数据库，所以缺乏安全、索引、查询或流程优化器、其他作业执行方面的历史视角，以及任何其他现有数据的知识。

○　MapReduce 有精确定义每个进程所创建数据类型的责任。包括数据结构，一切都或多或少地需要自定义编码。

○　MapReduce 将每个作业视为一个实体。它不知道其他可能同时进行的处理。

○　MapReduce 是一个相对较新的概念。没有多少人知道该如何配置、编码或者很好地使用它。

随着时间的推移，MapReduce 将发展成熟，越来越多的人会了解其不断变化的优点和缺点。

交叉参考　第 5 讲会详细讨论 MapReduce。

总体情况

博客的容量巨大，并且包含了许多不相关的数据。MapReduce 可以用于"大海捞针"，寻找少数有价值的内容。想象一项 MapReduce 处理工作，它实时审阅日志以确定需要立即采取的行动；例如，找到所有查看产品却没有购买的顾客。MapReduce 进程可以识别那些需要后续电子邮件联系的顾客列表，并且立即向某个进程发送此信息以生成电子邮件。要完成这项工作，无须先将原始数据加载到关系数据库并运行查询，而是直接将任务的结果加载到数据库中。这样，在捕捉数据的同时也捕获了客户的历史记录，可以跨时间和跨业务单元执行更多的战略分析。在这个例子里，识别出的用户列表被加载到数据库中，以记录曾向其发送电子邮件的事实。这就能够同时跟踪和监控电子邮件历史，就像每次电子邮件营销活动中所做的那样。

4.3.3　利用 Hadoop YARN 管理资源和应用

作业调度与跟踪是 Hadoop MapReduce 的必要组成部分。Hadoop 的早期版本支持基本的作业和任务跟踪系统，但随着 Hadoop 所支持工作组合的改变，旧的调度程序已无法满足要求。特别是，旧调度程序无法管理非 MapReduce 作业，不能优化集群利用率。因此，研发人员设计了新功能来解决这些缺点，并提供更多的灵活性、效率和性能。

YARN（Yet Another Resource Negotiator，另一种资源协调程序）是 Hadoop 的核心服务，它

提供了两个主要的服务：

- ○ 全局资源的管理（ResourceManager）；
- ○ 每个应用程序的管理（ApplicationMaster）。

资源管理器（ResourceManager）是主服务，用于控制 Hadoop 集群中每个节点上的节点管理器。**调度器**（Scheduler）包含在资源管理器中，它的唯一任务就是把系统资源分配给运行中的特定应用程序（任务），但它不监控或跟踪应用程序的状态。

所需的所有系统信息存储于**资源容器**中。它包含了详细的 CPU、磁盘、网络和在节点及集群上运行应用程序所必需的其他重要资源属性。每个节点都有一个**节点管理器**（NodeManager），保存在集群的全局资源管理器中。节点管理器监视应用程序 CPU、磁盘、网络和内存的使用率，并将其报告给资源管理器。对于每一个运行在节点上的应用程序，都有一个对应应用程序主机（ApplicationMaster）。如果需要更多的资源来支持运行中的应用程序，该应用程序主机会通知节点管理器，由节点管理器代表应用程序与资源管理器（调度器）协商额外的资源。节点管理器还负责在它的节点中跟踪作业状态和进程。

4.4 利用 HBase 存储数据

HBase 是 Apache 软件基金会的一个项目，按照 Apache 软件许可证 v2.0 发表。

HBase 是一个分布式的非关系型（列式）数据库，采用 HDFS 作为其持久化存储。它仿照 Google 的 BigTable（存储非关系型数据的一种有效形式）进行了修改，可以容纳非常大的表（有数十亿列/行），因为它是在 Hadoop 的商品化硬件（也叫商品化服务器）集群上的一个层次。HBase 提供了大数据的随机、实时读/写访问。它是高度可配置的，具有很高的灵活性，能高效地处理大量数据。HBase 可以在多个方面帮助你面对大数据的挑战。

技术材料

列式数据库是指以列形式（而不是行形式）存储数据的数据库管理系统。HBase 使用 Hadoop 文件系统和 MapReduce 引擎满足其核心数据存储需求。

由于 HBase 是一个列式数据库，所有的数据都以行和列形式存储在表中，这与关系型数据库管理系统相似。行和列的交叉点称为单元格。

HBase 表和关系型数据库表的重要区别之一是**版本控制**。每一个单元格的值包含了一个"版本"属性，这不过是一个唯一识别单元格的时间戳。版本控制跟踪单元格中的变化，使得在必要时检索任何版本的内容成为可能。

HBase 的实现为数据处理提供了多种有用的特性。它是可扩展、稀疏、分布式、持久化的，并支持多维映射。HBase 利用行和列的键值对和时间戳，对映射进行索引。连续的字节数组用于表示映射中的每一个值。当你的大数据实施需要随机、实时的读写数据访问时，HBase 是一个很好的解决方案。它经常被用来为后续分析处理存储结果。

HBase 的特性

HBase 的重要特性包括了以下几个。

○ **一致性**：虽然 HBase 不是**原子性、一致性、隔离性、持久性**（ACID）的实现，但提供了强一致性的读写操作。这意味着只要你不需要 RDBMS 支持的"额外特性"（如完整的事务支持或者有类型列），就可以将它用于高速的需求。

○ **分片**：HBase 提供透明的、自动化分割以及内容的再分布，因为数据是由所支持的文件系统分布的。

○ **高可用性**：通过区域服务器的实施，HBase 支持局域网和广域网的故障转移和恢复。其核心是一个主服务器，负责检测区域服务器和集群的所有元数据。

○ **客户端 API**：通过 Java API，HBase 提供了编程访问。

○ **IT 运营支持**：为了增进运营洞察力，HBase 提供了一套内置的网页。HBase 的实现最适合于：

  • 大容量、增量型数据采集和处理；
  • 实时信息交换（如消息等）；
  • 经常变化的内容服务。

技术材料

ACID 属性解释如下。

○ **原子性**（atomicity）：*确保数据库操作中的所有事务要么全部发生，要么全部不发生。*

○ **一致性**（consistency）：*确保数据库中的修改遵循已定义的规则和约束。*

○ **隔离性**（isolation）：*确保数据库操作中的并发事务是以隔离的方式执行的。*

○ **持久性**（durability）：*确保完成数据库操作后，对数据库的变更得以体现并留存。*

4.5　使用 Hive 查询大型数据库

Hive 是一个建立在 Hadoop 核心元素（HDFS 和 MapReduce）上的批处理数据仓库层。它为了解 SQL 的用户提供了一个简单的类 SQL 实现，称为 HiveQL，而且不牺牲通过 mapper 和 reducer 进行的访问。利用 Hive，你可以两者兼得：对结构化数据进行类 SQL 访问，以及利用 MapReduce 进行复杂的大数据分析。

与大多数数据仓库不同，Hive 不是设计用于快速响应查询的。事实上，查询可能需要几分钟甚至几小时，这取决于它的复杂性。因此，最好将 Hive 用于数据挖掘和不需要实时行为的深层次分析。因为它依赖于 Hadoop 的基础，所以非常具有扩展性、可伸缩性和弹性——这是普通数据仓库所不具备的特性。

Hive 使用以下 3 种数据组织的机制。

○ **表**：Hive 表与 RDBMS 表是一样的，都由行和列组成。因为 Hive 是基于 Hadoop HDFS 层之上的，表被映射到文件系统的目录中。此外，Hive 支持在其他原生文件系统中存储的表。

○ **分区**：一个 Hive 表可以支持一个或多个分区。这些分区映射到底层文件系统的子目录中，代表了整个表的数据分布；例如，如果表名叫作 autos（汽车），有一个键值 12345 和一个制造商值 Icon，分区的路径就会是/hivewh/autos/kv=12345/Icon。

○ **桶**：把表中的数据划分成桶（bucket）。桶在底层文件系统的分区目录中存储为文件。桶基于表列的哈希值。在前面的例子中，你可能有一个被称为 Focus 的桶，包含了所有福特福克斯汽车的属性。

Hive 的元数据存储在外部的**元数据库**中。元数据库是一个包含了 Hive 模式详细描述的关系型数据库，包括列类型、所有者、键和值的数据、表统计信息等。元数据库能够将目录数据和 Hadoop 生态系统中其他元数据服务进行同步。

如前所述，Hive 支持一种叫作 HiveQL 的类 SQL 语言。通过在单个 HiveQL 语句中共享输入数据，它还支持多重查询和插入。Hive 可扩展支持用户自定义的聚合、列变换以及嵌入式 MapReduce 脚本。

知识检测点 2

选出下列哪个 Hadoop 组件提供了对结构化数据的类 SQL 访问，并利用 MapReduce 进行复杂的大数据分析。

a. Hive   b. HDFS   c. HBase   d. MapReduce

4.6 与 Hadoop 生态系统的交互

Hadoop 的强大功能和灵活性对于软件开发人员是显而易见的，这主要是因为 Hadoop 生态系统是"开发人员为开发人员而构建的"；然而，并不是每个人都是软件开发者。

编写程序或使用专业查询语言不是与 Hadoop 生态系统交互的唯一途径。重要的是，软件开发人员之外的其他人（如 IT 基础设施团队）也使用 Hadoop。已经引入的各种工具和技术使得非软件开发人员团队也能访问 Hadoop 生态系统。Pig 和 Pig Latin、Sqoop、Zookeeper、Flume 和 Oozie 是这些工具和技术中的一部分。

4.6.1 Pig 和 Pig Latin

Pig 是为了让非开发人员更好地接近和使用 Hadoop 而设计的。Pig 是一个**交互式（基于脚本）的执行环境**，支持 Pig Latin—— 一种用来表达数据流的语言。Pig Latin 语言支持输入数据的加载和处理，通过一系列的操作，转换输入的数据并产生期望的输出。

Pig 的执行环境有以下两种模式。

○ **本地**：所有的脚本都在单一的机器上运行。不需要 Hadoop MapReduce 和 HDFS。

○ **Hadoop**：又称为 MapReduce 模式，所有的脚本运行在一个给定的 Hadoop 集群上。

Pig 会在后台建立一组映射和归约作业。用户无须关注代码的编写、编译、打包和提交到 RDBMS。Pig Latin 语言提供一种抽象的方式，将焦点放在数据上（而不是关注自定义的软件程序结构），从大数据中获取答案。Pig 还使原型制作变得非常简单；例如，你可以在大数据环境的一个小型表示上运行一个 Pig 脚本，以确保在将所有数据提交处理之前收到预期的结果。

Pig 程序可以以 3 种不同的方式运行，它们都与本地和 Hadoop 模式兼容。

○ **脚本**：就是一个包含 Pig Latin 命令的文件，通过 .pig 后缀（如 file.pig 或 myscript.pig）来识别。这些命令由 Pig 解释并顺序执行。

○ **Grunt**：一种命令解释程序。可以在 Grunt 命令行上输入 Pig Latin，Grunt 将代表你执行该命令。这对于原型制作和因果分析来说是非常有用的。

○ **嵌入式**：Pig 程序可以作为 Java 程序的一部分来执行。Pig Latin 有很丰富的语法。它支持操作者进行以下操作：

- 数据加载和存储；
- 数据流化；
- 数据过滤；
- 数据分组和连接；
- 数据排序；
- 数据合并和分离。

Pig Latin 还支持各种类型、表达式、函数、诊断操作、宏以及文件系统命令。如果想要获得更多的例子，可访问 Apache.org 中的 Pig 网站。这是一个丰富的资源网站，可以为你提供所有的细节。

4.6.2　Sqoop

许多企业将信息存储在关系型数据库管理系统和其他数据存储中。所以它们需要一种在这些数据存储和 Hadoop 之间移动数据的手段。虽然有时候必须实时移动数据，但在大多数情况下，需要整批地加载和卸载数据。

Sqoop（SQL-to-Hadoop）工具提供了**从非 Hadoop 数据存储中提取和转换数据**，使之成为 Hadoop 可用的形式，然后将**数据加载**到 HDFS 的能力。这个过程叫作 ETL。将数据送入 Hadoop 对于使用 MapReduce 处理是至关重要的，而从 Hadoop 抓取数据进入外部数据源供其他种类的应用程序使用也同样关键。Sqoop 可以完成这些工作。和 Pig 类似，Sqoop 是一个命令行解释程序。你可以在命令解释程序中输入 Sqoop 命令，由其逐条执行。Sqoop 中有以下 4 种关键功能。

○ **批量导入**：Sqoop 可以将单个表或者整个数据库导入 HDFS。数据存储在本地目录中，文件存储在 HDFS 中。

○ **直接输入**：Sqoop 可以将 SQL（关系型）数据库直接导入和映射到 Hive 和 HBase 中。

○ **数据交互**：Sqoop 可以生成 Java 类，使你可以用编程的方式与数据进行交互。

○ **数据导出**：在目标数据库特性的基础上，使用目标表的定义，Sqoop 可以从 HDFS 中直接导出数据到关系型数据库中。

Sqoop 的工作是通过查看想要导入的数据库，并为源数据选择恰当的导入功能进行的。在识别输入之后，它为表格（或数据库）读取元数据，并为你的输入需求创建类定义。你可以强制 Sqoop 进行非常有选择性的工作，这样可以在输入之前就获取你所寻找的列，而不是在完整的输入后再寻找数据，从而节省了相当多的时间。将数据从外部数据库导入至 HDFS，事实上是由 Sqoop 在后台所创建的 MapReduce 作业执行的。

Sqoop 是另一个适合非程序员的有效工具。另一个值得注意的重要方面是，它对 HDFS 和 MapReduce 等底层技术的依赖。

4.6.3　Zookeeper

在攻克大数据难题的方面，Hadoop 中最好的技术是其"分而治之"的能力。在问题被分解之后，问题的解决依赖于采用跨 Hadoop 集群的**分布式和并行处理技术**的能力。对于一些大数据问题，交互式工具无法提供做出业务决策所需的洞察力或时效性。在这种情况下，你需要创建分布式应用，以解决大数据问题。Zookeeper 是 Hadoop 协调这些分布式应用程序的**所有元素**的手段。

下面的例子将有助于理解Zookeeper。建立一个大规模分布式系统要求不同的服务能够发现对方；例如，一个 Web 服务可能需要找到处理查询的缓存服务。此外，并不强制每一个服务都有一个固定的主 IP 地址。在这种情况下，你可以在 50 个节点上启动同一个服务，其中任何一个都可能被选为首先启动的主机。为了实现这样的通信，这些服务必须相互通信。一个服务的所有节点如何相互通信，并找到另一个服务的主机 IP 地址？单一服务的所有节点如何达成关于选举主机的共识？

Zookeeper 是管理上述问题并在一个中央位置存储少量信息的服务。它充当协调器，并提供对该信息的访问。Zookeeper 还提供了高可用性。

作为一种技术来说，Zookeeper 很简单，但使用了强大的特性。可以说，如果没有它，即便能够建立弹性、容错的分布式 Hadoop 应用程序，过程也将十分困难。下面是 Zookeeper 的一些功能。

○ **进程同步**：Zookeeper 协调集群中多个节点的启动和停止。这确保所有的处理按预定的顺序发生。只有在整个进程组完成之后，才能进行后续处理。

○ **配置管理**：Zookeeper 可以用来发送配置属性到集群中任何一个或所有节点。当处理依赖于在所有节点上可用的特定资源时，Zookeeper 确保了配置的一致性。

○ **自我选举**：Zookeeper 了解集群的构造，可以将一个"领导"的角色分配给其中一个节点。这个领导/主节点代表集群处理所有的客户请求。如果领导节点失效，会从剩余节点中选举另一个领导。

○ **可靠的消息传输**：尽管 Zookeeper 中的工作负载是松耦合的，你仍然需要在集群节点之中实现特定于分布式应用的通信。

○ **队列/顺序一致性**：Zookeeper 提供了一个发布/订阅功能，允许创建队列。即使在节点失效的情况下，该队列也能保证消息的传递。

因为 Zookeeper 管理服务于单一分布式应用程序的节点组，所以最好跨机架实施。这与集群自身（机架内）的需求是完全不同的，原因很简单：Zookeeper 必须在集群以上的级别执行、实现弹性和容错。记住，Hadoop 集群已经具有容错性了。Zookeeper 只需要关心自身的容错性。

4.6.4　Flume

Apache Flume 是一个分布式系统，用于将不同来源上存储的**大量数据传输**到一个单一的集中式数据库。Flume 是可靠的系统，能够高效地收集、组织和移动数据。

Flume 可以用来传输各种数据，包括网络流量、通过社交网络产生的数据、商业交易数据和电子邮件等。

现有的数据嵌套工具值得考虑，而不是编写一个应用程序来将数据移动至 HDFS，因为它们涵盖了许多共同的需求。Apache Flume 是一个用于将大量数据流移动到 HDFS 的流行系统。非常常见的用例之一是，从一个系统（例如，一堆 Web 服务器）收集日志数据，将其聚集到 HDFS 中供今后分析。

4.6.5　Oozie

Oozie 是 Apache Hadoop 用来管理和处理已提交作业的开源服务。Oozie 基于**工作流/协调**，也支持**可扩展性**和**可伸缩性**。它是一个数据仓库服务，组织运行在 Hadoop 上的作业之间的依赖性，包括不同平台的 HDFS、Pig 和 MapReduce。

Apache Oozie 包括以下两个重要的组件。

- ○ **工作流引擎**：工作流引擎可以存储和运行不同类型的 Hadoop 作业（包括 MapReduce、Pig 和 Hive）组成的工作流。

- ○ **协调器引擎**：协调器引擎根据预定义日程和数据可用性运行工作流作业。

Oozie 的设计具有可伸缩性，可以在 Hadoop 集群中管理大量的工作流。Oozie 使得失败工作流的重新运行更易处理，因为不需要浪费时间运行工作流已完成的部分。Oozie 以集群中服务的形式运行，客户端提交工作流定义，可立即（或以后）运行。按照 Oozie 的说法，工作流是一个**动作节点**和**控制流节点**的有向无环图。

- ○ **动作节点**执行工作流任务，如在 HDFS 中移动文件、运行 MapReduce、流化、Pig 或者 Hive 作业、执行 Sqoop 导入。

- ○ **控制流节点**通过实现条件逻辑（依据早期动作节点的结果选择不同的执行分支）或并行执行等结构，管理操作之间的工作流执行。

当工作流完成时，Oozie 可以向客户端发起一个 HTTP 回调，通知工作流的状态。它也可能在每次工作流进入或退出动作节点时，收到回调。图 1-4-4 显示了 Oozie 的工作流。

工作流有 3 个控制节点和一个动作节点：一个开始（start）控制节点、一个映射-归约（map-reduce）动作节点、一个杀死（kill）控制节点和一个结束（end）控制节点。节点之间允许转换。

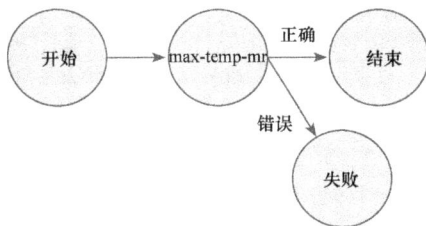

图 1-4-4　Oozie 工作流

总体情况

在不断变化的 Hadoop 生态系统和所支持的商业发行版中，新的工具和技术不断引入，现有的技术正在改善，还有一些技术由于更好的替代者出现而退役。这是开源技术最大的优势之一。

另一个优势是，商业公司采用开源技术。这些公司改进了产品，通过适度的成本提供支持和服务，使得它们更好地为每个人服务。这就是 Hadoop 生态系统进化的方式，也是它成为应对大数据挑战的出色选择的原因。

知识检测点 3

1. Sqoop 是如何工作的？
2. Zookeeper 有哪些能力？

基于图的问题

下图给出了在 Hadoop 中使用 HBase 和 Hive 的订单处理周期。

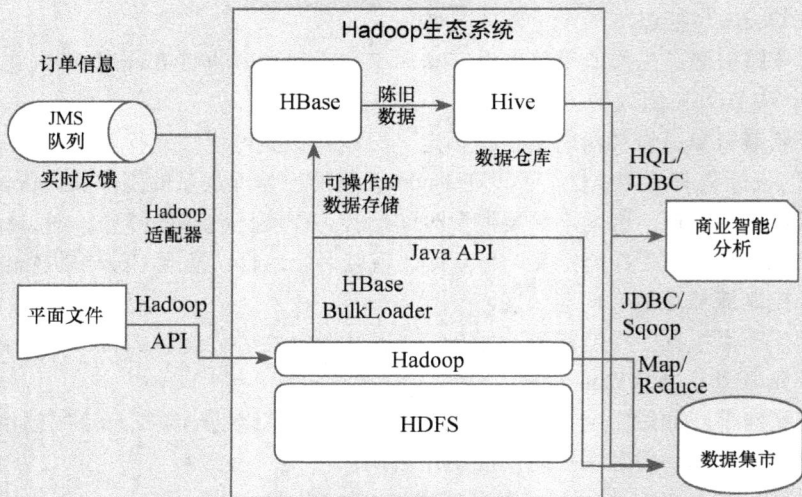

从上图中，确定必须运行哪些工具来过滤订单数据，并从中抽取出属于已交付订单的数据？

多项选择题

选择正确的答案。在下面给出的"标注你的答案"里将正确答案涂黑。

1. HDFS 通过将大文件分解成较小分片的方式进行工作。这些文件的较小分片被称为：

    a. 块   b. 名称节点

    c. 数据节点   d. 命名空间

2. 数据节点还提供什么消息来检测和保证名称节点和数据节点之间的连通性？

    a. 管道   b. 分解   c. 心跳   d. 映射

3. 元数据被定义成：

    a. 关于数据的数据   b. 模式框架

    c. 链接分析   d. 文本挖掘

4. MapReduce 环境能专用于处理什么？

    a. 非结构化文本   b. 结构化文本

    c. 图像   d. 网络日志

5. "另一种资源协调者"（YARN）所提供的主要服务是什么？选择所有符合的答案。

        a. 全局资源管理   b. 记录阅读器
        c. MapReduce 引擎   d. 按程序管理
6. 确定 Hive 用于数据组织的机制。选择所有符合的答案。
        a. 表   b. 分区
        c. 元数据   d. 桶
7. Pig 程序有哪些不同的运行方式？选择所有符合的答案。
        a. 脚本   b. Grunt
        c. 嵌入式   d. 排序数据
8. Zookeeper 的功能是什么？选择所有符合的答案。
        a. 进程同步   b. 自我选举
        c. 数据交互   d. 数据导出
9. 数据分析师 Steve 需要一个 ETL 工具来读取源数据、格式化数据，并加载已提取
    和已格式化了的数据到目标数据源中。他应该使用下列哪种工具？
        a. MapReduce   b. HBase
        c. Zookeeper   d. Oozie
10. 为了分析数据，Jennifer 需要一个系统，从许多不同的来源收集、聚集和移动大
    量的日志数据到一个集中的数据存储中。你建议 Jennifer 使用下列哪个工具？
        a. MapReduce   b. Zookeeper
        c. Oozie   d. Flume

标注你的答案（把正确答案涂黑）

1. ⓐ ⓑ ⓒ ⓓ   6. ⓐ ⓑ ⓒ ⓓ

2. ⓐ ⓑ ⓒ ⓓ   7. ⓐ ⓑ ⓒ ⓓ

3. ⓐ ⓑ ⓒ ⓓ   8. ⓐ ⓑ ⓒ ⓓ

4. ⓐ ⓑ ⓒ ⓓ   9. ⓐ ⓑ ⓒ ⓓ

5. ⓐ ⓑ ⓒ ⓓ   10. ⓐ ⓑ ⓒ ⓓ

测试你的能力

1. 讨论 MapReduce 是如何工作的，并解释 MapReduce 的优势和劣势。
2. 区分 Oozie 与 Zookeeper，并讨论 Oozie 工作流。

○ Hadoop：Hadoop 的开发是因为它代表了使公司能轻松管理大量数据的最务实方式。

○ Hadoop 分布式文件系统：一个可靠的、高带宽的、低成本的数据存储集群，便于跨机器的相关文件管理。

○ MapReduce 引擎：MapReduce 算法的一个高性能并行/分布式数据处理实现。

○ Hadoop MapReduce：Hadoop MapReduce 是由 Apache Hadoop 项目开发和维护的算法实现。

○ 利用 Hadoop 生态系统，构建大数据基础设施。

○ 利用 Hadoop YARN 管理资源和应用。

  ● 全局资源的管理（ResourceManager）。

  ● 每个应用程序的管理（ApplicationMaster）。

○ 将 HBase 用于和非关系型数据库的连接。

  ● 一致性：HBase 提供了强大的一致性读和写，并不基于最终的一致性模型。

  ● 分片：HBase 提供了内容的透明、自动分割和重分布。

  ● 高可用性：通过区域服务器的实施，HBase 支持局域网和广域网的故障转移和恢复。

  ● 客户端 API：HBase 提供了通过 Java API 的可编程访问。

○ 利用 Hive 查询大型数据库。

  ● 表：Hive 构建在 Hadoop HDFS 层之上，表被映射到文件系统中的目录。

  ● 分区：一个 Hive 表可以支持一个或多个分区。

  ● 桶：数据可以划分成桶。在底层文件系统中，桶在分区目录中作为文件存储。

○ 与 Hadoop 生态系统交互。

  ● Pig 和 Pig Latin。

    ◆ 脚本：就是一个含有 Pig Latin 命令的文件，该命令通过.pig 的后缀来识别。

    ◆ Grunt：Grunt 是一个命令行解释器。

    ◆ 嵌入式：Pig 程序可以作为 Java 程序的一部分来执行。

  ● Sqoop。

  ● ZooKeeper。

  ● Flume。

  ● Oozie。

MapReduce 基础

模块目标

学完本模块的内容，读者将能够：

▸▸ 解释 MapReduce 的基础概念以及它在 Hadoop 生态系统中的使用

本讲目标

学完本讲的内容，读者将能够：

▸▸▸	解释在 MapReduce 中，map 和 reduce 的角色
▸▸▸	描述优化 MapReduce 任务的技术
▸▸▸	讨论 MapReduce 的一些应用
▸▸▸	讨论 HBase 和 Hive 在大数据处理中所扮演的角色

"数据太少，你将无法得出任何你确信的结论。随着数据的加载，你会发现虚假的关系……大数据与比特无关，而与人才相关。"

——Douglas Merrill

虽然大数据在过去一两年中才开始引起关注，但从计算机时代开始，大型计算问题就已经存在了。每当推出更新、更快、更高容量的计算机系统时，人们都发现对于这些系统来说，问题还是太大，令它们无法处理。随着局域网的出现，行业转而把网络上的系统计算和存储能力结合起来，以解决越来越大的问题。计算密集型和数据密集型应用的分布，是解决大数据挑战的核心。为了大规模实现可靠的分布，需要新的技术方法。MapReduce 是这类新方法之一。它是一个支持并行计算的软件框架。开发人员可以利用这个平台编写程序，该程序通过同时使用许多个分布式处理器，可以处理大量非结构化数据。

在第 4 讲中，介绍了 MapReduce 和 Hadoop 生态系统的其他组件。在本讲中，你会学到更多关于 MapReduce 的知识，以及它在大数据分析中的使用。

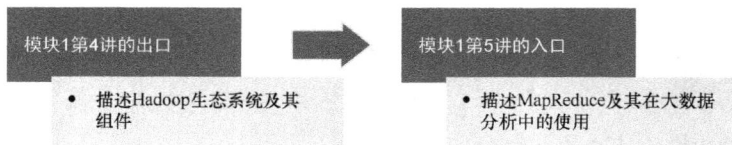

模块1第4讲的出口	模块1第5讲的入口
● 描述Hadoop生态系统及其组件	● 描述MapReduce及其在大数据分析中的使用

5.1　MapReduce 的起源

在 21 世纪初，Google 工程师认定，由于网络用户越来越多，他们目前对于网络抓取以及查询频率的解决方案在未来将难堪重任。他们确定，如果工作可以分发到廉价的计算机上，然后通过网络连接形成**集群**，就可以解决这个问题了。

但是，仅仅分布并不是答案的全部。工作的分布必须并行执行：

○　自动扩展和收缩进程；

○　无论网络中还是单个系统中出现故障，进程都能继续工作；

○　假设有多个使用场景，确保开发人员能够使用其他开发人员创建的服务。

正在开发中的分布式计算新方法必须独立于数据的位置和处理数据的应用程序的位置。为了实现这种方法，工程师将 MapReduce 设计成了一个通用的编程模型。MapReduce 的名字来自现有函数型计算机语言中两种能力（map 和 reduce）的有效组合。

技术材料

映射（map）和归约（reduce）函数是函数型语言上的运算，因此对大数据是一个很好的选择。它们不修改原始数据，而是创建新的数据结构作为其输出。所以映射函数不会影响存储的数据。

最初的一些 MapReduce 实现提供了并行计算、容错、负载均衡和数据操作的所有关键需求。多年来，其他的 MapReduce 实现也已经被创建出来，既有开源产品，也有商业化产品。

MapReduce 的特性

在 MapReduce 中，所有的操作是独立的。MapReduce 将一个非常大的问题分解为更小、更易于管理的块，在每个块上独立操作，然后把它们组合在一起。以下是 MapReduce 的基本行为。

○ **调度**：MapReduce 将作业分解成单独的任务，提供给程序的映射（map）和归约（reduce）部分。映射结束之后，归约才能开始；因此，任务根据集群中节点的数量排定优先级。如果任务数量多于节点数量，执行框架管理映射任务，直到所有任务都被完成。然后，归约任务以同样的方式运行。当所有的归约任务都成功运行完成后，整个过程才结束。

○ **同步**：当多个进程同时在一个集群上执行时，需要同步机制。执行框架知道该程序正在进行映射和归约。它跟踪任务及其时间，当所有的映射完成后，归约就开始了。中间数据通过网络复制，它是用一种叫作"**情况（shuffle）和排序（sort）**"的机制生成的。这一机制收集所有映射后的数据，用于归约操作。

○ **代码/数据同处一地**：当映射功能（代码）和该功能所需处理的数据位于同一台机器上时，数据处理的效率最高。换句话说，代码和数据同处一地。进程调度可以在执行之前，把代码和它相关的数据放置在同一个节点上。

○ **错误/故障处理**：大多数 MapReduce 引擎具有非常强大的错误处理和容错机制，因为对集群中的所有节点和节点的所有部件而言，其失效的可能性是很高的，引擎必须能识别问题并做出必要的修正。设计错误/故障处理的目的是识别未完成的任务并自动将它们分配给不同的节点。

知识检测点 1

讨论如何创建业务数据分析任务，并应用 MapReduce 的概念。
a. 描述你所创建的业务情况，所要分析的数据，以及想要回答的问题
b. 描述 map 函数在处理过程中是如何工作的
c. 描述 reduce 函数在处理过程中是如何工作的
d. 与早期系统相比，解释 MapReduce 的优势

5.2　MapReduce 是如何工作的

有时候，生成一个输出列表就足够了。同样，有时候，在列表的每一个元素上执行操作就足够了。在大多数情况下，需要的是访问大量的输入数据，从数据中选择特定的元素，然后从数据的相关部分中进行一些有价值的计算。在这样做的时候，绝不能改变原始数据。用户并不总是能够控制输入数据，因此必须执行非破坏性的分析。绝不能改变原始列表，以便将其用于其他计算任务。

软件开发人员设计了基于**算法**的应用。算法是实现目标所需的一系列步骤。需要一个算法，才能使映射和归约函数高效地工作，该算法可以：

（1）以大量的数据或者记录开始；

（2）遍历数据；

（3）使用映射函数，抽取感兴趣的东西，并创建输出列表；

（4）组织输出列表，为进一步的处理对其进行优化；

（5）使用归约函数，计算结果集；

（6）产生最终输出。

程序员可以使用 MapReduce 方法，实现各种应用。当输入的数据非常大时（比如说 TB 级别），可以使用相同的算法处理数据。

如前所述，MapReduce 将数据分析划分为两部分——映射（map）和归约（reduce）。映射任务在数据分块上并行工作，每个任务返回一个输出。归约任务接收映射的输出作为自己的输入，并处理它以产生最终的结果。

MapReduce 的工作流程如图 1-5-1 所示。

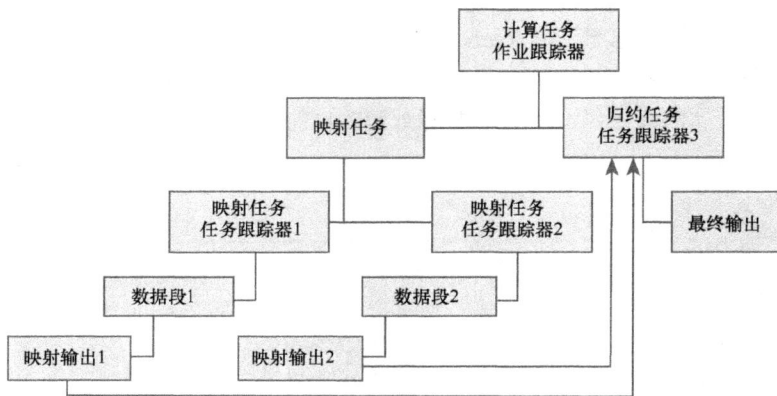

图 1-5-1　MapReduce 工作流程

在图 1-5-1 中可以看到，MapReduce 框架由 1 个**主节点**和 3 个**从节点**组成。主节点指**作业跟踪器**（JobTracker），从节点指**任务跟踪器**（TaskTracker）。主节点（或称之为作业跟踪器）为从节点规划作业任务，监控处理，并重新执行失败的任务。从节点执行由主节点分配的任务作为配合。

客户端应用程序为作业跟踪器提供作业，以处理大量的信息。接着，作业跟踪器将作业分配和提交给不同的任务跟踪器。任务跟踪器接着处理数据。这些已经处理过的数据（映射输出）接着被转发给归约任务，它从不同的任务跟踪器中整合数据，并提供最终的输出。

在集群中，节点存储在**商品化服务器**上。HDFS 和 MapReduce 工作在这些节点上处理数据。以下的步骤总结了 MapReduce 执行任务的方式。

（1）将输入分拆成多个数据块。

（2）创建主节点和工作者进程（worker），并远程执行工作者进程。

（3）不同映射任务同时工作，并读取分配给每个映射任务的数据块。映射工作者进程使用映射函数，仅提取相关的数据，并为提取的数据生成**键/值对**。

（4）映射工作者进程使用分区功能将数据划分为 R 个区域。

（5）当映射工作者进程完成它们的工作之后，主节点指令归约工作者进程开始它们的工作。归约工作者进程反过来联系映射工作者进程，获取分区的键/值数据。接收到的数据按各个键进行排序，这一过程也被称为**清洗（shuffle）过程**。

（6）在对数据进行排序之后，为每一个唯一键值调用归约函数。这个函数是用于将输出写入文件的。

（7）所有的归约工作者进程完成它们的工作之后，主节点把控制权转移给用户程序。

上述过程的直观描述如图 1-5-2 所示。

下面的例子有助于理解 MapReduce 的工作。

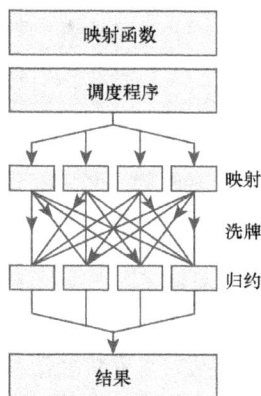

MapReduce将一个作业
分解成许多块，将其独立运行。

图 1-5-2　MapReduce 过程

例　子

假设某个项目有 20 TB 的数据，以及 20 个 MapReduce 服务器节点。第一步是使用简单的文件复制过程，为 20 个节点中的每个节点分配 1 TB 数据。注意，这些数据必须在 MapReduce 过程开始之前被分配好。此外要注意，文件的格式是由用户决定的，没有类似于关系型数据库中的标准格式。

接下来，程序员向调度程序提交两个程序：**映射程序和归约程序**。在这个两步骤过程中，映射程序在磁盘上找到数据，然后执行它包含的逻辑。在我们的例子中，这是在 20 台服务器中的每一台上独立发生的。然后，映射步骤的结果被传递到归约过程中，总结并汇总最终的答案。

你还可以将**映射和归约工作者进程**比作古罗马所进行的人口普查。负责人口普查的组织机构，向王国的不同地区派出志愿者。每个志愿者分配一个特定地区的人口普查任务，然后向组织机构报告。在从所有地方收集记录之后，人口普查的总部计算所有城市的人口总数。在不同城市同时进行的人口计算是**并行处理**，将其结合起来就是**归约**。与一个接一个地向所有城市派出普查人员相比，这个过程要有效得多。

例　子

现在，让我们再来看一个例子，其中现场数据从发生在一个组织机构网站上的在线客户服务聊天中流入。

一位分析专业人员创建一个映射步骤，解析聊天文字中出现的每一个单词。在这个例子中，映射函数将会很容易地找到每一个单词，从段落中将其解析出来，递增其计数。映射函数的最终结果是键值对的集合，如 "<my,1>" "<product,1>" "<broke,1>" 。当每个工作节点结束映射时，就会通知调度程序。

一旦映射步骤完成，归约步骤就开始了。此时的目标是要找出每一个单词出现了多少次。接下来要进行的工作是**清洗**（shuffling）。在清洗过程中，来自映射步骤的答案会通过散列进行分布，因此，相同的关键词最终会在同一个归约节点上；例如，在一个简单的情形下，有26 个归约节点，所有以 A 开头的单词进入一个节点，所有以 B 开头的进入另一个节点，所有以 C 开头的进入第三个节点，以此类推。

归约步骤简单地按照单词计数。依据我们的例子，图 1-5-3 对此进行了说明。这个过程最终以 "<My,10>"，"<Product,25>，""<Broke,10>，"结束，其中的数字代表这个单词被找到了多少次。一共发送了 26 个包含排序后单词计数的文件（每一个归约节点有一个文件）。请注意，需要另外一个进程来组合这 26 个输出文件。

一旦计算出单词数，就可以将结果反馈到分析当中去。可以识别特定产品名称的频度，也可以确定像 "broken" 或 "angry" 这样的单词的频度。要点是，完全非结构化的文本流现在以一种简单的方式结构化，以便对其进行分析。

MapReduce 的用法往往是一个起点，它的输出是另一个分析过程的输入。

可以在数千台机器上运行几千个映射和归约任务，这正是 MapReduce 的强大之处。当有大数据流时，可以将其分解——这就是 MapReduce 最有效的方面。如果工作者进程不需要知道另一个工作者进程的情况即可有效运行，就有可能实现全并行处理。在我们的例子中，每一个单词都可以独立解析，对于给定的映射工作者进程任务，其他单词的内容是不相关的。

预备知识 复习键值对的概念和它们的用法。

参考图 1-5-3，理解 MapReduce 的详细过程。

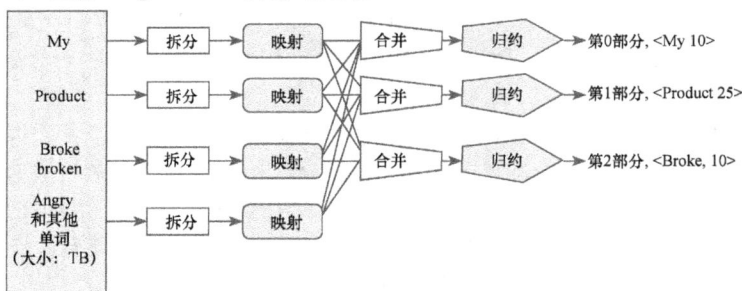

图 1-5-3　利用在线客服聊天的例子，阐明 MapReduce 的详细过程

总体情况

注意，前面的一个要点不能遗漏，因为它对于理解何时和如何应用 MapReduce 是至关重要的。当数据被移交给工作者进程时，每一个工作者进程只知道它所看到的数据。这可与人口普查类比：每个普查员只知道自己负责的人口数量。如果所需的处理包括了对其他工作者进程数据的认知，就需要用到 MapReduce 之外的其他框架。幸运的是，在很多情况下，数据都可以以这种方式处理。将一个博客或者一个 RFID 记录分解成片进行解析，不需要依赖任何其他东西。如果文本需要按照客户号进行解析，之后分发数据时，它就必须进行散列，使给定客户的所有记录最终在同一个工作者进程中被处理。

　MapReduce 和数据库所能完成的工作中，有一些是重叠的。数据库甚至可以为 MapReduce 进程提供输入数据，就像是 MapReduce 进程可以向数据库中提供输入。关键是要搞清楚对每个任务最适合的工具。其他工具集可能更加适合此类处理，数据库和 MapReduce 应该被用来干它们最适合做的事情。

在前面的例子中，将原始文本转换成了可以分析的单词数。该过程的结果可以输入数据库，以便将附加的信息与现有信息相结合。

从概念上讲，MapReduce 像并行关系数据库一样将问题分解。但是 MapReduce 不是数据库，没有定义好的结构，每一个进程都不知道之前和之后所发生的任何事情。

更多关于映射和归约函数的知识

MapReduce 框架使用**键值对**（KVP）作为输入和输出。无论数据是什么，映射函数提取其感兴趣的特征，并以 KVP 格式来呈现它们。归约函数接收 KVP 列表作为输入，并返回另一个 KVP 列表作为输出，但是归约函数的关键点往往与映射函数的关键点不同。

MapReduce 与 Hadoop 一起工作，自然地使用相同的语言。映射和归约函数可以用 Java 编写，因为 Hadoop 是用 Java 编写的。它们也可以用其他语言编写。

管道库使得 C++ 源代码可以作为映射和归约代码。被称作 Streaming 的通用 API 使大多数语言编写的程序可以作为 Hadoop 的映射和归约函数。Streaming 用文本方式表示输入和输出。任何使用文本输入的程序都可以使用 Streaming 来创建 MapReduce 的实现。输入和输出都是一些键值对，其中键和值是通过制表符（tab）来分割的。

输入的 KVP 写入 stdin（从文件读取的标准输入），输出的 KVP 写入 stdout（写入文件的标准输出）。在映射输出转换为归约输入的过程中，组织该列表，将每一个键的所有值归拢到一起。

假设你想创建一个程序，计算美国人口大于 5 万的县的个数。（注意以下不是编程代码，仅仅是问题解决方案的简单英文表示。）完成该任务的方法之一是识别输入数据并创建一个列表：

```
mylist = ("all counties in the US that participated in the most recent general election")
```

利用映射函数，创建一个 howManyPeople 函数。该函数选择超过 5 万人口的县：

```
map howManyPeople (mylist) = [ howManyPeople "county 1";howManyPeople "county 2"; howManyPeople "county 3"; howManyPeople "county 4"; . . . ]
```

现在，生成了一个表示人口超过 5 万的县的新输出列表：

```
(no, county 1; yes, county 2; no, county 3; yes, county 4; ?, county nnn)
```

该函数执行时，无需对原始列表进行任何更改。此外，你可以看到，输出列表的每一个元素映射到对应输入列表的元素中，并附加了"yes"或者"no"。如果该县满足了超过 5 万人口的要求，映射函数用"yes"标示它。如果不满足，则用"no"来标示它。

技术材料

映射函数多年来一直是许多函数型编程语言的一部分。它和被称为**列表处理**（LISP）的人工智能语言一起得到了普及，是今天处理数据元素（键和值）列表的核心技术。

由映射函数 howManyPeople 所创建的新列表被作为归约函数的输入。该函数处理列表中的每一个元素，并返回民主党获得多数票、人口超过 5 万的县的列表。

reduceisDemocrat (countylist)

现在，假设你想知道在哪些人口超过 5 万的县中共和党得到多数票。你所需要做的就是再次调用归约函数，但要改变操作符：

reduceisRepublican (countylist)

这时将返回一个大多数选民支持共和党候选人的所有县的列表。

由于县列表的元素不会在处理过程中被改变，在其他结果的输入上，归约函数可以重复执行；例如，也可以使用其他函数，用以识别独立参选人获得多数票的县，或者对特定地理区域细化结果。

定　义

映射函数将一个函数应用于数据库的每个元素，并返回结果列表。归约函数处理多个这样的结果列表，并产生最终结果。

知识检测点 2

1. 某卫生组织负责维护一个稀有血型人员的数据库。定期献血者和可能的受体都在数据库中标记。对于每一个人，该数据库包含其个人信息，如详细联络方式、教育程度、健康状况以及上次献血的日期。

   a. 举出使用该数据库的一个例子，详述分析的目的或必要性。

   b. 列出执行你的查询的 MapReduce 步骤。

2. 某图书、电影和音乐在线零售商有一个字幕数据库，以及结构化和非结构化的客户数据。

   a. 描述你想要做的分析，换句话说，就是你希望回答的问题。

   b. 描述该数据的映射函数。

   c. 描述用于映射函数的归约函数。

3. 史密斯先生在 5 个不同文件中记录了 4 个城市为期 5 个月的温度，每一个文件包含了一个月的记录。每个文件有两列，代表了城市名称和它们对应的温度。就 HDFS 而言，这些列代表键值对，其中键代表城市名字，值代表对应的温度。你必须从收集到的数据里，找到每个城市的最高温度。在 MapReduce 框架的帮助下，你可以将整个任务划分成 5 个较小的映射任务。每个映射任务工作于单一文件，并提供该文件中每个城市的最高温度。其中一个映射任务产生的结果如下：

   (City 1, 28), (City 2, 16), (City 3, 22), (City 4, 19)

   由其他 4 个映射任务生成的结果如下：

   (City 1, 25), (City 2, 18), (City 3, 23), (City 4, 25)
   (City 1, 23), (City 2, 17), (City 3, 20), (City 4, 22)
   (City 1, 26), (City 2, 19), (City 3, 20), (City 4, 23)
   (City 1, 20), (City 2, 21), (City 3, 23), (City 4, 20)

   现在，由 5 个映射任务生成的 5 个输出作为一项简单归约任务的输入，找出每个城市的最高温度。最终输出是什么？

RDBMS 和大数据

　　大数据技术使用 MapReduce 和 SQL 以及其他传统 RDBMS 特性一起工作，考虑到大数据和传统数据解决方案的差异，大数据技术和 RDBMS 的整合需要花费时间。在这种情况下，重要的是要了解关系型数据库是如何结合新技术而发展的。

　　纵观关系型数据库的历史，曾经出现过许多专业的数据库技术，专门用以解决早期 RDBMS 产品中的缺点。

　　对象数据库、内容数据库、数据仓库、数据集市等技术不断涌现。需要这些新功能的组织机构创建了独立的解决方案，并将它们整合到了现有的 RDBMS 应用中。这些工作乏味、缺乏灵活性且昂贵。随着时间的推移，RDBMS 整合了新技术，并将这些技术嵌入到核心产品中。类似地，新改进的技术也与大数据相整合，处理并深入了解大数据。

5.3　MapReduce 作业的优化技术

　　观察 MapReduce 的流程便可知道，MapReduce 作业分为不同阶段，其中每个阶段需要不同类型的资源。为了让 MapReduce 作业全速运行，必须确保没有资源瓶颈，从而最大限度地降低作业的响应时间。

　　在短作业的情况下，当用户需要快速的查询答案时，响应时间特别重要；例如，为实现监控和调试目的的日志数据查询。因此，优化 MapReduce 作业的性能是相当重要的。

　　作业调优的主要目标是确认作业及相关的所有资源（如 CPU、网络、I/O 和内存）都以平衡的方式使用。通常，当其中任意一个资源成为其他资源的瓶颈，从而导致其他资源等待时，作业运行速度就会下降。

　　某些技术可以优化实际的应用程序代码，以及 MapReduce 作业的可靠性和性能。这些优化技术分为 3 类：

- ○　硬件或网络拓扑；
- ○　同步；
- ○　文件系统。

5.3.1　硬件/网络拓扑

　　无论是什么应用，最快的硬件和网络都有希望使任何软件以最快的速度运行。MapReduce 的明显优势之一是能够在廉价的商品化硬件集群和标准网络上运行。服务器的物理位置影响支持大数据任务所必需的性能和容错能力。

　　商品化硬件通常存放在数据中心的机架上。与在机架间移动数据和/或代码相反，位于机架内的相邻硬件提供了性能优势。在执行过程中，可以配置 MapReduce 引擎，利用邻接性优势。将数据和代码放在一起，这是 MapReduce 性能优化最好的措施之一。从本质上说，硬件处理单元越是相互接近，延迟就越小。

5.3.2　同步

在进行处理的节点内保留所有映射结果是低效的。在计算任务完成后，立即将映射结果复制到归约节点，以便处理可以马上开始。所有来自同一个键的值被发送到同一个归约节点，以确保更好的性能和效率。归约的输出直接写入文件系统，因此文件系统必须做设计和调整以得到最好的结果。

5.3.3　文件系统

MapReduce 的实现是通过一个分布式文件系统来支持的。本地和分布式文件系统的重要区别在于**容量**。在大数据世界中，文件系统需要跨多台机器或网络节点传播，以处理大量的信息。MapReduce 的实现依赖于**主从式分布模型**，在这个模型中主节点存储所有的元数据、访问权限以及文件和块的映射和位置；从节点存储实际数据。所有的请求都进入主节点，然后由适当的从节点处理。

在设计一个文件以支持 MapReduce 实现时，考虑下列方面：

○ **保持"温度"**：主节点会过载。如果主节点失效，整个文件系统在主节点恢复之前是无法访问的。优化的措施是建立一个"热备份"主节点，如果主节点发生问题，"热备份"主节点可以接管主节点工作。

○ **越大越好**：应当避免小文件（小于 100MB）。在被适当数量的大文件填充时，支持 MapReduce 引擎的分布式文件系统工作得最好。

○ **长远观点**：工作负载按批管理；因此，持续的高网络带宽比映射组件或归约组件的快速执行更重要。对代码而言，最佳的方法是在读写文件系统时一次处理大量数据。

○ **合适的安全度**：在分布式文件系统中添加安全层，会降低其性能。文件权限是为了防止意外后果，而不是恶意行为。最佳的方法是，确保只有授权的用户访问数据中心环境，保护分布式文件系统免受外部侵害。

5.4　MapReduce 的应用

让我们回顾一下 MapReduce 的一些例子，理解它是如何工作的。

○ **网页访问**：假设调查人员想知道某家特定报纸的网站被访问的次数。映射任务是读取网页请求的日志和制作一个完整列表。映射的输出可能看起来类似于如下的样子：

```
<emailURL, 1>
<newspaperURL, 1>
<socialmediaURL, 1>
<sportsnewsURL, 1>
<newspaperURL, 1>
<emailURL, 1>
<newspaperURL, 1>
```

归约函数将寻找 newspaperURL 的结果，并添加它们。它将返回如下结果：

```
<newspaperURL, 3>
```

○　**网页访问者路径**：假设一个宣传小组想知道访问者是如何到达它的网站的。包含链接的网页被称为"源"，链接所去往的网页称作"目标"。映射函数将扫描网页链接，以返回<目标、源>类型的结果。归约函数将扫描列表以找到结果，其中的"目标"是宣传小组的网页。它将汇编这些结果中的源。归约函数的输出是最终的输出，将是<宣传小组网页，列表（源）>的形式。

○　**单词频率**：一位研究者想要找到关于地震的杂志文章；但是，他并不想要将地震作为次要话题的文章。他判断主要讨论地震的文章需提及"地壳构造板块" 10 次以上。映射函数将计算该术语在每一篇文档中出现的次数，并以<文档，频率>的形式返回结果。归约函数将计数并选择频次大于 10 的那些结果，并将选定结果中的文档列表作为结果返回。

○　**单词数**：假设一位研究者想要找到社会名流谈及当前某个畅销商品的次数。数据包括名流的著作和谈话。映射函数制作所有单词的列表。该列表是键值对的形式，其中的键是每个单词，值是该单词每一次的出现数 1。

映射的输出可能类似于如下形式：

```
<global warning, 1>
<food, 1>
<global warning, 1>
<bestseller, 1>
<Afghanistan, 1>
<bestseller, 1>
```

归约函数将其转换成如下形式：

```
<global warning, 2>
<food, 1>
<bestseller, 2>
<Afghanistan, 1>
```

尽管这个例子中的研究人员只对某一个特定单词或单词集合的出现感兴趣，但是函数还是索引了文档中的所有单词。例如，这样一个索引可以告诉我们感兴趣的话题或者词汇的相关情况。

知识检测点 3

一个组织机构将分散的计算资源汇集到某个位置。
a.　列出在这种情况下 MapReduce 优化的 5 个最重要考虑因素；
b.　推荐组织结构为 MapReduce 优化所要做的事情。

MapReduce 大数据处理得到了两个 Hadoop 生态环境关键组件的帮助——HBase 和 Hive，下面我们来了解它们是如何提供帮助的。

5.5　HBase 在大数据处理中的角色

大数据的庞大规模对存储和处理提出了挑战。在 MapReduce 改进大数据处理的同时，HBase 为存储和访问提供了帮助。HBase 是一个开源非关系型分布式数据库，是作为 Apache 软件基金会 Hadoop 项目的一部分而开发的。在需要频繁地存储、更新和处理大量数据且要求高速度时，HBase 十分有用。

○ HBase 存储大量数据的方式为处理和更新操作提供了快速的数据访问。它以基于列的压缩和存储为基础进行工作。在存储数据时，可在列级压缩和存储数据；这替代了整表压缩，可将特定的列压缩并存储在数据库中。当更新数据时，无论该操作是顺序或批量写入、更新或删除，HBase 都能高效工作。

○ HBase 在内存中存储数据，因此是低延迟的。这对于数据的查找和大规模扫描是很有用的。

○ HBase 在单元格中以降序方式存储数据（使用时间戳），所以读操作总是能首先找到最近的值。

○ HBase 的列属于列簇。列簇的名字用来做前缀，以识别列簇成员；例如，"水果：苹果"和"水果：香蕉"是列簇"水果"的成员。

○ HBase 的实现可以在列簇层面进行调整，所以重要的是要注意访问数据的方式和预计的列有多大。

○ HBase 表中的行也有一个与之相关的键。键结构是非常灵活的。它可以是一个计算值，一个字符串甚至是另一个数据结构。使用键来控制行中单元格的访问，并将它们从小到大按序存储。所有这些特性组成了**模式**。在任何数据可以被存储之前，定义并创建该模式。即便如此，在数据库启动和运行之后，仍然可以修改表和添加列簇。

技术材料

HBase 运行在 Hadoop 分布式文件系统（HDFS）之上，并为 Hadoop 提供了类似于 Google BigTable 的功能。HBase 也可以与 Amazon EMR 协同工作，将数据备份到 Amazon 简单存储服务（Amazon S3）上去。与 Hive 集成时，它启用类 SQL 查询。HBase 还能与 Java 数据库连接（JDBC）协同工作。

预备知识 回顾图数据库与空间数据库。某些类型的参考数据，如城市或国家的地图和 IP 地址的地理位置，可能采用图数据库或空间数据格式。

在处理大数据时，扩展性很有用，因为你不会总是知道数据流的种类。关系型数据库是面向行的，因为在表中每一行的数据是被存储在一起的。在列式或者是面向列式的数据库中，数据是跨行存储的。虽然这看起来是细微的区别，但这是列式数据库最重要的基本特征。很容易添加列，并且可以逐行添加它们，这提供了很大的灵活性、性能和可扩展性。当你有大量和多样的数据时，可能应该使用列式数据库。

HBase 可以处理两种类型的数据——缓慢变化的数据和快速变化的数据。

参考数据（如人口统计数据、IP 地址地理位置查询表和产品尺寸数据）变化缓慢。HBase 可以存储这类数据，用于 Hadoop 任务。无论数据存储在 Hadoop 任务集群上还是其他集群上，HBase 都可以提供数据的快速访问。

应用程序日志（点击流数据以及游戏中的使用率数据）创建速度很快，用于日志实时摄取和批量日志分析。HBase 可以接收这些数据并以足够快的速度更新数据库，允许在更新后立即处理。

| 附加知识 | **HBase 集群先决条件** |

为了运行 HBase，Amazon EMR 集群应当满足一定的要求。

○ HBase 只能运行在持久化集群上，该集群由 Amazon EMR 命令行接口（CLI）和 Amazon EMR 控制台自动创建。

○ Amazon 密钥对必须在创建 HBase 集群的时候设定。HBase 的 Shell 需要安全 Shell（SSH）网络协议来连接主节点。

○ 目前只有 AMI 的 Beta 版本和 Hadoop 20.205 及更高版本支持 HBase 集群。命令行接口和 Amazon EMR 控制台自动在 HBase 集群上设定正确的 AMI。

○ HBase 仅在下列实例类型上受到支持：m1.large、m1.xlarge、c1.xlarge、m2.2xlarge、m2.4xlarge、cc1.4xlarge、cc2.8xlarge、hi1.4xlarge 和 hs1.8xlarge。

○ cc2.8xlarge 实例类型仅在美国东部（北弗吉尼亚）、美国西部（俄勒冈）和欧盟（爱尔兰）地区受到支持。cc1.4xlarge 和 hs1.8xlarge 实例类型仅在美国东部（北弗吉尼亚）地区受到支持。hi1.4xlarge 实例类型仅在美国东部（北弗吉尼亚）和欧盟（爱尔兰）地区受到支持。

虽然不是必要的，但是其他的一些考量能够改善性能。以下是这些可选的需求。

○ 集群的主节点运行在 HBase 的主服务器和 Zookeeper 之上，从节点运行在 HBase 区域服务器之上。虽然 HBase 可以在单个节点上进行评估，但为了获得最佳性能，HBase 集群应该至少运行在两个 EC2 实例之上。

○ 为了监控 HBase 性能指标，当创建集群的时候，使用引导动作安装 Ganglia。

○ 可以在主节点上获得 HBase 日志。为了将日志复制到 Amazon S3，在创建集群时，指定一个 Amazon S3 桶（bucket）接收日志文件。

○ Amazon EMR 命令行接口版本 2012-06-12 及更新的版本支持 HBase。或者，可以使用 Amazon EMR 控制台启动 HBase 集群。

5.6　利用 Hive 挖掘大数据

| 预备知识 | 回顾关系型数据库和非关系型数据库。 |

大数据有结构化和非结构化成分。拥有 SQL 查询能力的关系型数据库是处理结构化数据的最有效的方式，而 MapReduce 是处理非结构化部分的理想选择。Hive 是建立在 Hadoop 元素上的数据仓库，可处理大数据的结构化部分。所以 Hive 和 MapReduce 的组合能够满足大数据分析的需求。

Hive 使用称为 HiveQL 的类 SQL 查询处理数据。它将数据组织成类似 RDBMS 表那样的表，进一步组织了分区中和桶中的数据，这些数据与文件系统链接起来。Hive 元数据或关系型数据库模式的详细描述——列、键值、表格统计等——都存储在元存储中，元存储本身就是一个关系型数据库。

HiveQL 提供了 SQL 处理的大多数类型，如选择、聚合、单表联合以及多表联合。它为聚合

提供了用户自定义的查询。HiveQL 最适用于数据挖掘和深度分析，而不是设计用于快速查询或是实时分析的。和其他数据仓库不同，Hive 具有可扩展性、可伸缩性以及弹性。

HiveQL 可以执行下列操作：

○　创建表和分区；　　○　支持运算符，如算术运算、逻辑和关系；

○　评估函数；　　　　○　将查询结果下载到 HDFS 目录中或是将表内容下载到本地目录中。

下面是 HiveQL 查询的一个简单例子：

```
SELECT lower(productname), productprice
FROM products;
```

细看这个查询就会发现，它与 SQL 查询非常相似。

知识检测点 4

考虑一个全球企业的雇员数据。HBase 和 Hive 将会如何处理这些数据呢？回答下列问题，对此做出解释。

a.　描述该数据的元素。企业可能拥有每个员工的什么信息？

b.　讨论 HBase 是如何存储数据的。

c.　写一个查询的例子，考虑管理者可能问的问题。

d.　讨论 Hive 将会如何处理你所创建的查询。

基于图的问题

参考每个问题中所给出的图，回答下列问题。

1. 一个制造商的质量控制部门跟踪了在其生产线上的停顿数量和持续时间。生产线如下图显示。原材料和半成品依次通过步骤1、步骤2和步骤3。

   a. 编写经理发送的查询。

   b. 编写映射函数，并描述其预期的结果。

   c. 编写归约函数，并描述其预期的结果。

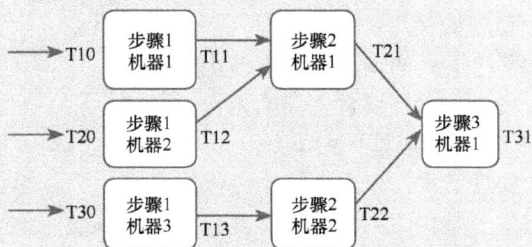

2. 假设你想知道美国的关键基础设施是否位于地理断层线或在附近，若是，将使得基础设施处于地震事件的风险之中。研究映射功能，并假设你有一个图数据库。

   a. 编写查询。

   b. 编写映射函数和归约函数。

   c. 解释为图形数据所编写的这些函数的不同之处。

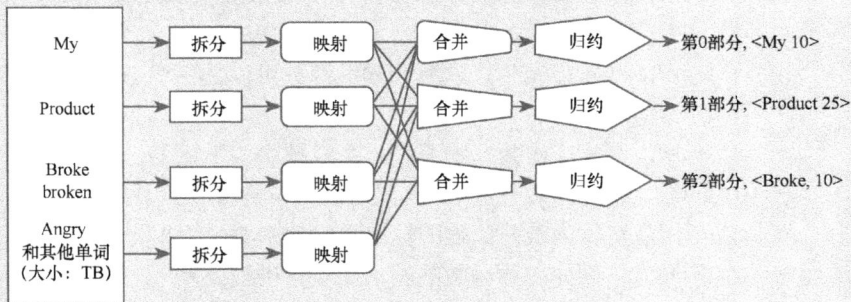

根据上面的图回答下列问题。

（1）映射节点映射了什么内容？

_____

（2）哪个映射节点有名叫"broke"的键？

_____

（3）列出任意一个键和值_____。

（4）第 2 部分的归约连接到了哪个映射节点？

_____

选择正确的答案。在下面给出的"标注你的答案"里将正确答案涂黑。

1. 下列哪个选项是推动创立 MapReduce 的因素之一？选择所有的符合项。

   a. 提高新硬件的处理能力
   b. 对结构化数据进行复杂分析的业务需求
   c. 越来越多的网络用户
   d. 分布式计算的传播

2. 在设计 MapReduce 框架时，工程师要考虑下列哪些需求？选择所有的符合项。

   a. 它应该是廉价的或免费发行的
   b. 处理应该自动扩张和收缩
   c. 在网络失效的情况下，应停止处理
   d. 开发者应该能够创造新的语言

3. 下列哪个选项描述了映射（map）函数？选择所有的符合项。

   a. 它处理数据，以建立一个键值对列表
   b. 它索引数据，列出所有在其中出现的单词
   c. 它将关系型数据库转换成键值对
   d. 它跨多个表和多个 Hadoop 集群跟踪数据

4. 下列哪一项描述了归约函数？选择所有的符合项。

   a. 它分析映射函数的结果，显示最频繁出现的值
   b. 它结合了映射函数的结果，为查询返回最佳匹配的列表
   c. 它添加映射函数的结果，将 KVP 列表转换成列式数据库
   d. 它处理映射函数的结果，并创建一个新的 KVP 列表来回复查询

5. 在 MapReduce 框架中，映射和归约函数可以按任意顺序运行。你同意这个说法吗？为什么？

   a. 同意，因为在函数式编程中，执行顺序并不重要
   b. 同意，因为函数使用 KVP 作为输入和输出，顺序并不重要
   c. 不同意，因为映射函数的输出是归约函数的输入
   d. 不同意，因为归约函数的输出是映射函数的输入

6. MapReduce 如何实现协同定位？选择所有的符合项。

   a. 调度器将代码发送到相关数据所在的机器上
   b. 进程调度器将同一类型的数据分配给位于同一集群中的机器
   c. 主作业跟踪器将映射和归约函数发送到一个集群中的相同机器或节点上
   d. 在处理失效的情况下，从任务跟踪器复制相关数据和代码至相邻的集群中

7. 当主节点失效时，为什么用户不能直接去往从节点？选择所有的符合项。

   a. 主节点具有运行查询所需的元数据
   b. 主节点具有包含数据的文件的位置

c. 主节点运行代码，从节点只有数据　　d. 主节点有从节点访问数据的权限

8. HBase 对实时分析有何帮助？选择所有的符合项。

   a. 它采用基于列的存储和适合于非结构化数据的压缩

   b. 它以足够快的速度来更新数据，可以处理最新的数据

   c. 作为一个非关系型数据库，它是灵活的，可用 Hive 进行类 SQL 的查询

   d. 可以顺序处理或者批处理写入和更新请求

9. 为什么 Hive 适合用于大数据？选择所有的符合项。

   a. 它有效地处理大数据的结构化部分

   b. 它有效地处理大数据的非结构化部分

   c. 它可以在 Google 的 BigTable 中快速处理大数据

   d. 它将大数据转换为一个 RDBMS 数据库后启用 SQL 查询

10. 在使用 MapReduce 的单词字数统计查询里，映射函数做了什么？选择所有的符合项。

   a. 它按字母顺序排序，并返回最常用单词的列表

   b. 它创建了一个列表，每个单词作为键，出现的次数作为值

   c. 它创建了一个列表，每个单词作为键，每一次的出现作为值 1

   d. 它返回一个列表，每一个文档作为键，单词在文档中的数量作为值

标注你的答案（把正确答案涂黑）

1. (a) (b) (c) (d)　　　　　6. (a) (b) (c) (d)

2. (a) (b) (c) (d)　　　　　7. (a) (b) (c) (d)

3. (a) (b) (c) (d)　　　　　8. (a) (b) (c) (d)

4. (a) (b) (c) (d)　　　　　9. (a) (b) (c) (d)

5. (a) (b) (c) (d)　　　　10. (a) (b) (c) (d)

测试你的能力

为下面的场景编写映射和归约函数。如果了解代码可以编写代码。如果不了解，你可以简单地描述每个函数对于数据做了什么，以及它将产生什么结果。

1. 某企业想要了解在过去一年中售出的不同类型体育用品的各种统计数字。

2. 一位研究员想要知道不同年龄组的国内航空旅行的频率。

3. 呼叫中心想要知道在 C-SAT 调查中，"满意"或者"好"这两个单词的出现次数。

○ MapReduce 是一个软件框架，使开发人员可以编写能够在一组分布式处理器上并行处理大量非结构化数据的程序。

○ MapReduce 将数据分析任务划分为两个部分：映射任务和归约任务。

  • 映射任务并行处理数据的不同部分，每一个任务返回一个输出。

  • 归约任务接收这些映射输出作为它们的输入，并处理它们产生最终的结果。

○ MapReduce 框架使用键值对（KVP）作为输入和输出。

  • 映射函数处理数据并以 KVP 格式呈现感兴趣的特征。

  • 归约函数接收 KVP 列表作为输入，并返回另一个 KVP 列表，通常携带有不同的键或值。

○ 某种算法（或一系列步骤），定义了映射和归约函数如何协调工作，以有效地完成处理任务。

○ MapReduce 框架组织所有的跨节点工作。

  • 它将代码发送到数据所在的节点，换句话说，就是使数据和代码位于一处。

  • 主作业跟踪器将过程作为一个整体进行跟踪，并将工作分配至从任务跟踪器。

  • 每一个节点的从任务跟踪器跟踪分配给该节点的工作。

  • 该框架跨所有集群同步工作。

  • 它识别一个不完整的或失败的作业，并将其分配给一个不同的节点。

○ 可以通过适当的硬件/网络拓扑、同步和文件系统优化 MapReduce 的性能。

○ MapReduce 的应用实例是：

  • 计算网站或网页的访问者数量；

  • 列出到达一个网站或网页的路径；

  • 识别文档中经常使用的单词。

○ MapReduce 原生使用 Java 作为其编程语言，但是几乎可以使用任何程序来编写。

  • 管道库使得可用 C++编写映射和归约代码。

  • 通用的 Streaming API 可以将用大多数语言编写的程序转换成为映射和归约代码。

○ HBase 是一个开源非关系型分布式数据库，它高速地存储、更新和处理大量的数据。

  • 它具有基于列的存储，并为处理和更新提供快速的数据访问。

  • 它将数据存储于内存中，具有低延迟。

  • 由于快速的更新，更新过的数据库可以立即用于处理。

  • 它可以处理缓慢变化的参考数据和快速变化的日志数据。

○ Hive 是一个处理结构化数据的数据仓库。

  • Hive 组织 RDBMS 表类型的数据，并使用称作 HiveQL 的类 SQL 查询。

  • HiveQL 提供大多数的 SQL 处理类型，如选择、聚合、单表或多表的联合。

  • Hive 最适用于数据挖掘和深度分析；它不是为快速响应或实时分析而设计的。

模块 2

分析和 R 编程入门

模　块　2

模块 2 的重点是理解分析、分析方法和工具，并介绍流行的分析工具-R。

- 模块 2 第 1 讲介绍分析的概念。该讲从区分分析和报告过程入手，然后简介和解释了基本和高级分析之间的差异，涵盖了承担分析项目时应该牢记的一些关键原则和技巧。此外，该讲还对在组织中组建分析团队的关键需求做了简单的介绍。
- 模块 2 第 2 讲讨论各种分析方法。该讲还介绍了各种流行的分析工具，讨论了 R、SAS、SPSS 等主流分析工具的关键特性和应用。
- 模块 2 第 3 讲介绍流行统计工具 R 的使用，并讨论其特性、用 R 开发脚本的过程以及使用和操纵 R 会话的方法。
- 模块 2 第 4 讲讨论用于将数据集读入和读出 R 的操作。该讲还解释了 R 中读取数据的各种函数及其应用，以及用于读取 R 之外数据集的函数及方法。
- 模块 2 第 5 讲解释了 R 中的函数及其在数据操纵上的应用，以及调整、准备供 R 分析的数据的方法。

理解分析

模块目标

学完本模块的内容，读者将能够：

▶▶ 讨论高级分析的重要性

本讲目标

学完本讲的内容，读者将能够：

▶▶ 解释分析的需求及其与报告的差别
▶▶ 解释基本和高级分析的特征
▶▶ 讨论计划分析项目时考虑的先决条件
▶▶ 解释组建好的分析团队所需的条件

"他像醉汉使用灯柱那样使用统计数字——用它来支撑自己，而不是照亮自己。"

——Andrew Lang，苏格兰作家

如果不加任何分析和解读，数据就毫无用处。与此同时，并没有简易的"按钮"，能够在一个简单的步骤中产生出色的分析。计算统计数字、撰写报告、应用建模算法，都只是进行出色分析所需的许多步骤中的一个。如果不理解分析的目标，心中没有最终目标或者需要解决的问题，而仅仅专注于这些单独的任务，可能导致决策的错误，带来许多额外的工作。本讲的焦点是帮助你理解分析的特点及其必要性。

本讲还讨论与创建出色分析相关的各种主题。本讲讨论的原则是广泛适用的，并不特定于大数据分析；但是，由于大数据所增加的复杂度超出了组织机构过去所应对的局面，牢记这些原则比以往更加重要。组织机构无法仅通过报表或者低标准的分析抵挡大数据的浪潮；因此，学习和实施高级分析也是必要的。

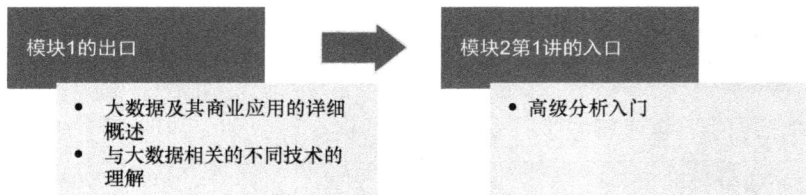

模块1的出口	模块2第1讲的入口
● 大数据及其商业应用的详细概述 ● 与大数据相关的不同技术的理解	● 高级分析入门

1.1 分析与报告的对比

许多组织机构错误地将**报告**与**分析**混同。要成功地控制大数据，组织机构既需要报告，也需要分析。关键是理解报告与分析之间的差别，理解它们之间的配合方式也很关键。

定　义

分析指的是检查数据和报告，从中得出有用见解的过程。这些见解有助于用多种方式对业务进行变革，包括决策、规划新战略、提高客户满意度和启动新产品。

报告指的是将数据组织和总结为容易理解的格式，以沟通重要信息的过程。报告帮助组织监控不同领域的绩效，提高客户满意度。换言之，可以将报告看作把原始数据转换为有用信息的过程，而分析则将信息转变为洞察力。

组织机构使用报告监控其业务运营。好的报告通常能够帮助组织机构提出与业务及客户最可能相关的问题。但分析使商业机构能够通过在更深的层面总结和研究数据，得出这些问题的答案，然后找出利用这些深入见解的方法。分析和报告有许多相似之处，并且都被用于决策。但是，两者之间的重大差异之一是，报告帮助组织了解**正在发生的事情**，而分析帮助组织理解这些**事情发生的原因，**以及**可能采取的措施**。

分析可以得出报告，报告也可能引发分析。甚至有可能根据完整的报告做出分析。

报告很重要且很有价值。正确使用时，它能够增添价值，但是也有其局限性。下面让我们来深入地理解报告。

1.1.1　报告

报告环境常常也被称作**商业智能（BI）**环境。在这样的环境中，用户选择想要运行的报告，执行报告并查看结果。报告可能包含表格、图形和图表的任何组合。定义报告的关键因素包括：

○　为用户提供所需的数据；

○　以标准、预定义的格式提供数据；

○　为用户展示过去发生的情况，避免推测并帮助用户获得对数据的感觉；

○　使分析师可以用少数指标描述数据的许多个部分。

因此，报告是相当灵活的，可以创建包含各种提示和过滤器的复杂报告模板。普通用户只需要填写已经存在的提示和过滤器。

报告常常被误用，其中一种情况是有许多可用的报告，但是却不适合于深入分析。常见的一种情况是，负责商业智能环境的 IT 人员会说："我们有世界级的 BI 环境，有 500 种可用的报告，覆盖了任何企业组织所需的每一种可能的业务特征。我们的业务人员已经有了他们所需要的一切。"

与此同时，业务用户会说："我很沮丧！我们花费了一两年的时间构建这个报告系统，却仍然得不到自己想要的东西。"

这种矛盾起源于一个事实：在 500 种报告中，多多少少都隐藏着业务用户需要的内容。但是当他们被这 500 种报告淹没时，找到所需的信息就十分困难。此外，任意两个人看事情的角度都有所不同。每个业务用户都希望在报告上看到一个额外的指标，或者以不同的方式组织报告——并最终提出完全不同的格式甚至分析。换言之，可能确实有 500 种报告，但是没有一个能够完全符合任何业务人员的需求。即使为每个用户建立一个完美的报告组合，也可能仍然无法提供相关的分析。这只能给分析过程提供大量的可用数据。

生成少量完全符合最终用户需求的报告，远比创建由 500 种报告组成的全套组合要好。重要的不是报告的数量，而是报告的相关性。

总体情况

在某些情况下，对报告的进一步分析实际上不是必要的；例如，假定某个组织有按产品、按周组织的销售报告，一位经理希望知道上周产品是否达到销售目标。这位经理可以通过运行报告得到结果，得到答案后不需要进一步的工作或者分析。这是报告带来很多价值的一种方式。可以配置报告，快速、简单地回答常见的问题。如果一切正常，就不会有任何问题；但是，如果在报告中看到的某些情况不符合预期，就有必要进行进一步分析以确定其原因。进入分析之前需要问自己的第一个问题是，你想要解决的问题是什么？

1.1.2　分析

分析是人们处理问题、找出得到答案所需的数据、分析数据并解读结果以提供行动建议的互动式过程。

预备知识　了解分析在各行各业中的应用。

定义分析的关键点是：

- ○　为问题提供答案；
- ○　采取必要的步骤得出问题的答案；
- ○　根据所要解决的具体问题进行定制；
- ○　将指导这一过程的人涉及在内。

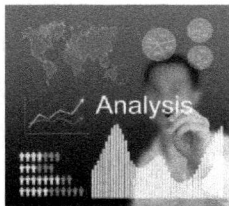

例　子

产品 X 上一季度的销售量锐减。OFR 公司的销售经理希望找出其中的原因。

为此，这位经理需要分析上一季度的产品销售数量，从这些数字中，经理必须分析通过各种来源收集的客户反馈，例如互联网和电子邮件等。

为了进行此项分析，收集到的数据将以必要格式提供。按照准备好的模型分析数据之后，经理可以概括影响产品在市场上销售情况的因素。分析的输出将帮助经理识别需要注意的领域。

在分析结果的帮助下，经理可以按照客户的需求改善产品，组织也能够开发高效的产品营销计划。

分析过程本质上十分灵活。报告与分析之间的差异总结如表 2-1-1 所示。

表 2-1-1　报告与分析的对比

报　告	分　析
提供数据	提供答案
通常是标准化的	通常是定制的
不涉及个人	涉及领导过程的个人
相当不灵活	极其灵活

总体情况

最终，报告和分析之间的相互作用常见而必要。实际上，这两种工具都使对方变得更加有效。

例如，考虑一位销售经理，他拥有一份基本销售量总结**报告**，按照地区显示每月的销售量。这是他每天都要查看的简单报告，这样，他可以感觉到业务是否处于正轨。有一天，他注意到每个月的 10～20 日，西部地区的销售量都有下降。他通知销售团队，告诉他们进行调查。结果就是一项**分析**。

相反，考虑一位被指派调查这个问题的分析专业人员。她仔细观察并确定了一些潜在原因。例如，她发现西部地区的大部分社区活动发生在每月的 1~10 日，此时的花销较大。在社区活动结束时，费用立刻得到了控制。她以 10 日前后的费用报告作为分析的证据，向销售经理说明了自己的发现。经理很赞赏她的工作，发现组合起来的数据很有用。这些数据产生了识别特定问题根源的信息，但是经理希望持续地看到相同的信息，即使在一切正常的时候都是如此。

在这个案例中，今天的分析问题产生了新的标准报告。分析专业人士自动化了自己的工作，使之成为了以后的标准报告。

谈到大数据时，需要牢记的一点是，只需要将已经通过不同手段获得的信息组合起来，就可以创建用于新目标的出色分析。这是以一种前所未有的角度去观察企业。分析师的任务是为分析准备好数据，往往以许多简单的计算作为起点。

与此同时，价值在于以不同的方式做事，建议所要采取的行动，而不是满足于分析。理解这一点非常重要，特别是在大数据方面，组织机构必须投入用于分析的基础设施。因此，分析必须是有意义、切中要害的。假定在零售链条上发现了销售中的某些异常现象。解决方案之一是构建一个复杂的预测模型，试图确定造成这些异常现象的驱动因素。但是，第一步可能是观察供应链中是否有问题——可能是发货延迟或者重大天气事件使客户无法出门。如果有可能识别这样的根源，就没有必要构建花哨的模型。通过简单的分析就可以得到解释，事情也就到此为止。

总体情况

分析的要点是，不要无端地使问题复杂化。有时候，简单的分析可以获得成功，提供所有必需的答案。只要以不同的方式观察数据，往往就能得到很强的洞察力。如果没有必要异想天开，就没有道理将精力和时间投入复杂的分析之中。

知识检测点 1

T&E 公司的销售经理希望预测本地区下一季度的销售量。根据你的看法，经理需要做什么？证明你的答案。

a. 生成和运行报告　　　　　　　　　b. 生成分析
c. 在 Word 文档中创建一个摘要　　　d. 创建说明销售指标的 PowerPoint 演示

在大数据分析中，可以从两个角度看待分析。

○ **面向决策的分析**：这种方法也被称为传统**商业智能**。在这种方法中，分析师试图将分析的结果应用到业务决策过程中。

○ **面向行动的分析**：这种方法用于快速响应。分析师在模式出现或者检测到特定类型的数据、需要采取行动时采用这一方法。

分析过程

分析过程可能由下列阶段中的全部或者部分组成。

- ○ **业务理解**：第一阶段首先确定业务目标。需要解决什么问题？需要做出什么决策？所有理由的基础当然是更高的目标：提高企业的盈利水平。确定业务目标之后，分析师评估情况，提出数据挖掘的目标。根据提出的目标，分析和 IT 或者开发团队相互协作，制定一个项目计划。

- ○ **数据理解**：为了精确执行项目计划，数据收集过程必不可少。在这个阶段，首先从各种可用来源收集数据，然后根据其应用和项目的需要进行描述。这也称作数据探索。数据探索对于验证所收集数据的质量是很有必要的。

- ○ **数据准备**：收集的数据——其中很多可能没有必要或者被稀释——必须为分析做好准备。在这一阶段，对数据进行选择、清理，并整合为最终可用于分析的格式。

- ○ **数据建模**：在这一阶段，选择数据建模技术，创建数据模型以分析数据中选择的各种对象之间的关系。此时还要构建测试案例，以评估模型和模型所用的数据结构。

- ○ **数据评估**：评估测试案例的结果，并审核误差范围。一旦结果得到验证，就可以生成分析报告以确定接下来的步骤。

- ○ **部署**：成功验证结果之后，计划完成，可以部署。对部署的计划持续监控其误差并进行维护。这也被成为项目审核。

分析的各个阶段如图 2-1-1 所示。

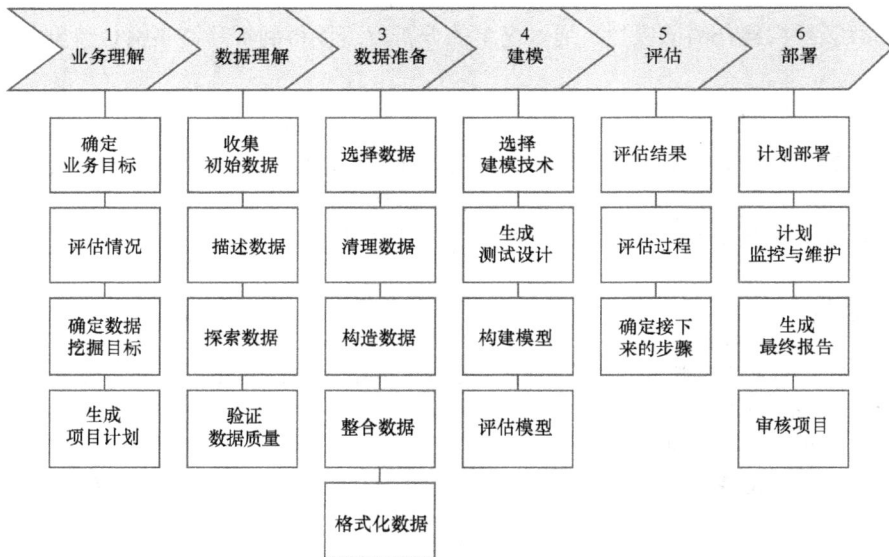

图 2-1-1　分析的各个阶段

1.2　基本和高级分析

如果你不确定自己拥有什么，但是认为某些信息有价值，可以用**基本分析**探索你的数据。这可能包括简单统计数字的简单可视化。基本分析往往在拥有大量互不相关的数据时使用。基本分析过程调查发生的情况、发生这些情况的时间及其影响。

我们举个例子来说明基本分析的实施。在某个组织中，产品经理希望知道上个月的销售宣传进行得如何。这位经理还希望知道组织是否按计划得到了许多新的注册订户。为了知道发生了"什么"，核心分析将观察注册的订户有多少。为了知道"何时"发生，核心分析将观察每天发生的注册活动。为了了解造成的"影响"，核心分析将观察新订户的购买金额，以及和基准的比较。

技术材料

　　核心分析提供的所有数据可以由标准报告提供。分析本身是检查这些报告、做出推断、建议行动的过程。在这个案例中，分析包括观察这些数字、确定目标是否达到。此后，产品经理可以确定宣传是否成功。

基本分析的例子包括以下几个。

- ○ **交叉分析**：将数据分解为容易研究的较小数据集。
- ○ **基本监控**：实时监控大量数据，例如，当你启动一项广告宣传活动时，你可能对每分钟监控与产品相关的谈话感兴趣。
- ○ **异常识别**：识别异常现象，如数据中的实际观测值与预期不同时发生的事件，因为这可能提示企业或者运营等环节出现了某种问题。

除了发生的情况、发生的时间及其影响之外，**高级分析**还试图确定导致情况发生的根源，以及未来可以采取何种措施。高级分析提供用于结构化或者非结构数据复杂分析的算法，包含精密的统计模型、机器学习、神经网络、文本分析和其他高级数据挖掘技术，以及复杂的专用 SQL、预测建模、数据挖掘、预测、优化等活动。部署高级分析可以找出数据中的模式，进行预测、预报和复杂的事件处理。

高级分析的例子包括以下几个。

- ○ **预测建模**：包含可用于结构化和非结构化数据以确定未来结果的统计或者数据挖掘解决方案；例如，电信公司可以使用预测模型确定可能停用其服务的客户。
- ○ **文本分析**：分析非结构化文本，提取相关信息，并将其转换为可以通过不同方式利用的结构化信息。
- ○ **其他统计和数据挖掘算法**：包括高级预测、优化、用于细分的聚类分析和亲和度分析。

让我们来考虑涉及客户 Web 活动探索的一家公司的例子。该公司想要进行一项分析，以确定在 Web 上查看某个产品是否增大购买的可能性。分析 Web 数据并将其与其他客户数据结合需要花费相当多的精力，因为 Web 数据很新颖。起点可以是简单的**关联分析**。在第一步的工作中，没有必要构建较为精致的模型和过程。如果在浏览及销售量之间发现了强相关，该公司可以放心地营销没有购买的浏览者。以后，他们可能想要更精确地量化这种关系，那时就可以使用高级分析模型。

表 2-1-2 列出了一些可能的分析类型。

表 2-1-2　基本分析与高级分析的对比

分析类型	描述
寻求业务洞察力的基本分析	数据交叉分析、报告、简单可视化、基本监控
寻求业务洞察力的高级分析	更复杂的复习，如预测建模和其他模式匹配技术

虽然统计学家和数学家使用高级分析已经有很多年，但是它并不是分析领域的一部分。让我们考虑 20 年前的一个场景，商业公司习惯于寻求统计学家的帮助，以找出可能在不久的将来停用它们的服务的客户。统计学家使用机器学习算法或者高级生存分析预测客户行为。对于组织中的大部分员工，理解这种分析的含义、利用其获益都很难。此外，实现必要的计算能力、分析不断变化的数据也很难。

当然，高级分析现在已经成为主流。随着计算能力的增强、改进的数据基础设施、新算法的开发，以及从海量可用数据中获得更好洞察力的需求，各大公司都在利用高级分析，作为其业务流程的一部分。

知识检测点 2

讨论高级分析如何帮助 T&E 公司的销售经理分析提升该组织零售商店净利润的方法。

大数据分析的特性

除了 3V 特性（数据量、速度和多样性）之外，有些大数据分析的附加特性使其不同于传统的分析类型。

- **可能编程进行**：因为数据规模巨大，大数据分析必须以编程方式处理原始数据，也就是说，使用代码操纵数据，或者进行任何类型的探索。
- **可能是数据驱动的**：尽管许多分析是使用假设驱动方法进行数据分析的（即开发一个前提，并收集数据以观察该前提是否正确），但是大数据也可以使用大量数据驱动分析。
- **可能使用许多属性**：过去，分析师使用数据源的数百个属性和特性；利用大数据，现在可能有数千个属性，数百万个观测值。
- **可能是迭代的**：更强的计算能力使在模型上迭代直到大数据分析师感到满意成为现实。这也导致了设计用于处理分析需求及实现的新应用程序的发展。在第 2 讲中将了解更多此类工具和应用程序。

数据挖掘包括对大量数据进行探索与分析，找出数据中的模式，其目标是分类或者预测。分类的思路是将数据分类为不同组；例如，市场销售人员可能想要找出谁对宣传做出回应，谁没有回应。预测的思路是预测连续变量（即非离散变量）的值；例如，市场销售人员可能对找出谁对宣传做出回应感兴趣。

数据挖掘的典型算法包括：
- 分类树；
- 逻辑回归；
- 神经网络；
- 聚类技术（如 K-最近邻）。

1.3　进行分析——需要考虑的事项

除非认真进行，否则分析都没有多大的用处。需要注意的常见陷阱之一是"最优选择"的分析发现——选择只重视支持你的直觉的发现而忽略其他发现。

大部分有经验的企业管理人员都擅长于运用自己的经验、直觉和常识做出正确的选择和决策。这些高管人员常常要求进行分析，了解数据是否支持正在考虑的措施。当分析的结果支持该措施时，决策就根据数据做出。

问题出在分析结果表明高管人员的计划看起来不太好的情况下。如果公司和高管人员致力于分析和面向事实的决策，重新考虑该计划就十分重要了。

不应该只在结果服务于你的目的时进行分析。如果希望利用分析，必须全面、一致地运用它。

1.3.1　正确限定问题的范围

提出合适的问题、收集合适的数据以处理问题以及设计合适的分析回答问题，对于进行出色的分析十分必要。

限定问题范围意味着确保提出重要的问题，设计关键的假设；例如，新倡议的目标是否能推动更多的收入或者利润？这一选择可能在分析和后续行动上造成重大的差异。必需的所有数据是否可用，是否有必要收集更多数据？对于如何设计分析以解决问题，是否已经考虑了备选方案？如果没有限定问题的范围，其他的工作都没有作用。

出色的分析始于正确限定问题范围。这包括正确评估数据，开发切实的计划，并考虑各种技术和实际因素。

1.3.2　统计显著性还是业务重要性

分析专业人士更多地将焦点放在统计显著性上，这并不是坏事。关键是，统计显著性只是出色分析的一部分。统计显著性检验采用一组假设，确定假设成立时结果发生的概率。

假定一枚硬币是"公平"（质地均匀）的，掷币时正面向上和背面向上的情况各占 50%。使用公平硬币进行测试，连续掷出 10 次背面的概率很低。如果连续掷出 10 次背面，那么只有两种可能性：第一，你遇到了尝试 1 024 次才能出现一次的连续好运；第二，这枚硬币并不是真的公平的。与连续 10 次掷出背面相关的显著性检验表明，这枚硬币不是公平硬币的置信度为 99.9% 左右。这是因为公平硬币只有 0.1% 的机会出现该情况。上述计算就是统计显著性的全部意义。

区分统计显著性和业务重要性是很有必要的。它们不是同一个概念，下面说明原因。

统计显著性

统计显著性频繁地用于平均值和百分比，它还用于评估统计模型得出的参数估算。统计显著性检验很有价值，可以确保数据不会愚弄你。统计显著性从数学角度表示差异是否足以体现统计的价值。**有些时候，看似很显著的差异并不重要，而另一些时候，看似很小的差异却很重要。**

统计检验是为了确保得出正确的结论。以这种检验为中心创立了一个学科。商业世界中常常用"测试中学习"来指代这一学科。在测试中学习的环境中，专门设计试验，度量一个或者多个选项的效果，识别最好的选项。

另一方面，企业必须努力确保自己遵循的是正确的方法，而不是简单地使用"明显"的答案。

我们来考虑一个例子，两个研究院的棒球队员们在一起进行了 5 个赛季的比赛。Joe 的击球率（译者注：即棒球赛中击球的平均得分率）在每个赛季都高于 Tom。"谁在全部 5 个赛季中的平均击球数更高？"

表 2-1-3 展示了两位球员在 5 个赛季中的表现。

我们不知道谁的总平均击球率更高！表 2-1-3 中没有足够的信息，以了解谁在 5 个赛季中的总击球率最高。

表 2-1-3　按赛季排列的击球率

赛　季	Tom	Joe	胜　者
1	0.252	0.255	Joe
2	0.259	0.266	Joe
3	0.237	0.241	Joe
4	0.253	0.255	Joe
5	0.256	0.257	Joe

如果我们知道 Joe 和 Tom 在每个赛季中的击球次数相同，答案就很简单了——Joe 应该是胜者。但是如果击球次数不同该怎么办？如果在 Joe 和 Tom 击球率最高的赛季，Joe 因伤休整了几个月，击球次数远远少于 Tom，该怎么办？尽管在每个赛季 Tom 的击球率都低于 Joe，但是最终可能在总击球率上高于 Joe！这不是最常见的场景，但是绝对有可能出现。

与现实生活的联系

当你只得到一部分事实时，可能得出完全错误的结论。不要走捷径，因为结果十分吸引人就认为不必要进行证明统计显著性的必要工作。始终确保自己拥有所需的一切数据，对数据进行必要的验证，然后再给出结论。

不知道击球次数，就不可能说明谁的整体表现更好。

表 2-1-4 是 Tom 可能在 5 年期内获胜的一个例子。

表 2-1-4　击球率的完整对比

年份	Tom 击球率	Tom 击球数	Tom 得分数	Joe 击球率	Joe 击球数	Joe 得分数	胜者
1	0.252	123	31	0.255	341	87	Joe
2	0.259	355	92	0.266	109	29	Joe
3	0.237	139	33	0.241	377	91	Joe
4	0.253	304	77	0.255	294	75	Joe
5	0.256	363	93	0.257	206	53	Joe
总计	0.254	1 284	326	0.252	1 327	335	

在这个例子中，Tom 和 Joe 的击球率之间的差异在统计上不显著。所以，看上去似乎明显 Joe 胜过 Tom，但我们发现 Tom 实际上优于 Joe。但是，事情并没有那么简单。尽管 Tom

赢了，但是两者的差别在统计上也不显著。从统计学的角度，他们平分秋色，答案比表面上更加微妙。

大部分人看了表 2-1-3 之后，不会对这个问题提出更深思熟虑的看法。他们觉得一切很明显——Joe 无疑总击球率更高。不要这么想，一定要测试和校验。

关于统计显著性，我们还要最后说明一个要点。大部分人在其试验有 95% 或者 99% 的把握时就开始觉得高枕无忧了。一定要记住，当你对自己的结论有 95% 的把握时，仍然有 5% 的可能出错。这意味着，每做 20 次类似的试验，就有一次的结果是错误的。

测试得出的置信度一定要与可能承担的风险相匹配；例如，如果做出错误的决定会使公司完全破产，那么 95% 的置信度就不够好。99.9% 或者更高的置信度才是我们的目标。

随着行动数量的增加，至少出现一次错误的概率就会增大。你必须做好吸收这些错误的准备。或者，你必须将显著性的门槛提得很高，确保将风险降到很低的水平。新药的临床试验门槛非常高，因为不好的药影响巨大，甚至可能致人死命。确定某公司在网页上放置图像 A 或者图像 B 的基准就要低得多。

业务重要性

假定在一项分析中已经找到了统计显著性。还有一个问题也同样重要（甚至更重要）。是否有一个统计显著的糟糕结果？这对业务是否重要？公司如何使用这个统计显著结果，并据此采取措施？已经发现了真正的效果，但是这个效果是否足以产生有意义的影响？

始终将结果放在业务环境中，作为最终验证过程的一部分。让我们考虑这样一个场景：一位高管人员对建议的过程更改至少带来 10% 的收入增长有 90% 的置信度。该决策对业务似乎很有好处。

但是，如果假设的基准是一项基本服务，而测试的更改是成本提高一倍的增值服务，该怎么办？在那种情况下，10% 的收入增加可能无法弥补额外的成本。回报率明显更高这一事实实际上并不重要，从业务的角度看，这仍然不重要。

必须超越显著性检验，考虑更大的全局性问题。实施所建议更改的相关成本多高？在一段时间内可以产生多少额外收入？新方法是否与企业总体战略一致？过程更改所需的人员和工时是否充足？统计显著性很关键，但是只有在可以验证其从业务角度上很重要的时候，它才是有意义的。

1.3.3　样本与总体

过去，抽样是必要而常见的做法。对于手上的问题，是否有足够的样本规模，往往是人们最为关心的问题。

有了大数据，拥有作为充足样本的数据当然不成为问题。使用今天的可伸缩系统，往往可以处理整个抽样总体。不再有必要抽样 10% 的客户，因为有能力处理所有客户。在某些领域（如临床试验）中，小的样本规模可能仍然会带来麻烦。这些领域是当前规则的例外情况。

考虑何时抽样应该成为分析计划的一部分仍然很重要，需要抽样时，必须采用正确的方式。

在下一次看报纸时，注意报纸上总是出现的问卷调查。在任何调查结果的最后，都会看到一个误差范围。这个范围通常为±3%～5%。你还会看到所使用的随机样本规模，通常为800～1 200人。不管问题、主题或者抽样总体的规模如何，这些误差范围和样本规模都很一致。必须落在几个百分点范围之内的调查结果大约是1 000个。

样本越大，误差范围越小，"真实"答案与样本中所见情况相当接近的置信度也就越高。大数据可以得到很大的样本规模，以至于常见的摘要统计数字最终能够具有很高的统计显著性。这些差异可能极小，从业务角度看毫不相关。

可以探索数千万个 Web 会话，研究其中有多少人点击链接 A，多少人点击链接 B。研究很可能发现，2.523 5%的人点击链接 A，2.523 7%的人点击链接 B。如果样本足够大，0.000 2%的差值是统计显著的；但是，尽管具有统计显著性，这么小的差值实际上也并不重要。它不能满足我们已经讨论过的业务重要性和相关性条件。正如过去的一条统计学准则所言，"只有能够带来差别的差值才是真正的差值。"

分析师十分强调要有足够的样本。他们所担心的是，小的样本可能使分析的误差范围过大。当样本太小时，差值必须相对大，才被认为是统计显著的。许多分析在这样的条件下实际上是没有意义的。近来，确定样本规模不过大几乎成了必需的工作。"过大"的样本似乎是个奇怪的概念；但是这是必须考虑的。

技术材料

随着为许多不同问题提取不同的样本，你最终会接触到所有底层数据。不要犯下目光短浅的错误——抛弃特定问题不需要的数据。抽样并不否定收集和存储所有相关数据的需求。企业数据环境不是由样本搭建起来的。样本是从企业数据环境中提取的。

总体情况

如果某个具体问题仅需要研究 20 万个随机客户就可以得到所需的精度，仅因为能力所及便处理 2 000 万个客户就是在浪费时间和资源。可以考虑选择一个样本规模，条件是这个规模的样本开始能够找出统计上显著、同时重要且相关的差别。确保有足够大的样本，但是不要使用远大于需求的样本。要驯服大数据，就需要将数据修整为必不可少的部分。

有时候，100%的数据是绝对需要的。最常见的例子之一是按照某种条件找出"前 N 大"列表；例如，要确定花费最多的 100 名客户，就需要100%的数据。根据定义，任何随机的客户样本都不能包含前 100 大客户，只能包含该列表的一个随机子集。必须搜索所有客户才能得到完整的前 100 名列表。和以前一样，问题将描述是否需要样本，以及应该使用的样本规模。在可能的情况下好好地利用样本。

常见的错误概念之一是，一个样本可用于许多不同的问题。市场部可能只需要 10%的客户样本就足以完成自己的工作。所以，市场部取得 10%的客户形成一个样本，然后获取这 10%客户的活动情况。这个样本不适用于其他部门。

总体情况

考虑一家电信公司的例子。10%的客户样本很适合于客户关系管理（CRM）团队。但是，零售团队在不久之后就需要分析零售商店的绩效。该小组需要 10%的门店样本以及相关的所有交易。这个样本的提取方式完全不同。他们可能不需要任何客户的所有信息，但是需要指定商店的所有信息。类似地，产品经理可能需要提取包含其产品的所有交易中的 10%作为样本。这个样本不一定包含任何给定客户或者给定商店的所有交易。3 个部门需要的是不同类型的样本。

要点是，任何给定的问题可能都只需要 10%的样本，但是每个问题需要的是与前一个问题不同的 10%样本。如右图所示。

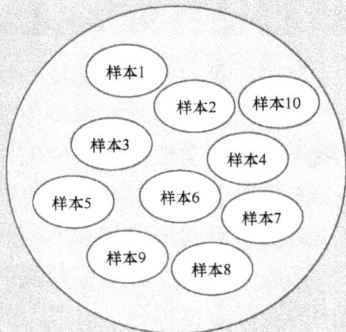

随着时间的推移，各种不同的问题提取不同样本，在某个时点将需要所有的数据；因此，即使一次使用的数据永远不会超过 10%，所有数据也都必须保留且可用。

知识检测点 3

讨论大数据如何为高级分析提供帮助，为不同的组织机构创建出色的分析。

1.3.4　推理与计算统计数字的对比

假定一项分析已经解释了一个重要的统计数字。分析专业人士也证明，这一发现很重要且与业务相关。现在，他必须推断，根据这项分析可以采取什么行动。为了完成出色的分析，必须推断可以采取的潜在措施，并提供这些措施的相关指导方针，作为分析的结果。此外，如果有些行动无法得到分析的支持，那么必须在文档中加以记录。

出色的分析能够尽可能地简化决策的过程。决策者必须做出最后的决定。重要的是，分析总结提供了作为决策出发点的建议。出色的分析必须做出初步的推理，而不只是计算统计数字。正如报告不是分析一样，简单地提供统计数字或者其他技术信息也不能称之为分析。

总体情况

分析专业人士提供分析和建议，而不是报告、数据和统计数字。正如报告有价值那样，能够分析数据、提供解决问题所需输出的人也有价值。但是，如果这些结果得以解读并生成一个行动计划，那么就为分析工作增添了很大的价值。正是这些工作将报告转化为分析，将报告者转化为分析专业人员。

指出"选项 1 的绩效比选项 2 的绩效高 10%"是不够的。根据所有结果，应该做出什么决策？出色的分析将包含建议的步骤。如果选项 2 比选项 1 的绩效高出 10%，那么就在分析中包含"应该实施选项 2"的陈述。在这样的简单案例中，结果相当明显。但是，许多分析比这要复杂得多。在那些情况下，对结果意味着什么措施的指导极其有用。决策者不应该自行找出选项，而应该得到由其决定接受与否的选项。

1.4 构建分析团队

现在，我们来讨论是什么特质造就出色的分析团队。

许多组织机构对如何构造分析团队十分纠结。和人力资源或者财务部不同，分析专业人士如何融入组织甚至这些人员的工作范围都不一致。当我们讨论分析专业人员时，指的是进行这些工作的人。许多公司在不同部门有不同的分析专业人员，在这些部门中，他们解决的问题、使用的方法甚至所需的培训都大不相同。

其他学科并不总是如此复杂。一般来说，人力资源部门是集中化的组织。即使分配人员帮助不同的业务单位招聘，招聘人员及其工作以及所需技能都相当一致。在分析中则不是这样，想象一下，运营部门所需的分析和销售部门的分析需求是截然不同的。再想一想，风险管理团队的关注点和营销团队的关注点也大相径庭。

这种情况会造成一些重要的问题：组织机构如何构造分析团队？该团队从哪些方面融入组织机构中？如何帮助组织机构获得最大成功？在入手之前，上述问题中有多少必须弄清？如果想要利用大数据的威力，分析团队必须解答这些问题。

总体情况：并不是所有行业的组成都是一样的

有些行业的决策过程中包含了许多分析工作。最好的例子包括银行、金融和物流行业。这些行业的公司中遍布着分析专业人员。例如，风险管理是由分析驱动的。你收到的所有信用卡邀约邮件也都是由分析驱动的。在信用卡申请进入你的邮箱之前，你的数据已经被全面分析，确定在你手中的邀约是一个良性风险。

有些行业本身是一个混杂体。有些公司投入分析，其他公司则尚未跟进。零售和制造业就是这方面的例子。有些制造商在运用分析上十分老练，而有些家喻户晓的厂商则仅仅进行基于电子表格的分析。如果这些制造商稍微多做一些分析，那它们会变得多么强大啊？

出色的分析能够帮助公司在业务中的许多重要方面做出改变。组织机构中的员工能够找出他们没有做出正确估值、使用不恰当信息营销的客户群体，对此进行补救。他们可以在宣传观念上达成一致，而不是在组织机构的不同部门形成多个观点。有了统一的看法，对于在哪里投资和有效的方法就更容易达成共识。财务部门不再反对市场部门的观点。他们还可以通过在各种运营报表和分析中增添客户度量指标，从更以客户为中心的角度考察业务。

1.4.1 成为分析师的必备技能

许多领域都缺乏足够的人才，分析领域比大多数其他领域更缺乏人才。部分原因如下。

○ **分析专业人士的需求不断增加**：许多图书、文章和博客都在讨论分析人才需求的快速增长。

○ **教育体制无法提供足够的分析人才**：学院的课程需要花费时间进行改造和扩展，才能造就更多人才。

鉴于现在已经有用户界面友好的高级分析软件，由未经过训练的人员使用这些工具进行分析是不是好主意呢？

根本问题是，许多人认为只要有好的指向——点击界面、可以轻松浏览的工具，就很容易正确地使用它们。事实并非如此。工具易用并不意味着正确地使用它们很容易。实际上，易用性会使人们快速、不知不觉地做错事；例如，通过指向-点击界面生成 SQL 的工具使用户可以自己喜欢的任何方式连接数据。它们可以在合适的地方使用请求的语法，但是不能保证所创建的语法在业务上有任何意义。

即使你知道如何使用任何一类工具，使用它们还需要有合适的技能、经验和视野。分析工具可以帮助用户节省一些编程所花的精力，但是用户仍然必须理解生成的分析。如果你对一位新手能够提出合适的问题、回答问题的所有数据都已经准备就绪且使用合适的格式、应用的算法已经为人熟知且充满信心，那么任何人都可以取得成功。在这些条件下，一切都很完美，用户只需要按下按钮就行了。在现实世界中，这种完美的条件根本不存在。

构建合适的分析或者模型需要许多努力。这一过程远远不只是在工具中指向、点击。预测的行为合适吗？支持预测的最佳自变量组合是否存在？分析人员是否有经验发现何时出现问题？分析专业人员是否知道如何应对出现的问题？

与现实生活的联系

　　没有分析专业知识的业务人员可能希望利用分析，但是他们没有必要去承担这些繁重的任务。分析团队的工作是使业务人员能够通过组织机构推动分析。让业务人员将时间花在向上游推销分析的力量，改变他们所管理的业务过程以利用分析。如果分析团队和业务团队各自完成自己擅长的工作，就会形成一个双赢的组合。

1.4.2　IT 与分析的融合

在构建分析团队时，组织机构所面对的大问题之一是分析专业人员与 IT 或者开发团队之间的争执。但是，不再需要纠结这个问题了，为了理解这一结论的理由，让我们首先来看看组织机构赋予 IT 和分析专业人员的角色。

分析专业人员的任务是利用企业的数据完成一些全新的任务。他们必须进行一些新颖、有创造性的工作，打破陈规。

另一方面，同一公司的 IT 部门确保系统顺畅地运行，每个人都能完成自己需要做的工作。IT 部门必须确保资源分配合理，将一切置于控制之下。

IT 专业人员和分析专业人员会产生一定的摩擦，因为组织机构赋予他们的权力有固有的冲突。他们受雇于同一家公司，优先考虑的却是相互冲突的事项！一个团队专门锁定数据、控制数据和调配资源使用。另一个团队则专门消化数据，在此过程中使用许多资源，做事的方式也不同。在这种情况下，两者几乎不可能不发生冲突。

表 2-1-5 描述了分析和 IT 专业人员在组织机构中的角色。

表 2-1-5　分析专业人员和 IT 专业人员的角色

分析团队的任务是	IT 团队的任务是
大量利用系统资源	严格管理资源使用
创建表并使用许多控件	限制表创建和资源使用量
打破常规	将用户控制在某个框架之内
试验新方法	坚持批准的方法
在有限的规则和限制下工作	强制推行规则和限制

总体情况

　　组织机构让 IT 和分析团队坐在一起，就如何协同工作达成一致，是至关重要的。利用现代技术，让两个团队和平共处甚至帮助对方取得成功，是完全可能的。

　　好消息是，许多因素正在使两者之间的这种敌意变得不那么重要。随着这些方面的发展，可以跨越 IT 和分析专业人员之间的鸿沟。重要的是，如果你的组织能够组建一个出色的分析团队，就能够消除两个部门的隔阂。

　　如果分析团队有自己的分析环境需要维护，实际上他们也就承担了系统管理员、生产调度员等角色。分析专业人员构建一个非常出色、需要每周运行的新分析流程。那么，下一步会发生什么？这位专业人员必须每周照看该流程，监控它并构思应对数据流中变化或者其他影响流程的系统变化的方法。

　　分析专业人员并不真地希望做这些事情，特别是，随着大数据的兴起，如果没有用于管理和处理大量数据的定制基础设施和框架，分析几乎不可能进行。与此同时，分析师需要应用程序和自定义脚本，以高效的方式进行分析。出色的分析团队喜欢将这些工具、框架、应用程序的开发，以及系统管理、调度、备份等任务移交给 IT 部门。IT 人员以此为生，享受和擅长这类工作，由他们来完成这些工作，一切都会变得更加高效，每个人也会更快乐。分析团队可以节约许多时间，专注于更了不起的分析，而不只是维持流程运行。

知识检测点 4

1. 讨论 IT 和分析团队在大数据分析项目中的角色。
2. 表现更佳的分析团队将产生出色的分析，从而增加 T&E 公司的利润。T&E 公司的经理们可以结合哪些措施，激发和训练分析团队，得到更好的表现？

多项选择题

选择正确的答案。在下面给出的"标注你的答案"里将正确答案涂黑。

1. 下面哪一些不是报告的特性？
   - a. 提供数据
   - b. 提供答案
   - c. 相当不灵活
   - d. 提供需要提出的问题

2. 组织机构要求其分析团队增加零售陈列室的净利润。分析团队开始分析，但是发现问题陈述并不清晰。这是因为组织机构的零售商店分布在不同的地区。这一分析中缺乏如下哪些特性？
   - a. 得到指导
   - b. 相关
   - c. 及时
   - d. 可行动

3. 某组织的高管要求分析团队创建一项分析，以迎合 B 地区商店的需求。因为某些问题，分析团队只能在下一财年之后准备这项分析。这项分析缺乏如下哪些特性？
   - a. 得到指导
   - b. 相关
   - c. 及时
   - d. 可行动

4. 探索性数据分析使用图形完成如下哪一项工作？
   - a. 数据清理
   - b. 基本报告
   - c. 预测建模
   - d. 模型实现

5. 报告不涉及：
   - a. 预测模型
   - b. 图形
   - c. 图表
   - d. 表格

6. 在数据分析报告中，你将找到：
   - a. 描述性的统计数字
   - b. 优化
   - c. 格式化文本
   - d. 白皮书或者日报

7. 数据理解是统计数据分析的步骤之一。该步骤在哪个步骤之后进行？
   - a. 模型构建
   - b. 模型实现
   - c. 业务目标
   - d. 评估

8. 在无法访问抽样总体时，我们倾向于考虑：
   - a. 模拟总体
   - b. 问卷调查
   - c. 随机抽样
   - d. 敏锐的洞察力

9. 数据缺失值处理：
   - a. 对获得正确结果很有必要
   - b. 往往导致错误的结果
   - c. 绝不应该进行
   - d. 只是抛弃所有缺失记录

10. 下面哪些不是分析团队的任务？

a. 大量使用资源　　　　　　　　b. 在有限的规则和限制下工作
c. 严密管理资源使用　　　　　　d. 运行复杂的专用查询

标注你的答案（把正确答案涂黑）

1. (a) (b) (c) (d)　　　　　　　6. (a) (b) (c) (d)

2. (a) (b) (c) (d)　　　　　　　7. (a) (b) (c) (d)

3. (a) (b) (c) (d)　　　　　　　8. (a) (b) (c) (d)

4. (a) (b) (c) (d)　　　　　　　9. (a) (b) (c) (d)

5. (a) (b) (c) (d)　　　　　　10. (a) (b) (c) (d)

测试你的能力

1. 解释在为一家时尚服装制造商进行的确认需要发送详细宣传材料的客户时，你将使用的数据分析生命期步骤。这些步骤有哪些子步骤？

2. 预测分析有哪些报告分析所无法实现的功能？

3. 作为 T&E 公司的分析团队负责人，你必须向该团队简要介绍客户对新项目的需求。客户希望在市场上投入一系列新的软饮料，需要分析市场上所有领先的软饮料品牌。作为分析团队负责人，讨论将这一机会转化为资本、训练团队中的新分析专业人员的战略，以及可用于确保团队中的高级专业人员胜任团队中多个角色的战略。

- ○ 组织机构使用高级分析技术组织和分析大数据。
- ○ 在高级分析中结合使用报告与分析。
- ○ 有效的分析必须：
  - 得到指导；
  - 相关；
  - 可解释；
  - 可行动；
  - 及时。
- ○ 基本分析提供"发生了什么？""何时发生？""有何影响？"等问题的答案。
- ○ 根据直觉做出大部分专业决策的高管人员不应该对组织机构分析团队创建的分析采取"随意选择"的方法。
- ○ 为了创建正确的分析，分析团队必须正确地理解问题，收集所有必要的信息，才能启动对给定问题的分析。
- ○ 任何分析的两种输出都根据统计显著性和业务重要性度量。
- ○ 对于组织来说，投资于好的分析团队十分重要，因为这一投资最终会惠及组织，带来巨大的利润。
- ○ 由于组织机构总是寻求训练有素的分析专业人员，市场上这类人员的需求十分旺盛。
- ○ 和组织中的其他团队一样，分析团队随着技术的发展升级其技能十分重要。组织机构确保分析团队有好的工作环境也同样重要。

分析方法与工具

模块目标

学完本模块的内容，读者将能够：

▸▸| 解释分析方法与工具的演变

▸▸| 讨论各种分析工具的特性

本讲目标

学完本讲的内容，读者将能够：

▸▸| 解释一些分析方法的重要性

▸▸| 解释分析工具的各种分类

▸▸| 解释 R 的功能和重要性

▸▸| 解释 IBM SPSS 工具的功能和重要性

▸▸| 解释 SAS 工具的功能和重要性

▸▸| 比较不同的分析工具

"在商业中使用的任何技术的第一原则是，应用于高效运营的自动化技术将放大效率。第二条原则就是，应用于低效运营的自动化措施将放大无效的功能。"

——比尔•盖茨

分析专业人员多年来使用一系列工具，这些工具帮助他们为分析准备数据、执行分析算法和评估结果。随着时间的推移，这些工具的深度和功能都有所增加。除了更丰富的用户界面之外，现在的工具自动化或者合理化了常见任务。因此，分析专业人员得以将更多的时间专注于分析之上。将新工具和方法与发展的可伸缩性及流程相结合，能够帮助组织机构驯服大数据。

在本讲中，你将学习分析方法及分析工具变革的相关知识，还将学习数据可视化。本讲还将进一步讨论 R 中的统计计算概念。你还将学习不同的分析工具，如 IBM SPSS 和 SAS。最后，本讲还将对不同的分析工具进行对比。

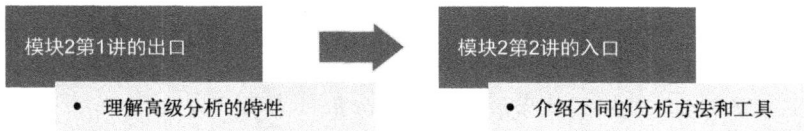

模块2第1讲的出口
- 理解高级分析的特性

模块2第2讲的入口
- 介绍不同的分析方法和工具

2.1　分析方法的演变

许多常见分析和建模方法已经使用了多年。有些方法（如线性回归或者决策树）有效且适合主题，实现也相对简单。早期，鉴于工具可用性和可伸缩性的严格限制，简洁性是必要的。但是，今天所能实现的可能性比以前多得多。

在计算机出现之前，运行模型的许多次迭代或者尝试高级方法实际上并不可行。正如用于处理数据的技术大规模发展，用于分析数据的工具和技术也是如此。今天，可以对稳定的大数据集运行许多算法的多次迭代。

由于当今新的可伸缩性技术出现，分析专业人员往往可以使用许多存在已久的方法。但是，许多人已经开始实践不同的新方法，以更好地利用已经发展的工具、过程和可伸缩性技术。在这些新颖的方法中，许多在理论上定义已久，但是到最近才成为现实。由于方法是持续发展的，我们将讨论如下几种当今值得考虑的分析方法：

- 集成方法；
- 商品化建模；
- 文本数据分析。

2.1.1　集成方法

集成方法在概念上相当简单——用多种技术构建多个模型，而不是用单一技术构建单一模型。从所有模型中得到的结果组合在一起，提出最终的答案。

组合不同结果的过程多种多样，可以是每个模型预测值的简单平均数，也可以是比这复杂得多的公式。需要注意的是，集成模型超越了从一组模型中选择性能最佳的单独模型。它们实际上组合多个模型的结果，得出单一最终答案。

集成方法的能力来源于表现出不同优势和弱点的不同技术。例如，某些类型的客户用某种技术打分很低，但是用另一种技术却表现优异。通过结合来自多种模型的情报，计分算法即使不能对每个单独客户、产品或者仓储位置取得更好的结果，总的结果也会变得更好。

假定我们使用线性回归、逻辑回归、决策树和神经网络等各种技术预测客户购买指定产品的可能性。在集成方法中，来自每个模型的得分将被组合为一个最终得分。该组合往往在预测购买的能力上胜过单独模型。

集成方法越来越受到重视的原因之一是，支持它们的"**群体智慧**"理论很容易理解。

日常生活中合适条件下的"群体智慧"已经得到了广泛的讨论。艾奥瓦大学的艾奥瓦电子市场多年来已经证明，许多人根据经验和知识做出的猜测平均起来往往非常接近正确答案。实际上，群体的平均值往往比其中任何一个个体更接近于正确答案。

> 定　义
>
> 　　每种单独的建模方法都有优势和弱点。通过组合不同的结果得到的融合答案可能好于任何单独模型的答案。与此类似的是，许多人做出的预测可能产生一个平均答案，这个平均值非常接近于正确的答案。这一现象常被称为群体智慧。

分析工具的发展对集成方法的成长也有帮助。如果没有管理工作流和将多个模型结果结合在一起的好方法，集成建模就成了一个笨拙的过程。想象一下不得不为试验的每种方法人工启动过程的情景。再想象一下，当每个过程完成时，还要人工组合所有方法的输出，以检查它们的结果。

今天，分析工具将为你完成这些乏味工作中的大部分。

2.1.2　商品化模型

商品化模型的使用已经越来越成为一个趋势，它的目标不是获得最佳的模型，而是能够快速地获得一个模型，该模型能够得出比完全没有模型更好的结果。例如，商品化模型可以通过简单的逐步分析规程完成，其中大部分步骤是自动化进行的。

> **总体情况**
>
> 　　商品化模型旨在完全不使用任何模型的结果上加以改善。这是历史上尝试的大部分模型所要跨越的较低门槛。商品化建模过程在找到足够好的模型时停止。对于低价值问题或者需要太多模型而无法使每个模型达到最佳的情况，这种方法很有意义。

如果使用得当，商品化模型可能相当有用，可以在组织内扩大分析的影响。传统上，构建模型是一个时间密集、代价很高的任务。分析师需要花费几周或者几个月的时间将数据组合在一起，然后花费更多的时间根据这些数据运行模型。这就要求审慎地构建模型，只将其用于非常高价值的问题。考虑某组织机构即将要处理 3 000 万～4 000 万件产品的大订单的场景，在这种情况下绝对值得构建一个模型。如果组织所要处理的仅是 3 000 件廉价产品的订单，投资于模型的构建就不是一个合理的决策。

> 附加知识
>
> 　　如果分析专业人员使用包含可伸缩沙箱的现代环境，以及包含企业分析数据集的现代过程，构建模型就不需要像以前那样耗费大量时间了。标准变量越多，可应用的处理能力越强，构建模型的过程就越简单。

始终记住一点，构建模型的过程变得更简单，并不意味着不需要勤奋工作和确保完成正确的过程。但是如果该过程是由出色的分析专业人员推动的，就有可能很快地完成。

在评估商品化模型时，主要的考虑因素是使用它所实现的价值。如果投入更多精力，这种方法可能有很多改善的空间。但是，如果在某种情况下，快速模型能够得到比没有模型更好的结果，那么就利用它。

例　子

我们来研究一个类比。如果你拥有一所住宅，只会在某些部分尽最大的努力进行改善。厨房这样显眼的房间往往值得用一流的工艺进行翻新，而对于其他改善措施，只需要将其完成就行了。在改造客房浴室的时候，你可能只愿意使用普通的材料和设备，不值得投入巨资。商品化模型有助于类似的业务情境，有很广阔的应用空间。

商品化模型的用途

商品化模型使高级分析能够在组织中更大规模地应用到更广泛的问题上，而不仅仅是让分析专业人员一个接一个地人工构建模型。

例如，零售商往往为重要的产品类别构建"购买倾向"模型。为变动较慢、不经常宣传的产品类别构建定制模型没有意义。对于零售连锁店，为浴室清洁用品和碳酸饮料构建购买倾向模型最有意义。为鞋油或者沙丁鱼罐头等变动较慢的产品建立模型就没有意义。

但是，如果有必要宣传不太重要的产品，该怎么办？沙丁鱼罐头制造商可能愿意赞助其产品的促销活动。有些零售商现在为全部数百种产品类别建立模型。许多分类模型是采用商品化模型的风格建立的。这些模型用于罕见的情况，可以为这些情况增添一些价值。碳酸饮料或者浴室清洁用品等重要分类仍然得到特殊处理，为它们建立高度定制的模型；而通过商品化模型，较小的类别至少也有一个建立某种模型的选择。

今天的分析工具已经得到发展，使分析专业人员可以更轻松地建立这些模型。分析工具加强了自动尝试多种算法、组合多种指标、使用多种自动化验证技术方面的能力。这有助于快速得到令人满意的模型。低价值问题使方法的改变成为必要。必须接受的一点是，在业务条件合适时，以足够好的模型（而非最佳模型）作为目标没有任何错误。

快速提示　最重要的考虑因素是确保构建一个能够生成足够好的模型（而不是垃圾）的过程。定期重新验证商品化建模过程的有效性是很有必要的，人们仍然需要对结果进行检查。放松对商品化过程的控制，在不加任何干预的情况下让其随意运行，是错误的思路。

与现实生活的联系 ◉━◉━◉

我们来看看商品化模型在预测领域的应用。某制造业公司需要花大力气在较高的层次（如按季、按产品、按国家）精确预测需求。如果希望预测每周、每个产品在每家商店或者分销点的需求，该怎么做？公司没有足以构建高度稳定的定制预测模型的工时。在较低粒度上，可自动化进行、足够好的预测是有意义的。如果高层次预测是精确的，构建的低层次预测加总起来与高层次预测相符，那么这家制造商就会感到满意。比起之前在完全没有任何详细预测的情况下工作，这样当然好多了。

2.1.3 文本分析

为当今的组织机构所采用、增长最为迅猛的方法之一是文本及其他非结构化数据源的分析。许多大数据都属于这一分类。

顾名思义，**文本分析**以某种文本作为输入。这些文本可以是电子邮件、医疗诊断等抄写材料甚至从硬拷贝上扫描并转换为电子形式的文本（如旧的庭审记录）。

现在，几乎所有组织机构都渴望能够理解客户的心声。发给公司的电子邮件、客户满意度调查、呼叫中心记录，以及其他文档保存了许多有关客户关注点和情绪的信息。文本分析有助于及时识别和处理客户不满的根源，还有助于在问题成为症结之前主动解决，改善品牌形象。

文本分析显著增长的原因是文本数据的新来源十分丰富。近年来，从电子邮件到 Facebook 和 Twitter 等社交媒体网站上的评论、在线调查、短消息、呼叫中心对话等所有信息都被大量捕捉。弄清这些文本的含义绝非易事。解析文本时需要解决一些重要的问题，如确定预警、定义有意义的模式等问题。组织机构正在得到比传统的结构化数据更多的文本和非结构化数据。这类数据不能忽视。

文本是常见的大数据类型，文本分析工具和方法已经出现了很长时间。今天，有些工具能够帮助你将文本解析为单词和短语，然后协助你确定所有单词和短语的含义。流行的商业文本分析工具包括 Attensity、Clara Bridge、SAS 和 SPSS 提供的产品。

文本被解析为其组成成分之后，有一些方法可以帮助你确定这些成分中包含的情绪或者含义，找出其中的趋势。取得解析之后的文本并将其摘要统计数字输入到其他模型也是常见的做法；例如，指定客户的电子邮件中，有多少封表达了负面情绪或者积极的情绪？指定客户在其沟通中对某个产品线表示关注的频度有多高？这实际上是从原始的非结构化数据中创建了一些结构化信息。这一文本解析和构造过程常常称作**信息提取**。

总体情况

这里要注意一个重要的主题。一般来说，非结构化数据本身并没有被分析，而是为其应用某种结构之后分析的。只有极少数的分析过程直接在非结构化形式的数据中分析和推理。

例　子

在大规模调查之后，发现大部分有组织犯罪都进行某种特殊的信用卡欺诈，多年来所有金融机构都没有检测到这种行为。这包括使用虚假信息采购物品的犯罪行为。欺诈性的信息包括虚假的用户名、地址、产品详情、信用卡详情等。

研究显示，使用简单的文本挖掘技术，金融机构能够检测到这些欺诈性的交易。金融机构可以捕捉由用户详情等信息（如姓名、联络电话号码、电子邮件地址）组成的指标。虽然大部分信息是虚假的，但是电子邮件地址和电话号码等成分有助于确定犯罪行为发生的地区；因此，高级分析可用于保护公司免遭此类欺诈性交易的侵害。

下面是检测此类欺诈行为的一些常见注意事项。

- 记录用于在线购买订单中的所有要素，如客户电话号码、电子邮件 id、用户名、密码和地址。
- 确定客户的 IP 地址。
- 对电子邮件地址和所属域进行调查，确定它是真实还是虚假的地址。确定域名和所属国家。
- 审核买家 IP 地址，确定域名来自于非商业化域、来自哪个国家。
- 匹配 IP 地址、电话号码、电子邮件地址、客户地址，找出来自相同位置或者不同位置的信息。
- 对指定的电话号码进行搜索，检查网络上是否报告该号码涉及任何滥用或者欺诈事件。
- 采用上述规则，开发交易的信用积分体系。

2.1.4　文本分析的挑战

考虑表 2-2-1，以更好地理解重音的位置对单词含义的改变。

表 2-2-1　重音可能改变含义

不同的重音	改变含义
I did not say Bill's book stinks.（我没有说 Bill 的书令人厌恶）	But my buddy Bob did!（但是我的好朋友 Bob 说过！）
I did not say Bill's book stinks（我没有说 Bill 的书令人厌恶）	How dare you accuse me of such a thing?（你怎么敢这样指责我？）
I did not say Bill's book stinks.（我没有说 Bill 的书令人厌恶）	But I admit that I did write it in an e-mail.（但是我承认曾经在一封电子邮件中这么写过）
I did not say Bill's book stinks.（我没有说 Bill 的书令人厌恶）	It is that other guy's book that stinks.（令人厌恶的是其他人的书）
I did not say Bill's book stinks.（我没有说 Bill 的书令人厌恶）	I said his blog stinks!（我说的是他的博客！）

在句子中强调不同的单词，整个句子的含义就改变了。当你看到和听到某人讲话，很容易知道他（或她）的意思。但是当你只看到文本时，没有办法仅从句子中得知这一点。陈述周围的句子有助于确定说话者的意图，但是这使分析变得更加复杂。在未来的一段时间内，表 2-2-1 中的这类微妙差别仍然会给文本分析带来挑战。

不过，文本分析方法绝对是大部分组织机构必须接受的。它已经从一种专用技术变成更为重要、影响广泛的行业及问题的技术。这也只是必然持续发展和演化、用于处理非结构化大数据源的新型方法论例子之一。

社交媒体分析

社交媒体分析是客户呼声或者客户体验管理的另一种形式，最近已经引起了许多人的注意，推动了文本分析市场的发展。在社交媒体分析中，收集整个互联网上的数据，包括来自博客、微博、新闻报道的非结构化文本和来自在线论坛的文本。然后，对这种巨型数据流进行分析，往往使用文本分析以获得诸如下面这几类问题的答案：

- 人们对我的品牌有何评论？
- 与竞争对手相比，我的品牌如何？
- 他们喜欢还是不喜欢我的品牌？
- 我的客户忠诚度如何？

社交媒体不仅适用于关心自身品牌的商人，政府也可以使用它来搜索恐怖分子之间的交谈，卫生组织可以利用它来确定公共卫生方面的威胁，人力资源部门可以用它理解员工的士气和其他情况。

知识检测点 1

想象你有某产品过去 6 个月的销售数据。下面的分析工具中，哪一个适用于预测下一年的产品销售量？

    a. Tableau   b. SPSS   c. JMP   d. Spotfire

2.2 分析工具的演变

预备知识 理解分析工具的需求

20 世纪 80 年代末，分析不是用户友好的，没有用于分析的工具或者系统。所有分析工作都由大型主机完成。不仅无法直接让程序代码进行分析，还必须使用可怕的**作业控制语言（JCL）**。

随着服务器和 PC 套件的普及，旧的编码接口开始移植到新平台。当时的图形和输出十分粗糙。最初，图形通过打印文本字符形成的直方图和使用破折号形成的网格线生成。

经过一段时间，开发出了附加的图形界面，使用户能够通过指向-点击环境而非编码完成许多工作。20 世纪 90 年代末，实际上所有商业分析工具都有这类界面。此后，用户界面得到了改进，包含了更健全的图形功能、可视化工作流框图和专注于特定点解决方案的应用程序。工作流框图是最好的新功能之一，因为它们使分析专业人员可以在一个可视化地图上布局过程中的单独步骤，将所有任务联系起来。这样，就很容易以可视化方式跟踪过程中的步骤了。

在工具持续发展期间，其范围也不断扩大。现在，已经有了管理分析部署、管理供分析专业人员使用的分析服务器及软件以及转换不同语言代码的工具。现在，还有许多商业分析套件。这个市场的领导者是 SAS 和 SPSS，但是还有许多其他分析软件工具，其中很多工具是针对某个特定领域的专用工具。而且，现在还有开源的分析工具。

与现实生活的联系 ◉━◉━◉

你可以使用免费的 Web 分析工具跟踪网站访问者。这个工具由 Google 提供，网站管理员使用它跟踪网上的客户。利用这个工具，可以记录访问者位置、访问者在网站上停留的时间以及访问者查看的所有链接等细节。

2.3　分析工具分类

2.3.1　图形用户界面的兴起

在 20 世纪 90 年代中后期之前，进行统计分析的唯一选择是编写代码。今天，用户界面成为常规，分析专业人员不再需要陷入代码之中才能有效工作。当今的图形用户界面可以在后台帮助用户生成许多代码。

图形用户界面健壮、无 Bug、经过优化，使分析过程开发的速度等于或者超过了手工编码。真正的分析专业人员尽其所能，准确、高效地完成工作。工具可以帮助分析专业人员变得更加高效，同时使他们可以专注于分析方法而非代码编写工作。此外，当今的软件包提供健全的解决方案，不仅可以快速生成代码，还能够帮助指导用户经历旨在解决特定问题的预定义过程。

用户界面的另一个好处是，如果代码是自动生成的，它就不会有 Bug 并且得到优化。这不同于手工编程，后者常常出现打字错误，调试是过程的一部分，代码的性能优化水平完全取决于编写者。早期的分析用户界面相当笨拙，如果你精通代码编写方法，那么编写代码实际上比使用该界面更快。这种情况已经得到了改变，因为新的用户界面有效自动化了许多普通代码的生成。这使得分析人员的焦点更多地放在了分析本身和所需的方法论上，而不是强力编码。

图形用户界面的局限性

用户界面的一个大风险与它的关键优势之一相互重叠。在用户界面中生成代码很容易；但是，快速生成代码的能力也使之容易快速生成"坏"代码。如果用户不太精通编码，他（或她）可能不小心通过用户界面创建与意图完全不同的代码。如果没有能力理解生成的代码，用户就无法理解这些情况，可能导致开发出不正确、精度不佳的过程。

现代用户界面应该是效率增强器，帮助分析专业人员使之更加高效，将时间更多地用于分析而非编码。这些工具不应该代替知识、勤奋和努力。

总体情况

图形用户界面用户也应该理解编码，能够审核工具生成的代码，验证生成代码所完成的是预期的工作。在使用用户界面时，你往往点击几个选项，希望得到某个结果；但是，当你观察代码生成的代码时，就会发现产生的是不同的结果。

2.3.2　点解决方案的大爆发

过去 10 年中，分析点解决方案正在加速成为潮流。

定　义

分析点解决方案是处理非常特殊的小范围问题的软件包。它们一般专注于一组相关业务问题，往往在分析工具套件的基础上构建。

点解决方案的例子包括价格优化应用程序、防欺诈应用程序和需求预测应用程序等。点解决方案在工具套件（如 SAS）基础上构建，利用底层工具集的通用功能实现；但是，用户界面将专门针对目标问题集。点解决方案可能需要许多工时的开发工作。组织机构可以考虑购买，作为自己构建解决方案的备用措施，这可以节约资金和时间。

与现实生活的联系 ◉━◉━◉

金融机构所用的洗钱检测应用程序有一组用于搜索资金移动中可疑模式的算法和业务规则。这种工具的界面的核心是识别看上去可疑的情况，在必要时提供附加信息辅助调查。这样的工具可以帮助组织机构快速入手，无需从头开始构建一组过程。

作为使组织机构中的特定部门在日常业务流程中利用更高级分析能力的一种手段，分析点解决方案得到了发展。这些工具通常需要很高的知识水平，才能安装、配置和设置初始分析参数。随着时间的推移，持续维护和使用这些解决方案所需的知识门槛将会降低，因此点解决方案的客户群体将会日益广泛。注意，这与之前关于人们如果不理解代码就无法使用工具的论点并不相悖。点解决方案的构建和配置是为了强制用户采取正确的措施。

相对于普通的业务人员，分析点解决方案的用户通常是高级用户。但是，他们不一定像分析专业人员那样有高级技能。一旦专家配置和安装了解决方案，许多任务就实现了自动化，高级用户可以有效地监控工具输出，确保一切都正常工作。这种方法的目的是在组织机构内部更广泛地采用分析，并提供附加的扩展层次。任何组织都没有足以用人工方式处理所有必要分析的分析专业人员，分析点解决方案能够帮助减轻某些负担。

点解决方案的局限性

点解决方案可能相当昂贵。有些点解决方案的企业许可证价格高达 1 000 万美元甚至更高。如果财务回报可以值得上这样的支出，那么就没有问题。

但是一般的组织机构无法承担一次性安装许多点解决方案的时间、工作量和成本。点解决方案通常以顺序方式实施。在一个解决方案实施完成之后，开始另一个方案。

知识检测点 2

Nelson 制药公司的市场经理 Theo 计划启动一个新项目，因此，他必须预测下一年的员工人数，以估算线上产品数、生产工时、预算和其他参数。应该使用下列哪一种方法精确、高效地预测人力需求？

a. 通过比较数字和数据人工分析

b. 使用合适的工具和来自所有有关部门的数据

c. 将任务分配给各个责任部门，然后累计结果

d. 构建特殊团队进行这项工作

　　开源软件包可以免费下载。此外，还可以取得源代码，这样用户可以按照自己的需要定制软件、增添功能。

　　广泛采用、取得成功的开源应用程序例子包括 Firefox 浏览器、Linux 操作系统和 Apache Web 服务器软件。正如前一个例子所述，互联网的兴起推动了许多开源活动。鉴于发生在互联网领域的各种创新，随之出现的开源创新当然也很多。

2.3.3　数据可视化工具

　　仅仅分析是不够的；结果必须以用户友好或者可视化方法显示，以最好的方式传达给目标受众。分析专业人员常常需要向非技术业务人员解释复杂的分析结果，任何可以帮助他们更有效地展示结果的手段都是可取的。数据可视化就属于这一类别。许多人更愿意看到决策树的可视化描述，而不愿意看到冗长的业务规则列表。这种地方就是可视化的用武之地。

定　义

　　在分析领域中，可视化指的是显示数据的图表、图形和表格。

　　在计算机出现之前，图形依靠手工绘制。计算机革新了创建可视化表示的方法和易用性。

　　早期的分析软件在这方面相当原始，使用键盘字符创建图形，这些图形可能不漂亮，但是可以实现应有的功能。直方图中的每个方块可以由几行字符 X 组成，如图 2-2-1 所示。

　　饼图可能由句号、逗号和破折号组成。表格框线采用破折号"——"和管道符号"|"。

　　桌面生产力应用普及时，几乎任何人都可以做出漂亮的彩色图表或者图形，辅之以标签、图例和坐标轴。分析工具也升级了图形功能，远远超过了基于文本的图表。

　　但是，直到最近，大部分可视化手段都是静态的。桌面演示或者电子表格工具中创建的图表在更新之前都是静态的。也就是说，更新是人工完成的。

图 2-2-1　早期粗糙的直方图

　　今天，有些可视化工具已经可以与图像交互，以新颖而强大的方式探索和分析数据。下面我们来研究其中一些工具。

现代可视化工具

　　可视化工具的发展超出了许多人的想象。今天的可视化工具使分析专业人员或者业务用户能够以交互式、可视化的方式，根据数据发展出一个故事。**Tableau**、**Quickview**、**JMP**、**Advizor** 和 **Spotfire** 等工具帮助分析专业人员和业务用户超越图表或数据，将它们有机地联系了起来。

　　可视化能够得到其他方法无法识别的深入见解。分析专业人员现在使用这些工具开发分析、研究数据。有些分析专业人员还将可视化工具专门用于图形和演示。他们发现，这些工具比传统的图表工具更快捷、更健全。如果有人在演示中提出问题，他们可以在演示的同时对数据进行下钻并得到答案，没有必要按照传统的方法——承诺生成新图表，一大早将其发送出去。任何希望驯服大数据的组织机构都会考虑在其工具箱中加入可视化工具。

今天的可视化工具可以将多个图形和图表选项卡链接到底层数据。更重要的是，选项卡、图形和图表可以相互链接；例如，如果用户单击天气曲线图上的方块以获得东北地区的信息，其他图形将立刻调整，仅显示东北地区的数据。

一些可视化工具不仅有和电子表格程序相同的透视表和数据操纵功能，还有类似甚至超过演示程序的图表图形功能。现在，工具中还增加了与大型数据库连接、可视化图表关联以及随意探索、下钻的功能。这将造就强大的可视化图表。

数据可视化的前提是人们难以通过观察大型数据表和数字集合，从中找到趋势。用合适的可视化图表更容易发现趋势。有些可视化手段（如社交网络图）能够传递在不使用可视化手段时几乎无法理解或者描述的信息。

例　子

想象一下这样的场景：在没有地图作为指导的情况下，向某人解释各个国家在地图上的位置。一旦看到地图，你就能够准确地知道那些国家所在的位置以及它们的相对位置。用冗长的解释达到和地图相同的信息量和清晰度，是巨大的挑战。

附加知识

商业工具中尚未出现的新思路之一是沉浸式情报。沉浸式情报的概念是借助 3D、Second Life 等沉浸式在线世界的图形功能，以及用于基因研究的高级可视化工具。然后，使用这些技术提供健全的交互式数据视图。

总体情况

想象你是一家零售商店的老板，希望知道客户最经常去的是商店中的哪个部分。选择之一是创建一组电子表格，设计一张表格，尝试找出其中的模式。另一种做法是，生成一张商店平面图，用颜色表示活跃度。答案显而易见。

知识检测点 3

下面的哪一个特性代表的是数据可视化？
a. 区分数值输出和数学模型，理解模型的行为
b. 数据可以在电子表格中显示，或者显示为一个图形
c. 评估观测值及其计算中的疑问
d. 为系统或者过程构建逻辑模型

2.4　一些流行的分析工具

2.4.1　用于统计计算的 R 项目

> R 是免费的开源分析软件包，是商业分析工具的直接竞争对手和补充。

开源运动以"用于统计计算的 R 项目"的形式进入高级分析领域，该项目也常被简称为"R"。

R 来源于最初的"S"。S 是几十年前开发的一种早期统计分析语言。名称 R 的由来似乎是因为该软件是对 S 的更新，而且原创者的姓名（Robert Gentleman 和 Ross Ihaka）均以 R 开头。

R 日益受到人们的欢迎，现在已经有大量的分析专业人员使用它，特别是在学术研究环境中。R 更多地被用在研究和开发活动中，而不是企业环境中的关键生产分析过程。如果有大型的分析人才团队，团队中往往至少有几位成员以某种方式使用 R。

商业工具仍然占据很大的优势，但是 R 的影响力正在增大。

R 的功能

R 的功能很广泛。

- ○　比许多其他分析工具集更面向对象。
- ○　可以与常见编程平台（如 C++ 和 Java）链接，因此可以将 R 嵌入到应用程序中。
- ○　实际上，商业分析工具甚至允许在其工具集中执行 R。
- ○　R 语言的重大优势之一是其扩展性。开发人员很容易编写自己的软件，并以附加软件包的形式分发。因为创建这些软件包相对容易，所以已经有数千种问世。实际上，许多新的统计学方法在发表时都附带了 R 软件包。

总体情况

R 的最大优势是，在开发新的建模或者分析方法之后，很快就有人将其融入 R 中。在新的算法被证明具有市场需求之前，商业工具供应商不会集成它们。此后，供应商必须将其加入发行计划中，编码并在未来的发行版本中推出，这一过程可能需要花费数年。而对于 R，只要有几个人认为该算法有价值，他们就会很快编码。

R 的局限性

R 的劣势之一是可伸缩性。虽然最近已经有了一些改进，但是 R 仍然无法像其他商业工具和数据库那样进行伸缩。基本的 R 软件运行于内存中而不是在文件上运行，这意味着它只能处理与机器可用内存大小相仿的数据集。即使在非常昂贵的机器上，内存的数量也远低于处理企业级数据集的需要，更不要说处理大数据了；因此，如果大型组织希望驯服大数据，R 可以作为解决方案的一部分，但是从目前看来，将其作为唯一解决方案还不现实。

R 中的编程工作相当密集。尽管在 R 的基础上已经构建了一些图形界面，许多用户仍然主要通过编写代码进行工作。R 的界面成熟度远低于商业工具的类似界面。

总体情况

R 极其适合于广泛的非统计学任务，包括数据处理、图形可视化以及各类分析。R 最常用于金融、自然语言处理、生物学和市场调查领域。

知识检测点 4

下面哪些特性无法支持 R 工具轻松进行分析？
a. 可伸缩性　　b. 面向对象设计　　　　c. 可扩展性　　　　　d. 逻辑建模

2.4.2　IBM SPSS

SPSS 分析工具于 1968 年首次推出。2009 年，IBM 集团收购 SPSS 的业务之后，它改名为 IBM SPSS Statistics。

IBM SPSS 的功能可以通过专利的 L4G（第 4 代）编程语言以及带有滚动菜单的**图形界面**访问，L4G 语言也称为**语法语言**。除非用户请求将语法"粘贴"到命令窗口，否则滚动菜单生成的语法不可见于用户。

图形界面的优势在于用户友好性和缺乏经验的用户使用的简洁性。

语法语言也可用于链接冗长而复杂的运算，以及通过录制语法重复常见任务。

SPSS 不具备 R 的所有功能，但是其语法和数据库格式与 R 兼容，可以处理大量数据。

注意，你不能使用语法访问图形界面。命令可以在交互模式中发出，或者使用**生产设施**（production facility）模块以批处理模式启动。有一种宏语言用于自动化重复命令，这些命令可能依赖于参数。SPSS 还提供一种构造对话框的脚本语言。

IBM SPSS Statistics 的主窗口（**数据编辑器**）看起来像电子表格，可以直接输入数据。

图 2-2-2 展示了一个 IBM SPSS 数据表。

图 2-2-2　IBM SPSS Statistics

IBM SPSS 的功能

IBM SPSS 提供如下功能。

- ○ SPSS 命令逐行执行以更新表或者将结果添加到**输出编辑器**窗口。这个窗口还提供了在执行期间保存已执行语法的选项。
- ○ IBM SPSS Statistics 可以读出和写入 ASCII 文件、数据库及其他统计软件的表格。这个工具还提供了基本数据管理功能，如排序、聚合、变换和表合并。
- ○ IBM SPSS Statistics 可以将输出直接送到文件，而不是输出到编辑器窗口。该文件可以是 SPSS、文本、HTML 或者 XML 格式。输出管理系统（IMS）还可以在一个文件中保存大量迭代计算的结果（通过用宏创建一个循环）。
- ○ IBM SPSS Statistics 可用于多种环境，包括 Windows、Mac OS X 和 Unix。
- ○ IBM SPSS Statistics 还可以在其输出窗口显示 R 生成的图形。它可以将 R 的原生功能或者用户构造功能集成到其语法或者对话框中。

IBM SPSS Statistics 的优势是易于安装和使用，以及实用、用户友好的数据输入助手。

技术材料

IBM SPSS Statistics 读取数据，在必要时进行变换，选择并将有用的观测值子集及变量发送给 R。

下面是一个非常简单的例子：

```
GET FILE=  mytable.sav . SELECT IF (condition=1). BEGIN PROGRAM R.
mytable<-spssdata.GetDataFromSPSS (variables=c("V1toV5") row. label=V1)
regression<- lm(V2 ~ V3+V4+V5, data=mytable) print (summary(regression)
) spsspivottable.Display (anova(regression)) END PROGRAM.
```

与现实生活的联系 ◉—◉—◉

某电信服务提供商希望从其客户那里得到反馈，以改进客户留存率。使用 SPSS 数据库管理，该服务提供商可以在互联网、手机和面对面交谈中进行问卷调查。客户的反馈帮助该公司改进服务水平，最终达成高客户留存率。

知识检测点 5

一家体育用品制造公司希望分析其产品的再订购和库存水平。以下哪一个 SPSS 功能能够帮助该组织进行这项分析？

　　a. 统计　　　　b. 数据操纵　　　　c. 数据可视化　　　　d. 预测

总体情况

SPSS 分析工具只在历史数据基础上提供洞察力。这些模型可能正确，也可能不正确。将其用于开发事故、战争和洪水等预测分析模型可能有一些不确定性。

2.4.3 SAS

SAS 是一个信息交付系统，用于提供模块化、集成的硬件独立计算软件包。

统计分析系统（Statistical Analysis System，SAS）于 1976 年创立，在 IBM 大型主机领域处理大量数据，其处理功能的能力随着 1996 年并行架构 的实现而增强。

由于 SAS 是信息交付系统，它为有组织的数据库提供了广泛的独立环境；因此，数据分析师可 以轻松地将数据集转换为有助于决策的实用信息。

和 IBM SPSS Statistics 一样，SAS 有一个 L4G 编程语言。它还有**交互式矩阵语言**和矩阵语言。

SAS 程序由数据步、过程步和宏（如果需要的话）组成。多个过程提供一项全面的功能（统 计、图形、实用工具等），而数据步用户可以打开文件（或者导入数据库）、依次读取每个记录、 写入另一个文件（或者导出到数据库）、合并一系列文件并关闭文件。

为了实现有序、及时交付信息的目标，SAS 设计为：
- 交付全局数据访问；
- 增加软件中应用程序的功能性；
- 提供好的用户界面；
- 利用计算机硬件平台。

SAS 分析提供不同的分析过程，帮助用户浏览数据；这样，就能清晰地读出数据中最简明的 信息，供后续分析。

附加知识

PC/DOS 的第一个版本于 1985 年面世，第一个 SAS/STAT 紧随其后。和 SPSS 中相同，围绕中心模块 SAS/BASE，多年来专用模块增长了数倍。基于统计的模块有交互式矩阵语言（IML）、STAT、经济与事件序列（ETS）、运营研究（O）和质量控制（QC）。

SAS 的功能

SAS 的一些关键功能如下。
- **统计**：SAS 统计提供各种统计软件，包括改良后的传统分析和动态数据可视化方法。使用统计分析工具收集的信息使组织机构可以改善流程、企业发展和利润。SAS 统计分析还可帮助组织机构维护其客户。
- **数据和文本挖掘**：商业组织从各种来源收集大量数据。组织机构将收集来的数据用于数据挖掘和文本挖掘，以开发新的战略，做出更好的决策。

技术材料

下面是关于数据和文本挖掘的一些要点。
- 数据挖掘是探索和分析数据库，以找出未知或者隐藏的规则、关联或者趋势的过程。
- 文本挖掘也对基于文本的文档使用预测性和描述性分析技术。

○ **数据可视化**：SAS 数据可视化为 SAS 高级分析功能提供用户友好的界面。它用有效的数据可视化手段发展了数据分析，还发展了有效的分析结果展示以及更快的决策。SAS 数据可视化使用户能够在图形和图表的帮助下解释结果，做出决策。

○ **预测**：SAS 的独特之处是支持所有类型的长期和短期预测及分析。预测工具在必要时帮助分析和预报过程。组织机构可以确定新的业务战略和预期变化，更有效地规划将来。SAS 还提供了多种工具，以理解之前的商业战略和预测计划，进一步改善业务流程。

○ **优化**：SAS 工具提供优化、项目调度和模拟技术，在各种限制和有限的资源下实现成果最大化。这些技术使组织机构能够：

  - 改进联络策略；
  - 考虑意外情况；
  - 确定最佳资源分配。

○ **模型管理和部署**：SAS 模型管理器简化了创建、管理和部署分析模型的过程，使之不再乏味和脆弱。它还定期验证过程的准确性和实用性。

○ **质量改善**：SAS 提供一些质量控制（QC）工具，用于提高产品质量、改善过程、增加客户满意度。它鼓励组织机构超越传统的基本过程，加入高级统计分析以改善产品开发过程。

知识检测点 6

　　Maria Mia 顾问公司的数据分析师 Kent 被要求分析客户的需求，提出相应的解决方案。其中一个客户是一家手机制造商，希望以最合适的方式分配其资源。SAS 的哪一个功能最适合于这个客户？

　　a. SAS 优化功能　　　　　　b. SAS 质量改善功能

　　c. SAS 数据可视化功能　　　d. SAS 预测功能

技术材料

　　SAS 可以用于不同类型的计算机，如大型主机、个人计算机和 Macintosh 计算机。而且，UNIX 操作系统也支持 SAS。

2.5　分析工具之间的对比

R、IBM SPSS 和 SAS 的对比如下。

○ **用户界面**：在 SAS 企业指南出现之前，SPSS 在用户友好性上明显领先，它的界面接近于 Microsoft 标准。这也解释了它在市场营销和社会科学领域的成功。IBM SPSS Statistics 拥有包含滚动菜单的图形界面，没有必要了解编程语言，甚至不用知道这种语言的存在，对重复的操作非常实用；而 R 没有通用图形界面，所有功能都集成到分散于软件包中的不同图形界面。不过，对于手工分析的学习和实践，R 是一个出色的工具，因为它确实能够帮助分析师掌握不同的步骤和命令。

○ **决策**：IBM SPSS Statistics 相对 SAS 的优势不仅体现在较低的价格上，还体现在它可以在不购买数据挖掘套件的情况下，获得决策树所用的**答案树**。任何希望用 SAS 构建决策树的人都必须购买 Enterprise Miner（企业挖掘器）。对于决策树，IBM SPSS 比 R 也更具竞争力。R 没有提供许多种树算法，大部分软件包只实现 CART，界面的用户友好性也有欠缺。

○ **文件管理和稳定性**：SAS 在文件管理上更全面、更灵活；例如，它有增强的 TRANSPOSE 例程：不仅可以用 SQL 过程操纵关系型数据库表，还可以操纵 SAS 表，在某些情况下比使用 SAS 原生指令性能更高；例如，如果在连接键上没有索引，使用 SQL 的"连接"（join）合并两个表可能比 SAS 的"合并"（merge）指令（等价于 IBM SPSS Statistics 的"匹配文件"）更快，后者需要对表格进行初步排序才能合并。SAS 在大量数据的处理速度上无可匹敌。至于性能，SAS 可能是 3 种系统中最为稳定的。很难使 SAS 崩溃，但是 IBM SPSS Statistics 在处理大量数据时失去响应的情况并不少见。

○ **数据管理**：在数据管理方面，SAS 优于 IBM SPSS，也稍好于 R。R 的主要缺点之一是大部分功能必须将所有数据加载到内存中才能执行，这就限制了可以处理的数据量；但是，某些软件包开始打破这一限制。这方面的例子之一是用于线性模型的 biglm 软件包。

○ **文档**：SAS 的技术文档非常全面（仅涵盖 SAS/STAT 模块规程就有将近 8 000 页）。

而且，因为 SAS 在大型企业中的使用比 IBM SPSS Statistics 更广泛，专门的信息来源和资源更多，如论坛、用户俱乐部、培训师、网站、宏库和书籍等。不过，R 社区是最强大的开源社区之一。

SAS 提供许多预定义函数，如数学和金融函数，数量超过了 IBM SPSS Statistics。这些函数包括折旧、复利、现金流、双曲线函数、阶乘、排列组合等。

R 和 SAS 中的预测和描述性算法也多于 IBM SPSS Statistics；统计指标更详细，参数设置的可能性也更多。最后，SAS 宏语言比 SPSS 更灵活和完整。

附加知识

大数据分析工具和应用可以宽泛地分为以下两类。

○ **定制（从头开始编码）**：定制应用是为特定目的创建的；例如，在金融服务中，交易应用程序应该比竞争对手更快、更准确。对于大数据分析，定制应用开发的目的是加速决策或者采取行动的过程。

○ **半定制（基于框架或者组件）**：这些应用通常由开发者用"打包"或者第三方组件（如程序库）"编织在一起"，像定制应用一样工作。

多项选择题

选择正确的答案。在下面给出的"标注你的答案"里将正确答案涂黑。

1. 下列哪一项对 R 的陈述是正确的？
   a. R 不能与其他语言连接
   b. R 不支持扩展
   c. R 比许多其他分析工具集更面向对象
   d. R 不兼容于多种格式

2. 下列哪一项是商业文本分析工具？
   a. Tableau   b. Clara Bridge   c. JMP   d. Spotfire

3. 下列哪一个分析工具最常用于社会科学、营销和卫生？
   a. R   b. SPSS   c. JMP   d. Spotfire

4. 下列哪一个是数据可视化工具？
   a. Attensity   b. Advizor   c. Clara Bridge   d. SAS

5. 下列哪一项是图形用户界面的局限性？
   a. 通过用户界面创建的代码快速生成计划之外的代码
   b. 通过用户界面创建的代码增加了代码的复杂度
   c. 通过用户界面创建的代码难以理解
   d. 通过用户界面创建的代码大部分是不正确的

6. Mara Mia 顾问公司的数据分析师 Kent 被要求分析客户需求，并提出相应的解决方案。其中一个客户是一家电信公司，希望提高客户满意度。SAS 的哪一个功能最适合于这个客户？
   a. 该公司可以使用 SAS 的优化功能
   b. 该公司可以使用 SAS 质量改进功能
   c. 可以使用 SAS 数据可视化功能
   d. 可以使用 SAS 预测功能

7. Scott 是主流小型装置制造商 Apex Widgets 的数据分析师。Scott 希望比较两个地区的销售量，以准备关于增加销售量手段的报告。为了分析，Scott 运行核心商业智能（BI）报告，检查每个地区前一季度的总销售量和平均收入。为了进行这项分析，他使用了 SAS 工具，发现一个地区的利润高于其他地区。现在，可能出现以下两种情况：
   * 一个地区真的胜过其他地区；
   * 某几个季度的销售量和利润可能是巧合。
   SAS 的如下功能中，哪些可以帮助 Scott 进行最终分析？
   a. 图形输出   b. SAS DI   c. 统计   d. 质量改善

8. Angle Medicare Solutions 是一家面向各行业的服务提供商，每天收集数千份评论。该公司还发现，从无数评论网站中收到了多份虚假评论。

   Angle Medicare Solutions 应该使用如下哪些工具管理海量非结构化数据？

   a. SAS   b. SPSS   c. R   d. Clara Bridge

9. Lloyd 是一个社会工作组织中的数据分析师。他被要求找出特定群体中男性与女性对政党偏好的差别。他已经从注册投票人的随机样本中收集了数据。你建议他使用 SPSS 的哪些功能，从而得到快速、准确的输出？

   a. 统计   b. 数据操纵   c. 数据可视化   d. 数据优化

10. 财务经理 Jacob 想要从不同的协会收集不同格式的数据。他希望关联数据，准备不同格式的报告，包括 PDF 和 Excel 文件。Jacob 应该使用如下哪些工具？

    a. SPSS   b. SAS   c. Tableau   d. 以上均可

标注你的答案（把正确答案涂黑）

1. ⓐ ⓑ ⓒ ⓓ   6. ⓐ ⓑ ⓒ ⓓ
2. ⓐ ⓑ ⓒ ⓓ   7. ⓐ ⓑ ⓒ ⓓ
3. ⓐ ⓑ ⓒ ⓓ   8. ⓐ ⓑ ⓒ ⓓ
4. ⓐ ⓑ ⓒ ⓓ   9. ⓐ ⓑ ⓒ ⓓ
5. ⓐ ⓑ ⓒ ⓓ   10. ⓐ ⓑ ⓒ ⓓ

测试你的能力

1. 讨论分析工具对于业务分析活动的重要性。
2. 列出图形分析用于不同行业高效决策的例子。

- 集成方法组合多个模型的结果，获得单一最终答案。
- 商品化模型的目标是以大部分自动化的方式快速获得足够好的模型。这种模型可以将建模活动扩展到较低价值的问题上。
- 文本分析已经成为大数据时代非常重要的主题之一，处理文本数据的方法快速发展，广泛应用。
- 文本分析所面临的巨大挑战之一是，仅靠单词无法说明全部情况。重音、语气和音调变化都起作用，且无法在文本中捕捉。
- 用户界面已经发展为包含健全的图形、可视化工作流框图和针对性的点解决方案。
- 用户界面应该用作分析专业人员的效率增强器，分析专业人员应该知道自己的目的，确保工具在"后台"完成的是预期之中的工作。用户友好的界面很容易出错。
- 分析点解决方案仅聚焦于分析中较狭窄的领域，如欺诈或者定价，但是更加深入该领域。
- 观察模式比用语言解释或者从一大堆电子表格数据中找出它们更容易。现代化的可视化工具可以连接数据库、关联图形并与之交互，可视化选项也比传统图表工具更多。
- 数据可视化的重点不是漂亮的图形，而是以更全面地展示要点的方式显示数据。
- R 是近年来越来越多人使用的开源分析工具。R 的优势之一是新算法加入软件的速度，缺点之一是缺乏企业级的可伸缩性。
- SPSS 是在社会科学、市场和卫生领域中已经广泛应用的分析工具。
- SAS 是用于提供模块化、集成、硬件独立计算软件包的信息交付系统。

第 3 讲

探索 R

模块目标

学完本模块的内容，读者将能够：

▸▸　开发 R 脚本
▸▸　用各种可用于 R 的附加编辑器执行脚本

本讲目标

学完本讲的内容，读者将能够：

▸▸　区分不同编辑器，如 RGui、RStudio 及其组件
▸▸　开发在 R 中执行的脚本
▸▸　在 R 中执行开发的脚本

> "任何足够先进的技术都无法
> 与魔法区分。"
>
> ——Arthur C. Clarke

R 是强大的统计程序，但是首先是一种编程语言。它不仅是一个可以进行统计的程序，还是一种成熟的计算机语言和统计计算及图形环境。

R 可以从 R 项目网站上得到，用于统计计算，下面的文字摘自网站上的简介：

"R 是模仿 S 和 S-Plus 开发的一个开源统计环境。S 语言是 20 世纪 80 年代末在 AT&T 实验室中开发出来的。R 项目是由奥克兰大学统计系的 **Robert Gentleman 和 Ross Ihaka**（这也是名称 R 的由来）于 1995 年启动的。它很快得到了广泛的受众群体，目前由 R **核心开发团队**维护，该团队是一个勤奋工作的国际开发志愿者团队。R 项目网站是关于 R 的信息的主要来源。在这个网站上有获取该软件、搭配软件包和其他文档来源的指南。"

全世界的开发者们已经为 R 编写了许多例程，可以从 R 项目网站上免费获得，这些例程称为**程序包**（package）；但是，基本安装（用于 Linux、Windows 或者 Mac）已经包含了满足大部分目的的强大工具集。

因为 R 是一种计算机语言，其功能稍微不同于大部分用户熟悉的程序。你必须键入命令，由程序评估执行。对许多用户来说，这听起来有些令人畏缩，但是 R 语言很容易得到帮助。可以从其他应用程序中复制和粘贴命令（如字处理程序、电子表格或者浏览器），其机制也非常实用，特别是在你边学边记的时候。此外，Windows 和 Macintosh 版本的 R 有一个图形用户界面（GUI），有助于开展一些基本的任务。

R 还是一个执行统计运算和生成图形或者文本格式分析报告的统一环境。用 R 很容易执行重要的统计运算，如线性和非线性建模、经典统计检验、时间序列分析、分类、聚类等。

快速提示	R 不能处理某些自动格式化字符，如短划线或者智能引号；因此，在从其他应用向 R 中复制和粘贴命令时必须小心。

R 的主要特征是：
- 具有有效的数据处理和存储机制；
- 支持大量运算符，可以执行数组和矩阵运算；
- 具有在屏幕上或者硬拷贝上打印图形分析报告的机制。

模块2第2讲的出口	模块2第3讲的入口
• 了解各种分析工具及其在大数据上的实施	• 用可用编辑器开发和执行R脚本

3.1　安装 R

可以从 R 官方网站上获得 R 程序的安装文件。该网站有与 R 相关的通用文档和例程库。R 程序可以简单地从 R 网站上下载安装。该网站上还有用于许多 Linux 版本的安装文件。

图 2-3-1 展示了 R 网站的屏幕截图。

R 网站分成几个部分。网站主页包含每个部分的链接，最有用的两个部分是 Documentation（文档）和 Download（下载）。

在文档部分，Manuals（手册）链接指向不同用户贡献给网站的许多文档。大部分文档都使用 HTML 或者 PDF 格式。你还可以从手册部分访问各种帮助和指南。这些手册对于帮助新用户入门特别有用。此外，内容丰富的 FAQ（常见问题）部分提供了新用户可

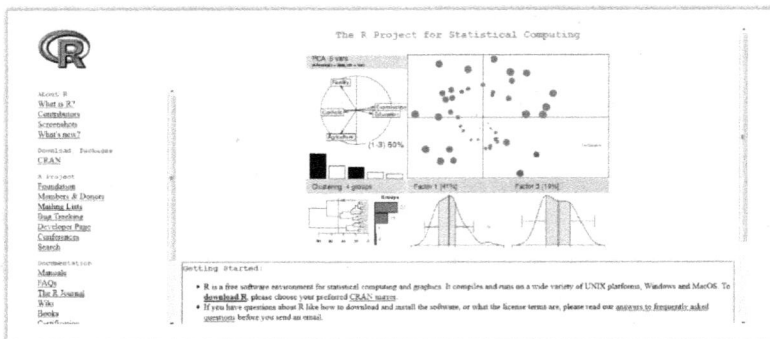

图 2-3-1　R 网站

能提出的许多问题的答案。R 网站上还有一个 Wiki 链接，尽管该链接仍在建设之中，但它是寻找在 Linux 系统上安装 R 的相关信息的好地方。

下载部分中有在各种操作系统安装 R 的链接。

3.2　使用脚本工作

预备知识　了解 R 的独特功能及优势。

R 既被作为编程语言使用，也可用于解决问题的统计处理环境。由于 R 不仅是一个应用程序，所以你可以自由地选择编辑工具与 R 交互。

一旦选择了编辑器，开发好的 R 脚本就可以在编辑器中执行了。

我们首先讨论 Windows R 编辑器 RGui（R 图形用户界面）和 RStudio（提供比 RGui 更丰富的编辑环境，使一些常见任务更容易、更有趣）。

3.2.1　RGui

在下载和安装 R 时，你可以得到标准的图形用户界面（GUI）RGui。RGui 中最重要的组件是**控制台窗口**。控制台是执行指令、脚本和常规 R 操作的场所。控制台窗口还包含管理 R 环境的工具。

附加知识

R 为你提供了选择自己的代码编辑器和开发环境的自由，所以，你不必使用标准的 R 编辑器或者 RStudio。下面是几个其他选择。

- **Eclipse StartET**：Eclipse 是一个强大的集成开发环境，包含一个 R 插件 StartET。Eclipse 可用于大规模软件开发项目。要使用 Eclipse，你必须在宿主计算机上安装 Java。
- **Emacs Speaks Statistics**：Emacs 是一个强大的文本和代码编辑器，广泛用于 Linux 和 Windows 平台。它有一个统计插件 Emacs Speaks Statistics（ESS），以拥有几乎任何功能的快捷键而著称。

> ○ **Tinn-R:** Tinn 是专门为 R 开发的一个编辑器。它只有 Windows 版本。Tinn-R 用于
> 在项目中建立 R 脚本集的功能，比 Eclipse 或者 Emacs 更容易安装和使用，但是
> 功能不如它们齐全。

R 控制台

标准安装过程会在 Windows 和 Mac 中创建有用的菜单快捷方式。在菜单系统中，可以搜索包含 R 图标（字母 "R" 加上版本号）的 R 文件夹，如 R2.13.2。图 2-3-2 展示了 R 文件夹中带有版本号的 R 图标。

每当打开 RGui，R 控制台屏幕就会出现。R 控制台会列出一些基本信息，如安装的 R 版本号和许可证条款。图 2-3-3 所示的是新打开的 R 控制台。

RGui桌面图标

菜单图标

命令行提示符

图 2-3-2　RGui 快捷图标　　　　　　图 2-3-3　RGui 中的新会话

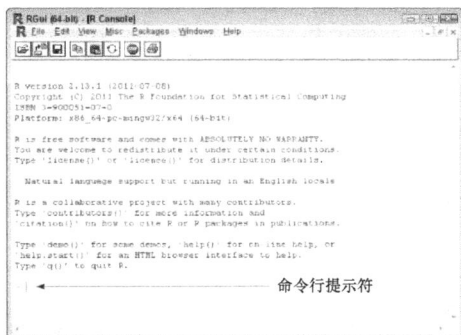

在图 2-3-3 中，可能会注意到信息之下的 ">" 符号。这是 R 提示符，表示用户输入命令的位置。在 R 提示符的右侧还可以看到一个闪烁的光标。

退出 R

要退出活动的 R 会话，可以在命令行提示符（>）之后输入如下代码：

```
> q()
```

R 提出一个问题，确认用户希望退出活动会话。如果没有需要保存的内容则单击 "No"，否则单击 "Yes"。这一操作会同时关闭活动 R 会话和 RGui。

图 2-3-4 展示了用户希望退出活动的 R 会话时询问的问题。

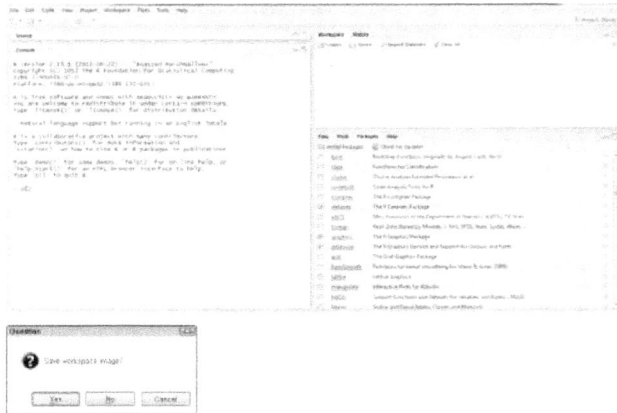

图 2-3-4　确认退出 R

3.2.2　RStudio

RStudio 是一个代码编辑器和开发环境，具有一些很好的特性，使 R 代码开发变得容易且有趣。例如：

○ 代码高亮显示功能以不同颜色显示关键字和变量，使其容易辨认；

○ 自动匹配括号；

○ 代码完成功能减少了输入完整命令的工作量；

○ 容易访问 R 帮助，具备探索函数和函数参数的附加功能；

○ 容易浏览变量和值。

因为 RStudio 对于 Linux、Windows 和 Mac 设备是免费的，所以是用于 R 的好选择。单击菜单系统或者桌面上的 RStudio 图标可以打开它。

图 2-3-5 显示了访问 RStudio 的方法。

启动 Rstudio 后，选择 **File**（文件）菜单并选择 **New**（新建），然后在 New 菜单项下选择 **R Script**（R 脚本），将打开一个包含 4 个工作区的窗口。如图 2-3-6 所示。

RStudio 的 4 个工作区的功能如下。

○ **源代码区**：屏幕左上角包含一个文本编辑器，用户可以用它处理脚本源代码文

图 2-3-5　打开 RStudio

图 2-3-6　RStudio 的 4 个工作区

件。可以在这里输入多行代码。用户可以将脚本文件保存到磁盘，并在脚本上执行其他任务。这个代码编辑器和其他文本编辑器的工作方式类似；但是，它可以识别不同代码要素并高亮显示。例如，它使用不同颜色表示不同的要素，还能够帮助用户找到脚本中匹配的括号。

○ **控制台**：左下角是控制台窗口。RStudio 中的控制台与 RGui 的控制台完全相同。R 中的所有交互式工作都在这个窗口中进行。

○ **工作区与历史**：右上角是工作区与历史窗口。这个窗口提供工作区的概况，可以检查会话中创建的变量和值。这也是用户查看 R 发出的命令历史的区域。

○ **文件、图表、程序包和帮助**：右下角可以访问如下工具。

  • **文件**：用户可以在这里浏览计算机上的文件夹和文件。
  • **图表**：这是 R 显示用户图表的地方。
  • **程序包**：用户可以在这里查看所有已安装程序包的列表。
  • **帮助**：可以在这里浏览 R 的内置帮助系统。

定　义

程序包是一组为 R 增加功能的独立代码，类似于为 Microsoft Excel 增加功能的加载项。

知识检测点 1

描述 RStudio 的 4 个工作窗口。

3.2.3　"Hello world!"

让我们从一个简单的程序开始。这个程序的目标是在 R 中创建消息 "Hello World!"（你好，世界!）。

要在 R 控制台上打印上述消息，可以启动一个新的 R 会话，在控制台上输入如下代码，然后按 Enter 键。

```
> print("Hello world!")
```

这条命令的输出如下：

```
[1] "Hello world!"
```

3.2.4　简单数学运算

R 可以当成一个计算器使用，它的主要用途之一是进行复杂的数学和统计学计算。R 既可以进行简单的计算，也可以进行复杂运算，但是这些复杂运算通常是由较小的元素组成的。我们来探索一些经常使用的数学函数。

代码清单 2-3-1 展示了 R 中简单数学运算的实现。

代码清单 2-3-1　在 R 中实现简单的数学运算

1	> 3 + 9 + 12 -7
2	[1] 17

代码清单 2-3-1 解释

1	展示 R 控制台中输入的值
2	显示 R 计算的结果

第二行以 "[1]" 而非 ">" 光标开始。这是 R 中计算和显示答案的方式。代码清单 2-3-2 显示了 R 中复杂运算的实现。

代码清单 2-3-2　在 R 中进行复杂运算

1	1 > 12 + 17/2 -3/4 * 2.5
2	2 [1] 18.625

代码清单 2-3-2 解释

1	展示 R 控制台中输入的值
2	显示 R 计算的结果

为了理解输入的意思，R 使用标准规则（按照标准的 BODMAS 原则：先乘除、后加减）。如果使用括号，得到的结果有很大不同，如代码清单 2-3-3 所示。

代码清单 2-3-3　在 R 中使用括号

1	> (12 + 17/2 -3/4) * 2.5
2	[1] 49.375

代码清单 2-3-3 解释

1	展示 R 控制台中输入的值
2	显示 R 计算的结果

技术材料

　　R 忽略空格。所以在 R 中输入数学表达式时，不需要包含空格。但是，在实践中，使用空格是有益的，因为它使命令更容易辨认，减少犯错的几率。

这里，R 首先按照除法优先于加减的顺序计算括号中的部分。然后，将括号中的结果乘以 2.5 得到最终结果。在进行冗长的计算时，记住这个简单的优先顺序很重要。

3.2.5　R 中的数学运算

R 中可以进行许多数学运算。

运算符是放在两个数值之间进行运算的符号。符号 "+" "-" "*" 和 "/" 都是运算符。表 2-3-1 列出了一些有用的算术运算符。

表 2-3-1　R 中的算术运算符

运　算　符	解　　释
+ - / * ()	表示加、减、乘、除的标准数学符号以及括号
pi	π 值，约为 3.142
x^y	x 的 y 次方，也就是 x^y
sqrt (x)	x 的平方根
abs(x)	x 的绝对值
factorial(x)	x 的阶乘
log(x, base = n)	底数为 n 的 x 的对数（如果不指定 n，则为自然对数）
log10(x) log2(x)	底数为 10 或者 2 的 x 的对数
exp(x)	x 的指数
cos(x)　sin(x) tan(x)　acos(x) asin(x)　atan(x)	三角函数，分别表示余弦、正弦、正切、反余弦、反正弦和反正割，以弧度为单位

有些数学运算符可以单独输入，例如+、−、*和^，而其他运算符需要一个或者多个参数。例如，log() 命令需要一个或者多个参数，第一个参数是需要计算的数值，第二个是对数使用的底数。如果只输入一个数值，R 假定计算的是自然对数值。

3.2.6　使用向量

向量是 R 中的一个简单数据类型。

R 的手册中将向量定义为"由一组事物组成的单一实体"，例如，一组数字是一个数值向量。前 5 个整数组成了长度为 5 的数值向量。

在编程的世界中，向量是保存数据、从而作为数据结构容器的逻辑元素。向量还能以有序的方式保存对象或者对象集合。向量的容器大小很容易增减，以适应不同的数据元素。而典型的数组无法实现这一功能。

代码清单 2-3-4 展示了在 R 中构建一个向量的方法。

代码清单 2-3-4　在 R 中构建一个向量

```
1  > c(1,2,3,4,5)
2  [1] 1 2 3 4 5
```

代码清单 2-3-4 解释

1	展示创建向量的 c() 函数的执行方式
2	以创建好的向量形式显示 c() 函数的输出

代码清单 2-3-4 使用 c() 函数构建向量。在编程语言中。函数是取得一些输入，并对其进行特定处理的代码块。在本例中，c() 函数构建一个由前 5 个整数组成的向量。括号中的输入项是函数的参数。

向量也可以使用运算符创建。代码清单 2-3-5 展示了使用序列（:）运算符创建 R 向量的方法。

代码清单 2-3-5 用运算符创建一个向量

1	> 1:5
2	[1] 1 2 3 4 5

代码清单 2-3-5 解释

1	展示创建向量的序列运算符的使用方式
2	以创建好的向量形式显示序列运算符输出

代码清单 2-3-6 展示了计算上述命令创建的向量总和的方法。

代码清单 2-3-6 计算向量总和

1	> sum(1:5)
2	[1] 15

代码清单 2-3-6 解释

1	展示向量上的总和运算符的使用方式
2	显示向量上总和运算符的输出

3.2.7 保存和计算数值

如果我们只将 R 用于进行算术运算,在执行一系列运算的同时记录和利用中间结果的任务增加了复杂度;因此,R 提供了一个非常实用的功能。你可以在 R 中轻松地保存中间结果,存储的值可以在以后用于进行进一步的计算。

代码清单 2-3-7 展示了如何在 R 中保存数值。

代码清单 2-3-7 在 R 中保存值

1	> x <- 1:5
2	> x
3	[1] 1 2 3 4 5

代码清单 2-3-7 解释

1	展示 R 中赋值运算符的执行方式
2	展示在 R 中显示变量 x 内容的命令
3	展示变量 x 的内容

在前两行代码中,为变量 x 赋值序列 1:5。然后,在控制台输入 x 并按下 Enter 键,要求 R 打印 x 的值。

在 R 中,赋值运算符为<-,这可通过在小于号(<)后加上连字号(-)输入。

这两个符号的组合代表赋值运算符。除了检索变量的值之外,可以在保存在变量中的值上进行进一步计算。

现在,我们创建第二个变量 y,为其赋值 10,并加总 x 和 y 的值。

代码清单 2-3-8 展示了两个变量的加法运算。

代码清单 2-3-8　在 R 中进行变量的加法

1	> y <- 10
2	> x + y
3	[1] 11 12 13 14 15

代码清单 2-3-8 解释

1	展示变量 y 的赋值方式
2	展示变量 x 和 y 总和运算符的执行方式
3	显示变量 x 和 y 上总和运算符的输出

除非赋予新值，否则两个变量的值不会改变。你可以输入如下命令进行检查：

```
> x
[1] 1 2 3 4 5
> y
[1] 10
```

代码清单 2-3-9 说明了如何创建变量、为其赋值并打印输出。

代码清单 2-3-9　在 R 中创建变量并打印其值

1	> z <- x + y
2	> z
3	[1] 11 12 13 14 15

在这个例子中，我们创建了变量 z 并将 x+y 的值赋给了它。

代码清单 2-3-9 解释

1	展示将 x 和 y 的总和赋予变量 z 的操作
2	展示在控制台上打印变量 z 值的命令
3	在 R 控制台显示变量 z 的内容

变量可以取文本值。例如，用户可以将值"Hello"赋给变量 h，R 中的文本放在引号中，如代码清单 2-3-10 所示。

代码清单 2-3-10　在 R 中用引号输入文本

1	> h <- "Hello"
2	> h
3	[1] "Hello"

代码清单 2-3-10 解释

1	展示 R 中的文本变量赋值
2	展示在控制台中打印变量 h 的值的命令
3	在控制台中显示的 h 变量值

R 中输入的文本或者字符值必须放在引号中。R 接受单引号和双引号。所以 h <-"Hello" 和 h<-'Hello' 都是有效的 R 语法。

在 3.2.6 节中，使用 c() 函数将数字值组合为向量，这种技术也适用于文本。

代码清单 2-3-11 说明了如何在 R 中组合文本值。

代码清单 2-3-11　在 R 中组合文本值

```
1  > hw <- c("Hello", "world!")
2  > hw
3  [1] """"""""""Hello" "world!"
```

代码清单 2-3-11 解释

```
1  展示 R 中 c() 函数在文本值上的执行方式
2  展示在控制台中打印 hw 变量值的命令
3  在控制台中显示 hw 变量的内容
```

paste() 函数也可用于连接多个文本元素。默认情况下，paste() 函数在不同元素之间加入一个空格。代码清单 2-3-12 说明了 paste() 函数的工作方式。

代码清单 2-3-12　在 R 中使用 paste() 函数

```
1  > paste("Hello", "world!")
2  [1] "Hello world!"
```

代码清单 2-3-12 解释

```
1  展示 R 中 paste() 函数的执行方式
2  显示 paste() 函数的输出
```

计算结果也可以通过为其取名保存。

R 广泛地使用命名对象，因此对这些对象的正确理解对于 R 的使用十分关键。如果要建立一个结果对象，用户可以简单地输入一个名称，随后输入等号。等号之后输入的任何表达式将被求值并保存为结果。

上述的公式类似于：

```
object.name = mathematical.expression
```

下面的例子从一些算术表达式中得出一个简单的结果对象，结果可以在以后读取。

```
> ans1 = 23 + 14/2 - 18 + (7 * pi/2)
```

上述语句命令 R 创建一个名为 ans1 的条目，将等号之后的计算结果赋予该对象。

注意：这条命令将不会显示结果，因为 R 只得到从计算中创建该条目的命令。简单地输入创建的条目名称就可以显示如下结果。

```
> ans1
[1] 22.99557
```

3.2.8　回应用户

你还可以编写 R 脚本与用户交互。readline() 函数用于向用户提出问题。代码清单 2-3-13 展示了 readline() 函数的工作方式。

代码清单 2-3-13　在 R 中使用 readline() 函数

```
1  > h <- "Hello"
2  > yourname <- readline("What is your name?") What is your name?Andrie
3  > paste(h, yourname)
4  [1] "Hello Andrie"
```

代码清单 2-3-13 解释

1	展示为变量 h 赋文本值的方法
2	展示为 yourname 文件赋文本值的方法
3	展示在 h 内容与 yourname 文件连接而成的字符串上执行 paste() 函数的方式
4	在控制台显示 paste() 函数的输出

在上述代码中，从键盘读取一个值赋予 yourname 变量，同时向 R 发送这 3 行代码并一次性求值的效率要高得多。

知识检测点 2

> 编写脚本，生成如下带有空格的数值列表。
> 6 7 8 9 10 11

导入脚本

到目前为止，你通过以交互式编码风格发出单独命令，直接在 R 控制台上工作。换言之，命令输入 R 中执行，R 显示结果。然后输入下一条命令，R 响应，以此类推。

在本节中，我们命令 R 一条接一条地**运行多条命令**，无需等待后续的命令。因为运行整个脚本的 R 函数是 source()，R 用户将这一过程称为"导入脚本"（sourcing a script）。

技术材料

> 导入脚本在打印结果时与交互式代码表现不同。在交互模式中，即使没有 print() 函数也会打印结果，但是在导入脚本中，输出只在明确执行 print() 函数之后才会打印。

准备导入脚本时，首先要在编辑器窗口中编写整个脚本。在编辑器窗口中输入如下代码行。

```
h <- "Hello"
yourname <- readline("What is your name?")
print(paste(h, yourname))
```

上述代码行是在编辑器中开发的脚本。该脚本现在可以导入 R，然后执行导入的脚本。对于 R 脚本导入，最重要的是在脚本中包含 print() 函数。

源代码编辑器中可以输入多行代码，R 没有必要评估每一行。一旦脚本完成，整个脚本就被发送到 R。换言之，你可以导入该脚本。

脚本可以通过如下方式导入 RGui 和 Rstudio。

- **从编辑器向控制台发送单独代码行**：在 RGui 中，单击代码行，然后按下 **Ctrl+R** 组合键执行命令。在 RStudio 中，按下 **Ctrl+Enter** 组合键或者单击 Run 按钮执行命令。
- **发送高亮显示的代码块到控制台**：选择需要执行的块，然后在 RGui 中按下 **Ctrl+R** 组合键，或者在 RStudio 中按下 **Ctrl+Enter** 组合键。
- **将整个脚本发送到控制台**：这也称作导入脚本。在 RGui 中，单击脚本窗口中的任何位置，然后选择 **Edit→Run all** 命令即可完成导入。在 RStudio 中，单击源代码编辑器的任何位置，然后按下 **Ctrl+Shift+Enter** 组合键或者单击 **Source** 按钮即可完成导入。

注意，这些快捷键只在 RStudio 中定义。在不同的源代码编辑器中，可能不存在相同的选项。

现在，整个脚本可以发送到 R 控制台了。为此，单击编辑器窗口右上角的 **Source** 按钮或者选择 **Edit→Source** 命令。脚本启动，运行到要求输入的位置，然后等待用户在控制台窗口中输入姓名。

图 2-3-7 说明了在 R 中导入脚本的过程。

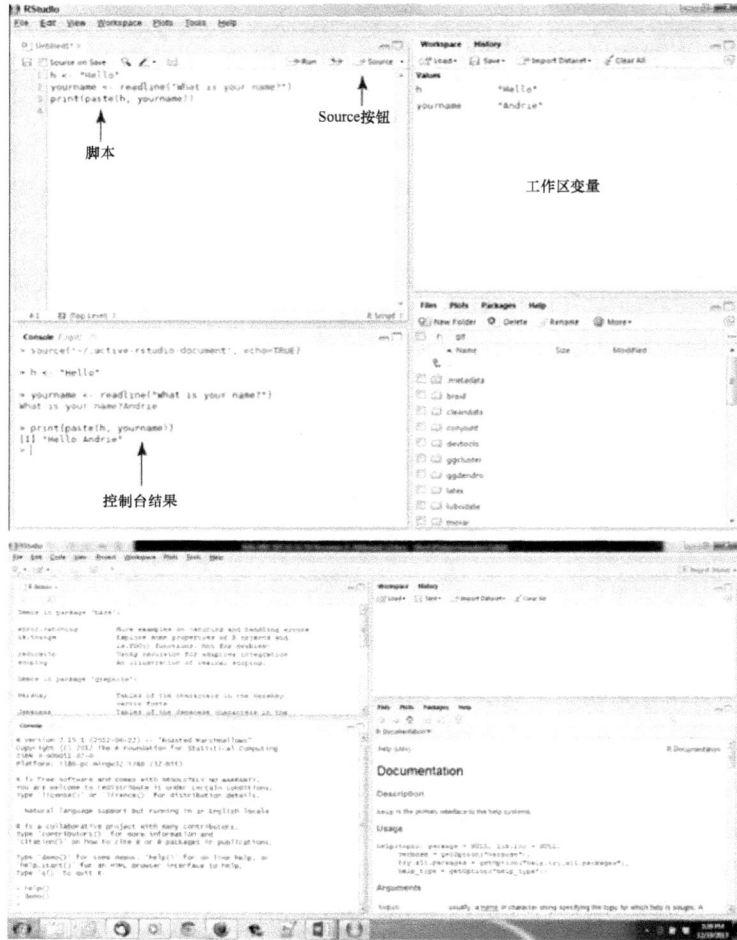

图 2-3-7 在 RStudio 中将脚本发送到控制台

注意：工作区窗口列出了创建的两个对象：h 和 yourname。

单击 **Source** 按钮时，控制台中出现 source('~/.active-rstudio- document')。RStudio 在临时文件中保存该脚本，然后使用 source() 函数在控制台中调用该脚本。

知识检测点 3

编写一个脚本，以如下方式连接 R 中的文本和数字值。

a. Text 1: Sam scored   b. Text 2: 10   c. Text 3: Marks

3.3　浏览工作区

会话中创建的所有变量都是 R 工作区的一部分。换言之，工作区指的是活动的 R 会话期间创建的所有变量和函数（统称为**对象**），以及加载的任何包。

可以使用 ls() 函数查看工作区中创建的变量列表。

技术材料

要获得 R 中任何函数的帮助，可以在控制台中输入"？"。例如，要得到 paster() 函数的帮助，可输入如下命令：

```
> ?paste
```

上述代码用于打开一个帮助窗口。在 RStudio 中，帮助窗口默认出现在屏幕右下角。在其他编辑器中，帮助窗口有时候作为本地网页出现在默认 Web 浏览器中。

用户也可以输入"help"代替"？"，但是在这种情况下，搜索项必须放在括号中：

```
> help(paste)
```

代码清单 2-3-14 说明了 R 中 ls() 函数的工作方式。

代码清单 2-3-14　在 R 中使用 ls() 函数

1	> ls()
2	[1] "h" "hw" "x" "y""yourname" "z"

代码清单 2-3-14 解释

1	展示 R 中 ls() 函数的执行方式
2	显示 ls() 函数的输出

R 输出活动会话中创建的所有变量名称。RStudio 让用户可以在任何时候检查工作区内容，无需输入任何 R 命令。在 RStudio 中，默认情况下右上角的窗口有两个选项卡：**Workspace**（工作区）和 **History**（历史）。单击 **Workspace** 选项卡可以查看活动工作区中的变量。

3.3.1　操纵工作区内容

在 R 中，你可以选择删除不再需要的变量。

假设对象 z 是两个其他变量的总和，已经不再需要。要永久删除它，可以使用 rm() 函数，然后使用 ls() 函数显示工作区内容，如代码清单 2-3-15 所示。

代码清单 2-3-15　使用 rm() 和 ls() 函数

1	> rm(z)
2	> ls()
3	[1] "h""hw""x" "y" "yourname"

代码清单 2-3-15 解释

1	展示 R 中 rm() 函数的执行方式
2	展示 R 中 ls() 函数的执行方式
3	显示 ls() 函数的输出

注意: 对象 z 不再在活动工作区的组件中列出。

3.3.2 保存工作

R 为用户提供了多种保存工作的选项。

○ 单独变量可以用 save() 函数保存。

○ 整个工作区可以用 save.image() 函数保存。

○ R 脚本文件可以用代码编辑器中的相应保存菜单命令保存。

假定你想要保存 yourname 的值,可按照如下步骤进行。

(1)输入代码清单 2-3-16 中的代码,找出 R 用于保存文件的工作目录。

代码清单 2-3-16　找出保存文件的工作目录

```
1  > getwd()
2  [1] "c:/users/andrie"
```

代码清单 2-3-16 解释

1	展示 R 中 getwd() 函数的执行方式
2	显示用户的当前工作目录

默认工作目录是用户文件夹。这个文件夹的准确名称和路径取决于用户的操作系统。在 Windows 操作系统中,显示的路径使用斜杠而不是反斜杠。在 R 中,与其他许多编程语言类似,反斜杠字符有特殊的含义——表示转义序列。这意味着,后面带有反斜杠的字符有某种特殊意义。

例如,'\t' 表示一个制表符,而不是字母 "t"。尽管工作目录的显示不同,但是 R 有足够的智能,可以在用户保存或者加载文件时翻译它。相反,在输入文件路径时,用户应该使用斜杠而不是反斜杠。

(2)要在工作目录中保存任何文件时,在 R 控制台中输入如下代码,使用类似 yourname.rda 这样的文件名,然后按下 Enter 键即可。

```
> save(yourname, file="yourname.rda")
```

R 静静地在工作目录中保存文件。如果操作成功,控制台不显示任何确认信息。

(3)为了确保操作成功,用户可以使用文件浏览器浏览工作目录,检查新文件是否已经保存。

3.3.3 检索工作

为了检索已经保存的数据,用户可以使用 load() 函数。按照如下步骤检索前述命令已经保存的 yourname 值。

为了有效地加载文件,首先从活动工作区删除变量 yourname。在控制台输入如下命令可以删除变量。

```
> rm(yourname)
```

在 RStudio 中执行上述命令之后,yourname 将不再显示在工作区中。

为了在工作区加载变量,可输入 load 和保存的文件名,代码如下。

```
> load("yourname.rda")
```

执行上述命令之后,yourname 将出现在 RStudio 的工作区窗口中,在 RGui 中可以使用 ls() 函数验证。

多项选择题

选择正确的答案。在下面给出的"标注你的答案"里将正确答案涂黑。

1. 如下哪一个函数用于在 R 中生成已经存在的数据对象列表？
   a. > ls()　　　　 b. > rm()　　　　 c. > c()　　　　 d. > q()

2. 如下哪一个函数在 R 中用于删除现有数据对象？
   a. > ls()　　　　 b. > rm()　　　　 c. > c()　　　　 d. > q()

3. 如下哪一个命令用于退出活动的 R 会话？
   a. > q()　　　　 b. > ls()　　　　 c. > rm()　　　　 d. > c()

4. 如下哪一个函数用于创建向量？
   a. > q()　　　　 b. > ls()　　　　 c. > rm()　　　　 d. > c()

5. 下面哪一条命令用于检查当前工作目录？
   a. > setwd()　　 b. > getwd()　　 c. > fetchwd()　　 d. > createwd()

6. 应该执行如下哪一个操作，以检查新创建数据对象是否已经保存？
   a. 在控制台提示符之后输入对象名称，或者使用 ls() 函数
   b. 使用 rm() 函数
   c. 推出活动 R 会话并启动新会话
   d. 使用 R 中的帮助

7. RStudio 提供 4 个窗口，用于用户交互。下面哪一个窗口不是 RStudio 的一部分？
   a. 源代码窗口　　　　　　　　　b. 控制台窗口
   c. 工作区和历史窗口　　　　　　d. 打印预览窗口

8. 在 R 控制台中输入每条命令，一步一步地执行整个程序，是使用 R 进行统计计算的一种方法。不同的 R 编辑器使得在 R 中的脚本化执行变得更加容易。在编辑器中开发脚本，然后在控制台中一次性执行完整代码的过程被称作：
   a. 导入脚本　　 b. 打印脚本　　 c. 开发脚本　　 d. 编辑脚本

9. 在 R 中导入脚本是一种减少程序员工作量的高效方法。下面哪一个不是在 R 中导入脚本的方法？
   a. 从编辑器向控制台发送单独代码行
   b. 向控制台发送高亮显示的一个代码块
   c. 在控制台中逐步执行脚本
   d. 将整个脚本发送到控制台

10. 向量是 R 中的基本数据类型。R 可以同时在向量的所有元素上进行运算。在 R 中创建向量的方法之一是使用 c() 函数。在下列方法中，哪一种是创建向量所用的其他方法？
    a. 使用序列运算符　　　　　　b. 使用 rm() 函数

c. 使用 ls()函数　　　　　　　　　　d. 使用 load 命令

标注你的答案（把正确答案涂黑）

1. ⓐ ⓑ ⓒ ⓓ	6. ⓐ ⓑ ⓒ ⓓ
2. ⓐ ⓑ ⓒ ⓓ	7. ⓐ ⓑ ⓒ ⓓ
3. ⓐ ⓑ ⓒ ⓓ	8. ⓐ ⓑ ⓒ ⓓ
4. ⓐ ⓑ ⓒ ⓓ	9. ⓐ ⓑ ⓒ ⓓ
5. ⓐ ⓑ ⓒ ⓓ	10. ⓐ ⓑ ⓒ ⓓ

测试你的能力

1. 下表显示的是不同产品在不同日期的销售数量。

产品	周一	周二	周三	周四	周五
罐装可乐	10	1	37	5	12
罐装牛奶	8	3	19	6	4
袋装面包	18	9	1	2	4
袋装洗涤剂	12	13	16	9	10
巧克力条	8	27	6	32	23

根据这些数据创建 5 个简单的数值向量。

2. 使用问题 1 中的表格完成以下题目。

　　a. 列出问题 1 创建的向量。

　　b. 将所有向量保存到工作目录中的一个磁盘文件。

　　c. 从 R 中删除问题 1 创建的所有向量。

　　d. 从磁盘中将所有向量读回 R。

备忘单

- R 是用于统计计算与图表的一种复杂的计算机语言和环境。
- R 网站是获取 R 程序的好去处，也是寻求帮助和常规文档以及附加例程库的好去处。
- R 不是一个应用程序，因而它为用户提供了选择自己的编辑工具的自由。可用的工具有以下两种。
  - RGui。
  - RStudio。
- RGui 是标准的图形用户界面（GUI），它是下载和安装 R 的一部分。
- RStudio 是一个代码编辑器和开发环境，具有一些非常有用的功能，可以使 R 代码的开发变得简便有趣。
- 活动的 RStudio 会话有如下 4 个工作区。
  - 源代码。
  - 控制台。
  - 工作区与历史。
  - 文件、图表、程序包和帮助。
- 在标准 RGui 中，在提示符 ">" 之后写入的所有命令被评估，结果在后续的行中显示。
- 向量是 R 中最简单的数据结构类型。在 R 中可以用 c() 函数或者序列运算符创建向量。
- 将 R 作为计算器很有趣，但是更实用的功能是保存值，然后在保存的值上进行计算。
- 在 R 中使用赋值运算符赋值。R 中的赋值运算符是 "<-"。
- R 中使用变量存储值。变量可以存储数字，也可以存储文本值。
- 为了创建结果对象，输入一个名称，然后是等号。在 "=" 之后的任何表达式将被求值并保存到结果对象。
- 在 RGui 或者 RStudio 中，可以通过如下方式导入脚本。
  - 从编辑器向控制台发送单独代码行。
  - 发送高亮显示的代码块到控制台。
  - 将整个脚本发送到控制台。
- 工作区指的是任何活动 R 会话期间创建的所有变量和函数（统称对象），以及加载的任何包。
- ls() 函数用于列出活动 R 会话创建的变量。
- R 为其用户提供如下选项，以保存其工作。
  - 单独变量可用 save() 函数保存。
  - 整个工作区可用 save.image() 函数保存。
  - R 脚本文件可用代码编辑器相应的保存菜单命令保存。
- 在 R 中使用 load() 函数读取保存的文件。

将数据集读入 R，
从 R 导出数据

模块目标

学完本模块的内容，读者将能够：

▶▶ 在 R 中执行读写操作

本讲目标

学完本讲的内容，读者将能够：

▶▶	从外部源导入数据到 R 中
▶▶	从 R 导出数据到外部源

"对于成功的技术来说，现实必然优先于公共关系，因为大自然是不可能被愚弄的。"

——Richard P. Feynman

程序员往往不得不检查冗长的数据集，创建复杂的数字序列。没有数据就不能进行分析，所以在 R 中加载数据是重要的任务。本讲讨论创建复杂样本并将数据导入 R 以便进一步分析的不同方法。

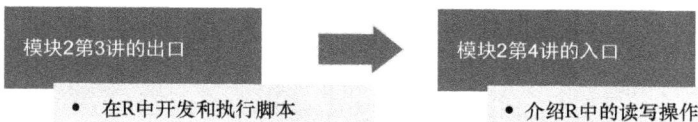

模块2第3讲的出口	模块2第4讲的入口
• 在R中开发和执行脚本	• 介绍R中的读写操作

4.1　使用 c0命令创建数据

c( )命令执行组合或者连接操作。执行 c( )命令的语法如下：

```
> c(item.1, item.2, item.3, item.n)
```

括号中的所有内容联合起来创建了一个条目。通常连接的条目被赋予一个命名对象，如：

```
> sample.name = c(item.1, item.2, item.3, item.n)
```

4.1.1　输入数值项作为数据

数值数据可以简单地通过在 c( )命令中键入以逗号分隔的数值输入。让我们来考虑一个例子，其中收集到的样本数据值必须输入到 R 中。这些值可以用如下命令输入：

```
>data1 = c(3, 5, 7, 5, 3, 2, 6, 8, 5, 6, 9)c
```

创建一个新对象保存数据，然后在括号中键入数值。这些值用逗号分隔。"结果"不会自动显示。要查看这个数据集，可在 R 控制台中输入对象名称：

```
> data1
```

结果如下：

```
[1] 3 5 7 5 3 2 6 8 5 6 9
```

命名对象 data1 包含了多个值，形成一个样本。开始的[1]说明该行从第一个数据项 3 开始。对于较大的样本和更多的值，显示可能超过一行，R 在每行的开始提供一个数字，用户可以看到他们已经浏览到什么位置。现在我们以一个包含 41 个值的样本的显示为例来进行说明。

```
[1]  582 132 716 515 158 80 757 529 335 497 3369 746 201 277 593
[16] 361 905 1513 744 507 622 347 244 116 463 453 751 540 1950 520
[31] 179 624 448 844 1233 176 308 299 531 71 717
```

在这个例子中，第二行以[16]开始，是告诉你该行的第一个值是样本中的第 16 个值。这种简单的索引系统使得选择特定项变得更容易。

现有数据对象可以加入现有值，建立新的数据对象，只需将这些数据对象像数值一样加入即可。在下面的例子中，我们将前面制作的数值样本加入到更大的样本中。

代码清单 2-4-1 展示了在 R 中连接数据集和现有值的命令。

代码清单 2-4-1　将现有数据对象加入现有值

1	> data1
2	[1] 3 5 7 5 3 2 6 8 5 6 9
3	> data2 = c(data1, 4, 5, 7, 3, 4)

4	> data2
5	[1] 3 5 7 5 3 2 6 8 5 6 9 4 5 7 3 4

代码清单 2-4-1 解释

1	展示显示 data1 内容的命令
2	显示 data1 的内容
3	展示组合新值和 data1 现有值创建 data2 的命令
4	展示显示 data2 内容的命令
5	显示 data2 的内容

在代码清单 2-4-1 中，首先取得 data1 对象，然后将数据值加入它们，创建一个新样本 data2。代码清单 2-4-2 展示了将新值合并到数据集 data1 的命令。

代码清单 2-4-2　在 R 中合并数据

1	> data1 = c(6, 7, 6, 4, 8, data1)
2	> data1
3	[1] 6 7 6 4 8 3 5 7 5 3 2 6 8 5 6 9

代码清单 2-4-2 解释

1	展示在样本 data1 开头合并新值的命令
2	展示显示更新后样本 data1 内容的命令
3	显示更新后的 data1 内容

4.1.2　输入文本项作为数据

非数值型数据可用引号与数值区分。使用单引号和双引号没有差别，R 将它们都转换为双引号。只要任一个项目使用的引号相互匹配，两者都可以使用，如下例所示。

```
our.text = c("item1", "item2", 'item3')
```

代码清单 2-4-3 展示了由周日组成的文本样本。

代码清单 2-4-3　显示周日

1	> day1 = c('Mon', 'Tue', 'Wed', 'Thu')
2	> day1
3	[1] "Mon" "Tue" "Wed" "Thu"

代码清单 2-4-3 解释

1	展示在样本 day1 中组合文本值的命令
2	展示显示样本 day1 内容的命令
3	显示样本 day1 的内容

代码清单 2-4-4 展示了用和数值对象相同的方法组合其他文本对象的命令。

代码清单 2-4-4　连接文本值

1	> day1 = c(day1, 'Fri')
2	> day1
3	[1] "Mon" "Tue" "Wed" "Thu" "Fri"

代码清单 2-4-4 解释

1	展示将文本值'fri'与样本 day1 合并的命令
2	展示显示样本 day1 内容的命令
3	显示样本 day1 更新后的内容

组合文本和数值时，整个数据对象变成一个文本变量，数值也被转换为文本。代码清单 2-4-5 展示了文本与数值的连接。

代码清单 2-4-5　在 R 中组合数值和文本值

```
1  > mix = c(data1, day1)
2  > mix
3  [1] "3" "5" "7" "5" "3" "2" "6" "8" "5" "6" "9" "Mon"
   [13] "Tue" "Wed" "Thu" "Fri"
```

代码清单 2-4-5 解释

1	展示组合样本 data1 和 day1，并将其中的值赋予新样本 mix 的命令
2	展示显示样本 mix 内容的命令
3	显示样本 mix 的内容

注意： 代码清单 2-4-5 中的项目是文本，因为 R 为每个项目加上了引号。

上例使用的 c() 命令是获取保存在数据对象中的一系列值的快速方法。这条命令在样本很小时很有用，但是在需要大量键盘输入时十分乏味。

c() 可用于连接任何指定数据，如下例所示。

```
> c("wiley","publication")
>[1] "wiley" "publication"
```

下面让我们来探索 R 中获取数据的更多方法。

4.2　在 R 中使用 scan()命令获取数据

使用 c() 命令时，你可能觉得键入所有分隔数值的逗号有些乏味。作为替代，可以使用 scan() 命令来完成相同的任务，但是不需要逗号。除了使用 scan() 命令在数据集中输入文本之外，还可以将其用于剪贴板以及从文件中取得数据。

和 c() 命令不同，scan() 命令使用空的括号。然后，该命令提示输入想要的数据。输入的数据可以使用如下语法保存在新变量中：

```
> our.data = scan()
```

按下 Enter 键后，R 提示输入想要的数据，如图 2-4-1 所示。

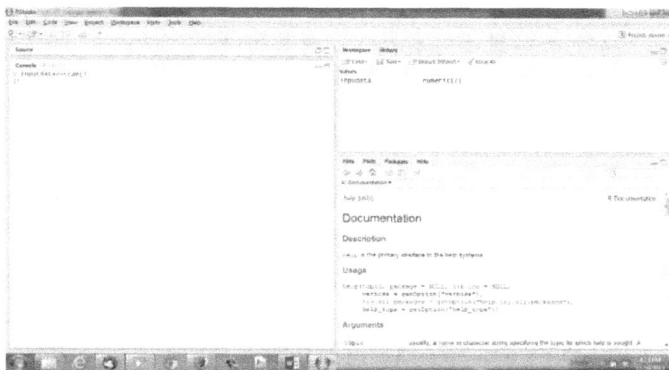

图 2-4-1　输入提示

> 使用 scan() 命令创建一个名为 data3 的数据集，包含如下值。
> 1: 6 7 8 7 6 3 8 9 10 7
> 现在在数据集的最后添加值 6 和 9。

4.2.1　输入文本作为数据

预备知识　了解如何在 R 中读取和写入文本以及执行文本操作的细节。

你还可以用 scan() 命令在数据集中输入文本。简单地将数据项放在引号中将产生出错信息。修改后的输入文本数据语法如下：

```
> scan(what = 'character')
```

在 R 中，用户必须指定输入项为字符，而不是数值。为此，必须添加 (what ='character') 部分。

注意：字符放在引号中。scan() 命令的运行方式与数值项完全相同。

代码清单 2-4-6 阐述了 scan() 命令在文本值上的运行方式。

代码清单 2-4-6　在文本值上执行 scan()

1	> day2 = scan(what = 'character')
	1: Mon Tue Wed
2	4: Thu
3	5:
4	> day2
5	[1] "Mon" "Tue" "Wed" "Thu"

代码清单 2-4-6 解释

1	展示扫描文本值的命令
2	显示样本中第 4 个位置的文本值
3	显示空项目
4	展示显示样本 day2 内容的命令
5	显示样本 day2 的内容

在代码清单 2-4-6 中，读取的是文本项。

注意：在上例中，输入的数据不需要引号，因为 R 预期输入的数据就是文本。

4.2.2　使用剪贴板制作数据

对剪贴板使用 scan() 命令，可以从其他程序（如电子表格）中输入数据，步骤如下。

（1）如果电子表格数据是数值形式，只需要像平常一样在 R 中键入命令，然后切换到包含数据的电子表格。

（2）选中电子表格中需要的单元格，将其复制到剪贴板。

（3）返回 R，从剪贴板将数据粘贴到 R。和往常一样，R 等待到输入一个空行，然后结束数据输入，在必要时，你可以继续复制和粘贴更多数据。

（4）一旦结束，输入一个空行完成数据输入。

如果数据是文本，在 scan() 命令中添加 what = 'character' 指令。如果文件可以在电子表格中打开，则继续前述的 4 个步骤。如果文件在文本编辑器或者字处理器中打开，则要在继续之前查看数据项是如何分隔的。

如果数据用简单的空格分隔，只需要复制和粘贴即可。如果数据用其他字符分隔，必须告诉 R 使用什么字符作为分隔符。例如，常见的文件类型之一是逗号分隔值（CSV），这种格式使用逗号分隔数据项。要告诉 R 使用这个分隔符，可以在命令中添加额外的部分，举例如下。

```
> scan(sep = ',')
```

假定有如下用逗号分隔的数值数据：

```
23,17,12.5,11,17,12,14.5,9,11,9,12.5,14.5,17,8,21
```

代码清单 2-4-7 展示了从 CSV 文件复制数据的方法。

代码清单 2-4-7　用 scan() 命令从 CSV 文件中读取数据

1	`> data4 = scan(sep = ',') 1: 23,17,12.5,11,17,12,14.5,9`
	`9: 11,9,12.5,14.5,17,8,21`
	`16:`

2	`> scan(sep = ',')`
	`1: 1,2,3,4`
	`5: 2,6,7`
	`8:`
	`Read 7 items`
	`[1] 1 2 3 4 2 6 7`

3	`> data4`
4	`[1] 23.0 17.0 12.5 11.0 17.0 12.0 14.5 9.0 11.0 9.0 12.5 14.5 17.0` `8.0 21.0`

代码清单 2-4-7 解释

1	展示逗号分隔符的声明
2	展示输入的数据
3	展示显示样本 data4 内容的命令
4	显示样本 data4 的内容

正如代码清单 2-4-7 中所见，读出了 15 个数据项。

注意：分隔符必须放在引号中。

你必须按下 Enter 键以结束数据输入。因为有些原始数据有小数点，R 在所有数据后附加小数点，使所有数据保持相同的精度级别。如果数据由制表符分隔，可以使用 "\t" 告诉 R。

如果数据是文本，和前面一样，添加 what = 'character' 并继续。

知识检测点 2

> 考虑 CSV 文本文件中的如下文本：
> "Jan","Feb","Mar","Apr","May","Jun","Jul","Aug","Sep","Oct","Nov","Dec"
> 使用 scan() 命令在名为 **months** 的数据集中输入上述文本。

4.2.3　从磁盘读取数据文件

scan() 命令也可以从文件取得数据。

scan() 命令可以从控制台或者文件将数据读入一个向量或者列表。要用 scan() 命令读取一个文件，只需要在命令中添加 file='filename'，如下例所示。

```
> data6 = scan(file = 'test data.txt')
```

结果输出如下：

```
[1] 23.0 17.0 12.5 11.0 17.0 12.0 14.5 9.0 11.0 9.0 12.5 14.5 17.0 8.0
21.0
```

在这个例子中，数据文件是 test data.txt，这是一个纯文本文件，数值由空格分隔。

注意： 文件名必须放在引号中。

R 在默认目录中搜索数据文件。可以使用 getwd() 命令寻找默认目录。代码清单 2-4-8 展示了 getwd() 命令在 Windows 操作系统中的输出。

代码清单 2-4-8　在 Windows 中执行 **getwd()**

1	`> getwd()`
2	`[1] "C:/Documents and Settings/Administrator/My Documents"`

代码清单 2-4-8 解释

1	展示在 R 控制台上输入的 getwd() 命令
2	显示 getwd() 在 Windows 中的输出

代码清单 2-4-9 展示了 getwd() 在 Macintosh 操作系统中的输出。

代码清单 2-4-9　在 Mac 中执行 **getwd()**

1	`> getwd()`
2	`[1] "/Users/markgardener"`

代码清单 2-4-9 解释

1	展示在 R 控制台上输入的 getwd() 命令
2	显示 getwd() 在 Mac 中的输出

代码清单 2-4-10 展示了 getwd() 命令在 Linux 操作系统中的输出。

代码清单 2-4-10　在 Linux 中执行 **getwd()**

1	`> getwd()`
2	`[1] "/home/mark"`

代码清单 2-4-10 解释

1	展示在 R 控制台上输入的 getwd() 命令
2	显示 getwd() 在 Linux 中的输出

注意：本例中列出的目录由前向斜杠分隔，不使用反斜杠。

如果文件在其他位置，必须输入完整的名称和位置。位置与默认目录相对；在上例中，假定文件在桌面上。输入命令如下。

```
> data6 = scan(file = 'Desktop/test data.txt')
```

文件名和目录都是大小写敏感的。也可以输入 URL 直接链接到互联网上的文件。同样，必须使用完整的 URL。

R 中可以更改工作目录。当你希望从任何目录中只使用名称加载文件时，如果工作目录被永久地设置为一个不同的目录，这项任务就变得更容易了。该目录可以使用 setwd() 命令修改，示例如下。

```
> setwd('pathname')
```

使用 setwd() 命令时，用目标目录的位置代替 "pathname"。该位置始终与当前目录相对。代码清单 2-4-11 展示了将工作目录设置为桌面的命令。

代码清单 2-4-11　将桌面设置为当前目录

1	> setwd('Desktop')
2	> getwd()
3	[1] "/Users/markgardener/Desktop"

代码清单 2-4-11 解释

1	展示更改工作目录的 setwd() 命令
2	展示检查更新后目录的命令
3	展示显示更新后目录的输出

要更改为上一级目录，可以输入如下命令：

```
setwd('..')
```

要查看某个目录，观察其中有哪些文件/文件夹，可以使用 dir() 或者 list.files() 命令。示例如下。

```
dir() list.files()
```

默认情况下显示的是当前工作目录中的文件和文件夹，但是可以输入任何目录路径，列出该目录的文件。示例如下。

```
dir('Desktop')
dir('Documents')
dir('Documents/Excel files')
```

注意，该列表按照字母顺序；显示的文件包含其扩展名，文件夹简单地显示名称。如果文件没有扩展名（如.txt、.doc），很难区分文件和文件夹。默认情况下不显示隐藏文件，但是可以为该命令添加如下的附加指令以显示隐藏文件。

```
dir(all.files = TRUE)
```

在 Windows 和 Macintosh 操作系统中，有一个替代方法能够实现文件选择。file.choose()命令可以作为 scan()命令的一部分，这将打开一个浏览器类型的窗口，用户可以在其中浏览和选择读入的文件。

代码清单 2-4-12 展示了和 scan()命令一起执行的 file.choose()命令。

代码清单 2-4-12 执行 `file.choose()`命令

```
1   > data7 = scan(file.choose())
2   > data7
3   [1] 23.0 17.0 12.5 11.0 17.0 12.0 14.5 9.0 11.0 9.0 12.5 14.5 17.0
    8.0 21.0
```

代码清单 2-4-12 解释

```
1   展示执行 file.choose()的命令
2   展示显示样本 data7 内容的命令
3   显示样本 data7 的内容
```

在代码清单 2-4-12 中，目标文件是一个包含由空格分隔的数值数据的普通文本文件。如果文本或者数据项由其他字符分隔，则应使用对应的 what=和 sep=指令。

代码清单 2-4-13 展示了 file.choose()命令在有其他字符分隔的数据文件上的执行。

代码清单 2-4-13 执行 `file.choose()`命令

```
1   > data8 = scan(file.choose(), what = 'char', sep = ',')
2   > data8
3   [1] "Jan" "Feb" "Mar" "Apr" "May" "Jun" "Jul" "Aug" "Sep" "Oct"
    "Nov" "Dec"
```

代码清单 2-4-13 解释

```
1   展示在包含其他字符分隔的数据项的文件上执行 file.choose 的命令
2   展示显示样本 data8 内容的命令
3   显示样本 data8 的内容
```

在代码清单 2-4-13 中，目标文件包含月份数据；该文件是 CSV 格式，其中月份名称（文本标签）由逗号分隔。

注意：file.choose()指令不能在 Linux 操作系统上使用。

file.choose()指令可以在不同目录上选择文件，不必修改工作目录或者输入完整名称。

目前创建的数据项都很简单；它们包含单个值或者多个数据项。

一系列数据项称作一个**向量**。如果向量有单一值，那么它只包含一项，长度为 1。如果向量有多个值，该向量就更长。在显示列表时，R 提供一个索引，帮助查看有多少项以及特定项的位置。向量是一维数据对象，但是在大部分情况下，R 处理的数据集比单个数值向量更大。

4.3 读取更大的数据文件

scan()命令在读取简单向量时很有帮助。可以从包含多个数据项的复杂数据文件中向 R 输入大量数据。这些数据更有可能保存在一个电子表格中。R 提供了读取以各种文本格式存储的数据的手段，电子表格可以创建这些格式的数据。

4.3.1　read.csv()命令

在大部分情况下，数据从电子表格中取得。使用剪贴板获得这么大的数据集是很乏味的工作。对于复杂工作，可以使用 read.csv()命令。使用这个命令的语法如下：

```
read.csv()
```

read.csv()命令搜索一个 CSV 文件，并将其包含的数据读入 R。可以像下面 2 个示例那样在该命令中添加各种附加指令：

```
read.csv(file, sep = ',', header = TRUE, row.names)
read.csv(file, sep = ',', header = TRUE, row.names=F)
```

文件名可以像前面那样替换。默认情况下，分隔符为逗号，但是这也可以根据需要更改。read.csv()命令期望数据按列排布，每列都有一个有益的名称。

header = TRUE 指令（默认值）读取 CSV 文件的第一行，并将其设置为每列的名称。可以用 header = FALSE 覆盖该值。

row.names 部分指定数据的行名。一般来说，这是数据集中的一列。行名可以通过 row.names = n 设置为其中的一列，其中 n 为列号。

注意：在 Windows 或者 Macintosh 中，文件名可以使用 file.choose()命令代替，不需要在括号中输入任何值。这会打开一个类似浏览器的窗口，允许用户选择需要的文件。

表 2-4-1 展示了一个样本文本。它有两列，第一列的标签为 abund，表示某种水生物的丰度。第二列的标签为 flow，表示找到该生物的地方的水流量。

表 2-4-1　来自两列电子表格的样本数据

abund	flow
9	2
25	3
15	5
2	9
14	14
25	24
24	29
47	34

在本例中，数据只有两列，使用 scan()命令不需要花费太长的时间就可以将数据传送到 R；但是，将两列放在一起导入 R 作为单一条目是有意义的。为此，执行如下步骤。

（1）如果文件以专属格式保存（如 XLS），将数据保存为 CSV 文件。

（2）为文件取一个名称，然后使用 read.csv()命令。

```
> fw = read.csv(file.choose())
```

（3）从浏览器窗口选择文件。在 Linux 中，必须输入完整的文件名。read.csv()命令接受用逗号分隔的数据。这些数据默认有标题。

代码清单 2-4-14 展示了在样本数据上的 read.csv() 命令输出。

代码清单 2-4-14　执行 read.csv() 命令

1	`> fw`
2	`  abund flow`
	`1　9　　 2`
	`2　25　　3`
	`3　15　　5`
	`4　2　　 9`
	`5　14　 14`
	`6　25　 24`
	`7　24　 29`
	`8　47　 34`

代码清单 2-4-14 解释

1	展示显示文件 fw 内容的命令
2	显示文件 fw 的内容

在代码清单 2-4-14 中，每行都用一个简单的索引号标记。这些标签的关联性不强，但是在数据很多时有用。一般来说，read.csv() 命令相当有用，因为 CSV 格式很容易由广泛的计算机程序制作，包括电子表格，而且它的可移植性很好。使用 CSV 意味着在 R 中键入的选项较少，因此需要的键盘输入也较少。

4.3.2　在 R 中读取数据的其他命令

除了 CSV 之外，还有许多种数据格式。换言之，可以用不同的字符（如空格和制表符）分隔数据。

因此，read.table() 命令实际上是 R 中读取数据的基本命令。它使你可以读取大部分纯文本数据格式。read.table() 命令是更通用的命令，可以用于在任何时候读取数据。

但是，R 提供了该命令的变种，每个变种采用某些默认值，可以更简便地指定一些常用数据格式，如用于 CSV 文件的 read.csv()。下面的列表概述了基本 read.table() 命令，以及其他读取不同类型数据的命令。

○ 下面的例子展示了由简单空格分隔的数据。在这种情况下，应该明确指定附加指令。

例如，默认值设置为 header = FALSE，sep=""（一个空格）和 dec = "."。具体命令如下。

```
> my.ssv = read.table(file.choose(), header = TRUE)
> my.ssv = read.csv(file.choose(), sep = ' ')
> my.ssv = read.csv(file.choose(), sep = ' ,')
```

上述命令的输出如下。

```
data1 data2 data3 1 2 4
4 5 3
```

```
3 4 5
3 6 6
4 5 9
```

○ 下面的例子展示了由制表符分隔的数据。对于制表符分隔值，可以使用 read.delim() 命令。在这个命令中，R 假定存在列标题名称，但是这次分隔符指令默认被设置为 sep = "/t"（一个制表符）。具体命令如下。

```
> my.tsv = read.delim(file.choose())
> my.tsv = read.csv(file.choose(), sep = '\t')
> my.tsv = read.table(file.choose(), header = TRUE, sep = '\t')
```

上述命令的输出如下：

```
data1     data2     data3
1         2         4
4         5         3
3         4         5
3         6         6
4         5         9
```

○ 下面的例子也展示了由表格分隔的数据。在某些国家，小数点字符不是一个句点而是一个逗号，往往用分号分隔数据。如果有这样的文件，你可以使用另一个变种 read.csv2()。在这个命令中，默认值设置为 sep = ";"，header = TRUE，dec = ","。具体命令如下。

```
> my.list = read.delim(file.choose(), row.names = 1)
> my.list = read.csv(file.choose(), row.names = 1, sep = '\t')
> my.list = read.table(file.choose(), row.names = 1, header = TRUE,
sep = '\t')
```

上述命令的输出如下：

```
day     data1     data2     data3
mon     1         2         4
tue     4         5         3
wed     3         4         5
thu     3         6         6
fri     4         5         9
```

注意：最好保持数据名称简短。R 接受字符 a～z 和 A～Z 以及数字 0～9。唯一允许的其他字符是句号和下划线。名称是大小写敏感的，且不能以数字开始。

要用 RStudio GUI 读取 csv/txt 文件，可按照如下步骤执行。

（1）在 RStudio 工作区中，单击 **Import Dataset**（导入数据集）选项。然后，选择 **From Text File**（由文本文件导入），如图 2-4-2 所示。

（2）在 **Select File to Import**（选择导入文件）对话框中选择所需文件，如图 2-4-3 所示。

（3）在 **Import Dataset**（导入数据集）向导中打开所需的 csv/txt 文件，如图 2-4-4 所示。

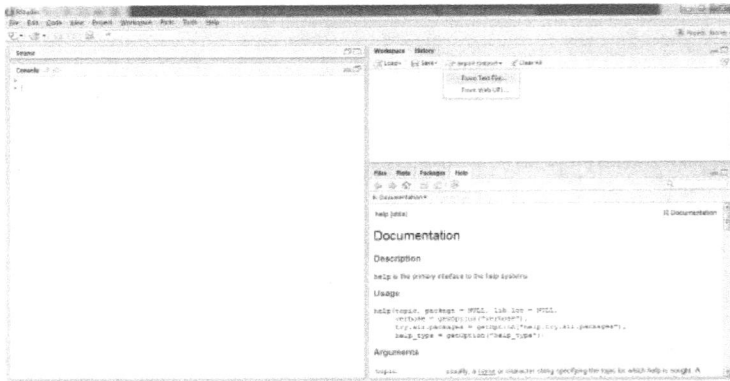

图 2-4-2　导入数据集选项

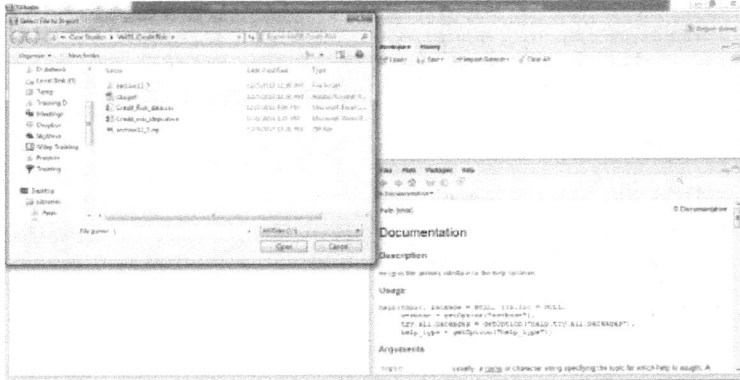

图 2-4-3　在对话框中选择要导入的文件

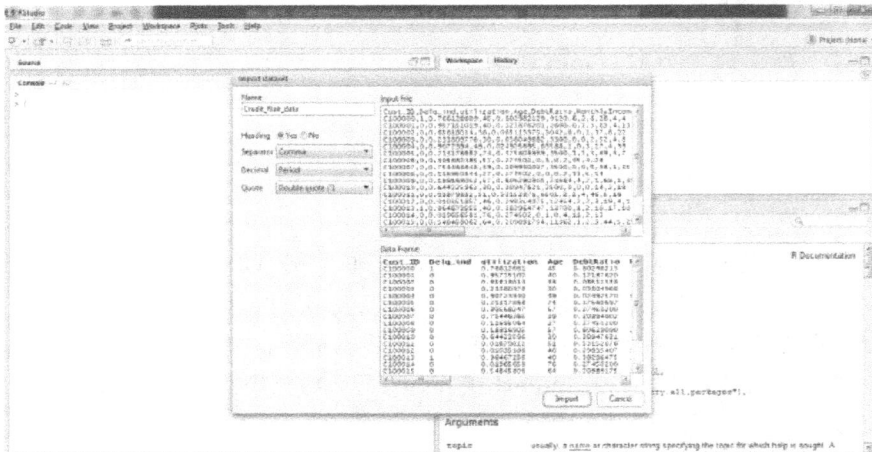

图 2-4-4　导入数据集文件

（4）按照输入类型，选择对应的字段并单击 **Import** 按钮导入数据，如图 2-4-5 所示。

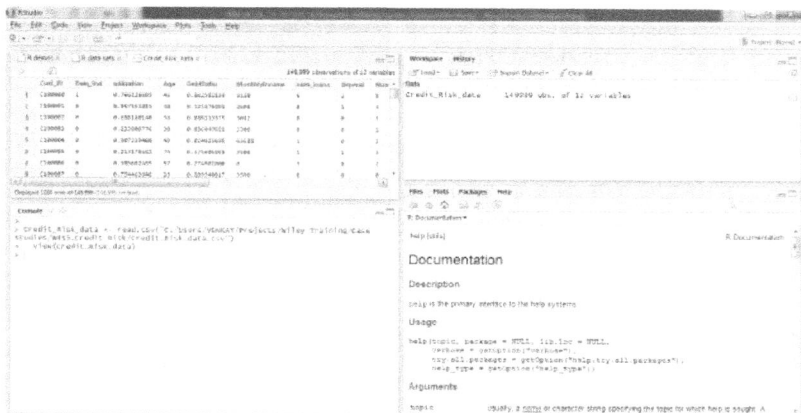

图 2-4-5　选择相关的字段

总体情况

　　这些命令本质上执行的是相同的功能。不同之处在于默认值。不管选择的是哪一种方法，在 R 中导入数据是基本的操作；如果不首先导入数据，你就什么事也做不了。在从磁盘中获取数据时，牢记如下检查列表。

- ○　检查数据文件的格式，记下分隔符。
- ○　查看列是否有标签。
- ○　使用对应的 read.xxx() 命令将数据导入 R。read.csv() 命令最有用，需要输入的附加指令最少。
- ○　除非使用的是 Linux 计算机，否则可使用 file.choose() 指令，省去输入完整文件名的麻烦。
- ○　确保为数据选择的名称短且有意义；这可以节约键盘输入，有助于在以后查找。
- ○　如果数据有行名，使用 row.names = 指令指向包含它们的列。

4.3.3　数据文件中的缺失值

　　在目前为止看到的例子中，数据文件中的样本长度都是相同的。然而，在现实世界中，样本的大小常常不一样。

　　让我们考虑一个包含两个样本的例子，其中一个样本称为 **mow**，另一个称为 **unmow**。**mow** 样本包含 5 个值，而 **unmow** 样本包含 4 个值。当从电子表格或者文本文件将这些数据读入 R 时，程序识别多列数据并相应做出设置。

　　R 将数据转换成整齐的矩形，在任何空隙处填入 NA。

　　注意：NA 数据项是一个特殊对象，其含义为"不适用"（not applicable）或者"不可用"（not available）。

　　代码清单 2-4-15 展示了一个例子，使用 read.csv() 命令从一个 CSV 文件中将数据读入 R。

代码清单 2-4-15　使用 `read.csv()` 命令读入不规则长度的数据

```
1  > grass = read.csv(file.choose())
2  > grass
3  mow unmow
   1  12   8
   2  15   9
   3  17   7
   4  11   9
   5  15   NA
```

代码清单 2-4-15 解释

1	展示使用 `read.csv()` 命令将 CSV 文件内容加载到数据集 grass 的例子
2	展示显示数据集 grass 内容的命令
3	显示数据集 grass 的内容

这里，数据集被称作 **grass**，R 用 NA 填充空隙。

如前所述，R 始终用 NA 填充较短的样本，以生成矩形对象。这称作 **"数据帧"**。数据帧是重要的 R 对象类型，在统计数据操纵中使用非常频繁。

尽管 NA 很容易处理，但是你应该尽可能创建不包含它们的数据帧。在下面的例子中，数据经过了重新编排。仍然有两列，但是第一列包含所有值，第二列包含与前一列标题相关的名称。

	species	cut
1	12	mow
2	15	mow
3	17	mow
4	11	mow
5	15	mow
6	8	unmow
7	9	unmow
8	7	unmow
9	9	unmow

第二列中的标签对应于第一列的值。前 5 个值与之前的 **mow** 样本相关，接下来的 4 个属于 **unmow** 样本。在统计语言中，**species** 列被称作**响应变量**，**cut** 列被称为**预测变量**。

总体情况

R 可以从文本文件、其他统计软件甚至电子表格中导入数据。你甚至不需要该文件的本地备份。可以简单地指定文件 URL，R 将从互联网读取该文件。这一功能使 R 成为了通用的工作环境。可以用 R 软件包读入海量数据，计算结果可以保存为相关的格式。

知识检测点 3

编写代码检查 R 的工作目录。如果输出显示 C 驱动器以外的任何目录为当前目录，编写代码将 C 驱动器设置为当前工作目录。

4.4　从 R 导出数据

一旦在 R 中计算出了结果，它们必须用于报告或者其他源。因此，需要从 R 中导出数据。

从 R 中以 CSV 格式导出数据到其他应用，就像使用 CSV 文件将数据导入 R 一样方便。可以使用 write.csv() 函数创建一个 CSV 文件。正如 read.csv() 函数是 read.table() 的特例，write.csv() 是 write.table() 的特例。

要交互式地从 R 导出数据以便粘贴到其他应用，可以使用 writeClipboard() 或者 wirte.table() 函数。writeClipboard() 函数对于导出向量数据很有用；例如，要导出内置数据集 iris 中的名称，可使用如下命令：

```
> writeClipboard(names(iris))
```

这个函数不在 R 控制台上产生任何输出，而是将向量粘贴到任何应用程序。例如，要将数据粘贴到 **Excel** 中，该数据将有 5 列，包含 iris 数据中的名称，如图 2-4-6 所示。

要将表格数据写入剪贴板，可以使用 write.table() 和参数 file="clipboard", sep="\t" 和 row.nameFALSE。示例代码如下。

```
> write.table(head(iris), file="clipboard", sep="\t", row.names=FALSE)
```

同样，这不会在 R 控制台上产生输出，而是将数据粘贴到一个电子表格。

输出如图 2-4-7 所示。

	A	B
1	Sepal.Length	
2	Sepal.Width	
3	Petal.Length	
4	Petal.Width	
5	Species	

图 2-4-6　使用 writeClipboard() 命令之后的电子表格

	A	B	C	D	E
1	Sepal.Length	Sepal.Width	Petal.Length	Petal.Width	Species
2	5.1	3.5	1.4	0.2	setosa
3	4.9	3	1.4	0.2	setosa
4	4.7	3.2	1.3	0.2	setosa
5	4.6	3.1	1.5	0.2	setosa
6	5	3.6	1.4	0.2	setosa
7	5.4	3.9	1.7	0.4	setosa

图 2-4-7　电子表格中 iris 表的前 6 行

4.5　在 R 中保存你的工作

创建的数据项和结果必须保存到磁盘供以后使用。可以使用多种方法保存工作。本节介绍最流行的两种方法：

- 保存到磁盘；
- 保存到一个文本文件。

附加知识

可以在任何应用和 R 之间复制和粘贴文本。这意味着可以从 R 中将命令粘贴到字处理程序，以保存它们供以后使用。可以从前一条命令中复制文本，将其粘贴到当前行。这提供了很大的灵活性，可以使用这种机制构建实用命令库，在必要时调用，避免键盘输入。还可以用这种方法保存每条命令旁边的说明，创建自己的帮助文件。

4.5.1　将数据文件保存到磁盘

正如第 3 讲中所讨论的，将 R 中的工作保存到磁盘的方法之一是退出任何活动 R 会话时出现的对话框。每次都退出 R 以保存工作到磁盘不是很方便。有时候，在同时处理多个数据项或者项目时，你可能必须单独保存进度。

幸运的是，R 提供了一个解决方案，可以在任何时候使用 save() 命令，将单独对象或者所有对象保存到磁盘。

4.5.2　保存命名对象

可以使用 save() 命令将对象保存到磁盘。使用 save() 命令的语法如下。

```
save(list, file = 'filename')
```

在引号中指定文件名，就可将其保存到磁盘。该文件默认保存在当前工作目录。list 指令可以通过下面两种方式之一执行。

○　输入要保存的对象名称，以逗号分隔。
○　引用由其他手段创建的名称列表。

下面的例子说明了上述方法。

```
> save(bf, bf.lm, bf.beta, file = 'Desktop/butterfly.RData')
> save(list = ls(pattern = '^bf'), file = 'Desktop/butterfly.RData')
```

在第一个例子中，指定了 3 个对象（bf,bf.lm 和 bf.beta）。在第二个例子中，使用 ls() 命令创建以 bf 开头的对象列表。在两种情况下，输出文件都被保存到 **Desktop** 文件夹而非默认文件夹。

要链接到一个列表，可以明确地在命令中放入指令。示例代码如下。

```
> mylist = c('bf', 'bf.beta', 'bf.lm')
> save(list = mylist, file = 'Desktop/butterfly.RData')
```

在这个例子中，第一条命令创建一个名为 mylist 的简单列表，包含对象名称。第二条命令将对象保存到磁盘。文件名通过增加.RData 扩展名而补齐，因为这是保存文件的首选扩展名。

4.5.3　保存所有操作

键入所有对象的名称，将其保存在内存中很乏味。R 提供了两种替代选择。

○　`save(list = ls(all=TRUE), file = 'filename')`
○　`save.image(file = 'filename')`

在第一种情况下，使用 ls() 命令指定所有内容。

第二个例子是特殊命令，使你可以用较少的键盘输入保存所有操作。这实际上是用户退出 R 时保存工作区所发生的操作。如果没有指定文件名，则使用默认名称，文件名默认为.RData。

在 Windows 和 Macintosh OS X 中，工作区都可以通过菜单选项操纵。在 Windows 中，可以在 File 菜单下找到这些选项。在 OS X 中，可以在 Workspace 菜单中找到选项。

在 Windows 和 Macintosh 操作系统中，当你双击.Rdata 文件时，R 打开该文件并加载数据。如果 R 事先没有打开，那么打开时内存中加载的唯一数据是单击的数据。如果 R 已经打开，该数据将被加入到内存中已有的项目中。在退出 R 时，工作区将保存到打开的同一个文件（假定在看到提示时选择的是"yes"），这样很容易保持项目的独立性。

4.5.4 以文本文件形式保存数据到磁盘

将数据保存为"R 格式"非常有用，特别是在多个项目上工作时。R 在内存中维护所有数据。

但是，有些时候用户希望将数据项保存为更通用的格式，如 CSV 或者制表符分隔文本。这对于和没有使用 R 或者想要用于其他目的的用户共享数据很有用。为此，可以以文本文件形式保存数据到磁盘，代替二进制（R 格式）编码文件。

可以使用 write.table()、write.csv()和 cat()命令将数据传送到 R 之外。

使用的命令取决于要保存到磁盘的数据。

对于单一值向量，可以使用 write()或者 cat()。

对于包含多个变量的多列数据项，可以使用 write.table()或者 write.csv()。

4.5.5 将向量对象写入磁盘

对于向量，可以使用 write()命令。该命令的基本形式如下：
```
write(x, file = "data", ncolumns = if(is.character(x)) 1 else 5,
sep = " ,")
```

这有些复杂，因为 ncolumns =部分包含条件语句。这是因为 if()语句根据数据类型创建具有多列的文件。如果数据是文本，创建单列。如果数据是数值，创建 5 列。数据项默认由空格分隔。

用户可以修改 sep =指令以改变分隔符；例如，下面的对象片段包含一个数值列表。write()命令发现这些数值，默认创建 5 列。这些数据用逗号分隔。
```
> data7
[1] 23.0 17.0 12.5 11.0 17.0 12.0 14.5 9.0 11.0 9.0 12.5 14.5 17.0
8.0 21.0
> write(data7, file = 'Desktop/data7.txt', sep = ',')
```

在简单的文本编辑器中查看时，输出文件如下：
```
23,17,12.5,11,17
12,14.5,9,11,9
12.5,14.5,17,8,21
```

要创建单列，可以将 ncolumns=指令设置为 1。要创建单行，必须知道项目数量，将列数设置为所需的值。这可以使用如下命令完成：

```
> write(data7, file = 'Desktop/data7.txt', sep = ',', ncolumns =
length(data7))
```

这里使用了 `length()` 命令，该命令确定数据向量的"长度"。结果文件如下：

```
23,17,12.5,11,17,12,14.5,9,11,9,12.5,14.5,17,8,21
```

实现这一结果的更快方法是使用 `cat()` 命令。可以将其视为目录（catalogue）的简写。只需要"打印"对象，并将其发送到一个文件即可。

```
> cat(data7, file = 'Desktop/data7.txt')
```

在这个例子中，保留默认分隔符空格，数据值以简单数值行的形式写入。

4.5.6 将矩阵和数据帧对象写入磁盘

对于矩阵对象或者数据帧，可以使用 `write.table()` 命令，基本命令有几条指令，可以像下面代码这样设置：

```
write.table(mydata, file = 'filename', row.names = TRUE, sep = ' ', col.
names = TRUE)
```

`mydata` 部分可以用用户希望写入磁盘的数据项代替。文件名必须放在引号中，其位置与当前工作目录相对。每行数据有一个索引号。大部分时候，没有必要将这个索引存入文件，所以可以修改指令为 `row.names = FALSE`。

要创建一个各列由制表符分隔的文件，就要在 `sep =` 指令中加入 `'\t'`。小数点字符可以用 `dec =` 指令指定。

要创建 CSV 文件，可以使用 `write.csv()` 命令替代。这条命令实际上和上面的命令相同，只是默认设置略有不同。

```
write.csv(mydata, file = 'filename', row.names = TRUE, sep = ',', col.
names = TRUE)
```

`write.table()` 和 `write.csv()` 命令对保存包含多列的复杂数据项（如电子表格）最为有用。列表对象也是复杂项，但是它们需要特殊处理，下面你将会看到。

4.5.7 将列表对象写入磁盘

列表可能相当凌乱，包含多个不同种类的项目。运行分析命令并保存"结果"通常创建一个列表，但是列表也可能通过关联数据项创建。

列表的文本表示由 `dput()` 命令生成。可以使用 `dget()` 命令调出，代码格式如下。

```
dput(object, file = "")
dget(file)
```

下面的例子展示了一个简单列表。我们已经使用了两个数值向量说明了 R 中 `dput()` 和 `dget()` 的执行方法，示例代码如下：

```
> grass.l
$mow
[1] 12 15 17 11 15
```

```
$unmow
[1] 8 9 7 9
> dput(grass.l, file = 'Desktop/grass.txt')
```

其输出如下：

```
structure(list(mow = c(12L, 15L, 17L, 11L, 15L), unmow = c(8L, 9L, 7L,
9L)), .Names = c("mow", "unmow"))
```

列表可以用 dget() 读回。在下面的例子中，使用这个命令在文件中创建了一个新对象。

```
grass.list = dget(file = 'Desktop/grass.txt')
```

dput() 命令试图将对象的 ASCII 表现形式写入磁盘，以便用 dget() 命令读回。这一过程并不总是能顺利地进行。

一般来说，列表数据对象可以成功地读回，但是分析结果却不能。通常发生的情况是，列表对象成功地重建，但是某些属性丢失。如果对象是数据，那么这不成问题；但是如果结果是线性回归，就难以进一步执行命令了。

对于复杂的结果，最好将其保存为 .Rdata 对象。要使用结果的文本，可以简单地从 R 控制台窗口复制并粘贴到另一个程序中。

知识检测点 4

编写代码将如下数据保存到名为 Students 的列表中，并保存到名为 Subjects 的文件。
Samuel did well in mathematics but performed poorly in economics

多项选择题

选择正确的答案。在下面给出的"标注你的答案"里将正确答案涂黑。

1. 有两个数据库 Sample1 和 Sample2。Sample 保存数据 1 2 3 4 5，Sample2 保存数据 6 7 8 9。下面哪一个是将 Sample2 数据与 Sample1 数据组合的正确命令？

   a. > data3 =c(data1, data2)　　　　b. > data3 =c(data2, data1)

   c. > data3 =c(data1,data2)　　　　d. > data3 =c(data2,data1)

2. 考虑前一个问题中使用的数据集，哪一个是组合 data1 和 data2，使结果数据集为 6 7 1 2 3 4 5 8 9 的正确命令？

   a. > data3 =c(6, 7, data1, 8, 9)　　　　b. > data3 =c(data1, data2)

   c. > data3 =c(data2, data1)　　　　d. > data3 =c(6, 7, 8, 9, data1)

3. 下面哪一个是使用 scan()命令输入文本数据的正确格式？

   a. > scan(character)　　　　b. > scan(what = 'character')

   c. > scan(what = character)　　　　d. > Scan(what ="character")

4. 一位程序员希望使用 scan()命令在 R 中的一个数据集中输入如下文本。

   2，3，4，5，6，7，8，1，9

   下面哪一个是创建数据集 data4 以包含上述数据的正确语法？

   a. > data4 = scan (2, 3, 4, 5, 6.7, 7, 8.1, 9)

   b. > data4 = scan(sep = ,) 2, 3, 4, 5, 6.7, 7, 8.1, 9

   c. > data4 = scan(sep = ', ') 2, 3, 4, 5, 6.7, 7, 8.1, 9

   d. > data4 = scan(sep = 2,3,4,5,6.7,7,8.1,9)

5. 哪一个是上一个问题中创建的数据集的正确输出？

   a. [1] 2 3 4 5 6.7 7 8.1 9

   b. [1] 2, 3, 4, 5, 6.7, 7, 8.1, 9

   c. [1] 2.0 3.0 4.0 5.0 6.7 7.0 8.1 9.0

   d. [1] 2 3 4 5 6 7 8 9

6. 下面哪一条命令用于更改 R 中的工作目录？

   a. getwd()　　　　b. setwd()

   c. c()　　　　d. ls()

7. 使用 scan()函数时，下面哪一条命令用于输入数据以逗号之外的字符分隔的文件？

   a. file.choose()　　　　b. file.choose()

   c. file.select()　　　　d. file()

8. 在退出活动 R 会话时，程序员希望保存整个过程。他应该使用下面哪一条命令？

   a. save(list = ls(all=TRUE), file = 'filename')

   b. save.image(file = 'filename')

c. write(x, file = "data", ncolumns = if(is.character(x)) 1 else 5, sep = " ")

d. save(list, file = 'filename')

9. write.table()命令用于将矩阵和数据帧对象写入磁盘。在下面的 write.table()语法中,"myselect" 代表什么?

```
write.table(myselect, file = 'filename', row.names = TRUE, sep = ' ',
col.names = TRUE)
```

a. 用户希望写入磁盘的数据项　　　　b. 保存数据的文件

c. 随机的 R 变量　　　　　　　　　d. 文件的源目录

10. 在前一个问题展示的语法中,'filename'代表什么?

a. 用户希望写入磁盘的数据项　　　　b. 保存数据的文件

c. 随机的 R 变量　　　　　　　　　d. 文件的源目录

标注你的答案（把正确答案涂黑）

1. ⓐ ⓑ ⓒ ⓓ   6. ⓐ ⓑ ⓒ ⓓ

2. ⓐ ⓑ ⓒ ⓓ   7. ⓐ ⓑ ⓒ ⓓ

3. ⓐ ⓑ ⓒ ⓓ   8. ⓐ ⓑ ⓒ ⓓ

4. ⓐ ⓑ ⓒ ⓓ   9. ⓐ ⓑ ⓒ ⓓ

5. ⓐ ⓑ ⓒ ⓓ   10. ⓐ ⓑ ⓒ ⓓ

测试你的能力

创建一个数据文件 customer_data,包含 50 个条目,每个条目由两列:cust_id 和 cust_bill。为两列输入随机数值,并将这个数据文件保存为 CSV、文本和 Excel 格式。将 customer_data 数据文件导入 R。

○ 没有数据就无法分析，所以在 R 中导入数据是非常重要的任务。

○ c()函数执行组合或者连接操作。

○ 数值数据可以简单地通过在 c()命令中键入以逗号分隔的数值输入。

○ 非数值数据可以使用引号与数值区分。

○ scan()命令可用于输入数据，不需要使用引号。

○ 用于输入文本数据的改良后 scan()命令是：

  >scan(what='character')

○ 如果数据由简单空格分隔，可以简单地复制和粘贴。如果数据由其他字符分隔，则必须告诉 R 使用的是哪一个分隔符。

○ 要用 scan()命令读取一个文件，只需要简单地在命令中添加 file = "filename"，例如，data6 = scan(file = "filename")

○ 默认目录可以用 getwd()命令找到。

○ 文件名和目录都是大小写敏感的。

○ read.csv()命令搜索一个 CSV 文件，将包含的数据读入 R。可以为该命令添加各种附加指令。

○ 数据可以从多种来源导入 R，如 CSV 文件和电子表格。

在 R 中操纵和处理数据

模块目标

学完本模块的内容，读者将能够：

▸▸ 在 R 中操纵数据

本讲目标

学完本讲的内容，读者将能够：

▸▸	理解 R 的 3 个子集运算符
▸▸	在 R 中执行取子集、排序和合并等数据操纵功能

> "世界上所有图书包含的信息量也不如一个美国大城市一年的以视频形式播放的节目信息大。并不是每个数据位都有同等的价值。"

——Carl Sagan

　　R 中数据计算最重要的特征之一是操纵数据、实现后续分析和可视化的能力。R 提供多种通用工具以操纵和处理数据，包括选择和排序数据的方法（如在查找表中的实现）。R 还提供重整和格式化数据的技术，例如，将数据从宽格式整形为长格式。

　　在本讲中，我们讨论在 R 中操纵和处理数据的方法。你还将了解选择和排序数据的方法，学习重整和格式化数据的一些技术。

模块2第4讲的出口	→	模块2第5讲的入口
● 在R中执行读写操作		● 在R中执行数据操纵

5.1　确定最合适的数据结构

　　在分析数据之前，你所要做的第一个决定是如何在 R 中表现数据。R 中的基本数据结构有：

　　○　向量；　　　　　○　矩阵；　　　　　○　列表；　　　　　○　数据帧。

　　如果数据只有一维（如一组数字），可以使用向量表示。

　　但是，如果数据超过一维，如一组数字和字母，则可以使用**矩阵**、**列表**或者**数据帧**来表示。

　　矩阵是较高维的数组，在所有数据都属于同一类型时（也就是说，都是数值或者字符）很有用。但是，许多实际情况（如数据的一个样本包含组织销售量数值的相关信息）中数据都有许多不同的类别。

　　在这种情况下，你必须使用**列表**或者**数据帧**。数据帧是电子表格等数据的好选择；例如，对于包含组织客户数据的样本，它们可能包含 3 个字段——Cust_id、Income 和 Expenses。

　　数据帧就是长度相等的命名向量的一个列表，在概念上类似于包含多列和每列标题的电子表格。换言之，数据帧类似于数据库中的一个表。

　　如果数据由一组对象组成，无法用数组或者数据帧表示时，**列表**就是理想的选择。这是因为列表可以包含所有其他类型的对象，包括其他列表或者数据帧，在这个意义上，它非常灵活。

　　因此，R 有多种多样的列表处理工具。

快速提示	数据帧是适合于大部分分析和数据处理任务的选择。它提供了表示数据的方便手段，类似于数据库表。当你用 read.csv() 或者 read.table() 函数从逗号分隔值（CSV）文件中读取数据时，R 用数据帧传输结果。

　　表 2-5-1 描述了可用的数据结构。可以用该表决定对指定数据最合适的数据结构。

表 2-5-1　用于数据分析的实用对象

对　象	描　述	注　释
向量	这是 R 中的基本数据对象，包含一个或者多个单一类型值，例如字符、数字或者整数	可以将其看成电子表格中的一行或者一列，或者数据库表中的一列
矩阵或者数组	这是由单一类型实体（称为原子）组成的多维对象。矩阵是二维数组	当你必须保存多维的数值时，使用数组

续表

对　　象	描　　述	注　　释
列表	列表可以包含任何类型的对象	列表对保存形成整体的数据集很实用。因为列表可以包含其他列表,这种对象非常有用。
数据帧	数据帧是特殊的命名列表,其中所有元素都有相同的长度	数据帧类似于单个电子表格或者数据库中的一个表

5.2　创建数据的子集

技术材料

除了将外部数据集读入 R 之外,程序员还可以使用标准 R 安装文件提供的内置数据集。

数据处理中的第一项任务是创建数据的子集,供进一步分析。下面我们总结了几种在 R 中创建数据子集的不同方法。

- ❍ **$**:美元符号运算符选择一个数据元素。当你对一个数据帧使用这个运算符时,结果总是一个向量。
- ❍ **[[**:与$类似,双方括号运算符也返回单一元素,但是它提供了灵活性,可以按照位置(而非名称)引用元素。它可用于数据帧和列表。
- ❍ **[**:单方括号运算符返回多个数据元素。

下面我们将学习这些运算符的使用,从数据中得到需要的元素。

5.2.1　指定子集

单方括号运算符[返回多个数据元素。这意味着必须精确指定必要元素。

交叉参考　你已经在模块 2 第 3 讲中学习了 R 中数据集的读取方法。

我们对内置的 **islands** 数据集尝试子集提取,该数据集是一个包含 48 个数值的命名向量:
```
> str(islands)
Named num [1:48] 11506 5500 16988 2968 16 ...
- attr(*, "names")= chr [1:48] "Africa" "Antarctica" "Asia" "Australia"
...
```
表 2-5-2 说明了指定数据中想要包含或者排除的元素的 5 种方法。

表 2-5-2　子集元素描述

子　　集	效　　果	例　　子
空白	返回所有数据	`islands[]`
正数	提取特定位置的元素	`islands[c(8, 1, 1, 42)]`
负数	提取除指定元素之外的所有元素	`islands[-(3:46)]`
逻辑值	包含逻辑值为 TRUE 的元素;FALSE 排除该元素	`islands[islands < 20]`
字符串	包含名称匹配指定参数的元素	`islands[c("Madagascar", "Cuba")]`

5.2.2 构造数据帧的子集

数据帧是一个二维对象，包含行和列。这意味着你必须单独指定子集的行和列，为此可以组合运算符。

为了说明数据帧子集的构造，我们观察**内置数据集 iris**，这是一个由 5 列 150 行数据组成的数据帧，包含了关于鸢尾花的数据。

```
> str(iris)
/data.frame/  : 150 obs. of 5 variables:
$ Sepal.Length: num 5.1 4.9 4.7 4.6 5 5.4 4.6 5 4.4 4.9 ...
$ Sepal.Width : num 3.5 3 3.2 3.1 3.6 3.9 3.4 3.4 2.9 3.1 ...
$ Petal.Length: num 1.4 1.4 1.3 1.5 1.4 1.7 1.4 1.5 1.4 1.5 ...
$ Petal.Width : num 0.2 0.2 0.2 0.2 0.2 0.4 0.3 0.2 0.2 0.1 ...
$ Species : Factor w/ 3 levels "setosa","versicolor",..: 1 1 1 1 1 1 1
1 1 1 ...
```

为了检索前 5 行中所有列的鸢尾花数据，输入如下命令：

```
> iris[1:5, ]
```

输入如下命令可以检索所有行中两列的数据：

```
> iris[, c("Sepal.Length", "Sepal.Width")]
```

5.2.3 从数据中取得样本

统计学家经常必须取得数据样本，然后计算统计数字。因为样本本质上是数据的子集，用 R

创建样本很容易。

为此要使用 sample()，该命令以向量为输入。

然后，指定要从该列表提取的样本数量。

假定想要模拟多次掷骰子，评估 10 个结果。因为每次掷骰子得到的是 1～6 的数字，代码如下：

```
> sample(1:6, 10, replace=TRUE)
```

上述命令的输出如下：

```
[1] 2 2 5 3 5 3 5 6 3 5
```

你指示 sample() 函数返回 10 个值，每个值的范围是 1:6。

因为每次掷骰子的结果独立于其他结果，你采用替换抽样方法。这意味着从列表中取得一个样本，然后将列表重置为原始状态。

为此，和例子中一样，添加参数 replace = TRUE。

因为 sample() 函数的返回值是随机确定的数值，如果重复尝试该函数，每次都将得到不同的结果。这在大部分情况下是正确的表现，但是有时候你可能希望执行该函数时每次都返回相同的结果。通常，这只发生在开发和测试代码的时候，或者想要确定其他人可以测试你的代码并得到和你相同的结果的情况下。在这种情况下，通常需要指定所谓的**种子值**。

定 义

种子值是任何随机数生成器公式的起点。种子值定义随机数生成器的初始化和公式遵循的路径。

知识检测点 1

哪一个是获得投掷 5 次的硬币样本命令的正确语法？
a. > sample(H:T, 5, replace=TRUE)
b. > sample(1:2, replace=TRUE)
c. > sample(H:T)

在 R 中，使用 set.seed() 函数指定种子起始值。set.seed() 的参数是任意整数，如：

```
> set.seed(1)
> sample(1:6, 10, replace=TRUE)
```

上述命令的输出如下：

```
[1] 2 3 4 6 2 6 6 4 4 1
```

如果提取另一个样本而没有设置种子，将得到一组不同的结果，这正如你的预期：

```
> sample(1:6, 10, replace=TRUE)
```

上述命令的输出如下：

```
[1] 2 2 5 3 5 3 5 6 3 5
```

现在，为了说明 set.seed() 确实重置了 RNG，再次尝试。但是这次再次设置种子：

```
> set.seed(1)
> sample(1:6, 10, replace=TRUE)
```

上述命令的输出如下：

```
[1] 2 3 4 6 2 6 6 4 4 1
```

得到的结果和第一次使用 set.seed(1) 时相同。

可以使用 sample() 从数据帧 iris 中取得样本。在这种情况下，你可能应该使用参数 replace = FALSE。因为这是 replace 参数的默认值，不需要明确写出。

```
> set.seed(123)
> index <- sample(1:nrow(iris), 5)
> index
[1] 44 119 62 133 142
> iris[index, ]
```

上述命令的输出如下：

	Sepal.Length	Sepal.Width	Petal.Length	Petal.Width	Species
44	5.0	3.5	1.6	0.6	setosa
119	7.7	2.6	6.9	2.3	virginica
62	5.9	3.0	4.2	1.5	versicolor
133	6.4	2.8	5.6	2.2	virginica
142	6.9	3.1	5.1	2.3	virginica

5.2.4 数据子集的应用

删除重复数据

有时候，消除分析中的重复数据很重要。

数据子集构建的一个非常有用的应用是找到并删除重复值。为了帮助你实现这一目标，R 中提供了 duplicate() 函数。该函数寻找重复值并返回一个逻辑向量，告诉你特定值是不是与之前的值重复。

这意味着，对于重复值，duplicated() 在该值第一次出现时返回 FALSE，后续出现的都返回 TRUE，例如：

```
> duplicated(c(1,2,1,3,1,4))
[1] FALSE FALSE TRUE FALSE TRUE FALSE
```

如果在一个数据帧上尝试这个函数，R 自动检查观测值。

我们用数据帧 iris 来说明 duplicated() 的执行情况：

```
> duplicated(iris)
[1] FALSE FALSE FALSE FALSE FALSE FALSE FALSE FALSE FALSE
[10] FALSE FALSE FALSE FALSE FALSE FALSE FALSE FALSE FALSE
....
[136] FALSE FALSE FALSE FALSE FALSE FALSE FALSE TRUE FALSE
[145] FALSE FALSE FALSE FALSE FALSE FALSE
```

在本例中，第 143 行是重复数据。

还可以使用 which() 函数得到这一情况：

```
> which(duplicated(iris))
[1] 143
```

现在，要从 iris 中删除重复值，必须从数据中排除这一行。有两种方法可以通过使用子集构造排除重复数据。

○ **指定一个逻辑向量**：在这个向量中，FALSE 意味着元素将被排除。

! 是逻辑非运算符。也就是将 TRUE 转换为 FALSE，反之亦然。所以，使用如下命令可以从 iris 中删除重复数据。

```
> iris[!duplicated(iris), ]
```

○ **指定负值**：命令如下。

```
> index <- which(duplicated(iris))
> iris[-index, ]
```

在这两种情况下，都可以注意到重复的第 143 行已经被删除。

删除具有缺失数据的行

数据帧子集构建的另一个实际应用是找出和删除具有缺失数据的行。

使用 R 函数 complete.cases() 检查该条件。你可以在 R 的内置数据集 **airquality** 上尝试该函数，这个数据帧具有一定数量的确实数据。命令如下。

```
> str(airquality)
> complete.cases(airquality)
```

complete.cases() 的结果是一个逻辑向量，对于完整的行返回值 TRUE，对于具有某些 NA 值的行返回 FALSE。

可以使用如下命令删除 **airquality** 中包含缺失数据的行。

```
> x <- airquality[complete.cases(airquality), ]
> str(x)
```

结果应该是包含 111 行的数据帧，而不是原始 **airquality** 数据帧中的 153 行。

和往常一样，在 R 中实现目标有超过一种方法。在本例中，可以使用 na.omit() 忽略所有包含 NA 值的行。命令如下：

```
> x <- na.omit(airquality)
```

当你确定数据干净时，就可以开始添加计算得到的字段并进行分析了。

快速提示	除非明确覆盖，否则 R 不会更改原始数据帧中的任何内容。这可以限制你，避免不小心弄乱数据；但是，当数据子集构建使用这里讨论的方法时，一定要记得将结果保存到新对象中。

知识检测点 2

考虑你有一个数据集 **Sales_data**，其中包含两列，名称分别为 date 和 sales。下面哪一个是从 **Sales_data** 中删除包含缺失数据的行的正确函数？

a. na()　　　　　　　　b. na.omit()

c. na.omit　　　　　　 d. na.Omit

5.3 在数据中添加计算得到的字段

在创建了相应的数据子集之后，分析中的下一步是进行某些计算。

5.3.1 在数据帧列上执行算术运算

R 使数据帧列上的计算变得很容易，因为每列本身都是一个向量。将此应用到 iris 数据帧，我们在它各列上进行几次运算。例如，计算萼片长度和宽度之间的比率：

```
> x <- iris$Sepal.Length / iris$Sepal.Width
```

现在，可以使用所有 R 工具检查结果；例如，用 head() 函数检查结果的前 5 行：

```
> head(x)
```

上述命令的输出如下：

```
[1] 1.457143 1.633333 1.468750 1.483871 1.388889 1.384615
```

注意，在数据帧的各列上进行运算很简单也很直接。

使用 with() 和 within() 函数

幸运的是，有一种方法可以减少键盘输入量，同时使代码更容易理解。

诀窍是使用 with() 函数：

```
> y <- with(iris, Sepal.Length / Sepal.Width)
```

with() 函数可以应用数据帧内的各列，无需明确地使用美元符号甚至数据帧自身的名称。

在上述例子中，因为使用了 with(iris,…)，R 在 iris 上下文中计算 Sepal.Length 和 Sepal.Width。

输入如下命令打印新变量 y 的值，就可以确认上例中它等于 x。

```
> head(y)
```

上述命令的输出如下：

```
[1] 1.457143 1.633333 1.468750 1.483871 1.388889 1.384615
```

还可以使用下面的 identical() 函数，确定这些值是否相同：

```
> identical(x, y) [1] TRUE
```

除了 with()，within() 函数可以使你很轻松地为数据中的各列赋值。假定你想将计算出来的萼片长度与宽度的比率加入到原始数据帧。熟悉的方法是这样的：

```
> iris$ratio <- iris$Sepal.Length / iris$Sepal.Width
```

现在，使用 within()，上述代码将变成：

```
> iris <- within(iris, ratio <- Sepal.Length / Sepal.Width)
```

5.3.2 创建数据子组或者 bin

现在，我们来学习如何将数据分组为子组。

统计学家的首要任务之一常常
是研究其数据，绘制直方图。

图 2-5-1 展示了一个直方图的
例子。

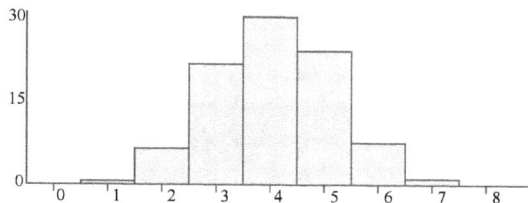

图 2-5-1　直方图示例

定　义

　　直方图是表示在特定范围（bin）或者子组中数据出现次数的图表。

因为这类计算在使用统计数字时很常用，所以 R 提供了一些函数来完成这些任务。cut()
函数用于在数据中创建相等大小的 Bin（默认情况下），然后将每个元素分类到对应的 bin 中。

使用 cut() 函数

我们用内置数据集 stete.x77 来说明 cut() 的用法，这个数据集是一个多列数组，每一行代
表美国的一个州。

```
> head(state.x77)
```

上述命令的输出如下：

	Population	Income	Illiteracy	Life Exp	Murder	HS Grad	Frost	Area
Alabama	3615	3624	2.1	69.05	15.1	41.3	20	50708
Alaska	365	6315	1.5	69.31	11.3	66.7	152	566432
Arizona	2212	4530	1.8	70.55	7.8	58.1	15	113417
Arkansas	2110	3378	1.9	70.66	10.1	39.9	65	51945
California	21198	5114	1.1	71.71	10.3	62.6	20	156361
Colorado	2541	4884	0.7	72.06	6.8	63.9	166	103766

假定你想要使用 **Frost** 列。

要提取该列，可使用如下命令：

```
> frost <- state.x77[, "Frost"]
> head(frost, 5)
```

上述命令的输出如下：

Alabama	Alaska	Arizona	Arkansas	California
20	152	15	65	20

让我们考虑新对象 **Frost**——一个命名数值向量。

使用 cut() 在这些数据中创建 3 个 bin：

```
> cut(frost, 3, include.lowest=TRUE)
```

结果是包含 3 个级别的一个因子。级别的名称看上去有些复杂，但是它们能够用集合的数学
标记法告诉你 bin 的边界。下面的输出以数学标记法显示了级别的名称：

```
[1] [-0.188,62.6] (125,188] [-0.188,62.6] (62.6,125]
[5] [-0.188,62.6] (125,188] (125,188] (62.6,125]
....
```

```
[45] (125,188] (62.6,125] [-0.188,62.6] (62.6,125]
[49] (125,188] (125,188]
Levels: [-0.188,62.6] (62.6,125] (125,188]
```

技术材料

对于 cut() 中的参数 include.lowest = TRUE，默认值为 include.lowest = FALSE，该值有时候会导致 R 忽略数据中的最低值。

第一个 bin 包含霜冻期在-0.188～62.8 天的州。当然，在现实中，不会有任何州的霜冻期为负数。R 在数学上是保守的，增加了少量缓冲区域。

为 cut() 函数添加标签

级别的名称对用户不是很友好，所以可以用标签参数指定更好的名称：

```
> cut(frost, 3, include.lowest=TRUE, labels=c("Low", "Med", "High"))
```

上述命令的输出如下：

```
[1] Low High Low Med Low High High Med Low Low Low
....
[45] High Med Low Med High High
Levels: Low Med High
```

现在，已经有了一个根据霜冻天数，将各州分类为低、中、高级别的因子。

使用 table() 函数

在数据集上进行的分析的一个有趣部分是计算每个"桶"中的州数量。

可以用 table() 函数实现上述功能，该函数计算因子每个级别的观测值数量，如以下的命令：

```
> x <- cut(frost, 3, include.lowest=TRUE, labels=c("Low", "Med", "High"))
> table(x)
```

上述命令的输出如下：

```
x
Low Med High
11 19 20
```

5.4 在 R 中组合和合并数据集

预备知识　了解如何访问和使用 R 中的帮助文件。

你现在已经掌握了数据子集的构建和在上面进行计算的方法。接下来，你可能想要组合来自不同源的数据。在 R 中，你可以用以下 3 种方法组合不同数据集。

○ **通过增加列**：如果两组数据有相同的行集，且行的顺序完全相同，那么增加列就有意义了。这可以用 data.frame 或者 cbind() 函数实现。

○ **通过增加行**：如果两组数据有相同的列，希望在最后增加行，使用 rbind()。

○ **通过组合不同形式的数据**：merge() 函数按照列和行组合数据。在数据库语言中，这通常称作"数据连接"。

图 2-5-2 展示了这 3 种方法的原理。

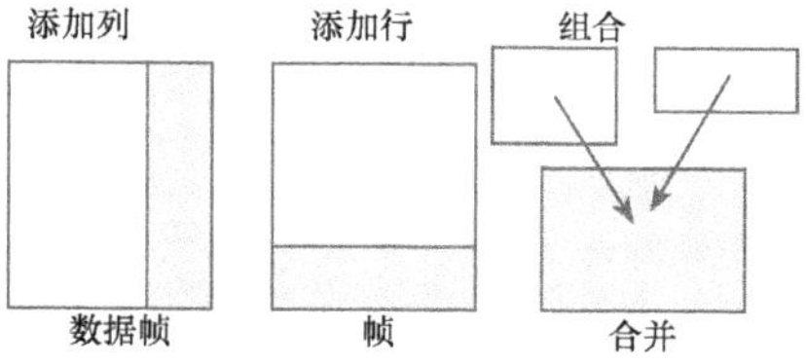

有时候，你可能想要以比简单地增加列或者行更复杂的方法组合数据。比如，你可能想要按照数据中现有的键值组合数据。

如果你有一个样本数据集，其中包含关于一个零售展厅客户的数据。假定数据集有两列：`customer_id` 和 `bill_amount`。可以在这个数据集中增加新列，或者合并现有数据。

图 2-5-2　组合数据的不同方法

对于现有数据的合并，`merge()` 函数很有用，可以使用 `merge()` 合并仅满足某些匹配条件的数据。

本节将研究用 `merge()` 组合数据的一些可能性。更确切地说，我们将使用 `merge()` 寻找不同数据集的交集和并集。我们还将研究用 `match()` 和 `%in%` 查找表的其他方法。

假定你有一个国家中不同州的信息。如果一个数据集包含关于人口的信息，另一个数据集包含关于地区的信息，而且两者都包含关于州名的信息，那么你就可以使用 `merge()` 组合结果。

5.4.1　创建样本数据以说明合并的方法

为了说明使用合并的不同方法，我们使用内置数据集 **state.x77**。

这是一个数组，所以我们首先将其转换为数据帧，然后增加一个包含州名的新列。

最后，可以删除旧行 names。

下列命令说明如何完成上述操作：

```
> all.states <- as.data.frame(state.x77)
> all.states$Name <- rownames(state.x77)
> rownames(all.states) <- NULL
```

现在你应该有了一个数据帧 `all.states`，包含 9 个变量的 50 个观测值：

```
> str(all.states)
/data.frame/: 50 obs. of 9 variables:
$ Population: num 3615 365 2212 2110 21198 ...
$ Income : num 3624 6315 4530 3378 5114 ...
$ Illiteracy: num 2.1 1.5 1.8 1.9 1.1 0.7 1.1 0.9 1.3 2 ...
$ Life Exp :    num    69 69.3 70.5 70.7 71.7 ...
$ Murder :  num   15.1 11.3 7.8 10.1 10.3 6.8 3.1 6.2 10.7 13.9 ...
$ HS Grad : num   41.3 66.7 58.1 39.9 62.6 63.9 56 54.6 52.6 40.6 ...
$ Frost :   num   20 152 15 65 20 166 139 103 11 60 ...
$ Area :    num   50708 566432 113417 51945 156361 ...
$ Name :    chr    "Alabama" "Alaska" "Arizona" "Arkansas" ...
```

创建"冷"州的子集

假定某旅游公司希望为冬季假期准备宣传计划。旅游公司的分析师为此生成了各州气候的总体分析。

为了创建一个名为 `cold.states` 的子集，包含每年霜冻期超过 150 天的州，分析师必须用如下命令，保留 Name 和 Frost 列：

```
> cold.states <- all.states[all.states$Frost>150, c("Name", "Frost")]
> cold.states
```

上述命令的输出如下：

```
     Name       Frost
2    Alaska     152
6    Colorado   166
....
45   Vermont    168
50   Wyoming    173
```

创建大州子集

同样，假定旅游公司的分析师创建一个名为 large.states 的子集，包含土地面积超过 10 万平方英里的州，可用如下命令保留 Name 和 Area 列：

```
> large.states <- all.states[all.states$Area>=100000, c("Name", "Area")]
> large.states
```

上述命令的输出如下：

```
     Name         Area
2    Alaska       566432
3    Arizona      113417
....
31   New Mexico   121412
43   Texas        262134
```

5.4.2 使用 merge() 函数

在 R 中，你可以使用 merge() 函数组合数据帧。这个强大的函数能够确定两个不同数据帧中共同的列或者行。

使用 merge() 找出数据的交叉点

merge() 的最简单用法是找出两个不同数据集的交集。换言之，用 merge() 的默认版本可以创建一个由“冷”州和大州组成的数据集：

```
> merge(cold.states, large.states) Name Frost Area
```

上述命令的输出如下：

```
1    Alaska     152    566432
2    Colorado   166    103766
3    Montana    155    145587
4    Nevada     188    109889
```

merge() 函数可以取许多参数，具体如下。

○ **x**：一个数据帧。

○ **y**：一个数据帧。

○ **by，by.x，by.y**：x 和 y 的共同列名。默认使用两个数据帧之间具有共同名称的列。

○ **all**，**all.x**，**all.y**：指定合并类型的逻辑值。默认值为 `all = FALSE`。

　　`merge()` 函数非常类似于数据库连接。该函数的不同参数可以执行自然连接，左、右和全外连接。

5.4.3　合并类型

`merge()` 函数允许使用如下 4 种数据组合方式。

○ **自然连接**：仅保留数据帧中匹配的行，指定参数 `all=FALSE`。
○ **全外连接**：保留来自两个数据帧中的所有行，指定 `all=TRUE`。
○ **左外连接**：包含来自数据帧 x 的所有行，以及 y 中匹配的行，指定 `all.x=TRUE`。
○ **右外连接**：包含来自数据帧 y 的所有行，以及 x 中匹配的行，指定 `all.y=TRUE`。

图 2-5-3 直观地描述了这些不同选项。

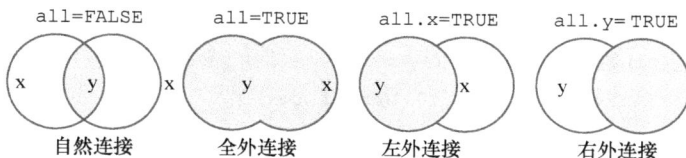

图 2-5-3　不同类型的 `merge()` 和等价的数据库连接

找到并集

我们以美国各州为例，使用 `merge()` 函数并指定 `all=TRUE`，执行冷州和大州的完全合并：

```
> merge(cold.states, large.states, all=TRUE)
```

上述命令的输出如下：

```
     Name         Frost    Area
1    Alaska       152      566432
2    Arizona      NA       113417
3    California   NA       156361
....
13   Texas        NA       262134
14   Vermont      168      NA
15   Wyoming      173      NA
```

两个数据帧都有变量 Name，所以 R 根据州名匹配。

变量 Frost 来自数据帧 `cold.states`，变量 Area 来自数据帧 `large.states`。

知识检测点 3

　　假定你有两个数据集 A 和 B。数据集 A 有如下数据：1 2 3 4。数据集 B 有如下数据：5 6 7 8。使用 `merge()` 函数，将来自两个数据集的数据组合成数据集 C。

5.4.4　使用查找表

有时候，执行数据的完全合并不是你所希望的。在这些情况下，匹配查找表中的值可能更合适。为此，可以使用 match() 或者 %in% 函数。

寻找匹配

match() 函数返回两个向量的匹配位置，更确切地说，是一个向量在第二个向量中第一次匹配的位置。

例如，要找到在数据帧 cold.states 中出现的大州，可以使用如下命令：

```
> index <- match(cold.states$Name, large.states$Name)
> index
```

上述命令的输出如下：

```
[1] 1 4 NA NA 5 6 NA NA NA NA NA
```

注意，结果是一个向量，表示在位置 1、4、5 和 6 找到匹配项。你可以使用这个结果作为索引，找出同时是冷州的大州。

可以用 na.omit() 删除 NA 值：

```
> large.states[na.omit(index), ] Name Area
```

上述命令的输出如下：

```
2        Alaska 566432
6        Colorado 103766
26       Montana 145587
28       Nevada 109889
```

%in% 函数是 match() 函数的一个简便替代方法，它返回一个逻辑向量，指明是否有匹配项。

技术材料

match() 函数返回第二个参数中与第一个参数值匹配的索引，而 %in% 对第一个参数中每个与第二个参数匹配的值返回 TRUE。参数的顺序很重要，因为 %in% 返回的是一个逻辑向量，可以直接用它索引向量中的值。

附加知识

%in% 函数是称为二元运算符的特殊函数类型。这意味着你可以将它放在两个向量之间使用，而不像其他函数那样将参数放在括号中：

```
> index <- cold.states$Name %in% large.states$Name
> index
[1] TRUE TRUE FALSE FALSE TRUE TRUE FALSE FALSE FALSE FALSE FALSE
```

5.5　分类和排序数据

数据分析和报告中常见的任务之一是对信息进行分类（排序）。经过排序的数据表格可以告诉你特定事物中最好和最坏的，帮助你回答许多日常的问题。例如，家长希望知道所在地区的学校中哪一所最好，公司希望知道生产率最高的工厂或者最有利可图的销售地区。

当你拥有数据时，就可以通过排序简单地回答这些问题。

举个例子，我们再次观察内置的美国各州相关数据。

首先，创建一个名为 some.stetes 的数据帧，包含内置变量 state.region 和 state.x77 中包含的数据：

```
> some.states <- data.frame( + Region = state.region, + state.x77)
```

为了使本例容易控制，创建一个只有前 10 行和前 3 列的子集：

```
> some.states <- some.states[1:10, 1:3]
> some.states
```

上述命令的输出如下：

```
          Region     Population     Income
Alabama   South      3615           3624
Alaska    West       365            6315
Arizona   West       2212           4530
....
Delaware  South      579            4809
Florida   South      8277           4815
Georgia   South      4931           4091
```

现在，你有了一个名为 some.states 的变量，这是包含 10 行 3 列的一个数据帧。

5.5.1　向量的排序

R 简化了向量的升序或者降序排列。因为数据帧的每一列都是一个向量，你可能发现自己相当频繁地执行了这一操作。

○ **按照升序排列向量**：可以使用 sort()函数排序向量，例如，用如下命令以 Populations 的升序排列：

```
> sort(some.states$Population)
```

上述命令的输出如下：

```
[1]  365  579 2110 2212 2541 3100 3615 4931 8277 [10] 21198
```

○ **按照降序排列向量**：也可以用 sort()以降序排列向量。为此，指定参数 decreasing = TRUE：

```
> sort(some.states$Population, decreasing=TRUE)
```

上述命令的输出如下：

```
[1] 21198 8277 4931 3615 3100 2541 2212 2110 579 [10] 365
```

快速提示　　可以在 R 控制台输入 "? sort"，访问 sort()函数的帮助文档。

5.5.2　数据帧的排序

数据排序的另一种方式是确定元素排序时所应有的顺序。这听起来有些啰嗦，但是正如你将要看到的，有这种灵活性意味着可以用简单的语言编写报表。

获得顺序

首先，确定以升序排列 state.info$Population 的元素顺序。

这时可以用 order() 函数完成：

```
> order.pop <- order(some.states$Population)
> order.pop
```

上述命令的输出如下：

```
[1] 2 8 4 3 6 7 1 10 9 5
```

这意味着，元素以升序排列。下面的命令说明如何以随机顺序显示元素：

```
> some.states$Population[order.pop]
```

上述命令的输出如下：

```
[1] 365 579 2110 2212 2541 3100 3615 4931 8277 [10] 21198
```

○ **以升序排列数据帧**。在前一小节中，你计算 Population 中的各个元素以升序排列时的顺序，并将结果保存在 order.pop。

现在，使用 order.pop，以人口的升序排列 some.states 数据帧：

```
> some.states[order.pop, ]
```

上述命令的输出如下表所示。

	Region	Population	Income
Alaska	West	365	6315
Delaware	South	579	4809
Arkansas	South	2110	3378
....			
Georgia	South	4931	4091
Florida	South	8277	4815
California	West	21198	5114

○ **以降序排列**。正如 sort()，order() 函数也有一个名为"decreasing"的参数。

例如，要以人口的降序排列 some.states，可使用如下命令：

```
> order(some.states$Population)
```

上述命令的输出如下：

```
[1] 2 8 4 3 6 7 1 10 9 5
> order(some.states$Population, decreasing=TRUE) [1] 5 9 10 1 7
6 3 4 8 2
```

和以前一样，你可以以人口的降序排列数据帧 some.states：

```
> some.states[order(some.states$Population, decreasing=TRUE), ]
Region Population Income
```

○ **在超过一列上排序**。排序看似简单，但是并非如此，特别是在需要在不止一列上排序的时候。

你可以将不只一个向量作为参数传递给 order() 函数。

如果这样做，结果将等价于增加第二个排序键。换言之，顺序由第一个向量决定，如果相等，则根据第二个向量排列。

接下来，你将在超过一列上排序 some.states。你可以通过计算顺序，按照地区和人口的顺序排列 some.states，如以下的命令：

```
> index <- with(some.states, order(Region, Population))
> some.states[index, ]
```

上述命令的输出如下：

	Region	Population	Income
Connecticut	Northeast	3100	5348
Delaware	South	579	4809
Arkansas	South	2110	3378
Alabama	South	3615	3624
Georgia	South	4931	4091
Florida	South	8277	4815
Alaska	West	365	6315
Arizona	West	2212	4530
Colorado	West	2541	4884
California	West	21198	5114

知识检测点 4

下面哪一个是以降序排列数据集元素的正确语法？

a. `> order(X$E1, decreasing=TRUE)`

b. `> order(X, decreasing)`

c. `> order(X)`

d. `> order(X, decreasing=FALSE)`

5.5.3　用 apply() 函数遍历数据

R 有一套强大的函数，可以在一个列表的元素上重复应用某个函数。有趣的是，这些操作是在没有明确的循环情况下发生的。

你将会遇到 apply() 函数族中的几种不同风格的函数。

apply() 的特定风格取决于想要遍历的数据结构。

○ **数组或者矩阵**：apply() 函数遍历矩阵的行和列，对每个结果向量应用一个函数，返回汇总结果的向量。

○ **列表**：使用 lapply() 函数遍历一个列表，对每个元素应用函数，返回结果的列表。有时候，可以将结果列表简化为一个矩阵或者向量。

图 2-5-4 展示了数据形式分别为数组和列表时所对应的函数。

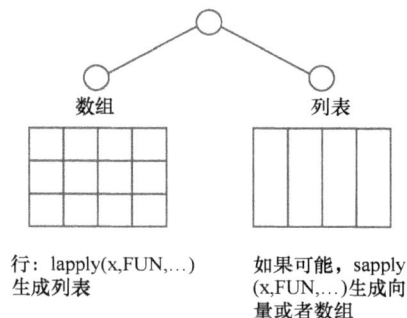

图 2-5-4　不同类型的 apply() 函数在数组、矩阵和列表上的用法

使用 apply() 函数汇总数组

如果你有数组或者矩阵形式的数据并希望汇总这些数据，apply() 函数确实很有用。

apply() 函数按列或者按行遍历数组或者矩阵，应用汇总函数。

apply() 函数有以下 4 个参数。

○ **X**：引用数据——数组（或者矩阵）。

○ **MARGIN**：引用一个表示所要遍历的维数的数值向量——1 意味着行，2 意味着列。

○ **FUN**：引用所要应用的函数（如总和或者均值）。

○ **…（点）**：指的是 FUN 函数需要的附加参数。

为了举例说明，我们观察内建数据集 **Titanic**。

这是一个四维表，包含泰坦尼克号轮船的乘客数据，描述他们的客舱等级、性别、年龄和是否生还。

```
> str(Titanic)
table [1:4, 1:2, 1:2, 1:2] 0 0 35 0 0 0 17 0 118 154 ...
- attr(*, "dimnames")=List of 4
..$ Class : chr [1:4] "1st" "2nd" "3rd" "Crew"
..$ Sex : chr [1:2] "Male" "Female"
..$ Age : chr [1:2] "Child" "Adult"
..$ Survived: chr [1:2] "No" "Yes"
```

为了找出每一个客舱等级有多少位乘客，必须在第一维 **Class** 上汇总 **Titanic**：

```
> apply(Titanic, 1, sum)
```

上述命令的输出如下：

```
1st 2nd 3rd Crew
325 285 706 885
```

类似地，要计算不同年龄组的乘客数量，必须对第三维应用 sum() 函数：

```
> apply(Titanic, 3, sum) Child Adult
```

上述命令的输出如下：

```
109 2092
```

你还可以同时对两个维度应用函数。

为此，你必须用 c() 函数组合所需的维度；例如，要获得每个年龄组生还的人数，使用如下命令：

```
> apply(Titanic, c(3, 4), sum) Survived
```

上述命令的输出如下：

```
Age     No    Yes
Child   52    57
Adult   1438  654
```

技术材料

在列表元素上应用函数的能力是区分函数型编程风格与命令型编程风格的特性。在命令型编程风格中使用循环，而在函数型编程风格中应用函数。R 有多种 apply 类型的函数，包括 apply()、lapply() 和 sapply()。

用 `lapply()` 和 `sapply()` 遍历列表或者数据帧

当数据以列表形式出现，而你想在每个列表元素上进行计算时，合适的 apply 函数是 `lapply()`。例如，使用如下命令可以得到数据集 **iris** 中每种鸢尾花的分类。

```
> lapply(iris, class)
```

如你所知，在使用 `sapply()` 时，R 试图将结果简化为矩阵或者向量：

```
> sapply(iris, class)
Sepal.Length Sepal.Width Petal.Length Petal.Width Species
"numeric" "numeric" "numeric" "numeric" "factor"
```

假定你想要计算每列鸢尾花数据的均值，可以使用如下命令：

```
> sapply(iris, mean)
```

上述命令的输出如下：

```
Sepal.Length Sepal.Width Petal.Length Petal.Width Species
5.843333 3.057333 3.758000 1.199333 NA Warning message:
```

在 mean.default(X[[5L]], ...) 中，由于参数既不是数值型也不是逻辑型，所以返回 **NA**。

所以，你可以在 `apply()` 中写入一个小函数，测试参数是不是数值。如果是，则计算均值，否则返回 **NA**。

附加知识

`apply()` 函数的 FUN 参数可以是任何函数，包括你的自定义函数。实际上，你可以更进一步，在调用任何 apply() 函数的 FUN 参数中定义一个函数是可能的，如下：

```
> sapply(iris, function(x) ifelse(is.numeric(x), mean(x), NA))
```

结果输出为：

```
Sepal.Length Sepal.Width Petal.Length Petal.Width Species
5.843333 3.057333 3.758000 1.199333 NA
```

在另一个函数中定义无名的函数时，它被称作**匿名函数**。当你想要进行相当简单的计算，且不一定想在工作区中永久保存函数时，匿名函数很有用。

用 `tapply()` 创建表格式摘要

技术材料

SAC 是在 R 中编写代码的重要习语，通常来自 "**Split**、**Apply**、**Combine**"（拆分、应用、组合）。使用 SAC，你首先将向量拆分为组，然后对每一组应用一个函数，最后将结果组合为一个向量。

`tapply()` 函数可用于创建数据的表格式摘要。

这个函数有如下 3 个参数。

○　**X**：引用一个向量。
○　**INDEX**：引用一个因子或者因子列表。

○ **FUN**：引用一个函数。

使用 tapply() 可以轻松地创建数据中子组的摘要；例如，计算数据集 iris 中的平均萼片长度，命令如下：

```
> tapply(iris$Sepal.Length, iris$Species, mean)
```

上述命令的输出如下：

```
setosa       versicolor      virginica
5.006        5.936           6.588
```

利用这简短的一行代码，你就可以完成了不起的工作。你告诉 R 取得 Sepal.Length 列，按照 Species 拆分，然后计算每一组的平均值。

5.6　公式接口简介

R 中的公式接口可以简洁地指定模型拟合时使用的列，以及模型的行为。

重要的是，要记住公式标记法指的是统计公式，而不是数学公式。例如，公司 operator+means 加入一列，而不是从数学上将两列累加起来。

表 2-5-3 包含一些公式运算符，以及例子和含义。

表 2-5-3　公式运算符

运　算　符	示　　例	含　　义
~	Y~x	以 x 的函数的形式建立 Y 的模型
+	Y~a+ b	包含列 a 和列 b
-	Y~a–b	包含 a 但排除 b
:	Y~a: b	估算 a 和 b 的相互关系
*	Y~a* b	包含列及其相互关系（也就是 y~a+b+a:b）
|	Y~a|b	将 y 作为 b 上的一个条件的函数估算

许多 R 函数允许你使用公式接口，这往往用于补充该函数的其他使用方法；例如，**aggregate()** 函数也可以使用公式，如以下命令：

```
> aggregate(mpg ~ gear + am, data=cars, mean)
```

上述命令的输出如下表所示。

```
    gear    am           mpg
1   3       Automatic    16.10667
2   4       Automatic    21.05000
3   4       Manual       26.27500
4   5       Manual       21.38000
```

注意，第一个参数是公式，第二个参数是源数据帧。在这个例子中，你告诉 aggregate 函数将 mpg 作为 gear 和 am 的函数，并计算平均值。

5.7　数据整形

有如下关于 Granny、Geraldine 和 Gertrude 之间的 4 场篮球赛的数据。

	Game	Venue	Granny	Geraldine	Gertrude
1	1st	Bruges	12	5	11
2	2nd	Ghent	4	4	5
3	3rd	Ghent	5	2	6
4	4th	Bruges	6	4	7

每位选手在每个场地的总得分如下表所示。

	variable	Bruges	Ghent
1	Granny	18	9
2	Geraldine	9	6
3	Gertrude	18	11

如果用过电子表格，读者可能熟悉"透视表"这个术语。透视表的功能本质上就是分组和汇总数据并进行计算的能力。

技术材料

数据分析往往可以归结为创建包含摘要信息的表，如总计、计数或者平均值。在 R 的世界中，人们通常将这一过程称为数据重整。在 R 的基础功能中有一个函数 reshape()，完成的就是这项工作。

5.7.1　理解长格式和宽格式数据

谈到数据重整，重要的就是识别长格式和宽格式数据。这些视觉上的隐喻描述了表示相同信息的两种方法。你可以通过列通常表示分组的事实，识别宽格式的数据。

所以，我们的篮球赛示例采用的是宽格式，因为每位参与者的投中次数为单独的列，如下表所示。

	Game	Venue	Granny	Geraldine	Gertrude
1	1st	Bruges	12	5	11
2	2nd	Ghent	4	4	5
3	3rd	Ghent	5	2	6
4	4th	Bruges	6	4	7

相比之下，我们来看看长格式的相同数据。

	Game	Venue	Variable	Value
1	1st	Bruges	Granny	12
2	2nd	Ghent	Granny	4
3	3rd	Ghent	Granny	5
4	4th	Bruges	Granny	6
5	1st	Bruges	Geraldine	5
6	2nd	Ghent	Geraldine	4
7	3rd	Ghent	Geraldine	2
8	4th	Bruges	Geraldine	4

续表

	Game	Venue	Variable	Value
9	1st	Bruges	Gertrude	11
10	2nd	Ghent	Gertrude	5
11	3rd	Ghent	Gertrude	6
12	4th	Bruges	Gertrude	7

注意，在长格式中，对应 Granny、Geraldine 和 Gertrude 的 3 列消失，代之以包含实际得分的 **value** 列和链接得分与 3 位女选手的 **variable** 列。

在长格式和宽格式之间转换数据时，重要的是区分标识符变量和测定变量。下面是这两种变量的简单解释。

○ **标识符变量**：标识符（或者 ID）变量标识观测值。它们作为识别观测值的键。

○ **测定变量**：表示你所观察到的测定值。

在我们的例子中：

○ 标识符变量是 Game 和 Venue；

○ 测定变量是比赛中的得分。

5.7.2 从 reshape2 程序包入手

R 的基础包中有一个函数 reshape()，可以很好地用于数据重整；但是，该函数的原创作者考虑的是重整的一个特定用例——称为纵向数据。

数据重整的问题非常广泛，处理的并不仅仅是**纵向数据**。因此，**Hadley Wickham** 编写并发行了 reshape2 程序包，包含了多个在长格式和宽格式之间转换的函数。

技术材料

纵向研究取得一段时期内研究对象的重复观测值。因此，纵向数据通常具有与时间相关的变量。

附加知识

Hadley Wickham 是莱斯大学统计学副教授，他对交互和动态图表以及通过可视化更好地理解复杂统计模型感兴趣。

要下载和安装 reshape2，可以使用 install.packages()：

```
> install.packages("reshape2")
```

在每次使用 reshape2 的 R 新会话开始时，都必须用 library() 将该程序包加载到内存：

```
> library("reshape2")
```

为了举例说明 **reshape** 的执行，我们创建如下数据：

```
> goals <- data.frame( + Game = c("1st", "2nd", "3rd", "4th"),
+ Venue = c("Bruges", "Ghent", "Ghent", "Bruges"),
+ Granny = c(12, 4, 5, 6),
+ Geraldine = c(5, 4, 2, 4),
```

```
+ Gertrude = c(11, 5, 6, 7)
+ )
```

上述命令构造了一个 5 列 4 行的宽数据帧，包含 Granny、Geraldine 和 Gertrude 的得分。

5.7.3　将数据 "熔化" 为长格式

与长数据相比，宽数据的列较多而行较少。reshape 程序包使用术语**熔化(Melt)**和**浇铸(Cast)**扩展了这一隐喻：

○　要将宽数据转换为长数据，可用 melt() 函数将其 "熔化"。

○　要将长数据转换为宽数据，可对数据帧使用 dcast() 函数、对数组使用 acast() 函数 "浇铸"。
按照如下命令，尝试用 melt() 将宽数据帧 goals 转换为长数据帧。

```
> mgoals <- melt(goals)
```

知识检测点 5

你有一个宽格式的数据集 ACE，希望将其转换为长格式。下面哪一个是转换数据集的正确格式？

a.　`> mACE <- melt(ACE)`　　b.　`> ACE <- melt(ACE)`

c.　`> X <- ACE`　　d.　`> ACE <- merge(ACE)`

使用 Game、Venue 作为 id 变量

melt() 函数试图猜测你的标识符变量，告诉你使用的是哪一个。默认情况下，它将所有分类变量视为标识符变量。

明确指定标识符变量是一个好主意。可以通过添加一个参数 id.vars 来指定标识符的列名：

```
> mgoals <- melt(goals, id.vars=c("Game", "Venue"))
```

新对象 mgoals 现在包含了长格式的数据，如下命令所示：

```
> mgoals
```

上述命令的输出如下：

```
       Game      Venue       Variable     Value
1      1st       Bruges      Granny       12
2      2nd       Ghent       Granny       4
3      3rd       Ghent       Granny       5
...
10     2nd       Ghent       Gertrude     5
11     3rd       Ghent       Gertrude     6
12     4th       Bruges      Gertrude     7
```

将数据 "浇铸" 为宽格式

现在你有了一个 "熔化" 的数据集，做好了重整的准备。为了说明重整的过程保持所有数据不变，我们试着重新构建原始数据，输入如下命令：

```
> dcast(mgoals, Venue + Game ~ variable, sum)
```

上述命令的输出如下：

	Game	Venue	Granny	Geraldine	Gertrude
1	1st	Bruges	12	5	11
2	2nd	Ghent	4	4	5
3	3rd	Ghent	5	2	6
4	4th	Bruges	6	4	7

你也可以按照场地和选手创建摘要。

使用 dcast() 函数可以"浇铸"熔化的数据帧。确切地说，你用这个函数将长格式转换为宽格式。此外，也可以使用 dcast() 函数将数据汇总为中间格式，类似于透视表的工作方式。

dcast() 函数有以下 3 个参数。

- **data**：引用"熔化"的数据帧。
- **formula**：引用指定数据转换方式的公式。这个公式采取"*x_*变量~*y_*变量"的形式。但是我们为了说明观点而对其进行了简化。你可以使用多个 *x* 变量、多个 *y* 变量，甚至 *z* 变量。
- **fun.aggregate**：引用在浇铸公式造成数据汇总时使用的函数（如 length()、sum() 或者 mean()）。

因此，要得到场地和选手对比的摘要，需要使用 dcast() 和浇铸公式 variable~Venue。注意，浇铸变量引用熔化的数据帧中的列，命令格式如下：

```
> dcast(mgoals, variable ~ Venue , sum)
```

上述命令的输出如下：

	Variable	Bruges	Ghent
1	Granny	18	9
2	Geraldine	9	6
3	Gertrude	18	11

如果你想要获得一张表，每行表示一个场地，列表示选手，浇铸公式应该是 Venue~ variable，命令格式如下：

```
> dcast(mgoals, Venue ~ variable , sum)
```

上述命令的输出如下：

	Venue	Granny	Geraldine	Gertrude
1	Bruges	18	9	18
2	Ghent	9	6	11

使用更复杂的浇铸公式是可能的。根据 dcast() 的帮助页面，浇铸公式可采用如下格式：

```
x_variable + x_2 ~ y_variable + y_2 ~ z_variable ~ ...
```

注意，你可以用加号（+）在每一维中组合多个变量，用波浪号（~）拆分每一维。而且，如果在公式中有两个或者更多波浪号，结果将是一个多维数组。

所以，使用如下命令可以获得按照场地（**Venue**）、选手（**variable**）和比赛（**Game**）的得分摘要：

```
> dcast(mgoals, Venue + variable ~ Game , sum)
```

上述命令的输出如下：

	Venue	Variable	1st	2nd	3rd	4th
1	Bruges	Granny	12	0	0	6
2	Bruges	Geraldine	5	0	0	4
3	Bruges	Gertrude	11	0	0	7
4	Ghent	Granny	0	4	5	0
5	Ghent	Geraldine	0	4	2	0
6	Ghent	Gertrude	0	5	6	0

应该以长格式理解数据的原因之一是，图形包 **lattice** 和 **ggplot2** 都大量使用长格式数据。这样做的好处是很容易创建比较不同子组的数据图表。命令格式如下：

```
> library(ggplot2)
> ggplot(mgoals, aes(x=variable, y=value, fill=Game)) + geom_bar()
```

图 2-5-5 以数据图表的形式展示了上述命令的输出。

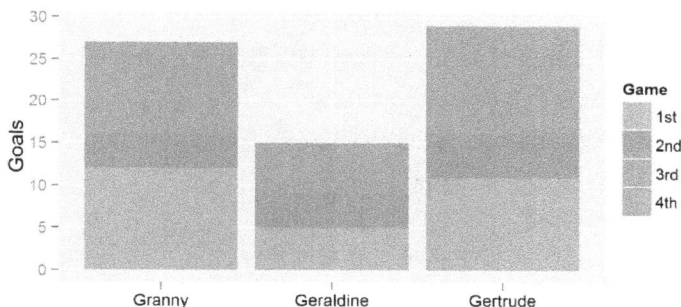

图 2-5-5　用 ggplot 绘制的长格式数据图表

总体情况

　　R 提供了用于分析的强大图形功能。负责维护 R 的社区分布广泛，从计算机程序员到统计分析师，应有尽有。这个社区持续努力开发新的用户友好功能，改善 R 基础软件包。R 平台每天都会得到容易使用的新功能的增强。使用 R，你可以轻松地处理异构数据上的大规模计算和分析操作。如果你发现简单的 R 方法无法完成任务，可以利用 R 中的高级功能。R 工具还支持可用功能的改编，提供更大的灵活性；因此，很容易用 R 处理海量数据，通过简便的数据操纵帮助统计学家用较少的精力实现更高的精确度。

多项选择题

选择正确的答案。在下面给出的"标注你的答案"里将正确答案涂黑。

1. 如果数据由一个或者多个单一类型值组成，应该使用 R 中的哪一个数据对象？
   - a. 向量
   - b. 矩阵
   - c. 列表
   - d. 数据帧

2. 如果数据由一个或者多个任意类型值组成，应该使用 R 中的哪一个数据对象？
   - a. 向量
   - b. 矩阵
   - c. 列表
   - d. 数据帧

3. 应该使用下列哪一个子集运算符以获得数据中多个元素的输出？
   - a. $ b. [[c. [d. c()

4. 使用 sample()命令模拟 100 次掷骰子结果的正确语法是：
   - a. > sample(1:6, 100, replace=False)
   - b. > sample(1:10, 100, replace=TRUE)
   - c. > sample(1:6, 100, replace=TRUE)
   - d. > sample(1:10, 100, replace=FALSE)

5. 下面哪一个函数可用于寻找和删除重复值？
   - a. duplicate()
   - b. duplicated()
   - c. Duplicate()
   - d. Duplicated()

6. 用于寻找和删除具有缺失值的行的 R 函数是：
   - a. Complete.Case()
   - b. complete.case()
   - c. complete.cases()
   - d. Complete.cases()

7. 用 cut()命令在样本数据中创建 4 个 bin 的正确语法是：
   - a. > cut(sample, 4, include.lowest=TRUE)
   - b. > cut(sample, 5, include.lowest=TRUE)
   - c. > cut(sample, 3, include.lowest=TRUE)
   - d. > cut(sample, 6, include.lowest=TRUE)

8. R 中用哪一个函数计算样本数据中每个因子级别的观测值数量？
   - a. table()
   - b. Table()
   - c. Tabular()
   - d. tables()

9. 下面哪一个不是 R 中进行的合并操作类型？
   - a. 全外连接
   - b. 左外连接
   - c. 公用连接
   - d. 自然连接

10. 下面哪一个不是 R 中向 apply()函数传递参数时必要的部分？
    - a. dataset
    - b. margin

c. function   d. …（点）

1. ⓐ ⓑ ⓒ ⓓ   6. ⓐ ⓑ ⓒ ⓓ
2. ⓐ ⓑ ⓒ ⓓ   7. ⓐ ⓑ ⓒ ⓓ
3. ⓐ ⓑ ⓒ ⓓ   8. ⓐ ⓑ ⓒ ⓓ
4. ⓐ ⓑ ⓒ ⓓ   9. ⓐ ⓑ ⓒ ⓓ
5. ⓐ ⓑ ⓒ ⓓ   10. ⓐ ⓑ ⓒ ⓓ

测试你的能力

1. 说明在 R 控制台上对内置数据集 iris 执行 apply() 函数变种的方法。
2. 说明在 R 中内置数据集 iris 上进行如下操作的方法。
   - 数据子集构建。
   - 从 iris 中创建的数据子集的合并。

备忘单

○ R 中的基本数据结构是向量、矩阵、列表和数据帧。

○ 矩阵和更高维数组在所有数据都是单一类型（数值或者字符）时很有用。

○ 当数据包含一组无法用数组或者数据帧表示的对象时，列表是理想的选择。

○ R 中的 3 个子集运算符是：

  • $ • [[• [

○ 数据帧是一个包含行和列的二维对象。

○ R 中数据子集构建的实际应用之一是寻找和删除重复值。

○ 使用子集构建技术排除数据有两种方法：

  • 指定一个逻辑向量，其中 FALSE 表示元素将被排除。

  • 指定负数值。

○ 数据子集构建的另一个实际应用是寻找和删除具有缺失值的行。

○ with()函数可以帮助你引用数据帧内的列，而不需要明确地使用$符号，甚至不需要数据帧本身的名称。

○ cut()函数在数据中创建相同大小的 bin，然后将每个元素分类到对应的 bin 中。

○ 不同数据集可以用以下 3 种方法组合：

  • 添加列。   • 添加行。

  • 组合不同形式的数据。

○ merge()的最简单形式是寻找两个不同数据集的交集。

○ merge()函数可以实现 4 种不同的数据组合方式：

  • 自然连接；   • 全外连接；

  • 左外连接；   • 右外连接。

○ match()或者%in%函数可用于匹配查找表中的值。

○ apply()函数可以在如下数据结构上执行：

  • 数组或者矩阵；   • 列表。

○ apply()函数取以下 4 个参数。

  • X：引用数据集的数据。

  • MARGIN：引用一个数值向量。

  • FUN：引用需要应用的函数。

  • ...（小点）：引用附加参数

○ tapply()函数取以下 3 个参数。

  • X：引用一个向量。

  • INDEX：引用一个因子或者因子列表。

  • FUN：引用一个函数。

○ 在长格式和宽格式数据之间转换时使用以下两类变量。

  • 标识符变量。   • 测定变量。

模块 3

使用 R 进行数据分析

模块 3 介绍 R 中的高级操作，以及在 R 中进行各种描述性统计运算的方法。本模块中的几讲组成了在巨型数据集上进行分析的基础。

- 模块 3 第 1 讲讨论在 R 中创建用户定义函数的方法，函数在 R 数据处理中的角色以及 R 中不同软件包的作用。
- 模块 3 第 2 讲讨论用于进行描述性分析的 R 函数基础知识。此外，该讲还描述了 R 中汇总命令的作用。
- 模块 3 第 3 讲讨论 R 中各种数据结构的应用，并介绍矩阵、列表和数据帧的应用。此外，该讲还介绍了大数据分析环境下 RHadoop 的应用。
- 模块 3 第 4 讲介绍 R 中图形分析的应用。重点介绍了 R 中的各种图形表现形式，以及 R 中的各种特殊图表。
- 模块 3 第 5 讲介绍 R 中的假设检验和 R 中的各种检验。该讲还解释了 R 中各种检验适当性测试的必要性。

第 1 讲

使用 R 中的函数和包

模块目标

学完本模块的内容，读者将能够：

▸▸ 使用 R 脚本和函数

▸▸ 使用 R 函数环境和方法

本讲目标

学完本讲的内容，读者将能够：

▸▸	在 R 中开发脚本和函数
▸▸	使用函数参数
▸▸	解释 R 中的函数环境
▸▸	解释 R 函数的方法
▸▸	在 R 中安装、加载和卸载程序包

"只有在出错的时候，机器才
会提醒你它们有多强大。"

——Clive James

R 是分析师和数据科学家广泛使用的综合软件工具及技术套件，用于方便数据操纵、计算、分析和可视化。R 的关键功能包括：

○ 有效的数据处理和操纵组件；

○ 在数组和其他有序数据上进行计算的运算符；

○ 专用于广泛数据分析的工具；

○ 高级可视化功能。

上述能力使 R 成为开发交互式大数据分析新方法的合适手段。R 已经快速发展，由大量的程序包和函数提供扩展，这些程序包和函数都很容易用于大数据源的分析。

因此，在深入介绍 R 的分析应用之前，重要的是理解 R 中函数的使用方法，以便有效地将其用于分析。

对于在 R 中采取的每个行动，都可以使用一个**函数**。函数实际上是一个连续不间断执行的代码块。为了高效地使用 R 语言，你必须理解如何编写自定义函数，以自动化数据清理工作，用一条命令应用一系列分析或者构建自定义图表。

从下面的例子可以明显地看出，函数可以使你的工作变得更加简便。

例　子

　　Andrew Paul 是一家煤矿开采公司的化学工程师和材料分析师，每天都要从采矿工人那里接收数千个测试和识别样本。这些样本可能在之前已经有了标识，也可能是新的。Paul 通过各种化学定量检验检查这些样本，例如质谱仪、沉淀、银盐定量。对于每个样本和检验，他都保存一些数据。在进行一些检验之后，他收集特定样本的所有检验结果，分析确定化合物鉴定结果。大部分时候，初步鉴定逻辑对于许多样本都是相同的，所以 Paul 将鉴定逻辑放入函数中，而不是重复写很多次。

　　他向函数传递包含检验结果数据的参数，预测样本是什么物质，从而使工作变得更加轻松。他将所有类似的函数组合成了一个程序包。每当需要函数时，只需要加载包，开始使用这些函数就可以了。

另一方面，R 中的**脚本**指的是一个简单的文本文件，包含一些可以在 R 命令行输入的可执行命令。

在 R 中，你可以使用内置函数和仅由 R 代码或者命令组成的脚本相结合，但是脚本在处理变量输入时不是很灵活。

在本讲中，你将学习如何将脚本转化为函数，以及如何在 R 中创建函数。你还将学习在函数中增加参数的方法。在本讲的最后，你将学习方法的相关知识，以及如何结合使用它们和函数。

模块2的出口	模块3第1讲的入口
• 探索R所支持的不同类型数据结构 • 学习子集运算符的相关知识 • 执行数据操纵	• 在R中构建脚本和函数 • 在函数中使用参数 • 安装和使用其他R软件包

1.1 从脚本到函数

预备知识 找出更多关于数组和矩阵的创建方法，以及将向量转换为矩阵的知识。

在 R 中，函数类似于脚本。你可以通过 source() 函数使用脚本。

与脚本相比，函数有两个主要优势：

○ 使用变量输入实现不同数据应用的能力；

○ 以对象形式返回输出，有助于处理函数的结果。

在下面的几个小节里，你将看到创建脚本、然后将其转换为函数的方法。

1.1.1 创建脚本

你可以在任何文本编辑器（如记事本、Microsoft Word 或者写字板）中创建脚本，并将其保存为当前工作目录中扩展名为.R 的文件。

可以使用 source() 函数将文件读入 R。

例如，要将 sample.R 脚本读入 R，可以在控制台上输入如下命令：

```
> source("sample.R")
```

现在，我们创建一个脚本，以百分比表示小数，舍入到小数点后一位。

下面是实现上述目标的逻辑。

（1）将小数乘以 100。

（2）结果舍入到小数点后一位。

（3）在舍入得到的数值后面粘贴一个百分号。

（4）打印结果。

你很容易用可执行的 R 命令，将这个逻辑翻译为 R 的脚本文件。

执行如下步骤，创建一个脚本文件。

（1）在编辑器中打开一个新脚本文件，输入代码清单 3-1-1 所示的代码。

代码清单 3-1-1 构建一个脚本

```
1  x <- c(0.458, 1.6653, 0.83112)
2  percent <- round(x * 100, digits = 1)
3  result <- paste(percent, "%", sep = "")
4  print(result)
```

代码清单 3-1-1 解释

1	定义想要用百分比表示的小数值
2	将结果舍入到一位小数
3	在舍入得到的数值之后粘贴一个百分号。sep 是分隔符
4	打印结果

（2）将脚本保存为一个脚本文件，例如 pasterPercent.R。

（3）使用代码清单 3-1-2 所示的代码，从控制台调用该脚本。

代码清单 3-1-2 调用脚本

```
1  > source('pastePercent.R')
```

代码清单 3-1-2 解释

```
1  在控制台上调用脚本
```

> **快速提示** 在大部分编辑器中，你还可以单击加载脚本（将整个脚本发送到 R 控制台）。在 Rstudio 中，这可以通过单击 Source 按钮或者按下 Ctrl+Shift+Enter 组合键来实现。

调用脚本文件之后，显示如下输出：

```
[1] "45.8%" "166.5%" "83.1%"
```

只要你想要在每次调用脚本时都看到同样的 3 个数值，那么这个脚本就可以工作得很出色。但是将该脚本用于其他数据则相当不方便，因为你不得不每次都更改脚本。

1.1.2 将脚本转变为函数

要将这个脚本转换为函数，需要做几件事。

将脚本视为一个小工厂，以原材料为输入进行处理，从这些原材料制造出某种消费产品。

为此，你首先要建设厂房，厂房最好有一个人们熟知的地址，以便输送原材料供其处理。然后，你必须安装一个大门，供原材料进入。下一步，你建立一条生产线，将原材料转化成消费产品。最后，你必须安装一个后门，以便将消费产品发送到全世界。

将脚本转换为函数与此类似：

- 定义一个函数，为其取一个名称以便调用，然后向其传递输入参数；
- 在函数后面放入起大门作用的括号；
- 在括号中为函数提供参数；
- 使用 return() 语句作为函数的后门，向工作区返回函数的最终结果。

> **技术材料**
>
> 工作区或者全局环境是 R 用户的"宇宙"，所有事情都在此发生。

代码清单 3-1-3 展示了将脚本转换为函数的代码：

代码清单 3-1-3 将脚本转换为函数

```
1  addPercent <- function(x){
       percent <- round(x * 100, digits = 1)
       result <- paste(percent, "%", sep = "")
2      return(result)
3  }
```

代码清单 3-1-3 解释

```
1  括号总是在 function 关键字之后，告诉 R 下面的是函数。函数之后的括号形成了函
   数的"前门"——参数列表。在括号之中的是函数的参数。在本例中只有一个参数 x
```

2	`return()` 语句是函数的"后门"。放在括号内的对象从函数内部被返回到工作区。括号内只能放一个对象
3	花括号（`{}`）是函数的"墙"。花括号中的所有内容都是生产线的组成部分——函数体

将上述部分组合起来，就得到了完整的函数，但是 R 不知道在哪里找到它。所以，使用赋值运算符 `<-` 将该函数放入名为 `addpercent` 的对象中。

这是 R 可以将数值送去转换的地址。现在，函数有了一个很好的名称，为使用做好了准备。

快速提示　　注意，没有办法在参数列表中将 x 定义为数值向量。所以，如果使用一个字符向量作为 x 的值，函数中的乘法将抛出一个错误，因为无法将字符与数值相乘。如果想要控制参数对象的类型，必须在函数体中人工进行。

1.1.3　使用函数

再次保存脚本，用 `source()` 命令将其加载到控制台。

R 没有让你知道它加载了函数，但是函数已经在工作区中，可以用 `ls()` 检查：

```
> ls()
[1] "addPercent" "percent" "result" "x"
```

`ls()` 的输出告诉你函数在工作区内，你应该可以使用它。

快速提示　　如果创建了一个函数，并且通过导入包含该函数的脚本加载，这个函数就会成为工作区中的一个对象，因而可以用 `ls()` 找到。在必要时可以用 `rm()` 删除。

格式化数值

你现在可以根据自己的意图，使用 `addPercent()` 函数创建百分数了。

代码清单 3-1-4 展示了格式化数值的代码：

代码清单 3-1-4　格式化数值

```
1  > new.numbers <- c(0.8223, 0.02487, 1.62, 0.4)
2  > addPercent(new.numbers)
3  [1] "82.2%" "2.5%" "162%" "40%"
```

代码清单 3-1-4 解释

1	插入新数值
2	使用 `addPercent()` 函数
3	显示代码的输出

使用函数对象

R 中的函数只是另一种对象。

因此，你可以以与操纵其他对象相同的方式操纵函数。可以将函数赋值给新对象，从而复制它：

```
> ppaste <- addPercent
```

现在，ppaste 是一个函数，实现的功能和 addPercent 完全相同。注意，在这种情况下不能在 addPercent 后面加上括号。

如果添加括号，就会调用函数，并将调用结果赋给 ppaste。如果不添加括号，引用的就是函数对象而不调用它。当你使用函数作为参数时，这点差别很重要。你可以简单地在提示符后输入函数名称，打印函数的内容。

代码清单 3-1-5 展示了将函数赋值给新对象的代码：

代码清单 3-1-5　将函数赋给一个新对象

1	`> ppaste`
2	`> addPercent(new.numbers)`
3	`percent <- round(x * 100, digits = 1)`
4	`result <- paste(percent, "%", sep = "")`
5	`return(result)`
	`}`

代码清单 3-1-5 解释

1	将 addPercent 的函数代码复制到新对象
2	对新值使用 addPercent() 函数
3	将结果舍入为一位小数
4	在舍入后的数值之后粘贴一个百分号
5	返回结果

return() 语句是可选的，因为在默认情况下，R 总是返回函数体中最后一行代码的值。

附加知识

如果不小心对另一个对象使用了相同的名称，实际上就删除了一个函数。如果不小心将和数据对象相同的名称用于函数，则有可能丢失数据。R 中没有撤销按钮，所以选择名称的时候要注意。

同名问题在基本 R 函数和包中包含的函数中不会发生。例如，尽管不是好主意，但是你可以将一个向量命名为 sum，此后仍然可以使用 sum() 函数。当你使用 sum() 函数时，R 只会搜索同名的函数，而不考虑同名的其他对象。

1.1.4　减少行数

默认返回值

假定你忘了在 addPercent() 函数中添加 return(result)，这会导致什么结果？如果删除 addPercent() 函数，保存文件，然后再次导入到工作区，就可以得到答案。

再次尝试 addPercent(new.numbers)，你将什么也看不到。

很明显，该函数没有做任何事，但这是假象，原因你可以从如下代码中看到。

```
> print( addPercent(new.numbers) )
[1] "82.2%" "2.5%" "162%" "40%"
```

在这种情况下，函数的最后一行以不可见的方式返回结果值，这就是你只能在明确地要求打印时才能看到结果的原因。该值以不可见方式返回是因为最后一行的赋值语句。

因为最后一行的赋值语句并不现实，你可以删除它，将函数代码改成如下的样子。

代码清单 3-1-6 展示了如何编写没有 return() 的代码。

代码清单 3-1-6　编写代码行数更少的代码

1	`addPercent <- function(x){`
2	`    percent <- round(x * 100, digits = 1)`
3	`    paste(percent, "%", sep = "")`
	`}`

代码清单 3-1-6 解释

1	定义函数
2	将结果舍入为一位小数
3	将函数粘贴到控制台。没有必要使用 return() 函数

这个函数和以前的工作方式相同；因此，return() 似乎没有太大用处，但是如果希望在函数体中的代码结束之前退出函数，那么确实需要这个函数，例如，你可能在 addPercent 中添加一行，检查 x 是不是数值，如果不是则返回 NULL，如以下的代码所示。

代码清单 3-1-7 展示了检查 x 是不是数值的代码。

代码清单 3-1-7　检查 x 是不是数值

1	`addPercent <- function(x){`
2	`    if( !is.numeric(x) ) return(NULL)`
3	`    percent <- round(x * 100, digits = 1)`
4	`    paste(percent, "%", sep = "")`
	`}`

代码清单 3-1-7 解释

1	定义函数
2	检查 x 是不是数值，如果不是，返回 NULL
3	将结果舍入为一位小数
4	将结果粘贴到控制台

快速提示　如果函数仅由一行代码组成，你可以在参数列表之后添加该行，无须将其放在花括号中。R 将把参数列表之后的代码视为函数体。

删除{}

花括号（{}）形成了函数周围的"隐形之墙"，但是在某些情况下可以去掉它们。

例如，当函数仅包含一行代码时，可以忽略花括号。

假定你想要从一个比例中计算出几率。某件事情发生的几率就是该事件发生的概率除以不发生的概率。因此，要计算几率，可以编写如下的函数：

```
> odds <- function(x) x / (1-x)
```

即使没有花括号或 `return()` 语句，它也运行得很好，正如在下面示例中看到的一样：

```
> odds(0.8)
[1] 4
```

可以采用如下的嵌套语句，对 `addPercent()` 做相同的处理：

```
> addPercent <- function(x) paste(round(x * 100, digits = 1), "%", sep = "")
```

总体情况

节约函数体内的空间远不如保持代码易读性重要，因为节约空间并不能给你带来什么。和上述的几率函数类似的结构只在很特殊的情况下有用。

知识检测点 1

假定你创建一个函数，希望通过导入包含该函数的脚本，将其加载到工作区中。下面哪一条 R 命令用于查找工作区中的函数？

a. `>ls()`   b. `>lookup()`

c. `>search()`   d. `>source()`

1.2 巧妙地使用参数

在函数调用中指定参数时，采用如下指导方针。

○ 在定义函数时始终为参数命名。但是在调用函数时，如果按照出现在函数参数列表中的顺序提供参数，就不一定要指定参数名称。

○ 参数可能是可选的，在这种情况下不需要指定它们的值。

○ 参数可以有默认值，该值用于没有为该参数指定值的情况。

你不仅可以使用任意数量的参数，也很容易用"点"参数向函数体内的参数传递参数。

1.2.1 增加更多参数

可以为函数增加参数，向其传递值。在参数列表的帮助下，可以向函数传递一个值列表。

`addPercent()` 函数的参数列表看上去不怎么像一个"列表"。因为，你现在所能告诉函数的只有想要转换的数值。它非常适合于这个小函数，但是可以用参数做更多的事情。

addPercent() 函数自动地将数值乘以 100，如果你想要将分数转换为百分比，这没有问题。但是如果计算所得的数值已经是百分数，就必须首先将其除以 100，才能得到正确的结果。

代码清单 3-1-8 展示了计算百分比的代码。

代码清单 3-1-8　计算百分比

```
1 | > percentages <- c(58.23, 120.4, 33)
2 | > addPercent(percentages/100)
3 | [1] "58.2%" "120.4%" "33%"
```

代码清单 3-1-8 解释

1	定义函数
2	计算百分比
3	显示代码输出

这是一条弯路，但是可以为函数添加另一个控制乘法因子的参数，避免这种情况。

增加 mult 参数

可以通过在 function 关键字之后的圆括号中包含参数，为函数增加额外的参数。所有参数都以逗号分隔。

代码清单 3-1-9 展示了增加 mult 参数的代码。

代码清单 3-1-9　增加 mult 参数

```
1 | addPercent <- function(x, mult){
2 | percent <- round(x * mult, digits = 1)
3 | paste(percent, "%", sep = "")
  | }
```

代码清单 3-1-9 解释

1	定义函数
2	增加 mult 参数，以控制乘法因子
3	粘贴结果

现在，你可以在 addPercent() 调用中指定 mult 参数了。如果想要使用来自前一小节的百分比向量，可以这样使用 addPercent() 函数：

```
> addPercent(percentages, mult = 1)
[1] "58.2%" "120.4%" "33%
```

增加默认值

为参数指定一个默认值可以帮助你消除每次调用函数时指定值的任务。我们来看看是如何做到的。

增加一个额外的参数，能更好地控制函数的行为，但是也带来了新的问题。

如果在 addPercent() 函数中没有指定 mult 参数，会得到如下结果：

```
> addPercent(new.numbers)
Error in x * mult : 'mult' is missing
```

可以在单独参数之后添加"="和默认值，为参数列表中的任何分歧指定默认值。

因为没有指定 mult 参数，R 无法知道你想将 x 与哪一个数相乘，所以它停止运行，告诉你需要更多信息。这很令人烦恼，因为这也意味着每次对分数使用该函数时都必须指定 mult=100。事实上，你无需每次都指定 mult=100，只需要为参数 mult 指定一个默认值。

代码清单 3-1-10 展示了在函数中增加一个默认值的代码。

代码清单 3-1-10　增加默认值

```
1  addPercent <- function(x, mult = 100){
2      percent <- round(x * mult, digits = 1)
3      paste(percent, "%", sep = "")
   }
```

代码清单 3-1-10 解释

1	定义函数。在这个例子中，我们定义有两个参数（x 和 mult）的函数
2	舍入结果
3	粘贴结果

技术材料

如果提供参数的顺序与参数列表中相同,就没有必要指定名称。这适用于所有 R 函数,包括自己创建的函数。

现在，参数的工作方式和基本 R 函数中具有默认值的参数一样了。如果没有指定该参数，则使用默认值 100。如果你为该参数指定一个值，则用该值代替。所以，在 addPercent() 的例子中，可以这样使用：

```
> addPercent(new.numbers)
[1] "82.2%" "2.5%" "162%" "40%"
> addPercent(percentages, 1)
[1] "58.2%" "120.4%" "33%"
```

1.2.2　使用点参数

addPercent() 函数将每个百分比舍入到小数点后一位，但是可以像 mult 参数那样增加另一个参数，指定 round() 函数使用的位数；但是，如果要将许多参数传递给函数体中的另一个函数，最终会有一个相当长的参数列表。

在使用点参数时，通常将其放在自己的函数参数列表的最后，以及想要传递参数的函数参数的最后。

对此，R 有一个天才的解决方案——点（...）参数。可以将参数看成小函数中额外的一扇门。通过这扇门，立刻就可以将附加资源（参数）放到生产线（函数体）的合适位置，而无需在正门检查一切。

代码清单 3-1-11 展示了向 addPercent 函数体内的 round() 函数传递任意参数的代码。

代码清单 3-1-11　向 round() 函数传递任意参数

```
1  addPercent <- function(x, mult = 100, ...){
2      percent <- round(x * mult, ...)
3      paste(percent, "%", sep = "")
   }
```

代码清单 3-1-11 解释

1	定义函数
2	舍入结果
3	粘贴结果

你可以像下面这样在 addPercent() 中为 round() 函数指定点参数：

```
> addPercent(new.numbers, digits = 2)
[1] "82.23%" "2.49%" "162%" "40%"
```

如果函数不需要，就没有必要指定任何参数。可以这样使用 addPercent()：

```
> addPercent(new.numbers)
[1] "82%" "2%" "162%" "40%"
```

注意，结果和以前的不同。数值被舍入为整数，而不是小数点之后一位。

如果没有在点的位置指定参数，接受参数传递的函数将使用自己的默认值。如果想要指定不同的默认值，必须在参数列表中增加特定参数，而不是使用点参数。

代码清单 3-1-12 展示了默认舍入到小数点后一位的代码。

代码清单 3-1-12　使用 addPercent()，舍入到小数点后一位

```
1  addPercent <- function(x, mult = 100, digits = 1){
       percent <- round(x * mult, digits = digits)
2      paste(percent, "%", sep = "")
   }
```

代码清单 3-1-12 解释

1	定义默认将数值舍入到小数点后一位的函数
2	粘贴结果

不一定要在参数列表中为参数取和 round() 中相同的名称，可以使用自己想要的任何名称，只要将其放在函数体内的正确位置即可。但是，如果可以使用 R 中原生函数使用的参数名称，人们就更容易理解参数的含义，而无需查看源代码。

附加知识

　　R 允许在函数体内的多个函数中使用点参数，但是在向函数体内的多个函数传递参数之前，必须确认不会造成麻烦。R 将所有额外的参数传递给每个函数，并抱怨此后产生的混乱。

1.2.3 使用函数作为参数

在 R 中，你可以将函数作为参数传递。

在此前的 11.3 节中，你已经看到在 R 中很容易将整个函数的代码赋给新的对象。类似地，你可以将函数代码赋给一个参数。这本身就开启了许多可能性。下面的几个小节将展示几个这方面的实用例子。

应用不同的舍入方式

addPercent() 函数使用 round() 进行舍入，但是你可能希望使用其他选项中的一个，如 signif()。signif() 函数不舍入到特定的小数点位置，而是舍入到特定的位数。不能在调用 addPercent() 之前使用它，因为函数体内的 round() 函数会将一切弄乱。

当然，可以专门为此编写第二个函数，但是没有必要如此。作为替代，只需要改编 addPercent()，以你想要使用的函数作为参数。

代码清单 3-1-13 展示了将分数表示为百分比的代码。

代码清单 3-1-13 将分数表示为百分比

1	`addPercent <- function(x, mult = 100, FUN = round, ...){` `    percent <- FUN(x * mult, ...)`
2	`    paste(percent, "%", sep = "")` `}`

代码清单 3-1-13 解释

1	定义函数，将分数表示为百分比
2	粘贴结果

这实在是简单得不能再简单了：你在列表中增加了一个参数（这里是 FUN）然后可以将该参数的名称作为函数使用。而且，指定默认值也和其他参数的方式一样；只需要在等号之后指定默认值——在本例中为 round。

如果想要使用 signif() 将数值舍入为 3 位数字，使用如下调用就能很容易的实现。

```
> addPercent(new.numbers, FUN = signif, digits = 3)
[1] "82.2%" "2.49%" "162%" "40%"
```

这里发生了什么？

（1）和以前一样，R 取得向量 new.numbers，将其乘以 100，因为这是 mult 的默认值。

（2）R 将 signif 的函数代码赋给 FUN，现在 FUN() 是 signif() 的完整副本，工作方式也完全相同。

（3）R 取得参数 digits，传递给 FUN()。

注意参数赋值中没有圆括号。如果在那里增加了圆括号，所赋的就是 signif() 调用的结果，而非函数本身。在那种情况下，R 将把 signif() 解释为嵌套函数，这不是你所要的结果。R 将因为调用 signif() 时没有参数而抛出错误。

使用匿名函数

匿名函数是没有指定名称的函数。这种函数可以用于仅有一行的代码。

在之前的例子中，你可以在 FUN 参数中使用任何函数。实际上，该函数并不需要有名称，因为你实际上是复制了它的代码。所以，你可以不指定函数名，而是将代码作为无名或匿名函数参数。

假定你有一个包含公司季度利润的向量：

```
> profits <- c(2100, 1430, 3580, 5230)
```

假如你想要报告每个季度的利润在年度总利润中的占比，为此，你打算使用新的 addPercent() 函数。为了计算利润的相对比例，可以这样编写 rel.profit() 函数：

```
> rel.profit <- function(x) round(x / sum(x) * 100)
```

但是可以用如下例子替代，用函数体本身作为参数：

```
> addPercent(profits,
FUN = function(x) round(x / sum(x) * 100))
[1] "17%" "12%" "29%" "42%"
```

> **附加知识**
>
> 当然，在这个例子中，也可以用如下代码轻松地得到相同的结果：
> ```
> > addPercent(profits / sum(profits))
> [1] "17%" "12%" "29%" "42%"
> ```

在某些情况下，这种包含匿名函数的结构确实有用，特别是在想要使用的函数可以仅用少量代码编写，且不在脚本中其他位置使用的情况下。

> **知识检测点 2**
>
> 想要增加新参数 sub，控制 calc 函数中的减法因子，将使用如下哪一条 R 命令？
> a.　{>calc >function(x, sub)}
> b.　calc <- function(x, sub){ }
> c.　>calc,
> 　　function(sub){ }
> d.　calc >function(x, sub){ }

1.3　函数作用域

到目前为止，你都只在工作区中工作。你创建的每一个对象最终都在自己的环境中，这也被称为**全局环境**。工作区（即全局环境）是 R 用户的"宇宙"，一切都在这里发生。

> **快速提示**　开发人员可以为函数创建测试案例，以检查函数的正确性。在测试案例的帮助下，你可以检查函数在得到不同值时，是否提供预期的结果。

1.3.1　外部函数

在函数中，你使用一些不是在工作区中创建的对象。你使用参数 x、mult 和 FUN，就像它们是对象一样，并且在函数中创建了对象 percent，该对象在使用函数之后就无法在工作区中找回。让我们用一个测试案例来理解所发生的一切。

首先，创建一个对象 x 和一个小函数 test()。

代码清单 3-1-14 展示了创建测试案例的代码。

代码清单 3-1-14　创建测试案例

1	x <- 1:5
2	test <- function(x){
3	rm(x)
4	cat("This is x after removing it:",x,"\n")
	}

代码清单 3-1-14 解释

1	创建对象 x。函数取得参数 x，并将其打印到控制台
2	定义测试函数
3	删除对象 x
4	在删除之后打印 x 值

test() 函数所做的工作不多，它取得参数 x，将其打印到控制台，删除，并且尝试再次打印。你可能认为这个函数会失效，因为 x 在 rm(x) 这一行代码之后已经消失。但是并非如此——如果你尝试这个函数，它仍然能正常工作，如下例所示：

```
> test(5:1)
This is x: 5 4 3 2 1
This is x after removing it: 1 2 3 4 5
```

即使在删除 x 之后，R 仍能找到另一个可打印的 x。如果更仔细地观察就会发现，在第二行中打印的 x 实际上不是你提供的参数，而是之前在工作区中创建的 x。这是怎么发生的？我们来了解一下。

技术材料

函数总是在调用它的环境（称作**父环境**）中创建一个环境。如果从工作区中通过脚本或者命令行调用函数，这个父环境就恰好是全局环境。

搜索路径

如果你使用一个函数，该函数首先创建一个临时局部环境。这个局部环境嵌套在全局环境内部，这意味着，从这个局部环境，你也可以访问全局环境中的任何对象。函数一结束，局部环境就和其中的所有对象一起被销毁。

图 3-1-1 图解了 test() 函数的工作原理。

大的矩形表示全局环境，小矩形表示测试函数的局部环境。在全局环境中，你为对象 x 赋值 1:5。但是，在函数调用中，对参数赋值 5:1。这个参数成为局部环境中的对象 x。

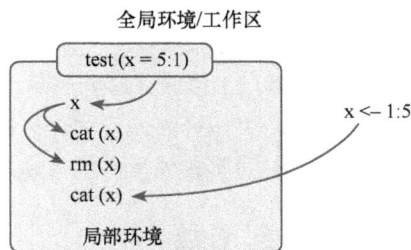

图 3-1-1　R 中的全局和局部环境

如果 R 看到函数中的任何代码提到了对象名（在本例中是 x），它首先搜索局部环境。因为在这里找到了对象 x，它在第一条 cat() 语句中使用该对象。在下一行中，R 删除对象 x。所以，当执行到第 3 行时，R 无法在局部环境中找到对象 x。这没有问题，R 转移到上一级环境，在全局环境中检查是否能找到 x。因为在那里可以找到对象 x，所以它将其用于第二条 cat() 语句。

> **快速提示**　如果在函数中使用 rm()，默认情况下，它只删除函数中的对象。这样，你就可以避免所编写的代码在巨型数据集上工作时函数耗尽内存。你可以立刻删除大型临时对象，而不是等到函数结束时删除。

1.3.2　使用内部函数

在编程中，在函数中使用全局变量不是一个好的做法。编写需要全局环境中对象的函数效率不高，因为使用函数首先是为了避免对全局环境中对象的依赖性。

R 的整个概念强烈反对在不同函数中使用全局变量。作为一种函数型编程语言，R 的主要思路之一是函数的结果应该只依赖于函数参数的值。如果给定相同的参数值，就将总是得到相同的结果。

如果你熟悉其他编程语言（如 Java），这种特性可能让你觉得古怪，但这有其好处。有时候，你需要重复函数中的计算，但是这些计算只在函数中有意义。

假定你想要计算一些灯在半功率和满功率情况下的发光情况。放在窗户前面用于阻挡阳光的毛巾并不能完成这项工作，你还必须计量残留的通光量。你希望从结果中减去通光量的均值，以便校正计量。

为了计算半功率下的效能，可以使用如下函数。

代码清单 3-1-15 显示了计算 50%功率下效能的代码。

代码清单 3-1-15　计算半功率下的效能

```
1   calculate.eff <- function(x, y, control){
2       min.base <- function(z) z—mean(control)
        min.base(x) / min.base(y)
    }
```

代码清单 3-1-15 解释

1	定义 calculate.eff() 函数，创建新的局部环境
2	在 calculate.eff() 函数的局部环境内定义 min.base()，创建新的局部环境

在 calculate.eff() 函数中，可以看到另一个函数 min.base() 的定义。和其他对象的情况一样，这个函数是在 calculate.eff() 的局部环境中创建的，同样在函数结束时被销毁。你将不能在工作区中找回 min.base()。

可以像下面这样使用 calculate.eff() 函数：

```
> half <- c(2.23, 3.23, 1.48)
> full <- c(4.85, 4.95, 4.12)
> nothing <- c(0.14, 0.18, 0.56, 0.23)
```

```
> calculate.eff(half, full, nothing)
[1] 0.4270093 0.6318887 0.3129473
```

仔细观察 min.base() 函数的定义可以看到，它使用了一个对象 control，而没有使用该名称的参数。这是如何工作的？当你调用一个函数时，应该发生如下情况。

（1）calculate.eff() 函数创建一个新的局部环境，包含对象 x（值为 50）、y（值为 100）、control（没有值）以及函数 min.base()。

（2）函数 min.base() 在 calculate.eff() 内部创建一个新的局部环境，仅包含值为 x 的对象 z。

（3）min.base() 在 calculate.eff() 的环境中寻找对象 control，从 z 的每个数减去这个向量的均值。然后返回该值。

（4）相同的事情发生，但是这次 z 的取值为 y。

（5）两个结果相除，结果传递给全局环境。

图 3-1-2 展示了调用函数时发生的情况。

局部环境嵌入定义函数的环境（而不是调用它的环境）之中。假定你在 calculate.eff() 中

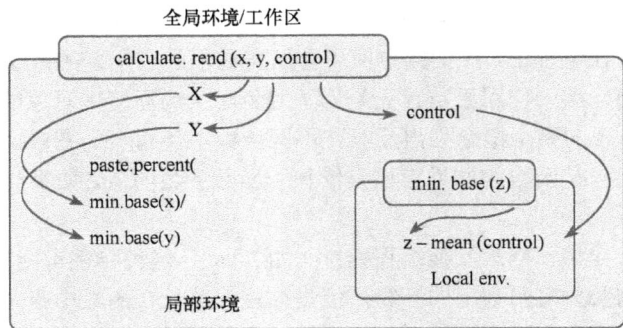

图 3-1-2　函数 calculate.eff 和 min.base 的环境之间的关系

使用 addPercent 以格式化数值，addPercent() 创建的局部环境不是嵌入 calculate.eff() 的环境，而是嵌入全局环境，那是定义 addPercent() 的地方。

知识检测点 3

下面哪一个是在一个函数中创建另一个函数的正确语法？

a.
```
function1 <- function(function2 , arg2){
    Statement
}
```

b.
```
function1 <- function(arg1 , arg2){
    function2 <- function(argumentX) logic
    Statements
}
```

c.
```
function1 <- function(arg1 , arg2){
    function2 (function logic logic)
    Statement
}
```

1.4　指派方法

现在，我们来了解一个函数如何根据指定的参数值得出不同的结果。

R 有一个**类属函数系统**，允许你用同一个名称调用不同函数。另一方面，在 R 中还可以让一个函数根据参数的不同赋值类型给出不同结果。

例如，如果你在控制台打印一个列表，得到的输出将是按行排列的，而在控制台上打印数据帧则按列排列。因此，print() 函数对列表和数据帧的处理不同，但是你两次使用的都是同一个函数。

这真的正确吗？

1.4.1　寻找函数背后的方法

如果你使用相同函数两次，就很容易找出函数背后的方法——你可以在命令行上输入名称，查看 print() 函数的代码。

代码清单 3-1-16 展示了 print() 函数的代码。

代码清单 3-1-16　展示 print() 函数的代码

1	`> print` `function (x, ...)`
2	`UseMethod("print")`
3	`<bytecode: 0x0464f9e4>` `<environment: namespace:base>`

代码清单 3-1-16 解释

1	定义 print() 函数
2	定义 UseMethod() 函数，告诉 R 搜索 print() 函数
3	暗示最后两行可以安全地忽略，因为它们引用 R 的"外部空间"中的复杂内容，仅供 R 开发人员使用

技术材料

你也可以浏览整组函数，搜索特定命令，例如用命令 apropos("print.") 搜索以 print. 开始的函数。在引号内可以放入和 grep() 函数相似的正则表达式。为了告诉 R 其中的小点并不真的是一个点，你必须在它前面加上两个反斜杠。当你看到 40 多个用于所有对象类型的不同 print() 函数时，不要感到惊讶！

将对象传递给合适的函数的函数称为**泛型函数**。在这个例子中，print() 是一个泛型函数。完成实际工作的函数称为**方法**。因此，每个方法都是函数，但不是每个函数都是方法。

1.4.2　以 UseMethod() 函数使用方法

print() 函数中的一行代码如何完成以不同方式打印向量、数据帧和列表等复杂的工作？答案就在 UseMethod() 中，这是 R 类属函数系统的核心函数。

这个函数告诉 R 四处搜索可以处理参数 x 所属对象的函数。

R 在整个函数集中搜索另一个以 "print." 开始的函数，然后搜索对象类型的名称。

假定你想要打印一个数据帧，R 将查找函数 print.data.frame()，使用该函数打印你作为参数传递的对象。你还可以通过如下方式自行调用该函数。

代码清单 3-1-17 展示了自定义函数代码。

代码清单 3-1-17　展示自定义函数代码

```
1   > small.one <- data.frame(a = 1:2, b = 2:1)
2   > print.data.frame(small.one)
3   a b
    1 1 2
    2 2 1
```

代码清单 3-1-17 解释

1	定义 small.one 数据帧
2	定义 print.data.frame() 函数，打印 small.one 对象
3	显示结果

这个函数的效果与使用通用的 print(small.one) 函数并无二致。这是因为 print() 将把 small.one 传递给 print.data.frame() 函数处理。

使用默认方法

在打印列表时，你可能想要搜索 print.list() 函数。但是这不能正常工作，因为 print.list() 函数不存在；不过，对于 R 这不是问题——在那种情况下，R 将忽略对象类型，搜索默认方法 print.default()。

对于许多类属函数，都有一个在无法找到特定方法时使用的默认方法。如果有这个方法，就可以在函数名和小点之后加上 **default** 以找到它；因此，如果想要按照列表的方式打印数据帧，可以按以下的方式使用默认方法。

代码清单 3-1-18 展示了按照列表方式打印数据帧的代码。

代码清单 3-1-18　按照列表方式打印数据帧

```
1   > print.default(small.one)
2   $a
    [1] 1 2
    $b
    [1] 2 1
    attr(,"class")
    [1] "data.frame"
```

代码清单 3-1-18 解释

1	将 print() 方法定义为默认方法
2	按照列表方式打印数据帧

知识检测点 4

在 R 控制台上，列表以如下哪一种形式打印？

a. 列　　　　b. 行　　　　c. 矩阵　　　　d. 没有固定模式

现在你已经学习了函数的有关知识，R 核心系统的功能通过不断增长的附加程序包库扩展。程序包定义一组设计用于执行特定统计或者制图任务的函数，还包含帮助文件、数据集示例和提供关于函数完整用法的命令脚本。下面我们将学习在 R 中安装、加载、运行、卸载和删除程序包的方法。

1.5　程序包

R 程序是在一系列模块（称为**程序包**）的基础上构建的。这些程序包是承担不同功能的命令库。当你第一次启动 R 时，就会将多个程序包加载到计算机上，为使用做好准备。可以用 search() 命令查看可用的库。

下面是运行 search() 命令的一个例子。

```
> search()
[1] ".GlobalEnv" "tools:RGUI" "package:stats" "package:graphics"
[5]     "package:grDevices" "package:utils" "package:datasets" "package:methods"
[9] "Autoloads" "package:base"
```

当你使用 search() 命令时，可以看到哪些程序包已经加载并做好了使用的准备。例如，你可能看到**图形包**，它可以执行许多创建图表所需的例程。

有许多其他的程序包已经做好安装的准备，但它们不是自动加载、立刻可用的。例如，**样条**（splines）**程序包**包含平滑曲线所用的例程，它就不是自动加载的。

输入如下命令可以查看可用的程序包：

```
installed.packages()
```

输出可能相当长，特别是在你下载了所用 R 版本的附加程序包时。我们很快将了解程序包的运行和操纵，但是首先需要了解程序包的安装方法。

1.5.1　为 Windows 安装程序包

在 Windows 中，我们可以使用 Packages 菜单。有多个选项，但是最常用的将是 **Install Package(s)**。在选择了本地镜像站点之后，将得到一个可用二进制包列表，如图 3-1-3 所示。

你可以选择需要的程序包。选择之后，单击底部的 **OK** 按钮，将下载程序包并直接安装到 R 中。

如果你直接从互联网获取包文件（通常是.zip 格式），可以使用 Packages 菜单的 **Local Zip File** 选项中的 **Install Package(s)**。你可以从这里选择想要的文件，同样解压程序包并直接安装到 R 中。

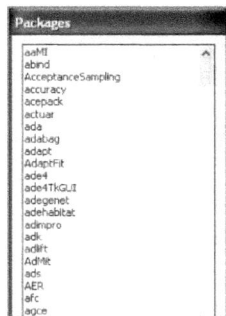

图 3-1-3　显示程序包

1.5.2　为 Linux 安装程序包

在 Linux 系统中没有 GUI，因此也就没有现成的菜单可用。你必须在控制台窗口输入命令，以安装需要的任何程序包。这些命令在 Windows 或者 Macintosh 版本中也可用。你可以用如下命令查看可用程序包列表：

```
install.packages()
```

这条命令以圆括号结束，显示一个窗口，可以在其中选择所在位置，然后从 CRAN 系统显示可用程序包。你可以单击需要的程序包选择它们，在再次单击之前它们都保持选中状态，如图 3-1-4 所示。

选择想要的程序包之后，单击 **OK** 按钮开始检索。这些程序包是源文件，在下载之后必须"构建"。出于实用原因，当你单击 **OK** 按钮时，这些程序包都将安装并准备就绪。你只需要等待程序包编译和构建。

如果知道程序包的名称，可以将其名称加入命令的圆括号中直接安装，例如：

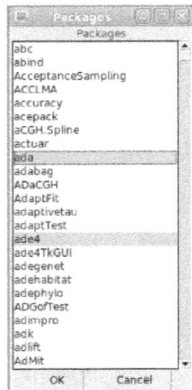

图 3-1-4　显示程序包

```
install.packages('ade4')
```

图 3-1-5 展示了使用名称安装 ade4 程序包的情况。

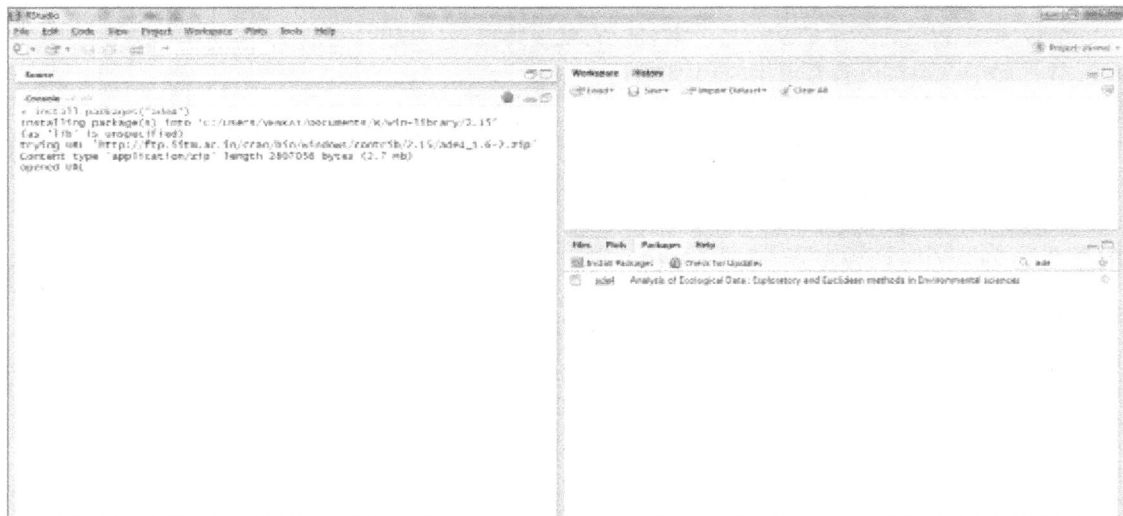

图 3-1-5　安装 ade4 程序包

这条命令从 CRAN 存储库获取 ade4 程序包，下载并安装。注意，你需要的程序包名称必须放在引号中——只要不混用，单引号和双引号都可以。

一般来说，你可以在 Linux 系统上执行如下步骤来安装 R 包。

（1）在如下链接下载所需包的压缩文件：

http://cran.r-project.org/web/packages/available_packages_by_name.html

（2）运行如下命令安装程序包：

```
R CMD INSTALL [options] [l-lib] pkgs
```

在上述命令中，pkgs 指的是包名。

（3）使用如下命令加载安装好的程序包：

```
library(package)
```

在上述命令中，package 指的是包名。

现在，已经学习了程序包的安装，让我们来学习程序包的加载和删除。

1.6 程序包的使用

安装了一些程序包之后，必须访问这些程序包中的可用命令。程序包不是自动为使用做好准备的，必须加载它们，使代码例程库可供使用。

1.6.1 加载程序包

加载需要的程序包很简单，只需要发出如下命令：

```
library(package)
```

library() 命令用于检索合适的包，使其内容可在 R 中使用。加载程序包之后，你不必将包名放在引号中。如果添加了包含重复名称命令的程序包，将看到一条简短的信息。新命令生效，旧版本暂时不可用。可以用如下命令查看已安装的程序包：

```
installed.packages()
```

1.6.2 卸载程序包

如果已经加载了一些程序包，想要删除某一个以恢复被覆盖的命令，可以使用 detach() 命令：

```
detach(package:name)
```

你简单地用想要删除的包名代替命令中的 name。删除之后，程序包并不是完全消失了，仍然可以在必要时用 library() 命令召回它。

知识检测点 5

在 R 中，使用下面哪一条命令查看可用程序包？

a. search()　　　　　b. library()

c. detach()　　　　　d. install()

多项选择题

选择正确的答案。在下面给出的"标注你的答案"里将正确答案涂黑。

1. 如下哪一条命令用于将函数赋值给新对象，将其复制？

    a. >ppaste
       >fun1(obj1)

    b. >add<- fun1(obj1)

    c. >paste<-fun1(obj1)

    d. >assign
       >fun1(obj1)

2. 如下哪一条命令用于在控制台调用和执行 R 脚本？

    a. >source<- do('myscript.R')

    b. >source ('myscript.R')

    c. do('myscript.R')

    d. do<- 'myscript.R'

3. 对于 R 编程，下面哪一个陈述是正确的？

    a. 每个方法都是函数，每个函数都是方法

    b. 每个方法都是函数，但不是每个函数都是方法

    c. 每个函数都是方法，但不是每个方法都是函数

    d. 方法和函数是不同的东西

4. 如下哪一个函数在 R 中起着后门的作用？

    a. ppaste()函数

    b. paste()函数

    c. return()函数

    d. rm()函数

5. 对于函数调用中的函数参数，下面哪一个陈述是错误的？

    a. 在你不一定要指定参数值时，它们可能是可选的

    b. 在定义函数时，总是为参数命名

    c. 在调用函数时必须指定参数名

    d. 参数可以有默认值，如果没有为该参数指定值，则使用该值

6. 在 R 中，控制台上打印的数据帧按照如下哪种方式排列？

    a. 按行   b. 按列   c. 矩阵   d. 没有固定模式

7. 如果你创建了一个函数，通过导入包含该函数的脚本将其加载到工作区，那么：

    a. 这个函数成为工作区中的一个对象

    b. 难以在工作区中找到这个函数

    c. 你可以使用 source()函数直接执行该函数

    d. 你可以使用 do()函数直接执行该函数

8. 考虑如下代码。

```
a <- 1:6
    test <- function(x){
    cat("The value of a is: ", a)
}
```

这段代码的输出为：

a. 打印"The value of a is : 1 2 3 4 5 6"

b. 打印"The value of a is : 6 5 4 3 2 1"

c. 检查从 1 到 6 的值，并返回"True"

d. 这段代码不正确，所以会显示一个错误

9. 环境中的环境称作：

   a. 局部环境   b. 全局环境   c. 父环境   d. 子环境

10. Smith 在 5 个主题上做了 25、30、35、20 和 15 个标记，用向量表示为：

   > marks <- c(25, 30, 35, 20, 15)

如果你想要用 avg.marks() 函数以整数形式报告平均标记数量，代码为：

a. avg.marks
   >marks >c(sum(x)/5)

b. avg.marks()
   >marks (c) round(sum(x)/5)

c. avg.marks() <- function(x) round(sum(x)/5)

d. avg.marks <- function(x) round(sum(x)/5)

标注你的答案（把正确答案涂黑）

1. ⓐ ⓑ ⓒ ⓓ   6. ⓐ ⓑ ⓒ ⓓ

2. ⓐ ⓑ ⓒ ⓓ   7. ⓐ ⓑ ⓒ ⓓ

3. ⓐ ⓑ ⓒ ⓓ   8. ⓐ ⓑ ⓒ ⓓ

4. ⓐ ⓑ ⓒ ⓓ   9. ⓐ ⓑ ⓒ ⓓ

5. ⓐ ⓑ ⓒ ⓓ   10. ⓐ ⓑ ⓒ ⓓ

测试你的能力

1. Steven 为公司购买了一块矩形的地皮，价格为每平方米 300 美元。如果这块地的长度为 62 m，宽度为 54 m，写出计算地皮总面积的 R 命令。

2. 编写 R 命令，比较不同电压下热水器产生的热量。使用本书配套资源中 **Additional Dataset** 文件夹中提供的 **heat production** 数据集。

- ○ 函数相对脚本有两个主要优势。
  - 可以处理变量输入，所以可用于不同的数据。
  - 以对象形式返回输出，所以你可以处理函数的结果。
- ○ return()命令是可选的，因为默认情况下 R 总是返回函数体中最后一行代码的值。
- ○ R 有一个天才的类属函数系统，允许用相同名称调用不同函数。
- ○ 对函数的任何修改只有在将改编的代码发送到控制台之后才能生效。这实际上将用新函数覆盖旧函数。
- ○ 花括号{}在函数的周围形成"隐形之墙"，但是在某些情况下也可以删除。
- ○ 如果你使用一个函数，它首先创建一个临时局部环境。这个局部环境嵌套在全局环境内部。
- ○ 在 R 中，一个函数可以根据赋予参数的不同类型值输出不同的结果。
- ○ R 程序在一系列称为程序包的模块基础上构建，程序包是承担不同功能的命令库。
- ○ 下列命令在 R 中用于搜索、安装、加载和卸载程序包。
  - search()：显示可用程序包列表。
  - install.packages()：安装一个程序包，名称在圆括号中指定。
  - library()：加载一个程序包，名称在圆括号中指定。
  - detach()：卸载一个程序包，名称在圆括号中指定。

R 中的描述性统计

模块目标

学完本模块的内容，读者将能够：

▶▶ 执行汇总数据样本的步骤

▶▶ 使用积累的统计和汇总表

本讲目标

学完本讲的内容，读者将能够：

▶▶ 汇总数据样本

▶▶ 使用积累的统计数字

▶▶ 为数据帧、矩阵对象和列表执行汇总统计

▶▶ 创建列联表

▶▶ 执行交叉制表

▶▶ 检验交叉表对象

> "技术即沟通，这是我们这个时代的伟大神话。"
>
> ——Libby Larsen

数据分析的要素包括汇总和描述性统计。这些统计提供了描述和汇总数据的简短方式，有助于找出正确的分析过程和理解数据。描述或者汇总数据有 3 种主要方法：

○ 汇总统计数字；　　　　○ 表格；　　　　○ 图形。

| 预备知识 | 了解更多关于统计分析的知识。 |

在本讲中，你将学习使用汇总统计的相关知识，以便提供描述数据的一种便捷方式，而不是简单地列出内容。你还将了解创建汇总的一种方法——表格。表格可以将数据分解为容易管理的块，揭示在其他情况下可能遗漏的模式。生成数据的图形化摘要也很重要，因为视觉印象向读者传达的信息可能比数值更多。

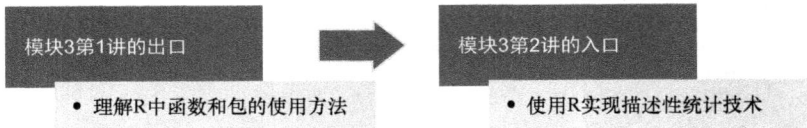

模块3第1讲的出口	→	模块3第2讲的入口
● 理解R中函数和包的使用方法		● 使用R实现描述性统计技术

2.1 汇总命令

任何数据集的关键出发点之一是得到所处理数据的概况。有几种方法可以得到这一概况。

可以从 R 的 ls() 命令开始，查看所拥有的命名对象。可以输入其中一个对象的名称以查看其内容。但是，如果对象包含许多数据，显示可能很长，你可能希望用更简洁的方法检查对象。

可以使用 str() 命令，该命令显示与数据结构有关的一些信息。

例如，下面的数据帧名为 grass。这个数据帧包含两列，其中一列名为 **rich**，与样方中找到的植物品种数量相关；另一列名为 **graze**，与场地的刈割处理相关。

```
> grass
    rich graze
1    12   mow
2    15   mow
3    17   mow
4    11   mow
5    15   mow
6     8   unmow
7     9   unmow
8     7   unmow
9     9   unmow
```

在这个例子中，观测值太多，你不容易查看所有数据。如果使用如下的 str() 命令，就可以看到 grass 对象的更简洁汇总。

```
> str(grass)
'data.frame': 9 obs. of 2 variables:
$ rich : int 12 15 17 11 15 8 9 7 9
$ graze: Factor w/ 2 levels "mow","unmow": 1 1 1 1 1 2 2 2 2
```

定　义

　　R 中的数据帧是相同长度的向量列表，用于存储数据表。向量是最简单的数据对象，包含单列值，也被称作一维对象。

	定　　义

　　str() 命令设计用于帮助你检查数据对象的结构，而不是提供统计汇总。

	定　　义

　　summary() 命令设计用于提供数据对象的快速统计汇总。

　　summary() 命令的输出取决于你所查看的对象。在本例中，数据集中每个字段的汇总显示如下：

```
> summary(grass)
rich              graze
Min.     : 7.00   mow    :5
1st Qu.  : 9.00   unmow  :4
Median   : 11.00
Mean     : 11.44
3rd Qu.  : 15.00
Max.     : 17.00
```

预备知识	了解更多关于数据组织和汇总的知识。

　　在上面的例子中，数值列有一些基本的统计数字。

　　你可以看到最大值、最小值和中心计量值（中位数和均值）。

　　第二列没有包含数值，所以看到的是不同因子的列表和每个因子的计数。在这里可以看到，mow 处理方式有 5 个观测值，而 unmow 处理方式只有 4 次重复出现。

　　如果数据包含引号中的字符，它们被作为标准字符而非因子处理。当你尝试 summary() 时，得到的结果稍有不同。

　　在下面的例子中，你可以看到两种形式的简单向量。

```
> graze
[1] "mow" "mow" "mow" "mow" "mow" "unmow" "unmow" "unmow" "unmow"
> summary(graze)
Length Class Mode
9 character character
```

　　这里，数据是字符形式，而 summary() 告诉你它们的数量为 9。

　　前面，你用这些数据和一个数值向量创建了一个数据帧（丰富的数据）。结果数据帧将字符项转换成了因子。它们仍然是字符（与数值相对），但是处理方式不同。

　　在大部分统计分析中，你希望将字符数据作为因子。如果从数据帧中提取数据并运行 summary()，得到的是如下不同的结果。

```
> grass$graze
[1] mow mow mow mow mow unmow unmow unmow unmow
Levels: mow unmow
> summary(grass$graze)
mow unmow
5 4
```

技术材料

summary()命令可用于矩阵和数据帧对象，汇总的是列而不是行。

因此，summary()更实用。你可以看到两个因子，以及每个因子的观测值（重复）数量。

但是，对于列表对象，事情并不那么简单。在下面的例子中，有一个包含两个不等长数值向量的列表。

```
> grass.l
$mow
[1] 12 15 17 11 15
$unmow
[1] 8 9 7 9
> summary(grass.l)
      Length Class  Mode
mow   5      -none- numeric
unmow 4      -none- numeric
```

summary()命令将对象看成列组成的序列，但是因为列表没有任何列，得到的结果较为简单。

可以对列表中的每一项应用命令，得到"正确"的汇总数字，但是必须精确地指定名称。

```
> grass.l$mow
[1] 12 15 17 11 15
> summary(grass.l$mow)
Min. 1st Qu. Median Mean 3rd Qu. Max.
11   12      15     14   15      17
```

在上述例子中可以看到，通过添加$，可以从列表中提取项目，summary()就可以按照预期的方式工作了。

有时候，查看列的名称很有用，特别是数据处于大的数据帧内时。类似地，在某些场合，你需要记得行名。

2.2 名称命令

你可以使用 name()命令及其变种。表 3-2-1 展示了寻找或者添加数据对象行名和列名的命令。

表 3-2-1　寻找或者添加数据对象行名和列名的命令

命　　令	解　　释
names()	用于列表或者数据帧对象；获取或者设置数据帧列名或者列表元素名
row.names()	用于矩阵或者数据帧对象
rownames()	用于矩阵或者数据帧对象
colnames()	用于矩阵或者数据帧对象
dimnames()	获取矩阵或者数据帧对象的行名或者列名

　　描述性统计用于分析各种行业类型的数据,如教育、信息技术、娱乐、零售、农业、交通、销售与市场、心理学、人口统计和广告。从更广泛的意义上讲,它被作为解读和分析数据的一种工具;例如,在描述性统计的帮助下,生产工程师很容易发现发动机故障背后的真相,管理人员可以监督生产过程的质量。

知识检测点 1

　　下面哪一条 R 命令用于找出表中使用的对象名称?
　　a. obj(x)　　　　b. ls(x)　　　　c. ls()　　　　d. obj()

2.3　汇总样本

　　在重复计量值(或者样本)的情况下,你通常希望显示平均值等计量来汇总数据。在 R 中,你有多种在样本上运算的命令,这些数据样本可能是单独的向量或者数据帧的列、矩阵或者列表的一部分。

　　一项问卷调查用于找出某国国民的平均体重。因为无法为每位国民测量体重,所以只收集几千人的样本数据。样本中人们的平均体重应该非常接近于整个国家的平均体重。

向量的汇总统计

定　义

　　可以在数值向量上应用各种简单的汇总统计。使用的两种汇总命令是:
○　生成单一结果值的命令。
○　生成多个结果值的命令。

单结果值汇总命令

　　你可以使用多种命令汇总简单的数值数据。
　　表 3-2-2 展示了一些生成单一结果值的命令。

表 3-2-2　生成单一汇总统计结果值的命令

命　令	解　释
max(x, na.rm = FALSE)	显示最大值,默认情况下,不删除 NA 值。NA 值被视为最大值,除非使用 na.rm = TRUE

命 令	解 释
min(x, na.rm = FALSE)	显示向量中的最小值。如果有 NA 值，返回 NA 值，除非使用 na.rm = TRUE
length(x)	给出向量的长度，包含任何 NA 值。na.rm = 指令对此命令无效
sum(x, na.rm = FALSE)	显示向量元素的总和
mean(x, na.rm = FALSE)	显示算术平均值
median(x, na.rm = FALSE)	显示向量的中位数值
sd(x, na.rm = FALSE)	显示标准差
var(x, na.rm = FALSE)	显示方差
mad(x, na.rm = FALSE)	显示绝对中位差

现在我们来研究数值向量上的一些简单汇总统计。

我们使用来自 Beginning.RDATA 文件的默认 R 数据集 data2 和 unmow 数据对象进行这项活动。你将在这些数据上使用一些简单的汇总命令。

（1）输入你将要检查的对象名，本例中是 data2：

```
> data2
[1] 3 5 7 5 3 2 6 8 5 6 9 4 5 7 3 4
```

（2）显示样本的平均值：

```
> mean(data2)
[1] 5.125
```

（3）现在确定样本中的最大值：

```
> max(data2)
[1] 9
```

（4）下一步确定样本中的最小值：

```
> min(data2)
[1] 2
```

（5）查看样本中有多少个数据项：

```
> length(data2)
[1] 16
```

（6）现在查看不同的数据样本——unmow 对象：

```
> unmow
[1] 8 9 7 9 NA
```

（7）计算整个 unmow 样本的标准差：

```
> sd(unmow)
[1] NA
```

（8）用附加指令计算删除 NA 项后的标准差

```
> sd(unmow, na.rm = TRUE)
[1] 0.9574271
```

在向量上运算的各种命令返回简单结果；但是，如果存在 NA 项，最终结果也将是 NA。对于大部分命令，你可以通过添加 `na.rm = TRUE` 指令，确保忽略任何 NA 项。现在，你得到了"正确"的结果。

注意：许多汇总命令使用 `na.rm` 指令从汇总中删除 NA 项，但是，并不全都是这样。例如，`length()` 命令就不能使用 `na.rm`。

○ 忽略 NA 项。`length()` 命令不使用 `na.rm` 指令；因此，你需要使用 `na.omit()` 命令剥离或者排除 NA 项。实际上，使用这一命令可以暂时删除 NA 项：

```
> length(na.omit(unmow))
[1] 4
```

○ 修改样本长度。可以使用 `length()` 命令将向量长度设为某个数值。如果你的值小于当前设置，向量将被缩短。如果你的值大于当前设置，将添加 NA 项使其达到需要的长度。如果你希望基于不等长的向量创建数据帧，这很有用。你可以像下面的代码那样将所有向量的长度设置为最长向量的长度。

```
> unmow
[1] 8 9 7 9 NA
> length(unmow)
[1] 5
> length(unmow) = 4
> unmow
[1] 8 9 7 9
> length(unmow) = 6
> unmow
[1] 8 9 7 9 NA NA
```

在上面的例子中，原始向量包含 5 个元素，但是有一个是 NA，向量长度为 5。当你将长度设置为 4 时，最后一个元素（上例中为 NA）被剥离。当你将长度重置为 6 个元素时，在最后得到两个附加的 NA 项。

生成多个结果的汇总命令

目前为止，使用过的命令生成的是单一结果值；但是，不同命令产生的值不同。如果像下面所示的代码那样对向量应用一个数学函数，可以使每个向量元素得到一个结果：

```
> data2
[1] 3 5 7 5 3 2 6 8 5 6 9 4 5 7 3 4
> log(data2)
[1] 1.0986123 1.6094379 1.9459101 1.6094379 1.0986123 0.6931472
1.7917595
[8] 2.0794415 1.6094379 1.7917595 2.1972246 1.3862944 1.6094379 1.9459101
[15] 1.0986123 1.3862944
```

当然，`log()` 命令通常不被看作汇总命令。下面举例说明产生多个结果的汇总命令。

```
> summary(data2)
Min.    1st Qu.  Median   Mean    3rd Qu.  Max.
2.000   3.750    5.000    5.125   6.250    9.000
> quantile(data2)
0%      25%      50%      75%     100%
2.00    3.75     5.00     6.25    9.00
> fivenum(data2)
[1] 2.0 3.5 5.0 6.5 9.0
```

你已经看到基本的 summary()命令。对于这个简单的数值向量，得到了两个集中性指标，即均值和中位数，还得到了极端值和四分位值。quantile()命令默认显示四分位值——0%、25%、50%、75%和100%位置。也可以选择其他分位点。该命令允许添加其他指令：

```
quantile(x, probs = seq(0, 1, 0.25), na.rm = FALSE, names = TRUE)
```

上述代码中的 x 部分是你想要检查的数据对象。probs=指令可以选择显示一个或者多个分位点，默认为 0、0.25 等。

seq(0, 1, 0.25)命令的功能是：设置起始点 0、结束点 1、步长 0.25，和 c(0, 0.25, 0.5, 0.75, 1)等价。names=指令告诉 R 应该显示生成的分位数名称。

现在，我们来看看如何使用 quantile()命令。

使用来自 Beginning.RDATA 文件的 data2 和 unmow 数据对象进行这一活动。你将在这些数据上使用 quantile()命令。

（1）首先查看样本向量 data2：

```
> data2
[1] 3 5 7 5 3 2 6 8 5 6 9 4 5 7 3 4
```

（2）查看 20%分位数：

```
> quantile(data2, 0.2)
20%
3
```

（3）接下来选出 3 个分位数：20%、50%和 80%：

```
> quantile(data2, c(0.2, 0.5, 0.8))
20% 50% 80%
3   5   7
```

（4）现在不按数值顺序尝试分位数：

```
> quantile(data2, c(0.5, 0.75, 0.25))
50%  75%  25%
5.00 6.25 3.75
```

（5）选择一些分位数，不显示标题：

```
> quantile(data2, c(0.2, 0.5, 0.8), names = F)
[1] 3 5 7
```

（6）查看包含 NA 项的新数据对象：

```
> unmow
[1] 8 9 7 9 NA NA
```

（7）显示新样本的基本分位数：

```
> quantile(unmow)
Error in quantile.default(unmow) :
missing values and NaN/s not allowed if 'na.rm' is FALSE
```

（8）用 na.rm 指令消除 NA 项的影响：

```
> quantile(unmow, na.rm = T)
0%   25%  50%  75%  100%
7.00 7.75 8.50 9.00 9.00
```

quantile()命令默认生成多个结果。可以更改默认结果以生成单一或者多个概率（以任何顺序）的分位数。选择的分位数名称显示为百分比标签；不过，你可以使用 names = FALSE 指令抑制输出。如果数据包含 NA 项，可以使用 na.rm=TRUE 指令删除它们，否则会得到错误信息。

附加知识

fivenum()命令生成与 quantile()类似的结果,但是用较低和较高的断点代替 25%和 50%分位数（四分位数）。这类似于分位数，对于奇数长度的样本来说，两者相同：

```
> dat
[1] 1 2 3 4 5 6
> quantile(dat)
0% 25% 50% 75% 100%
1.00 2.25 3.50 4.75 6.00
> fivenum(dat)
[1] 1.0 2.0 3.5 5.0 6.0
```

默认情况下，NA 项被删除，但是如果想要保留它们，可以用 na.rm = FALSE 指令包含 NA（在这种情况下，所有分位数都为 NA）。

知识检测点 2

样本向量 data1 保存如下值：2、5、7、6、5、3、1、6、8、1、6、9、4、3、7、8、4。如下命令中哪一个用于找出 25%分位数？

a. quantile(data1) 25%
b. quantile(data1, 100) 25%
c. quantile(data1, 25%)
d. quantile(data1, 0.25)

总体情况

在 IT 行业工作时，你可能面对许多需要处理大量量化数据的情况。为了使数据容易理解，从而进一步利用它们，你必须在描述性统计的帮助下分析和汇总它们。

2.4　累积统计信息

累积统计信息是顺序应用于一系列值的统计信息；例如，跟踪投资得到的利息。如果接收到涉及利息支付的数据，累计总和将是包含每次支付利息部分的流动合计。计算累积统计信息的命令有两类：

○　简单累计命令；　　　　　　　　○　复杂累计命令。

2.4.1　简单累计命令

简单累计命令只需要数据对象的名称。表 3-2-3 展示了返回累计值的几个简单命令。

表 3-2-3　返回累计值的命令

命　　令	解　　释
cumsum(x)	向量的累计总和
cummax(x)	累积最大值
cummin(x)	累积最小值
cumprod(x)	累计乘积

使用来自 Beginning.RData 文件的 data2 和 data5 数据对象进行如下活动。该文件包含产生累积统计信息的数据对象。

（1）首先查看一个简单的数值向量 data2：

```
> data2
[1] 3 5 7 5 3 2 6 8 5 6 9 4 5 7 3 4
```

（2）确定这些数据的累计总和：

```
> cumsum(data2)
[1] 3 8 15 20 23 25 31 39 44 50 59 63 68 75 78 82
```

（3）现在计算样本的累积最大值：

```
> cummax(data2)
[1] 3 5 7 7 7 7 7 8 8 8 9 9 9 9 9 9
```

（4）查看累积最小值：

```
> cummin(data2)
[1] 3 3 3 3 3 2 2 2 2 2 2 2 2 2 2 2
```

（5）现在计算样本累计乘积：

```
> cumprod(data2)
[1] 3 15 105 525 1575 3150
[7] 18900 151200 756000 4536000 40824000 163296000
[13] 816480000 5715360000 17146080000 68584320000
```

（6）在字符向量数据（如 data5）上尝试累积命令：

```
> data5
[1] "Jan" "Feb" "Mar" "Apr" "May" "Jun" "Jul" "Aug" "Sep" "Oct"
"Nov" "Dec"
> cummax(data5)
[1] NA NA NA NA NA NA NA NA NA NA NA NA Warning message:
NAs introduced by coercion
```

（7）现在观察包含 NA 项的数据样本：

```
> dat.na
[1] 2 5 4 NA 7 3 9 NA 12
```

（8）在这些数据上尝试累积命令：

```
> cumprod(dat.na)
[1] 2 10 40 NA NA NA NA NA NA
```

只要应用到数值向量数据，累积命令就能产生预期的结果；但是，如果将累积命令应用到字符数据，它就会出现错误，用 NA 项填充列表。如果数值向量包含任何 NA 项，累积命令将"正常工作"到第一个 NA 项，之后的所有计算全部返回 NA。

2.4.2　复杂累积命令

　　累积命令应该和其他命令结合使用，以生成其他有用的结果；例如，移动平均值。简单算术平均值是总和除以观测值数量；但是，为了获得累积总和，还需要累积观测值数量。seq() 命令可以使累积计算变得更简便。从数值样本，你可以创建一个索引：

```
> data2
[1] 3 5 7 5 3 2 6 8 5 6 9 4 5 7 3 4
> seq(along = data2)
[1]  1  2  3  4  5  6  7  8  9 10 11 12 13 14 15 16
```

　　另外，也可以用命令 seq_along() 更快地生成相同的结果：

```
> seq_along(data2)
[1]  1  2  3  4  5  6  7  8  9 10 11 12 13 14 15 16
```

附加知识

> **使用 seq() 命令**
>
> 　　seq() 命令可以多种方式使用。该命令的主要目的是生成值序列。你可以指定所需的序列起点、终点和间隔：
>
> ```
> > seq(from = 1, to = 10, by = 2)
> [1] 1 3 5 7 9
> ```
>
> 　　该命令也可以简写，得到的结果相同：
>
> ```
> > seq(1, 10, 2)
> [1] 1 3 5 7 9
> ```
>
> 　　使用 along = 指令，可以为向量创建一个索引：
>
> ```
> > seq(along = data2)
> [1]  1  2  3  4  5  6  7  8  9 10 11 12 13 14 15 16
> ```
> 　　但是，如果忽略 along = 但是指定了向量名称，结果也一样：
> ```
> > seq(data2)
> [1]  1  2  3  4  5  6  7  8  9 10 11 12 13 14 15 16
> ```
> 　　seq_along() 命令等价于在常规的 seq() 命令上使用 along = 指令

　　如果现在将累积总和与"走了多远"相结合，就可以创建移动平均值：

```
> cumsum(data2) / seq(along = data2)
[1] 3.000000 4.000000 5.000000 5.000000 4.600000 4.166667 4.428571
4.875000
[9] 4.888889 5.000000 5.363636 5.250000 5.230769 5.357143 5.200000
5.125000
```

　　对于其他累积统计信息，你可能需要多一些创造性；例如，你可能想要使用移动中位数。没有一个累积命令能够提供帮助；因此，必须使用 seq_along() 作为索引和容器，随时确定中位数。
　　下面的例子和步骤说明了这一过程。

```
> data2
[1] 3 5 7 5 3 2 6 8 5 6 9 4 5 7 3 4
> md = seq_along(data2)
```

```
> md
[1] 1 2 3 4 5 6 7 8 9 10 11 12 13 14 15 16
> for(i in 1:length(md)) md[i] = median(data2[1:i])
> md
[1] 3 4 5 5 5 4 5 5 5 5 5 5 5 5 5 5
```

（1）首先创建一个名为 md 的项，作为最终结果的存储库。与此同时，还可以将其用作帮助生成中位数的索引。

（2）使用 for() 命令使 median() 工作 16 次（在本例中是如此）。

for() 命令有两个主要部分：第一部分（圆括号中）定义重复第二部分（表达式）的次数。for() 命令中经常使用 *i* 作为变量名（*i* 是索引（index）的缩写），但是没有理由不使用你喜欢的名称！

（3）接下来使用 median() 命令在结果对象（md）中放入一个值；进行这项操作 16 次，最终得到一个 16 个值的向量，表示移动平均值。

（4）用"in"将变量从序列中分离出来。最后，创建一个使用重复变量的表达式。下面是 for() 命令的通用形式：

```
for(var in seq) expression
```

在下面的例子中，使用 sd() 命令而非 median() 命令确定移动标准差：

```
> md = seq_along(data2)
> for(i in 1:length(md)) md[i] = sd(data2[1:i])
> md
[1] NA 1.414214 2.000000 1.632993 1.673320 1.834848 1.812654 2.100170
[9] 1.964971 1.885618 2.157440 2.094365 2.006400 1.984833 2.007130
1.962142
```

在这个例子中，结果中的第一项是 NA，因为无法计算单一值的标准差。

知识检测点 3

> 假定你有 100 位员工的工资列表。应该用下面哪一个函数找出最低工资、最高工资和工资的差额？
>
> a. seq()   b. seqmax()
>
> c. seq_along(data2)   d. cumprod(x)

2.5 数据帧的汇总统计

汇总单一数据向量是很简单的过程。应用汇总命令就可以得到结果；但是，复杂数据对象的要求很高，需要一定的变通手段。让我们继续观察数据帧环境中汇总统计的机制。

2.5.1 数据帧的通用汇总命令

表 3-2-4 展示了可应用于数据帧的通用汇总命令。

表 3-2-4　数据帧的汇总命令

命　　令	解　　释
max(frame)	返回整个数据帧中的最大值
min(frame)	返回整个数据帧中的最小值
sum(frame)	返回整个数据帧的总和
fivenum(frame)	返回整个数据帧的 Tuckey 汇总值
length(frame)	返回数据帧汇总的列数
summary(frame)	返回每列的汇总

可用于数据帧的汇总命令并不多，你总是可以从数据帧中提取单个向量，执行某种汇总。这种方法不适用于数据帧的行。

> **快速提示**　　在处理数据帧的行和列时，使用更专用的命令较好一些。

2.5.2　专用的行和列汇总命令

rowMeans() 和 rowSums() 两个汇总命令适用于行数据。

```
> rowMeans(fw)
Taw    Torridge   Ouse   Exe   Lyn    Brook   Ditch   Fal
5.5    14.0       10.0   5.5   14.0   24.5    26.5    40.5
> rowSums(fw)
Taw   Torridge   Ouse   Exe   Lyn   Brook   Ditch   Fal
11    28         20     11    28    49      53      81
```

在上面的例子中，每个行都显示一个行名；但是，在缺少行名时，结果数据显示为简单的向量值。

```
> rowSums(mf)
 [1] 274.25 262.15 215.75 240.95 227.95 228.75 197.85 264.75 247.95
262.35 267.35
[12] 264.35 259.05 245.85 229.75 247.45 275.35 253.05 201.25 295.05
275.55 176.85
[23] 204.95 218.85 208.75
```

相应地，colSums() 和 colMeans() 命令的运作方式与 rowMeans() 和 rowSums() 相同。在下例中，你可以看到 mean() 和 colMeans() 命令的对比。

```
> colMeans(mf)
len       sp        alg       no3     bod
19.640    15.800    58.400    2.046   145.960
> mean(mf)
len       sp        alg       no3     bod
19.640    15.800    58.400    2.046   145.960
```

你可以观察到，row() 和 col() 命令的输出在显示和结构上都相同。值得注意的一点是，两条命令实际上都可以使用 na.rm 指令，该设置默认为 FALSE。要确保删除 NA 项，可在命令中添加 na.rm = TRUE 指令。

2.5.3　用于行/列汇总的 **apply()** 命令

colMeans() 和 rowSums() 命令设计为更通用的 apply() 命令的简便替代方式。apply()

命令可以对矩阵或者数据帧的行或者列应用一个函数。该命令的通用形式如下。

```
apply(X, MARGIN, FUN, ...)
```

MARGIN 值为 1 或者 2，1 表示行，2 表示列。用你的命令（想要应用的函数）替代 FUN 部分，如果对应用的命令/函数适用的话，也可以添加附加指令。例如，可以添加 na.rm = TRUE 指令：

```
> apply(fw, 1, mean, na.rm = TRUE)
Taw Torridge      Ouse  Exe   Lyn   Brook  Ditch   Fal
5.5 14.0          10.0  5.5   14.0  24.5   26.5    40.5
```

在上例中，显示原始数据帧的行名。如果数据帧没有设置行名，结果将为如下的值向量：

```
> apply(mf, 1, median, na.rm = TRUE)
[1] 20 21 22 23 21 21 19 16 16 21 21 26 21 20 19 18 17 19 21 21 22 25
24 23 22
```

知识检测点 4

下面哪一个是使用 apply() 命令的正确格式？

a. `apply(X, MARGIN, FUN, ...)`
b. `apply(MARGIN, X, FUN, ...)`
c. `apply(X, FUN, ...)`
d. `apply(X)`

2.6　矩阵对象的汇总统计

矩阵看起来和数据帧一样，但并非如此。实际上，在矩阵对象中，数据是单一向量，但是分成行和列。下面的例子展示了一个矩阵，由各种栖息地的常见英国鸟类的相关观测值组成。

```
> bird
              Garden  Hedgerow  Parkland Pasture Woodland
Blackbird     47      10        40       2       2
Chaffinch     19      3         5        0       2
Great Tit     50      0         10       7       0
House Sparrow 46      16        8        4       0
Robin         9       3         0        0       2
Song Thrush   4       0         6        0       0
```

不能像对数据帧那样，用 $ 提取矩阵的各个部分，但是可以使用花括号检索任何行或者列的信息：

```
> mean(bird[,2])
[1] 5.333333
> mean(bird[2,])
[1] 5.8
```

第一个例子返回第二列的均值，而下一个例子则返回第二行的均值。和以前（对数据帧）一样，colMeans() 和 rowSums() 命令也适用于矩阵。

```
> colSums(bird)
Garden    Hedgerow  Parkland  Pasture   Woodland
175       32        69        13        6
> rowMeans(bird)
Blackbird Chaffinch  Great Tit  House Sparrow  Robin
```

```
20.2              5.8      13.4          14.8          2.8
Song Thrush
2.0
```

同样，apply() 命令在矩阵和数据帧对象上都工作得很好：

```
>apply(bird, 2, median)
Garden  Hedgerow  Parkland  Pasture  Woodland
32.5    3.0       7.0       1.0      1.0
```

在这个例子中，提取矩阵各列的中位数。通过在命令后面附加方括号，可以对特定数据元素定制结果，如代码清单 3-2-1 所示。

代码清单 3-2-1　附加方括号

1	`> apply(bird,1,median)[1:2]`
	`Blackbird        Chaffinch`
	`10               3`

2	`> apply(bird,1,median)[c(1,2,4)]`
	`Blackbird Chaffinch House Sparrow`
	`10         3         8`

3	`> apply(bird,1,median)[c(1,2, /Robin/)]`
	`<NA>      <NA>      Robin`
	`NA        NA        2`

4	`> apply(bird,1,median)[c(/Blackbird/, /Robin/)]`
	`Blackbird        Robin`
	`10               2`

代码清单 3-2-1 解释

1	只显示第 1 和第 2 项
2	选择第 1、2、4 项
3	暗示你不能混合数值和文本
4	选择列结果

知识检测点 5

考虑如下数据矩阵：

```
>student
           Physics    Chemistry    Mathematics
Smith      67         62           78
Anderson   76         72           65
Clark      65         87           82
Wright     54         68           71
Johnson    78         75           81
Thomas     65         76           78
```

现在，对数据矩阵应用如下命令：

```
> apply(student,1,median)[c(1,3)]
```

结果将是：

a. 第 1 和第 3 个主题　　　　b. 第 2 个主题

c. 第 1 和第 3 行　　　　　　d. 第 2 行

2.7 列表的汇总统计

列表对象的工作方式与矩阵或者数据帧对象不同。前面看到的汇总命令无法工作,需要不同的方法。

下面的例子包含了一个由两个不等长的数值向量组成的简单列表:

```
> grass.l
$mow
[1] 12 15 17 11 15
$unmow
[1] 8 9 7 9
> summary(grass.l)
      Length Class  Mode
mow   5      -none- numeric
unmow 4      -none- numeric
> mean(grass.l)
[1] NA
Warning message:
In mean.default(grass.l) : argument is not numeric or logical:
returning NA
> sum(grass.l)
Error in sum(grass.l) : invalid 'type' (list) of argument
> length(grass.l)
[1] 2
```

这里唯一有用的结果是 length() 命令,它确定列表中有两个元素。检查列表的每个元素需要使用 $ 语法:

```
> mean(grass.l$mow)
[1] 14
> max(grass.l$unmow)
[1] 9
```

> **快速提示** 元素数量超过 1~2 个时,使用 $ 语法相当乏味。作为替代,可以使用 apply() 命令专用于列表对象的特殊版本。

lapply() 命令表示“列表应用”。这个命令很容易使用——简单地指定列表和应用到每个列表元素的函数即可:

```
> lapply(grass.l, mean, na.rm = TRUE)
$mow
[1] 14
$unmow
[1] 8.25
```

我们对该命令添加一些额外的指令;例如,确保在应用 mean() 命令之前删除 NA 项。结果采用和原始对象类似的列表形式。可以使用 sapply() 变种,产生更好的输出:

```
> sapply(grass.l, mean, na.rm = TRUE)
  mow unmow
14.00  8.25
```

输出的结果也是一个矩阵。这使你能够进行其他的操纵，因为矩阵对象比列表稍微容易处理一些。如果想要进一步应用结果，可以建立一个对象，并保存结果：

```
> grass.mn = sapply(grass.l, mean, na.rm = TRUE)
```

知识检测点 6

在 R 中运行如下命令：
```
> sapply(student.l, mean, na.rm = TRUE)
mow unmow
76 58
```
对于这个命令，以下哪一个陈述是正确的？

a. 结果输出是矩阵形式　　　　b. 结果输出是列表形式

c. 结果输出不包含任何结构　　d. 结果输出是列联表形式

2.8　列联表

和向量、矩阵、列表和数据帧对象类似，你可以用 table() 命令汇总数据样本，操纵、修改和生成表对象。使用这个命令，可以创建几种特殊的表对象，如列联表和复杂（扁平）列联表。

列联表在需要将大量观测值压缩为较小的格式时很有用，而复杂（扁平）列联表是在创建一个表而非多个表时很实用的一类列联表。此外，必要时你可以使用交叉表将数据重新组织为表格格式。

2.8.1　建立列联表

列联表是重新规划数据，将其组织成展示原始数据布局的表、帮助读者得到原始数据总体概况的一种手段。你可以用 table() 命令创建列联表，该命令可以处理简单向量或者更复杂的矩阵和数据帧对象中的数据。原始数据越复杂，生成的列联表就越复杂。

从向量创建列联表

可以从中创建列联表的最简单数据对象是向量。在下面的例子中，你有一个简单的数值向量：

```
> data2
[1] 3 5 7 5 3 2 6 8 5 6 9 4 5 7 3 4
> table(data2)
data2
2 3 4 5 6 7 8 9
1 3 2 4 2 2 1 1
```

现在，我们使用 table() 命令将数据组织为简单的列联表。

这个表显示数据中有多少项与不同整数值匹配；例如，你可以看到有 3 个 3，但只有一个 8。如果你按照数值顺序重写数据，可能更好地可视化数据：

```
> sort(data2)
[1] 2 3 3 3 4 4 5 5 5 5 6 6 7 7 8 9
```

在这里使用了 sort() 命令重新排序数据值；对比这条命令对上面创建的表产生的影响和 table() 命令对同一个数据集的作用，生成一个包含向量标签的表。

```
> graze
[1] "mow" "mow" "mow" "mow" "mow" "unmow" "unmow" "unmow" "unmow"
> table(graze)
graze
mow unmow
5 4
```

现在表中显示，在 mow 处理方式中有 5 个项目，在 unmow 处理方式中有 4 个项目。

从复杂数据中创建列联表

和前一小节例子中得到的标签一起的数值数据被组合为一个数据帧：

```
> grass
    rich  graze
1    12   mow
2    15   mow
3    17   mow
4    11   mow
5    15   mow
6     8   unmow
7     9   unmow
8     7   unmow
9     9   unmow
```

在这些数据上使用 table() 命令，可以得出如下所示的列联表。

```
> table(grass)
graze
rich  mow  unmow
7      0    1
8      0    1
9      0    2
11     1    0
12     1    0
15     2    0
17     1    0
```

这里，第一列的数值数据之后是对应每种牧草处理方式的一列。该表显示每种处理方式中出现特定数值的次数。

当数据全是数值时，可以得到更为复杂的表，因为第二列中的每个数值都被当作单独的"级别"处理，与第一列中的每个值进行比较。在下面的例子中，你有一个包含两列数值数据的简单数据帧：

```
> fw
          count   speed
Taw        9       2
Torridge   25      3
Ouse       15      5
Exe        2       9
Lyn        14      14
Brook      25      24
Ditch      24      29
Fal        47      34
```

在更复杂的数据帧（超过两列）中，可以得到包含多个表的更复杂的结果。每个单独的表显示数据帧中的前两列，但是其他列中值的各种组合都被逐一选出。

下面举一个简单的例子说明这种情况，例中的数据帧包含一列数值和两列因子（字符变量）：

```
> pw
height plant water
1 9 vulgaris lo
2 11 vulgaris lo
3 6 vulgaris lo
4 14 vulgaris mid
5 17 vulgaris mid
6 19 vulgaris mid
7 28 vulgaris hi
8 31 vulgaris hi
9 32 vulgaris hi
10 7 sativa lo
11 6 sativa lo
12 5 sativa lo
13 14 sativa mid
14 17 sativa mid
15 15 sativa mid
16 44 sativa hi
17 38 sativa hi
18 37 sativa hi
```

在这些数据上使用 table() 命令可以得到 3 个表，每个表代表一种水处理方式。这里只显示第一个：

```
> table(pw)
, , water = hi plant
```

第一个表检查第一种处理方式的情况；按照顺序考虑因子，所以 hi 处理方式首先出现（是按字母顺序排列的结果）。其他因子在单独的表中显示，下一个是 lo 处理方式：

```
, , water = lo
plant
height sativa vulgaris
5 1 0
6 1 1
7 1 0
9 0 1
...
```

这里只显示了下一个表中的前几行。本例中的最后一个表显示水处理方式为 mid 时的情况：

```
, , water = mid
plant
height sativa vulgaris
5 0 0
6 0 0
7 0 0
9 0 0
...
```

如果你有更多的数据列，情况很快就会失去控制。结果可能是最终得到许多输出。你需要一种手段，控制汇总表的列数。对 table() 命令稍做调整就可以实现。

创建自定义列联表

你可以创建仅使用部分数据的列联表，而不是使用数据帧的所有列（或者行）。在这种情况下，你可以选择使用单独行和列。

选择列联表中使用的列

table() 命令可以在指令中提供向量对象名称，指定用于创建列联表的数据列：

```
> table(height, water)
Error in table(height, water) : object 'height' not found
```

但是，在这个例子中，命令无法找到你想要的对象，因为它们是 pw 数据帧的一部分。你可以用多种手段解决这个问题。可以使用 $ 并指定全名，或者使用 attach() 命令"打开"数据帧。在如下的例子中使用 $ 语法：

```
> table(pw$height, pw$water)
     hi  lo  mid
5    0   1   0
6    0   2   0
7    0   1   0
9    0   1   0
11   0   1   0
14   0   0   2
15   0   0   1
17   0   0   2
19   0   0   1
28   1   0   0
31   1   0   0
32   1   0   0
37   1   0   0
38   1   0   0
44   1   0   0
```

结果是对 3 种水处理方式各有一列的表。注意，项目的名称没有给出；height 和 water 标签被排除，只显示 3 种水处理方式的名称。另一方面，使用 attach() 命令将显示名称。不过，可以重构 table() 命令显示自定义名称或者标签：

```
> table(pw$height, pw$water, dnn = c('Ht', 'H2O'))
   H2O
Ht  hi  lo  mid
5   0   1   0
6   0   2   0
7   0   1   0
...
```

还有另一种方法可以识别数据帧中的向量名称——with() 命令。

with() 命令以常规方式工作，如：

```
> with(pw, table(height, water))
```

数据列的名称可用于 table() 命令，标签重新出现：

```
        water
height   hi    lo    mid
```

```
5            0    1    0
6            0    2    0
7            0    1    0
...
```

选择列联表中使用的行

如果你只想使用数据帧中的某些行组成列联表的基础，必须使用稍有不同的方法。本质上，这包括创建一个矩阵对象，由此建立一个列联表。

从矩阵对象中创建一个列联表

下面是一个鸟类观测数据的矩阵：

```
> bird
               Garden   Hedgerow   Parkland   Pasture   Woodland
Blackbird      47       10         40         2         2
Chaffinch      19       3          5          0         2
Great Tit      50       0          10         7         0
House Sparrow  46       16         8          4         0
Robin          9        3          0          0         2
Song Thrush    4        0          6          0         0
```

使用 table() 命令获得如下结果：

```
> table(bird)
bird
0 2 3 4 5 6 7 8 9 10 16 19 40 46 47 50
9 4 2 2 1 1 1 1 1 2  1  1  1  1  1  1
```

由于 $ 约定不适用于矩阵，因此 attach() 命令也是多余的。但是，使用方括号选择行和列可以解决这个问题：

```
> table(bird[,1], bird[,2], dnn = c('Gdn', 'Hedge'))
    Hedge
Gdn  0  3  10  16
4    1  0  0   0
9    0  1  0   0
19   0  1  0   0
46   0  0  0   1
47   0  0  1   0
50   1  0  0   0
```

在上面的例子中，你使用了第一和第二列，创建一个列联表；但是，为了指定显示名称，可以使用 dnn = 指令对行数据进行类似的操作：

```
> table(bird[3,], bird[1,], dnn = c('Gt. Tit', 'BlackBrd'))
          BlackBrd
Gt. Tit  2  10  40  47
0        1  1   0   0
7        1  0   0   0
10       0  0   1   0
50       0  0   0   1
```

以及：

```
> with(as.data.frame(bird), table(Garden, Pasture))
        Pasture
Garden 0 2 4 7
    4 1 0 0 0
    9 1 0 0 0
   19 1 0 0 0
   46 0 0 1 0
   47 0 1 0 0
   50 0 0 0 1
```

在这个例子中，使用 as.data.frame() 命令临时将对象转换为数据帧。

在列联表中使用数据帧的行

矩阵允许你从行中构建列联表。如果你有一个数据帧，可以同样使用方括号约定进行同样的操作吗？在下面的例子中尝试这一做法：

```
> fw
           count   speed
Taw          9       2
Torridge    25       3
Ouse        15       5
Exe          2       9
Lyn         14      14
Brook       25      24
Ditch       24      29
Fal         47      34
> table(fw[1,], fw[2,])
Error in sort.list(y) :
'x' must be atomic for 'sort.list'
Have you called 'sort'on a list?
```

简短的回答是"不！不能这样做！"但是，你可以尝试之前的技巧，将对象转换成矩阵：

```
> with(as.matrix(fw), table(fw[1,], fw[2,]))
Error in eval(substitute(expr), data, enclos = parent.frame()) :
numeric 'envir' arg not of length one
```

然而，这样做也将遭到失败。唯一可行的方法是强制表中的每项都是一个矩阵：

```
> table(as.matrix(fw)[1,], as.matrix(fw)[2,], dnn = c('Taw', 'Torridge'))
     Torridge
Taw  3 25
  2 1 0
  9 0 1
```

也可以创建一个新矩阵，然后对新对象应用 table() 命令：

```
> fw.mat = as.matrix(fw)
> table(fw.mat[1,], fw.mat[4,], dnn = c('Taw', 'Exe')) Exe
Taw 2 9
  2 0 1
  9 1 0
> rm(fw.mat)
```

旋转数据帧

你可以旋转数据，使行变成列，反之亦然。使用 t() 命令可以转置数据帧：

```
> t(fw)
TawTorridge  Ouse  Exe  Lyn  Brook  Ditch   Fal
Count         9     25   15    2 14   25     24 47
speed         2      3    5    9 14   24     29 34
```

结果是一个矩阵, 使用方括号选择列 (即原来的行) 可以实现矩阵的旋转:

```
> table(t(fw)[,1], t(fw)[,2], dnn = c('Taw', 'Torridge')) Torridge
Taw 3 25
2 1 0
9 0 1
```

2.8.2 选择表对象的各个部分

表是特殊的矩阵, 对表的处理类似于矩阵对象。提取表对象的元素类似于提取矩阵对象的元素。下面的活动说明了这一现象。

选择和显示列联表的各个部分

注意: 使用 Beginning.RData 文件中的 pw 数据对象进行此项活动。

(1) 使用 pw 数据帧, 作为自定义列联表的起点:

```
> pw.tab = with(pw, table(height, water))
```

(2) 查看得到的列联表:

```
> pw.tab
water
37   1   0   0
38   1   0   0
44   1   0   0
```

(3) 用 str() 命令检查表对象结构:

```
> str(pw.tab)
'table' int [1:15, 1:3] 0 0 0 0 0 0 0 0 0 1 ...
- attr(*, "dimnames")=List of 2
..$ height: chr [1:15] "5" "6" "7" "9" ...
..$ water : chr [1:3] "hi" "lo" "mid"
```

(4) 现在, 只显示列联表的前 3 行:

```
> pw.tab[1:3,]
water
height  hi   lo   mid
5        0    1    0
6        0    2    0
7        0    1    0
```

(5) 接下来显示第一列的前三行:

```
> pw.tab[1:3,1]
5 6 7
0 0 0
```

(6) 现在, 显示第一和第二列的前三行:

```
> pw.tab[1:3,1:2]
water
height  hi  lo
5        0   1
6        0   2
7        0   1
```

（7）显示标签为 hi 的列：

```
> pw.tab[,'hi']
5 6 7 9 11 14 15 17 19 28 31 32 37 38 44
0 0 0 0 0  0  0  0  0  1  1  1  1  1  1
```

（8）现在，显示两列的前三行：

```
> pw.tab[1:3, c('hi', 'mid')]
water height hi mid
```

（9）以新的顺序显示一些列：

```
> pw.tab[1:3, c('mid', 'hi')]
water height mid hi
```

（10）尝试混用名称和编号显示两列：

```
> pw.tab[,c('hi',3)]
Error: subscript out of bounds
```

（11）查看表对象的长度：

```
> length(pw.tab) [1] 45
```

（12）最后，显示一些连续的项：

```
> pw.tab[16:30]
[1] 1 2 1 1 1 0 0 0 0 0 0 0 0 0 0
```

第一步是用两列创建表对象，生成简单的列联表。str() 命令校验结果对象是一个表。必要的时候，可以用方括号定义行和列，用类似矩阵的方式显示表。行和列必须以数字或者名称（如果合适的话）指定，但是不能在同一条命令中混用名称和数字。

length() 命令产生的结果反映了表中的项数；这类似于矩阵，但是与数据帧不同（数据帧中该命令输出的是列数）。

将对象转换为表

如果对象已经是一个矩阵，可以使用 as.table() 命令将其转换为表；但是，如果对象是数据帧，则首先要将其转换为矩阵，然后将其转换为表。这可以在一步中完成：

```
> as.table(as.matrix(mf))
     len     sp      alg     no3    bod
A    20.00   12.00   40.00   2.25   200.00
B    21.00   14.00   45.00   2.15   180.00
C    22.00   12.00   45.00   1.75   135.00
D    23.00   16.00   80.00   1.95   120.00
E    21.00   20.00   75.00   1.95   110.00
F    20.00   21.00   65.00   2.75   120.00
G    19.00   17.00   65.00   1.85   95.00
...
```

　　表对象本身是一种特殊对象，但是它也有矩阵的某些属性。

　　在这个例子中，行名是大写字母；这只是结果中的前 7 行。如果试图将表直接转换为对象就会出错，例如：

```
> as.table(mf)
Error in as.table.default(mf) : cannot coerce into a table
```

　　如果是一个列表对象，需要几次变形才能得到正确的格式。首先，使用 stack()命令，以类似帧的形式提取单独元素；然后，转换为矩阵；最后再转换为表。

　　在下面的例子中，从仅包含两个项目的简单列表入手：

```
> grass.l
$mow
[1] 12 15 17 11 15
$unmow
[1] 8 9 7 9
> gr.tab = as.table(as.matrix(stack(grass.l)))
> colnames(gr.tab) = c('spp', 'graze')
> gr.tab
spp graze
A 12 mow
B 15 mow
C 17 mow
D 11 mow
E 15 mow
F 8 unmow
G 9 unmow
H 7 unmow
I 9 unmow
```

　　必须单独设置列名，因为 stack()命令生成值的默认名称和 ind。注意，使用 colnames()命令修改名称。

2.8.3　测试表对象

　　使用 is.table()命令可以测试对象是否为表。如果对象为表，则返回 TRUE，否则返回 FALSE：

```
> is.table(bird)
[1] FALSE
> is.table(gr.tab)
[1] TRUE
```

也可以使用 class()命令直接查看对象是不是表：

```
> class(gr.tab) [1] "table"
```

以如下的方式使用 if()命令，就可以用 class()命令组成逻辑测试的基础：

```
> if(class(gr.tab) =='table') TRUE else FALSE
[1] TRUE
```

注意： if() 命令有助于实现选择。该命令的基本形式如下：

if(condition) what.to.do.if.TRUE else what.to.do.if.FALSE

测试的条件放在主括号中，此后是条件结果为 TRUE 时所要进行的操作。else 部分可以指定条件结果为 FALSE 时进行的操作。

2.8.4 复杂（扁平）表

table() 命令的替代版本之一用于构建"扁平"表。在扁平表中，细分多个行或列以创建单一表。该命令为 ftable()，可以通过多种方式使用。

建立"扁平"列联表

在下面的例子中，你可以看到植物灌溉数据帧。这个数据帧有一个数值列 height 表示高度数据，还有两个因子列（plant 和 water）表示植物和水。创建"扁平"列联表时，可以得到如下结果：

```
> ftable(pw)
          water      hi  lo  mid
height    plant
5         sativa     0   1   0
          vulgaris   0   0   0
6         sativa     0   1   0
          vulgaris   0   1   0
7         sativa     0   1   0
          vulgaris   0   0   0
9         sativa     0   0   0
          vulgaris   0   1   0
11        sativa     0   0   0
          vulgaris   0   1   0
14        sativa     0   0   1
          vulgaris   0   0   1
15        sativa     0   0   1
          vulgaris   0   0   0
17        sativa     0   0   1
          vulgaris   0   0   1
19        sativa     0   0   0
          vulgaris   0   0   1
28        sativa     0   0   0
          vulgaris   1   0   0
31        sativa     0   0   0
          vulgaris   1   0   0
32        sativa     0   0   0
          vulgaris   1   0   0
37        sativa     1   0   0
          vulgaris   0   0   0
38        sativa     1   0   0
          vulgaris   0   0   0
44        sativa     1   0   0
          vulgaris   0   0   0
```

这里，行按照 plant 因子的两种水平细分。

通过应用 ftable()命令并指定表中使用的两个或者更多列，可以定义和构建一个列联表。使用稍微不同的语法，可按照需要自定义输出；该命令的通用形式如下：

```
ftable(column.items ~ row.items, data = data.object)
```

波浪号（~）用于创建一个公式，左侧包含以逗号分隔的行标题变量。在波浪号之后放入组成行项目的向量名称。

这些命令为列联表的创建带来了很大的灵活性。

在下面的活动中，你将实践一些从复杂数据得到的"扁平"列联表。

本活动使用来自 Beginning.RData 文件的 pw 数据，你将用它创建一个"扁平"列联表。

（1）首先从 pw 数据对象创建一个列联表。按照在原始数据中的顺序使用各列。

```
> with(pw, ftable(height, plant, water))
          water     hi  lo  mid
height plant
5      sativa         0   1   0
       vulgaris       0   0   0
6      sativa         0   1   0
       vulgaris       0   1   0
7      sativa         0   1   0
       vulgaris       0   0   0
9      sativa         0   0   0
       vulgaris       0   1   0
...
```

（2）现在，创建另一个列联表，但是以新的顺序指定列：

```
> with(pw, ftable(height,water,plant))
          plant   sativa vulgaris
height water
5      hi         0        0
       lo         1        0
       mid        0        0
6      hi         0        0
       lo         1        1
       mid        0        0
...
```

（3）接下来用~语法创建一个扁平表。保持和你创建的第一个表相同的列顺序：

```
> ftable(plant ~ height + water, data = pw)
          plant     sativa    vulgaris
height water
5      hi         0           0
       lo         1           0
       mid        0           0
6      hi         0           0
       lo         1           1
       mid        0           0
...
```

（4）尝试用新的~语法创建和第一个表相同的表：

```
> ftable(water ~ height + plant, data = pw)
          water          hi       lo       mid
```

```
height plant
5        sativa       0         1         0
         vulgaris     0         0         0
6        sativa       0         1         0
         vulgaris     0         1         0
...
```

（5）现在，指定主要响应变量为扁平表中的主要分组变量：

```
> ftable(height ~ water + plant, data = pw)
height              5  6  7  9  11  14  15  17  19  28  31  32  37  38  44
water plant
hi    sativa        0  0  0  0   0   0   0   0   0   0   0   0   1   1   1
      vulgaris      0  0  0  0   0   0   0   0   0   1   1   1   0   0   0
lo    sativa        1  1  1  0   0   0   0   0   0   0   0   0   0   0   0
      vulgaris      0  1  0  1   1   0   0   0   0   0   0   0   0   0   0
mid   sativa        0  0  0  0   0   1   1   1   0   0   0   0   0   0   0
      vulgaris      0  0  0  0   0   1   0   1   1   0   0   0   0   0   0
```

（6）最后，重新创建最后一个表，不使用~语法：

```
> with(pw, ftable(water, plant, height))
```

首先，你必须使用 with() 命令，这样 R 才能"读取"原始数据中的列名。输入列的顺序非常重要；在本例中，首先指定 height，该变量形成了表的列边际。下面插入的一项是 plant，然后是 water，这和它们在数据中出现的顺序相同。如果改变这一顺序，很明显表的外观将会不同，数据的汇总方式也将不同，这可能更有（也可能更没有）意义。在下一个表中，height 仍然是主列，但是因子变量的顺序改变了。

~语法有很大的灵活性，使你可以相对轻松地创建列联表。~之前指定的列组成了表的主体，而~右侧的部分则按照指定的顺序形成了表的分组。最后一个例子说明，最紧凑的表使用主响应变量作为其主体。

快速提示　　你可以用方括号准确地提取表的各个部分。

在下一个例子中，列联表包含两个数据列，它们与 plant 列中的不同水平相关：

```
> gr.t = ftable(plant ~ height + water, data = pw)
> gr.t
         plant    sativa    vulgaris
height water
5        hi       0         0
         lo       1         0
         mid      0         0
6        hi       0         0
         lo       1         1
         mid      0         0
...
```

使用方括号提取结果列联表对象的行和列：

```
> gr.t[1:3,]
[,1] [,2]
```

上例只选择了前三列。注意，名称没有显示。提取对象一部分的最简方法是建立某种逻辑单元，从中创建一个单独的矩阵并为其命名。使用前一个例子中的前三行，这些行与高度 5 相关。创建一个矩阵，为其取一个有意义的名称，然后显示完整的结果：

```
gr.sub = gr.t[1:3,]
> gr.sub
     [,1]    [,2]
[1,] 0       0
[2,] 1       0
[3,] 0       0
> colnames(gr.sub) = c('sativa', 'vulgaris')
> rownames(gr.sub) = c('hi', 'lo', 'mid')
> gr.sub
    sativa  vulgaris
hi  0       0
lo  1       0
mid 0       0
```

指定名称作为命令的一部分，就可以在一步中完成上述任务：

```
> gr.sub = matrix(gr.t[1:3,],ncol =2, dimnames = list(c('hi', 'lo', 'mid'),
c('sativa', 'vulgaris')))
```

这次使用了 matrix() 命令设置行和列名（使用 dimnames 指令）。

建立选择性的"扁平"列联表

列联表最好作为完整的项目。如前所述，用方括号语法构建"扁平"表的子集是最好的方法；但是，这一过程并不直观。从一开始就创建匹配某种条件的列联表更好。下面的活动将说明如何做到这一点。

在这次活动中，使用来自 Beginning.RData 文件的 pw 数据对象创建"扁平"列联表。

（1）首先创建一个有条件列的"扁平"列联表：

```
> with(pw, ftable(height==14, water, plant))
plant sativa vulgaris
      water
FALSE hi       3        3
      lo       3        3
      mid      2        2
TRUE  hi       0        0
      lo       0        0
      mid      1        1
```

（2）现在，为另一列添加附加条件：

```
> with(pw, ftable(height==14, water=='hi', plant))
plant          sativa  vulgaris
FALSE FALSE     5        5
TRUE            3        3
TRUE  FALSE     1        1
TRUE            0        0
```

（3）创建一个新数据对象，作为原始数据的一个子集：

```
> pw.t = pw[which(pw$height==14),]
> pw.t
height plant water
4        14 vulgaris   mid
13       14 sativa     mid
```

（4）最后，从新数据（子集数据）创建一个扁平表：

```
> with(pw.t, ftable(height, plant, water))
          water        hi  lo  mid
height plant
14       sativa        0   0   1
         vulgaris      0   0   1
```

当你在 ftable() 命令中插入条件列时，结果列联表包含条件结果为 TRUE 和 FALSE 的数据。对其他列添加条件语句（以及对单一列的更复杂条件语句）可以产生更多 TRUE 和 FALSE 结果。

要建立一个选择性的 ftable 对象，可以创建一个仅包含所需数据的新数据帧。现在，在新数据上使用 ftable() 命令，可以生成不包含任何 TRUE 或者 FALSE 结果、仅包含"真实"数据的结果。

2.8.5　测试"扁平"表对象

可以使用 class() 命令查看所处理的对象是什么类型。class() 命令为每类对象给出一个标签。对象的分类用于确定 R 如何处理该对象，找出某个对象是什么并设置对象的分类：

```
> if(class(gr.t) == 'ftable') TRUE else FALSE
[1] TRUE
```

上述命令可以看出对象的类是不是"ftable"：如果是，结果为 TRUE；否则为 FALSE。

2.8.6　表的汇总命令

表通常是汇总某些数据的方法之一，往往也是某个操作的终点（如建立列联表）；但是，在表上执行某些操作也是人们所期望的。rowMeans()、colSums() 和 apply() 等实用命令同样可以在表上生成和矩阵一样的汇总。

表 3-2-5 展示了其他一些汇总命令。

表 3-2-5　表汇总命令

汇 总 命 令	解　　释
rowSums() colSums()	确定数据帧、矩阵或者表对象的行或列总和
rowMeans() colMeans()	确定数据帧、矩阵或表对象的行或列均值
apply(x, MARGIN, FUN)	对数据帧、矩阵或者表的行或列应用函数。如果 MARGIN = 1 则使用行，为 MARGIN = 2 则使用列
prop.table(x, margin=NULL, FUN)	返回数据帧、矩阵或表的内容在指定总和中的占比。默认使用总计，margin = 1 使用行总计，margin = 2 使用列总计
addmargin(A, margin = c(1,2), FUN = sum)	返回应用到矩阵或表的行和列上的函数

现在，让我们来尝试一些汇总命令。使用鸟类观测数据表。问题中的对象实际上是一个矩阵对象，但是如前所述，矩阵的表现和表很类似。在本例中，数据的编排方式组成了一个列联表。表中的每个单元格是两个因素的一个独特组合。

在列联表上执行汇总命令

本活动使用 Beginning.RData 文件中的 bird 数据，你将使用列联表探索这些数据。

（1）首先查看 bird 数据对象：

```
> bird
             Garden Hedgerow  Parkland  Pasture Woodland
Blackbird        47       10        40        2        2
Chaffinch        19        3         5        0        2
Great Tit        50        0        10        7        0
House Sparrow    46       16         8        4        0
Robin             9        3         0        0        2
Song Thrush       4        0         6        0        0
```

（2）使用 rowSums() 命令查看行总和：

```
> rowSums(bird)
   Blackbird    Chaffinch    Great Tit House Sparrow        Robin  Song Thrush
         101           29           67           74           14           10
```

（3）现在尝试用 apply() 命令查看列总和：

```
> apply(bird, MARGIN = 2, FUN = sum)
  Garden Hedgerow Parkland  Pasture Woodland
     175       32       69       13        6
```

（4）使用 margin.table() 命令获得综合总计：

```
> margin.table(bird)
[1] 295
```

（5）使用 margin.table() 命令确定行总和：

```
> margin.table(bird, 1)
   Blackbird    Chaffinch    Great Tit House Sparrow        Robin  Song Thrush
         101           29           67           74           14           10
```

（6）现在，使用 margin.table() 确定列总和：

```
> margin.table(bird, margin = 2)
  Garden Hedgerow Parkland  Pasture Woodland
     175       32       69       13        6
```

（7）使用 prop.table() 命令显示表数据占总和的比例：

```
> prop.table(bird)
                  Garden     Hedgerow     Parkland     Pasture     Woodland
Blackbird     0.15932203 0.03389831 0.13559322 0.006779661 0.006779661
Chaffinch     0.06440678 0.01016949 0.01694915 0.000000000 0.006779661
Great Tit     0.16949153 0.00000000 0.03389831 0.023728814 0.000000000
House Sparrow 0.15593220 0.05423729 0.02711864 0.013559322 0.000000000
Robin         0.03050847 0.01016949 0.00000000 0.000000000 0.006779661
Song Thrush   0.01355932 0.00000000 0.02033898 0.000000000 0.000000000
```

（8）在 prop.table() 命令中添加 margin 指令，以行总和占比的形式显示表：

```
> prop.table(bird, margin = 1)
                Garden      Hedgerow   Parkland  Pasture     Woodland
Blackbird       0.4653465   0.0990099  0.3960396 0.01980198  0.01980198
Chaffinch       0.6551724   0.1034483  0.1724138 0.00000000  0.06896552
Great Tit       0.7462687   0.0000000  0.1492537 0.10447761  0.00000000
House Sparrow   0.6216216   0.2162162  0.1081081 0.05405405  0.00000000
Robin           0.6428571   0.2142857  0.0000000 0.00000000  0.14285714
Song Thrush     0.4000000   0.0000000  0.6000000 0.00000000  0.00000000
```

（9）现在，使用 addmargins() 命令确定表的一行均值：

```
> addmargins(bird, 1, mean)
                Garden      Hedgerow   Parkland Pasture    Woodland
Blackbird       47.00000    10.000000  40.0     2.000000   2
Chaffinch       19.00000    3.000000   5.0      0.000000   2
Great Tit       50.00000    0.000000   10.0     7.000000   0
House Sparrow   46.00000    16.000000  8.0      4.000000   0
Robin           9.00000     3.000000   0.0      0.000000   2
Song Thrush     4.00000     0.000000   6.0      0.000000   0
mean            29.16667    5.333333   11.5     2.166667   1
```

（10）使用 addmargins() 命令计算表的列中位数：

```
> addmargins(bird, 2, median)
                Garden  Hedgerow   Parkland Pasture   Woodland median
Blackbird       47      10         40       2         2        10
Chaffinch       19      3          5        0         2        3
Great Tit       50      0          10       7         0        7
House Sparrow   46      16         8        4         0        8
Robin           9       3          0        0         2        2
Song Thrush     4       0          6        0         0        0
```

rowSums() 和 colMeans() 命令是通用的，用于计算行和列的总和和均值。apply() 命令更为灵活，用于对行（MARGIN = 1）或者列（MARGIN = 2）应用某个函数。

margin.table() 命令本质上和带 FUN = sum 指令的 apply() 相同。如果遗漏 margin 指令，结果为全部数据的总计。使用 margin =1 给出行总和，margin = 2 出列总和。

你可以使用 prop.table() 命令显示表数据在总和中的比例。可以和 margin.table() 命令中一样，为行或者列添加一个索引，这样就可以将表中的数据表示为各行或者列总和的比例。

addmargins() 命令使你可以在行或者列上使用任何函数。留白部分默认为行和列兼有，而默认应用的函数是总和（sum）。margin 值为 1 表示行，函数应用到行项目。本质上，将得到一行结果。在大部分情况下，使用该函数生成行和列的汇总。

可以看到，实现相同的结果有多种途径。在某些情况下，一条命令是更复杂结构的简化版本，但是在其他情况下存在微妙的差别。

2.9 交叉表

前面学习的表创建命令累计不同类别观测值的出现频次；但是，你可能已经有了频率数据，在这种情况下，需要将数据重新组织为表格格式。原始数据文件有 3 列：一个代表品种（Species）、一个代表栖息地（Habitat），还有一列代表数量（Qty，即观测值的出现频率）。

```
> birds
    Species         Habitat     Qty
1   Blackbird       Garden      47
2   Chaffinch       Garden      19
3   Great Tit       Garden      50
4   House Sparrow   Garden      46
5   Robin           Garden      9
6   Song Thrush     Garden      4
7   Blackbird       Parkland    40
8   Chaffinch       Parkland    5
9   Great Tit       Parkland    10
10  House Sparrow   Parkland    8
11  Song Thrush     Parkland    6
12  Blackbird       Hedgerow    10
13  Chaffinch       Hedgerow    3
14  House Sparrow   Hedgerow    16
15  Robin           Hedgerow    3
16  Blackbird       Woodland    2
17  Chaffinch       Woodland    2
18  Robin           Woodland    2
19  Blackbird       Pasture     7
21  House Sparrow   Pasture     4
```

这些数据采用数据帧格式，用 read.csv() 命令读入 R。你的任务是将数据重新组织为列联表。使用 table() 命令将生成一个简单的表：

```
with(birds, table(Species, Habitat))
              Habitat
Species         Garden  Hedgerow  Parkland  Pasture  Woodland
Blackbird       1       1         1         1        1
Chaffinch       1       1         1         0        1
Great Tit       1       0         1         1        0
House Sparrow   1       1         1         1        0
Robin           1       1         0         0        1
Song Thrush     1       0         1         0        0
```

这只显示了种类和对应的频率。如果在组合中添加 Qty 列，就会得到多个表，每个代表一个 Qty：

```
> with(birds, table(Species,Habitat,Qty))
,,Qty=2
              Habitat
Species         Garden  Hedgerow  Parkland  Pasture Woodland
Blackbird       0       0         0         1       1
Chaffinch       0       0         0         0       1
Great Tit       0       0         0         0       0
House Sparrow   0       0         0         0       0
Robin           0       0         0         0       1
Song Thrush     0       0         0         0       0
,,Qty=3
              Habitat
Species         Gardn   Hedgerow  Parkland  Pasture  Woodland
Blackbird       0       0         0         0        0
Chaffinch       0       1         0         0        0
Great Tit       0       0         0         0        0
House Sparrow   0       0         0         0        0
Robin           0       1         0         0        0
Song Thrush     0       0         0         0        0
...
```

这里只展示了生成的前两个表。ftable() 命令给出一个表，但是最终得到的仍然是 0 和 1：

```
> with(birds, ftable(Species,Habitat, Qty))
                  Qty 2  3  4  5  6  7  8  9  10  16  19  40  46  47  50
Species    Habitat
Blackbird  Garden      0  0  0  0  0  0  0  0   0   0   0   0   0   1   0
           Hedgerow    0  0  0  0  0  0  0  0   1   0   0   0   0   0   0
           Parkland    0  0  0  0  0  0  0  0   0   0   0   1   0   0   0
           Pasture     1  0  0  0  0  0  0  0   0   0   0   0   0   0   0
           Woodland    1  0  0  0  0  0  0  0   0   0   0   0   0   0   0
Chaffinch  Garden      0  0  0  0  0  0  0  0   0   0   0   1   0   0   0
           Hedgerow    0  1  0  0  0  0  0  0   0   0   0   0   0   0   0
           Parkland    0  0  0  1  0  0  0  0   0   0   0   0   0   0   0
           Pasture     0  0  0  0  0  0  0  0   0   0   0   0   0   0   0
           Woodland    1  0  0  0  0  0  0  0   0   0   0   0   0   0   0
...
```

上面展示了结果表的前几行。你应该得到原始频率数据（数据帧中的 Qty）。为此，你可以使用交叉表命令 xtabs()。该命令的基本形式如下：

```
xtabs(freq.data ~ categories.list, data)
```

注意，波浪号的使用和 ftable() 命令类似。逻辑也相同。~左侧的是频率数据的名称，右侧是你想要在交叉表中使用的类别，以+号分隔。~后的第一个变量组成了行类别，下一变量组成列类别。最后，输入数据对象的名称（这样 R 就可以"找到"该变量）。对于鸟类观测数据，可以输入如下命令：

```
> birds.t = xtabs(Qty ~ Species + Habitat, data = birds)
> birds.t
              Habitat
Species        Garden Hedgerow Parkland Pasture Woodland
Blackbird         47      10       40       2       2
Chaffinch         19       3        5       0       2
Great Tit         50       0       10       7       0
House Sparrow     46      16        8       4       0
Robin              9       3        0       0       2
Song Thrush        4       0        6       0       0
```

测试交叉表（**xtabs**）对象

当你使用 xtabs() 命令时，创建的对象是某种表，用 is.table() 命令给出的结果是 TRUE。如果使用 as.matrix() 命令，也会给出结果 TRUE。就 R 而言，它有两种分类。可以用 class() 命令查看：

```
> class(birds.t)
[1] "xtabs" "table"
```

如果想要测试某个对象是不是 xtabs，就会遇到问题，因为该类有两个元素：

```
> if(class(birds.t) == 'xtabs') TRUE else FALSE
[1] TRUE
Warning message:
In if (class(birds.t) == "xtabs") TRUE else FALSE :
  the condition has length > 1 and only the first element will be used
```

尽管显示了结果，但是还显示了一条错误信息。这是因为首先产生的是"xtabs"，但是需要某种调整才能浏览整个 .result.，并选出所需要的结果。这可以用如下命令完成：

```
> if(any(class(birds.t) == 'xtabs')) TRUE else FALSE
[1] TRUE
```

any() 命令可以匹配向量中的任何元素。在本例中，结果是即使 xtabs 项不是第一个出现，也能将其选出。

更好的类测试

目前为止看到的对象类型测试命令并不是唯一的，还有两个特别有用的命令：

○　is(object, "type")

○　inherits(object, "type")

这两条命令在对象的 class() 与你指定的 "type" 相匹配时都会返回 TRUE。它们特别强大而实用，因为有了它们，你就不需要使用复杂的 if() 和 any() 命令了。

从列联表重新创建原始数据

如果你有一个 xtabs 对象，可以用 as.data.frame() 命令将其重新组织为一个数据帧：

```
> as.data.frame(birds.t)
      Species        Habitat      Freq
1     Blackbird      Garden       47
2     Chaffinch      Garden       19
3     Great Tit      Garden       50
4     House Sparrow  Garden       46
5     Robin          Garden       9
6     Song Thrush    Garden       4
7     Blackbird      Hedgerow     10
8     Chaffinch      Hedgerow     3
9     Great Tit      Hedgerow     0
10    House Sparrow  Hedgerow     16
11    Robin          Hedgerow     3
12    Song Thrush    Hedgerow     0
13    Blackbird      Parkland     40
14    Chaffinch      Parkland     5
15    Great Tit      Parkland     10
16    House Sparrow  Parkland     8
17    Robin          Parkland     0
18    Song Thrush    Parkland     6
19    Blackbird      Pasture      2
20    Chaffinch      Pasture      0
21    Great Tit      Pasture      7
22    House Sparrow  Pasture      4
23    Robin          Pasture      0
24    Song Thrush    Pasture      0
25    Blackbird      Woodland     2
26    Chaffinch      Woodland     2
27    Great Tit      Woodland     0
28    House Sparrow  Woodland     0
29    Robin          Woodland     2
30    Song Thrush    Woodland     0
```

原始数据已经重建，但有小的差别。Qty 列被更名为 Freq，包含频率为 0 的行。两者都不是严重的问题。Freq 列名可以修改：

```
> as.data.frame(birds.t, responseName = 'Qty')
```

如果想要删除为 0 的数据，必须在新的数据帧中选择 Freq 大于 0 的行：

```
> birds.td = as.data.frame(birds.t)
> birds.td = birds.td[which(birds.td$Freq > 0),]
```

首先创建一个新对象以接收数据帧（本例中该对象称为 birds.td），然后选择所有 Freq 大于 0 的行。注意，本例中已经用修改过的数据覆盖了原始数据帧。这并不是必不可少的，但是这样做就没有必要在以后删除临时对象。

切换类

可以用 class() 命令修改对象类，查看对象的当前类。在某个命令需要对象属于特定类才能操作时，修改类很有用。在下面的例子中，查询 bird 对象，然后使用 class() 命令重置：

```
> class(bird)
[1] "matrix"
> class(bird) = 'table'
```

现在，鸟类观测值矩阵被分类为表。现在同样可以用 as.data.frame() 命令从表中创建一个数据帧：

```
> bird.df = as.data.frame(bird)
Var1 Var2 Freq
1 Blackbird Garden 47
2 Chaffinch Garden 19
3 Great Tit Garden 50
4 House Sparrow Garden 46
5 Robin Garden 9
6 Song Thrush Garden 4
7 Blackbird Hedgerow 10
8 Chaffinch Hedgerow 3
9 Great Tit Hedgerow 0
10 House Sparrow Hedgerow 16
...
```

注意，列没有合适的标签，频率为 0 的数据仍然没有变化。可以用 names() 命令修改列名，重构数据以忽略为 0 的行。过程如下：

```
> bird.tt = bird
> class(bird.tt) = 'table'
> bird.tt = as.data.frame(bird.tt)
> names(bird.tt) = c('Species', 'Habitat', 'Qty')
> bird.tt = bird.tt[which(bird.tt$Qty > 0),]
> rownames(bird.tt) = as.numeric(1:length(rownames(bird.tt)))
```

知识检测点 7

假定你有一家公司近两年的生产详情，需要将这些数据组合起来以表格格式显示。为此，应该：

a. 将数据编排为一维矩阵　　　　　b. 建立一个列联表

c. 将数据编排为列表　　　　　　　d. 将数据编排为多位矩阵

多项选择题

选择正确的答案。在下面给出的"标注你的答案"里将正确答案涂黑。

1. 下面哪一条 R 命令用于显示数据帧的结构?

    a. ls()   b. str()   c. summary()   d. Structure()

2. 在一次军事行动中,4 位姑娘被选择参加一项特殊任务。这些女孩的身高分别为 152 cm、155 cm、157 cm 和 163 cm。下面哪一条命令能给出她们身高的方差?

    a. var(height, na.rm = False)   b. variance(height, na.rm = TRUE)

    c. variance(height, unmow)   d. var(height, mow)

3. 下面哪一条命令用于找出向量的累积总和?

    a. cumsum(x)   b. cumulativesum(x)

    c. cumvectsum(x)   d. cumvectorsum(x)

4. 考虑如下命令:

    > sd(unmow, na.rm = TRUE)

    下面哪一个陈述是正确的?

    a. 计算标准差,用附加指令删除 NA 项

    b. 计算整个 unmow 样本的标准差

    c. 计算标准差,但是不删除 NA 项

    d. 用附加指令计算整个 unmow 样本的标准差

5. 某公司在名为 product 的数据样本中保存它制造的所有产品的细节。应该使用下面哪一条命令查看数据样本中的项目总数?

    a. >count(product)   b. >length(product)

    c. >num(product)   d. >number(product)

6. quantile()命令中的默认分位点是:

    a. 0%和 100%   b. 0%、50%和 100%

    c. 0%、25%、50%、75%和 100%   d. 0%、20%、40%、60%、80%和 100%

7. 下面哪一个命令用于寻找表中使用的对象类型?

    a. class()命令   b. ftable()命令   c. objtable()命令   d. with()命令

8. AVD solutions 的项目经理安排了 6 位雇员组成的团队实施一项特殊任务。每位员工的月工资如下:

    Emp1=1 000$ Emp2=1 200$

    Emp3=1 250$ Emp4=1 200$

    Emp5=1 500$ Emp6=1 400$

    下面哪一条命令能够帮助你计算员工工资的平均偏差?

    a. >data   b. >md(data)

>md

    c. md = seq_along(data)   d. for(i in 1:length(md)) md[i] = median(data[1:i])

9.   一位健身教练根据每分钟完成俯卧撑的次数计算 10 位男子的体能状况。他们的得分如下：4、6、7、8、9、10、12、14、15、18。

    下面哪一条命令用于找出俯卧撑次数的中位数？

    a. med (score, na.rm = FALSE)

    b. md(score, na.rm = FALSE)

    c. median(score, na.rm = FALSE)

    d. >score
        >Median

10. 一所学校的管理层选择 5 位年龄为 15 岁、16 岁、17 岁、20 岁和 22 岁的男学生参加体育运动，如下哪一条命令用于找出年龄的标准差？

    a. >age   b. sdev(age, na.rm=TRUE)
        >sdev()

    c. >age   d. >sd(age, na.rm = FALSE)
        >sd()

标注你的答案（把正确答案涂黑）

1. ⓐ ⓑ ⓒ ⓓ   6. ⓐ ⓑ ⓒ ⓓ

2. ⓐ ⓑ ⓒ ⓓ   7. ⓐ ⓑ ⓒ ⓓ

3. ⓐ ⓑ ⓒ ⓓ   8. ⓐ ⓑ ⓒ ⓓ

4. ⓐ ⓑ ⓒ ⓓ   9. ⓐ ⓑ ⓒ ⓓ

5. ⓐ ⓑ ⓒ ⓓ   10. ⓐ ⓑ ⓒ ⓓ

测试你的能力

使用 table() 和 ftable() 命令构建列联表，并解释这些命令构造的表之间有何差别。

1.   一家交通公司在全世界都有分支机构，它的数据帧有 3 列：Country（国家）、State（州）、City（城市）。使用交叉表构建一个列联表，展示 State 和 City 列之间的关系。将结果表保存为一个对象。

2.   使用 R 内置数据集 "air quality"（空气质量）——纽约空气质量测量数据。找出所有重要变量的相关描述性统计信息。

备
忘
单

○ 你可以用 summary()命令汇总数据项，该命令可以给出特定的结果或者常规的汇总。

○ 特定汇总命令包含 mean()、median()、max()、min()、sd()、quantile()和 length()。

○ 累积统计信息可以通过 cumsum()和 cummax()命令获得。这些命令可以作为计算移动平均值的简单自定义函数的基础。

○ 数据帧和矩阵对象可以对行和列应用汇总函数（如函数 colSums()、rowSums()和 rowMeans()）。

- apply()命令可以对行或者列应用任何函数。lapply()和 sapply()命令是用于列表对象的特殊变种。

○ 列联表可以用 table()命令制作；ftable()命令创建"扁平"表，用于更复杂的数据。

○ 你可以用 xtabs()命令将原始数据转换为列联表；这种交叉制表类似于 Excel 的透视表。

○ class()命令可用于告知所处理的对象类型，可作为逻辑测试的基础。

用函数、循环和数据帧分析数据

学完本模块的内容，读者将能够：

- ▶▶ 在 R 中创建列表、矩阵和数据帧
- ▶▶ 使用 R 中的循环和条件执行
- ▶▶ 安装 RHadoop 和创建用户定义函数

本讲目标

学完本讲的内容，读者将能够：

- ▶▶ 创建矩阵、列表和数据帧
- ▶▶ 索引向量、矩阵和列表
- ▶▶ 使用循环和函数
- ▶▶ 安装 RHadoop

"瞧，运营一家公司需要技术
方面的技能。"

——Carly Fiorina

今天的统计应用涉及包含大量已处理和未处理信息的庞大数据集。这些数据的例子包括从社交网站、气象部门生成的数据，或者我们相互发送的消息。跟踪、存储和提取这些数据中的信息，需要快速、健壮且高效的软件。

R 有着独一无二的数据处理能力，已经成为大数据分析专家们的首选。R 是一个统计编程环境，使用矩阵、向量、列表和函数保存及处理数据，从中得出有意义的信息和模式。

在本讲中，你将学习在 R 中创建矩阵、列表和数据帧以保存数据的相关知识，还要学习在矩阵、列表和数据帧上应用索引。接着，你将学习在 R 中使用函数和循环编写程序。最后，本讲讨论 R 和 Hadoop 系统的组合——RHadoop 的概念。

模块3第2讲的出口	模块3第3讲的入口
• 在R中汇总数据样本 • 使用累积统计信息和汇总表	• 创建和索引矩阵、列表和数据帧 • 使用循环和函数 • 安装RHadoop

3.1　矩阵、列表和数据帧

预备知识　了解 R 中的一些有用功能。

R 最强大的功能是以轻松、优化的方式处理复杂矩阵运算的能力。R 主要处理统计运算，大部分统计都归结于矩阵运算。

矩阵基本上就是以表格方式包含数据列表的数据帧。谈到矩阵运算，你可以将矩阵的元素或者整个矩阵当成运算值。还可以以完全相同的方式使用算术运算符，在矩阵的所有元素上运算。

3.1.1　矩阵

可以将一个单维向量转换为二维数组；例如，可以在 matrix() 函数中指定行数（或者列数），将名为 TEMPERATURE 的向量转换为一个矩阵：

```
> matrix(TEMPERATURE, nrow = 5)
     [,1] [,2]
[1,] 36.1 6.5
[2,] 30.6 11.2
[3,] 31.0 12.8
[4,] 36.3 9.7
[5,] 39.9 15.9
```

默认情况下，矩阵按列填充。可选参数 byrow = T 导致矩阵按行填充。

矩阵也可用于表示两个或者更多等长向量的绑定。

例如，我们可能有一个网格内的 5 个样方的 X 和 Y 坐标。用 cbind()（按列组合）或者 rbind()（按行组合）函数可将向量组合为一个矩阵：

```
> X <- c(16.92, 24.03, 7.61, 15.49, 11.77)
> Y <- c(8.37, 12.93, 16.65, 12.2, 13.12)
```

```
> XY <- cbind(X, Y)
> XY
X Y
[1,] 16.92 8.37
[2,] 24.03 12.93
[3,] 7.61 16.65
[4,] 15.49 12.20
[5,] 11.77 13.12
> rbind(X, Y)
    [,1] [,2] [,3] [,4] [,5]
X 16.92 24.03 7.61 15.49 11.77
Y 8.37 12.93 16.65 12.20 13.12
```

行名和列名可以用 rownames() 和 colnames() 函数设置（及查看）：

```
> colnames(XY)
[1] "X" "Y"
> rownames(XY) <- LETTERS[1:5]
> XY
X Y
A 16.92 8.37
B 24.03 12.93
C 7.61 16.65
D 15.49 12.20
E 11.77 13.12
```

在本例中，LETTERS 对象是 R 内置的 26 字符向量，它包含了英语字母表中的大写字母。

3.1.2　列表

矩阵用于保存相同类型和长度的向量，而列表则用于保存对象的集合。这些对象的长度和类型可能不同。列表用 list() 函数构建。例如，你可能创建多个相互隔离的向量（温度、明暗度、名称和场地的坐标），它们都代表来自于某次实验的数据或者信息。这些对象可以集合在一起，成为列表对象的组成部分：

```
> EXPERIMENT <- list(SITE = SITE, COORDINATES = paste(X,
+ Y, sep = ","), TEMPERATURE = TEMPERATURE,
+ SHADE = SHADE)
> EXPERIMENT
$SITE
[1] "A1" "A2" "B1" "B2" "C1" "C2" "D1" "D2" "E1" "E2"
$COORDINATES
[1] "16.92,8.37" "24.03,12.93" "7.61,16.65" "15.49,12.2"
[5] "11.77,13.12"
$TEMPERATURE
Q1 Q2 Q3 Q4 Q5 Q6 Q7 Q8 Q9 Q10
36.1 30.6 31.0 36.3 39.9 6.5 11.2 12.8 9.7 15.9
$SHADE
[1] no full no full no full no full no full
Levels: no full
```

注意，这个列表由 4 个部分组成：

○　名为 SITE 的两字符向量；

○　名为 COORDINATE 的两字符向量，这是场地 A、B、C、D 和 E 的 *XY* 坐标向量；

- ○ 名为 TEMPERATURE 的数值向量；
- ○ 名为 SHADE 的因子。

注意，其中 3 个组成部分的长度为 10，而 COORDINATE 的长度为 5。

3.1.3　数据帧——数据集

单独变量的收集很少是孤立进行的，人们通常以成组变量的方式收集数据，它们反映了对不同变量中模式的调查。因此，数据集最好组织为相同长度（但不一定是相同的类型）的变量（向量）矩阵。在这种情况下，数据帧就成了救世主，它们可用于在矩阵中保存一系列相同长度（但可能不同类型）的向量。

数据帧通过组合多个向量生成，每个向量成为一个单独的列。在这方面，数据帧与矩阵类似，每列都代表不同的向量类型。为了使数据帧能够忠实地表现数据集，在每个向量中观测值出现的顺序必须相同，每个向量应该有相同数量的观测值。例如，每个向量的第 1、2、3 个条目必须分别表示从第 1、2、3 个采样单元中收集的观测值。

> **知识检测点 1**
>
> 应该使用如下哪一条 R 命令查看包含员工记录的列名？
> a. >columnNames(XY)　　　b. > colnames(XY)
> c. >colnames('X', 'Y')　　　d. >columnNames('X', 'Y')

3.2　向量、矩阵和列表的索引

索引是访问 R 中单独元素和子集的一项技术。索引可用于访问、提取或者替换对象的各个部分。在本例中，TEMPERATURE 对象是一个命名向量，因此输出将与未命名向量稍有不同，可以确保返回的元素由其行名标记。

3.2.1　向量的索引

在向量名后附加一个索引向量（放在方括号中）可以打印或者引用向量的子集。用于提取向量子集的索引有以下 4 种常见的形式。

（1）**正整数索引**：表示向量的哪些元素被选中的一组整数。选中的元素按照指定的顺序连接，例如：

```
- Select the nth element
> TEMPERATURE[2]
Q2
30.6
- Select elements n through m
> TEMPERATURE[2:5]
Q2 Q3 Q4 Q5
30.6 31.0 36.3 39.9
- Select a specific set of elements
> TEMPERATURE[c(1, 5, 6, 9)]
```

```
Q1 Q5 Q6 Q9
36.1 39.9 6.5 9.7
```

（2）**负整数索引**：表示向量中的哪些元素将被从连接中排除的一组整数。

```
excluded from concatenation.
 - Select all but the nth element
> TEMPERATURE[-2]
Q1 Q3 Q4 Q5 Q6 Q7 Q8 Q9 Q10
36.131.0 36.3 39.9 6.5 11.2 12.8 9.7 15.9
```

（3）**字符串向量**：这种形式的向量索引只能用于元素有命名的向量。可用一个元素名称向量选择连接的元素。

```
 - Select the named element
> TEMPERATURE["Q1"]
Q1
36.1
 - Select the names elements
> TEMPERATURE[c("Q1", "Q4")]
Q1 Q4
36.1 36.3
```

（4）**逻辑值向量**：逻辑值向量必须与构建子集的向量等长，通常是条件评估的结果。逻辑值 T（TRUE）和 F（FALSE）分别表示在连接中包含和排除主向量的对应元素。

```
 - Select elements for which the logical condition is true
> TEMPERATURE[TEMPERATURE < 15]
Q6 Q7 Q8 Q9
6.5 11.2 12.8 9.7
> TEMPERATURE[SHADE == "no"]
Q1 Q3 Q5 Q7 Q9
36.1 31.0 39.9 11.2 9.7
 - Select elements for which multiple logical conditions are true
> TEMPERATURE[TEMPERATURE < 34 & SHADE == "no"]
Q3 Q7 Q9
31.0 11.2 9.7
 - Select elements for which one or other logical conditions are
true
> TEMPERATURE[TEMPERATURE < 10 | SHADE == "no"]
Q1 Q3 Q5 Q6 Q7 Q9
36.1 31.0 39.9 6.5 11.2 9.7
```

3.2.2　矩阵的索引

和向量一样，矩阵可以由正整数、负整数、字符串和逻辑值向量索引；但是，向量只有一维（长度），因此每个元素由单一数值索引，而矩阵有两维（高度和宽度），因此需要一组两个数值索引。因此，矩阵索引采用（row.indices, col.indices）的形式，其中 row.indices 和 col.indices 分别表示用向量形式描述的行和列序列索引。

我们以 **XY** 矩阵为例：

```
> XY
X Y
A 16.92 8.37
```

```
B 24.03 12.93
C 7.61 16.65
D 15.49 12.20
E 11.77 13.12
attr(,"description")
[1] "coordinates of quadrats"
```

表 3-3-1 展示了矩阵索引的一些例子。

表 3-3-1　矩阵索引示例

命　　　令	结　　　果
> XY[3, 2] [1] 16.65	选择第 3 行第 2 列的元素
> XY[3,] X Y 7.61 16.65	选择整个第 3 行
> XY[, 2] A B C D E 8.37 12.93 16.65 12.20 13.12	选择整个第 2 列
> XY[, -2] A B C D E 16.92 24.03 7.61 15.49 11.77	选择除第 2 列之外的所有列
> XY["A", 1:2] X Y 16.92 8.37	选择 "A" 行的第 1~2 列
> XY[,"X"] A B C D E 16.92 24.03 7.61 15.49 11.77	选择名为 "X" 的列
> XY[XY[,"X"] > 12,] X Y A 16.92 8.37 B 24.03 12.93 D 15.49 12.20	选择列 X 的值大于 12 的所有行

3.2.3　列表的索引

　　列表由多组对象组成，它们的大小和类型都不一定相同。列表中的对象通过在列表名称后附加一个索引向量（放在双方括号[[]]中）索引。列表中的单独对象还可以通过在列表名称后附加字符串符号（$）和对象名称（如 list$object）引用。列表中的对象元素根据对象类型索引。其他对象（列表）中的对象向量索引放在列表方括号之外的单独方括号中。

　　我们以 EXPERIMENT 列表为例：

```
> EXPERIMENT
$SITE
[1] "A1" "A2" "B1" "B2" "C1" "C2" "D1" "D2" "E1" "E2"
$COORDINATES
[1] "16.92,8.37" "24.03,12.93" "7.61,16.65" "15.49,12.2"
[5] "11.77,13.12"
$TEMPERATURE
Q1 Q2 Q3 Q4 Q5 Q6 Q7 Q8 Q9 Q10
36.1 30.6 31.0 36.3 39.9 6.5 11.2 12.8 9.7 15.9
```

```
$SHADE
[1] no full no full no full no full no full
Levels: no full
```

下面的例子说明了各种列表索引的可能性：

```
> #select the first object in the list
> EXPERIMENT[[1]]
[1] "A1" "A2" "B1" "B2" "C1" "C2" "D1" "D2" "E1" "E2"
> #select the object named /TEMPERATURE/ within the list
> EXPERIMENT[[/TEMPERATURE/]]
Q1 Q2 Q3 Q4 Q5 Q6 Q7 Q8 Q9 Q10
36.1 30.6 31.0 36.3 39.9 6.5 11.2 12.8 9.7 15.9
> #select the first 3 elements of /TEMPERATURE/ within
> #/EXPERIMENT/
> EXPERIMENT[[/TEMPERATURE/]][1:3]
Q1 Q2 Q3
36.1 30.6 31.0
> #select only those /TEMPERATURE/ values which correspond
> #to SITE/s with a /1/ as the second character in their name
> EXPERIMENT$TEMPERATURE[substr(EXPERIMENT$SITE,2,2) == /1/]
Q1 Q3 Q5 Q7 Q9
36.1 31.0 39.9 11.2 9.7
```

知识检测点 2

名为 Salary 的向量包含如下元素：

Q1 Q2 Q3 Q4 Q5 Q6 Q7 Q8 Q9 Q10
30 25 31 36 39 16 11 12 19 15

如果执行>Salary[3:5]命令，输出将是：

a. Q3 Q4 Q5
31 36 39

b. Q3 Q5
31 39

c. Q1 Q2 Q6 Q7 Q8 Q9 Q10
30 25 16 11 12 19 15

d. Q1 Q2 Q4 Q6 Q7 Q8 Q9 Q10
30 25 36 16 11 12 19 15

3.3 R 编程

尽管 R 环境中的内置库和可用附加工具很多，并且正在以难以置信的速度增长，但是有时候仍然还是需要执行没有任何函数存在的任务。因为 R 本身是一种编程语言，扩展其功能以容纳更多过程取决于过程的复杂性和你对 R 的熟悉程度。

3.3.1 表达式、赋值和算术运算符

表达式是在 R 命令提示符中输入，由 R 求值后打印到当前输出设备（通常是屏幕）、然后被抛弃的命令。

例如：

```
> 2 + 3  ←表达式
[1] 5  ←求值后的输出
```

赋值（assignment）为一个新对象（可能是表达式求值的结果或者其他对象）指派一个名称。R 将赋值运算符<-解释为"对右侧的表达式求值，并为其指派左侧提供的名称"。如果左侧的对象尚不存在，则创建之，否则替换该对象的内容。

可以在命令提示符后输入对象名称，以查看（打印）对象的内容，如下面的代码所示。
```
> VAR1 <- 2 + 3 ←将表达式赋予对象 VAR1
> VAR1 ←打印对象 VAR1 的内容
[1] 5 ←求值后的输出
```

单条命令可以分布到多行。如果命令在行末尚未结束，或者在 R 认为命令语法完成之前输入了回车符，下一行将以+提示符开始，表明该命令不完整。

例如：
```
> VAR2 <- ←不完整的赋值/表达式
+ 2 + 3 ←赋值/表达式完成
> VAR2 ←打印 VAR2 内容——求值后的输出
[1] 5
```

当向量的内容是数值时，可以应用标准的**算术运算**：
```
> VAR2—1 ←打印 VAR2 的内容减 1
[1] 4
> ANS1 <- VAR1 * VAR2 ←将求值后的表达式赋予 ANS1
> ANS1 ←打印求值结果——ANS1 的内容
[1] 25
```

对象可以用 c() 函数拼接起来创建具有多个条目的对象：
```
> c(1, 2, 6) ←拼接 1、2 和 6
[1] 1 2 6 ←打印输出
> c(VAR1, ANS1) ←拼接 VAR1 和 ANS1 的内容
[1] 5 25 ←打印输出
```

除了典型的加、减、乘、除运算符之外，还有许多特殊运算符，最简单的是商或者整数除运算符（%/%）和余数或模运算符（%%），例如：
```
> 7/3
[1] 2.333333
> 7%/%3
[1] 2
> 7%%3
[1] 1
```

3.3.2　成组的表达式

可以在一行中发出多条命令，每条命令以分号（;）分隔；这样做时，命令将按照从左到右的顺序执行：
```
> A <- 1; B <- 2; C <- A + B
> C
[1] 3
```

当一系列命令用花括号组合起来时（如{command1; command2;...}），整组命令将被当成单个表达式求值，返回组中最后求值的命令的结果：

```
> D <- {A <- 1; 2 -> B; C <- A + B}
> D
[1] 3
```

成组表达式对于包装在一起以生成单一结果的命令集很有用，因为它们被当成单一表达式，可以进一步嵌套在花括号中，作为更大的成组表达式的一部分。

3.3.3　条件执行——if 和 ifelse

条件执行是由某个条件符合（TRUE）或不符合（FALSE）决定的一系列任务，在编写需要适应一组以上情况的代码时很有用。在 R 中，条件执行采用如下的形式：

```
if(condition) true.task
if(condition) true.task else false.task
ifelse(condition) true.task false.task
```

如果条件返回 TRUE，则求取 true.task 的值，否则求取 false.task（如果有的话）。如果条件无法强制为逻辑上的是/否，就会报错。

下面的例子说明了 if 条件执行的用法。假定你打算编写代码计算均值，预计要容纳两类不同的对象（向量和矩阵）。使用 TEMPERATURE 向量和 MOTH 矩阵，我们得到如下结果：

```
> NEW.OBJECT <- TEMPERATURE
> if (is.vector(NEW.OBJECT)) mean(NEW.OBJECT)
+ else apply(NEW.OBJECT, 2, mean)
[1] 23
> NEW.OBJECT <- MOTH
> ifelse(is.vector(NEW.OBJECT), mean(NEW.OBJECT),
+ apply(NEW.OBJECT, 2, mean))
[1] 11.33333
```

代码的第一部分求出温度向量的均值，但是如果发现新对象不是向量，则在新对象上执行矩阵运算。

3.3.4　重复执行——循环

循环可使一组命令重复执行。下面是 R 中最常用的循环结构：

○　For 循环；
○　While 循环。

for 循环

for 循环在一个整数向量（计数器）上循环，每次执行一组命令，其常规形式如下：

```
for (counter in sequence) task
```

其中的 counter 是循环变量，其值根据序列定义的整数向量递增，task 是单独的表达式或者成组表达式，利用递增的变量在一系列对象上执行特定运算。

下面的代码片段是一个简单的循环示例，计数到 6 为止：

```
> for (i in 1:6) print(i)
[1] 1
```

```
[1] 2
[1] 3
[1] 4
[1] 5
[1] 6
```

再举个更实用的例子，假定我们想要计算 XY 矩阵中每两个场地之间的距离。任意两个场地（假定为 A 和 B）之间的距离用勾股定理（$a^2+b^2=C^2$）确定。例如：

```
> sqrt((XY["A", "X"]—XY["B", "X"])^2 + (XY["A",
+ "Y"]—XY["B", "Y"])^2)
# OR equivalently
> sqrt((XY[1, 1]—XY[2, 1])^2 + (XY[1, 2]—XY[2,
+ 2])^2)
[1] 8.446638
```

可以使用 for 循环生成每对场地之间距离的 5×5 矩阵：

```
# Create empty object
> DISTANCES <- NULL
> for (i in 1:5) {
+ X.DIST <- (XY[i, 1]—XY[, 1])^2
+ Y.DIST <- (XY[i, 2]—XY[, 2])^2
+ DISTANCES <- cbind(DISTANCES, sqrt(X.DIST +
+ Y.DIST))
+ }
> colnames(DISTANCES) <- rownames(DISTANCES)
> DISTANCES
A B C D E
A 0.000000 8.446638 12.459314 4.088251 7.006069
B 8.446638 0.000000 16.836116 8.571143 12.261472
C 12.459314 16.836116 0.000000 9.049691 5.455868
D 4.088251 8.571143 9.049691 0.000000 3.832075
E 7.006069 12.261472 5.455868 3.832075 0.000000
```

技术材料

　　从整体考虑，使用 for 循环对工作环境是有影响的。如果你只在控制台上运行的脚本中使用 for 循环，这种影响出现在工作区内。如果在函数体中使用 for 循环，这种影响就发生在该函数的环境中。

while 循环

　　while 循环在条件为 TRUE 时重复执行一组命令，在条件求值为 FALSE 时退出，采用如下常规形式：

```
> while (condition) task
```

　　其中的 **task** 是一个单独表达式或者成组表达式，只要条件（condition）求值为 TRUE，就执行特定的操作。

　　为了说明 while 循环的用法，我们考虑如下情况：某个过程需要生成一个临时对象，但是你希望确认不会覆盖现有的对象。简单的解决方案之一是在对象名后附加一个数字。while 循环可用于重复评估对象名（TEMP）是否已经存在于当前 R 环境（每次递增后缀），最终生成唯一的名称。下面的语法中，前三条命令纯粹是为了生成两个现有名称，确认它们的存在。

```
> TEMP <- NULL
> TEMP1 <- NULL
> ls()
[1] "A" "AUST" "B" "C"
[5] "D" "DISTANCES" "EXP" "EXPERIMENT"
[9] "i" "MOTH" "NEW.OBJECT" "op"
[13] "QUADRATS" "SHADE" "SITE" "TEMP"
[17] "TEMP1" "TEMPERATURE" "X" "X.DIST"
[21] "XY" "Y" "Y.DIST"
#object name suffix, initially empty
> j <- NULL
# proposed temporary object
> NAME <- "TEMP"
# iteratively search for a unique name
> while (exists(Nm <- paste(NAME, j, sep = ""))) {
+ ifelse(is.null(j), j <- 1, j <- j + 1)
+ }
# assign the unique name to a numeric vector
> assign(Nm, c(1, 3, 3))
# Reexamine list of objects, note the new object, TEMP2
> ls()
[1] "A" "AUST" "B" "C"
[5] "D" "DISTANCES" "EXP" "EXPERIMENT"
[9] "i" "j" "MOTH" "NAME"
[13] "NEW.OBJECT" "Nm" "op" "QUADRATS"
[17] "SHADE" "SITE" "TEMP" "TEMP1"
[21] "TEMP2" "TEMPERATURE" "X" "X.DIST"
[25] "XY" "Y" "Y.DIST"
```

exists() 函数评估给定名称的对象是否存在，assign() 函数以对象名为第一个参数，用第二个参数的值为该对象赋值。

知识检测点 3

考虑如下的 R 命令：
```
> X <- 4; Y <- 2; Z <- X-Y
> Z
```
下面哪一个是上述命令的正确输出？
a. 2   b. 4-2   c. 4   d. 命令不正确

3.4 RHadoop

RHadoop 是**客户端 R** 和 **Hadoop** 框架的结合。这是由 Revolution Analytics 开发的开源工具集，使用户可以集成 R 和 Hadoop 的功能。

读者可能已经知道，Hadoop 是一种分布式主从架构，提供大数据集的分布存储和计算能力。它的两个核心功能是：

○　用于存储的 Hadoop 分布文件系统（HDFS）；

○　用于执行计算任务的 MapReduce 功能。

R 和 Hadoop 的集成使程序可以处理复杂的大规模统计计算。

RHadoop 还能够从 R 代码中直接与 MapReduce 交互。

你可能已经知道，Hadoop 计算的两种模式是**映射**（map）和**归约**（reduce）。

映射是并行计算模式，计算没有跨越数据子集。

归约是顺序计算模式，可以跨越子集进行计算。

RHadoop 包含以下 3 个软件包。

○　**rmr**：包含集成 R 和 MapReduce 所用的功能。

○　**rdfs**：是一个 R 接口，提供了 Hadoop 的文件管理功能。

○　**rhbase**：是一个 R 接口，提供了 HBase 的数据库管理功能。

RHadoop 用 rmr 包实现了如下目标。

○　使 MapReduce 程序员可以编写比 Java 更简短的代码。这些代码用可扩展语言编写，容易理解和重用。

○　使 R 程序员很容易地以数据分析师的方式处理大型数据集。

3.4.1　安装 RHadoop

要安装 **rmr**、**rdfs** 和 **rhbase** 等 R 软件包，首先必须安装 **R 基础包**。

在 Ubuntu 12.04 LTS 系统上，你只需运行如下命令：

```
$ sudo apt-get install r-base
```

执行上述命令之后，需要安装 **RHadoop** 包和它们的依赖模块。例如，rmr 需要 RCpp、RJSONIO、digest、functional、stringr 和 plyr 包，而 rhdfs 需要 rJava 包。

而且，还需要重新配置 Java 以方便 rJava 包支持，并为 rhdfs 包设置 HADOOP CMD 变量。

为了执行有伪权限的 R CMD INSTALL 命令，必须下载 **tar.gz 档案**：

```
sudo R CMD INSTALL Rcpp Rcpp_0.10.2.tar.gz
sudo R CMD INSTALL RJSONIO RJSONIO_1.0-1.tar.gz
sudo R CMD INSTALL digest digest_0.6.2.tar.gz
sudo R CMD INSTALL functional functional_0.1.tar.gz
sudo R CMD INSTALL stringr stringr_0.6.2.tar.g
sudo R CMD INSTALL plyr plyr_1.8.tar.gz
sudo R CMD INSTALL rmr rmr2_2.0.2.tar.gz
sudo JAVA_HOME=/home/istvan/jdk1.6.0_38/jre R CMD javareconf
sudo R CMD INSTALL rJava rJava_0.9-3.tar.gz
sudo HADOOP_CMD=/home/istvan/hadoop/bin/hadoop R CMD INSTALL rhdfs
rhdfs_1.0.5.tar.gz
sudo R CMD INSTALL rhdfs rhdfs_1.0.5.tar.gz
```

3.4.2　创建用户定义函数

我们定义一个函数 wordcount，了解 MapReduce 作业的运行。这里，我们首先定义映射和归约函数，然后调用 mapreduce()。下面是 MapReduce 函数的代码。

```
wordcount =
function(
input,
output = NULL,
pattern = " "){
wc.map =
function(., lines) {
keyval(
unlist(
strsplit(
x = lines,
split = pattern)),
1)}
```

map()函数有两个参数——一个**键**和一个**值**。在本例中，键为 NULL，值包含了多行文本。这个文本根据某个模式拆分，根据常规 R 作用域规则，可以从映射函数中访问。

键值对(w,1)由辅助函数 keyval 生成：

```
wc.reduce =
function(word, counts ) {
keyval(word, sum(counts))}
```

下面的代码展示了 MapReduce 调用：

```
mapreduce(
input = input ,
output = output,
input.format = "text",
map = wc.map,
reduce = wc.reduce,
combine = T)}
```

知识检测点 4

ABC 数据分析公司的开发人员 Alex 需要在数据集上进行 B 计算，他将选择下面哪一个函数执行任务？

a. map() 函数　　　　　　　　b. keyval() 函数

c. reduce() 函数　　　　　　　d. mapreduce() 函数

多项选择题

选择正确的答案。在下面给出的"标注你的答案"里将正确答案涂黑。

1. 下面哪一个函数用于将向量组合为一个矩阵？
   - a. Colbind()
   - b. Cbind()
   - c. Columnbind()
   - d. Rowbind()

2. 下面哪一个数据结构表示数据集的存储区域？
   - a. 列表
   - b. 矩阵
   - c. 数据帧
   - d. 向量

第 3～6 题的公用数据

下面是多种产品的销售详情数据：

P1 P2 P3 P4 P5 P6 P7 P8 P9 P10
10 23 21 24 32 34 35 45 48 54

3. 你将使用下面哪一条 R 命令选择第 7 个产品的详情？
   - a. >Sale [7]
   - b. >Sale[P7]
   - c. >Sale[P1:P7]
   - d. >Sale[1:7]

4. 如果想要选择除了第 7 种产品之外的所有产品详情，则 R 命令为：
   - a. >Sale[-P7]
   - b. >Sale [-7]
   - c. >Sale[P7:P1]
   - d. >Sale[1-7]

5. 如果你想要选择第 2、3、4、5 种产品的详情，R 命令为：
   - a. >Sale[2, 3,4, 5]
   - b. >Sale [2-5]
   - c. >Sale[P2:P5]
   - d. >Sale[2:5]

6. 你将使用下面哪一条 R 命令选择值大于 35 的产品详情？
   - a. >Sale[Sale>35]
   - b. >Sale (Sale>35)
   - c. >Sale[P1:P10>35]
   - d. >Sale[>35]

第 7～10 题的公用数据

考虑如下矩阵：

> XY

X Y

A   16 18
B   24 32
C   17 16
D   15 12
E   11 13

7. 选择列 X 的值大于 12 的所有行的 R 命令是:

    a. XY[XY["X"] > 12,]   b. XY[XY[, "X"] > 12,]

    c. XY[XY[X] > 12,]   d. XY[XY["X",] > 12,]

8. 选择除第 3 列之外所有列的 R 命令是:

    a. >XY[,-3]   b. >XY[-3,]

    c. >XY[-3]   d. >XY['3']

9. 下列哪一条命令帮助你选择行 A 的第 1 和第 2 列?

    a. XY["A", 1:2]   b. XY['A', 1:2]

    c. XY["A"][1:2]   d. XY['A', 1:2]

10. 你可以用如下哪一条命令选择名为 "X" 的列?

    a. XY[, "X"]   b. XY["X",]

    c. XY[, 'X']   d. XY['X',]

标注你的答案（把正确答案涂黑）

1. (a) (b) (c) (d)   6. (a) (b) (c) (d)

2. (a) (b) (c) (d)   7. (a) (b) (c) (d)

3. (a) (b) (c) (d)   8. (a) (b) (c) (d)

4. (a) (b) (c) (d)   9. (a) (b) (c) (d)

5. (a) (b) (c) (d)   10. (a) (b) (c) (d)

测试你的能力

1. 从默认 R 数据集中加载内置数据集 mtcars。选择 hp 变量，求出所有大于 150 的项目的总和。

2. 将上述数据（大于 150 的 hp 变量）加载到 Hadoop 分布式文件系统。编写一个 mapreduce 脚本（包含如上条件的映射和归约函数），计算这些项目的总和，并在 R 提示符下运行该脚本。

備忘单

○ 向量只有一维。它可以转换为矩阵（二维数组），矩阵将显示高度和宽度。

○ 数据帧通过组合多个向量生成，每个向量成为数据帧的单独一列。

○ 可以在向量名称后附加一个索引向量（包围在方括号中），打印或者引用向量的一个子集。

○ 列表由对象的集合组成，这些对象的大小或者类型不一定相同。列表中的对象通过在列表名称后面附加索引向量（包围在双方括号 [[]] 中）索引。

○ 可以用分号（；）分隔命令，在同一行上发出多条命令。

○ 条件执行是由某个条件满足（TRUE）或者不满足（FALSE）决定的一系列任务。

○ 循环可以重复执行一组命令。

○ RHadoop 是客户端 R 和 Hadoop 的结合。

第 4 讲

R 中的图形分析

模块目标

学完本模块的内容，读者将能够：

▶▶ 在 R 中实施图形分析

本讲目标

学完本讲的内容，读者将能够：

▶▶	在 R 中描述大变量和多变量的图形分析
▶▶	实现多重比较图表
▶▶	用 R 的内置函数描述特殊图表
▶▶	实施用 R 保存图表为文件的步骤

"当制作人想要知道公众的需求时，他们将其画成曲线。当他们想要告诉公众所能得到的东西时，也使用曲线来说明。"

——Marshall McLuhan

　　大部分统计分析是以数值技术为基础的，如置信区间、假设检验、回归分析等。在许多情况下，这些技术基于和所使用数据有关的假设。确定数据是否符合这些假设的方法之一是分析其图形，因为图形可以提供对数据集属性的深入理解；例如，你可能更愿意看到最近 36 个月的销售量图表，而不是一个表格里的 36 行。因此，生成高质量的图形是进行统计计算的主要原因之一。

　　图形对于非数值型数据（如颜色、风味、品牌名称等）很有用，在这些方面，数值型计量很难或者无法计算。本讲将说明如何以方便的图形方式组织数据，使你能够轻松地分析它。实现这些图形的特定绘图函数取决于变量的数量和需要强调的模式。

　　在本讲中，你将学习各种图表的绘制，如双变量图表、多变量图表和特殊图表。你还将学习这些图表上各类函数的执行，如添加文本和符号、创建箱形图和直方图、绘制索引和时间序列图等。

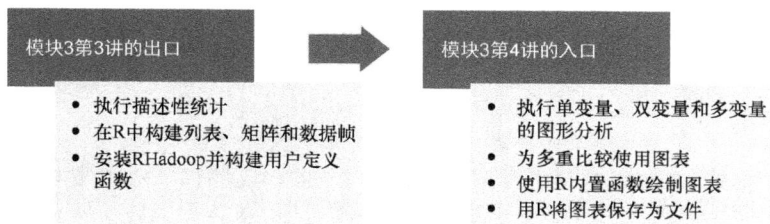

模块3第3讲的出口	模块3第4讲的入口
• 执行描述性统计 • 在R中构建列表、矩阵和数据帧 • 安装RHadoop并构建用户定义函数	• 执行单变量、双变量和多变量的图形分析 • 为多重比较使用图表 • 使用R内置函数绘制图表 • 用R将图表保存为文件

4.1　为单变量绘图

　　你可能需要为单一变量绘图。例如，你可以为特定产品在一段时间内的每日销售额绘图。你也可以为每月的销售量绘制时间序列图。

　　当你只有一个变量时，图表的选择较为有限。R 提供了如下单变量绘图函数。

○ **hist(y)**：显示频率分布的直方图。　　　　○ **plot(y)**：显示序列中 y 值的索引图。

○ **plot.ts(y)**：时间序列图。　　　　　　　○ **pie(x)**：饼图等成分图表。

技术材料

　　初学者常见的错误之一是混淆直方图和条状图。直方图的 x 轴是响应变量，y 轴表示不同响应值的频率。与此相反，条状图的 y 轴是响应变量，x 轴上则是一个分类解释变量。

例　子

　　我们来考虑水蚤（一种水生昆虫）增长率的分析。假定响应变量是不同水质下水蚤的增长率。水蚤是生活在淡水体（包括池塘和湖泊）的小型甲壳类动物。有 4 种不同的清洁剂和 3 种不同的水蚤无性繁殖方式。使用如下命令绘制特定样本的直方图：

```
data<-read, table ("c : \\temp\\daphnia.txt", header=T)
attach (data)
names(data)
[1] "Growth.rate" "Water" "Detergent" "Daphnia"
```

　　上述命令生成的直方图显示了每种增长率在整个分析中观察到的频率。如果有必要，你可以绘制许多不同的条状图。按照无性繁殖和清洁剂分类的平均增长率图表可用如下命令绘制：

```
par(mfrow=c(1,2))
hist(Growth.rate,seq(0,8,0.5),col="green",main="")
y <- as.vector(tapply(Growth.rate,list(Daphnia,Detergent),mean))
barplot(y,col="green",ylab="Growth rate",xlab="Treatment")
```

上述命令的输出如下图所示。

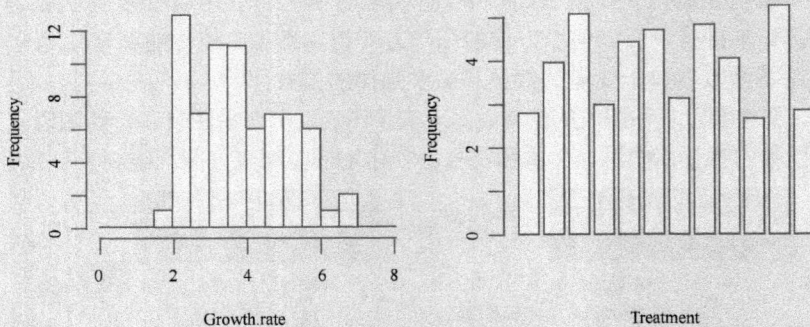

两个图表面上很相似，它们都有多个垂直的方块。但是相似之处也就仅止于此。左侧的直方图中 x 轴为增长率，而右侧的条状图上 y 轴为增长率。直方图上的 y 轴显示整个试验中观察到增长率值处于给定区间的次数。条状图的 y 轴显示特定试验中增长率的算术平均数。

4.1.1　直方图

直方图可以很好地显示数据集中的模式、分布和对称性。R 的 hist() 函数看起来似乎很简单。

x 轴分为多个范围（称作 bin），对分布于该范围的响应变量进行计数。直方图很难使用，因为你所看到的取决于对 bin 大小的主观判断。较宽的 bin 产生某种景象，窄的 bin 产生的则是不同的景象，不相等的 bin 会造成混淆，如图 3-4-1 所示。

可以使用如下命令绘制直方图：

```
par(mfrow=c (2,2))
hist(Growth.rate,seq (0,8,0.25) ,col ="green",main=""
hist(Growth.rate,seq(0,8,0.5),col="green",main="")
hist(Growth.rate,seq(0,8,2),col="green",main="")
hist(Growth.rate,c(0,3,4,8),col="green",main="")
```

图 3-4-1　在 R 中绘制直方图

图 3-4-1 展示了在 R 中绘制的直方图。

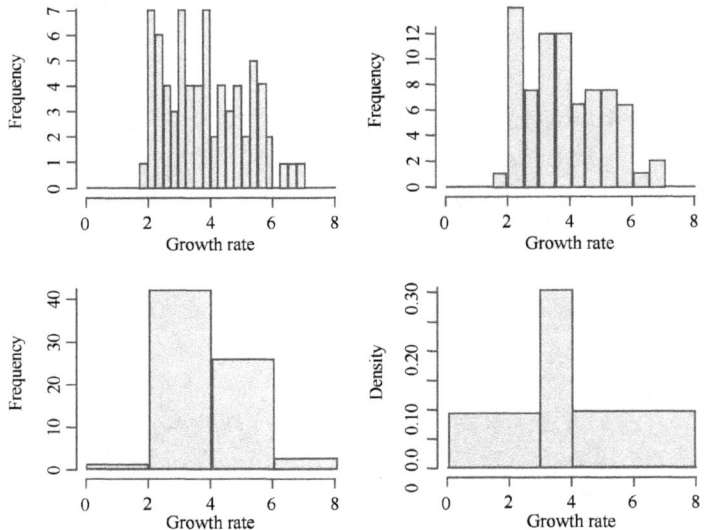

图 3-4-1 的左上角的直方图中 bin 的宽度为 0.25 个单位，右上角的直方图中 bin 的宽度为 0.5 个单位，左下角的直方图中 bin 的宽度为 2.0 个单位，右下角的直方图中 3 个 bin 采用不同的宽度。bin 越窄，峰值频率越低。

小的 bin 会造成多峰性（音频、文本和视觉模式的组合），而宽的 bin 会造成单峰性（包含单一模式）。有不同的 bin 宽度时，R 中默认的做法是将计数值转换为密度。

R 中显示 bin 边界的惯例是使用方括号和圆括号，因此：

○ [a,b]指的是"大于或者等于 a，但是小于 b"（先方括号，后圆括号）；

○ (a,b)指的是"大于 a 但是小于或者等于 b"（先圆括号，然后方括号）。

当数值正好落在两个 bin 的边界时属于哪一个 bin 必须明确。如果数值落在最小或者最大值，很容易确定它属于哪一个 bin，这将消除所有歧义。你必须注意，bin 可能既包含最小值，又包含最大值。

cut()函数取得一个连续向量，将其截断成多个用于计数的 bin。为了说明它的工作方式，我们对水蚤数据使用 cut 函数，生成了图 3-4-1 左下的密度分布图。

首先，创建一个 bin 边界向量。可以使用如下命令知道增长率的范围：

```
range(Growth.rate)
```

输出如下：

```
[1] 1.761603 6.918344
```

这样，下界 0 和上界 8 将包含所有数据。你可以用如下命令在 3 和 4 创建边界：

```
edges <- c(0,3,4,8)
```

现在，创建一个新的向量 bin，包含放置每个增长率值的 bin 名称。这个新向量的长度与 Growth.rate 相同。它有一个级别和 bin 数量相同的因子。因子级别的名称代表 bin 的边界，由圆括号和方括号表示，如以下的命令所示：

```
bin <- cut(Growth.rate,edges)
bin
```

上述命令的输出如下：

```
[1]  (0,3] (0,3] (3,4] (0,3] (3,4] (4,8] (4,8] (3,4] (4,8] (0,3] (3,4]
[12] (0,3] (3,4] (4,8] (4,8] (4,8] (4,8] (4,8] (0,3] (3,4] (3,4] (3,4]
[23] (3,4] (3,4] (3,4] (4,8] (4,8] (0,3] (0,3] (3,4] (3,4] (4,8] (4,8]
[34] (0,3] (3,4] (4,8] (0,3] (0,3] (3,4] (3,4] (3,4] (4,8] (4,8] (4,8]
[45] (4,8] (3,4] (0,3] (3,4] (4,8] (4,8] (4,8] (3,4] (4,8] (4,8] (0,3]
[56] (3,4] (0,3] (4,8] (4,8] (4,8] (0,3] (3,4] (4,8] (0,3] (0,3] (0,3]
[67] (4,8] (4,8] (4,8] (0,3] (0,3] (0,3]
Levels: (0,3] (3,4] (4,8]
is.factor(bin)
[1] TRUE
```

例　子

考虑从一个泊松分布（表示在给定时期内随机发生的事件总数的离散概率分布）中提取的 1000 个随机整数（均值为 1.7）构成的直方图。使用默认比例产生 8 个方块，这样的直方图并不能清晰地区分 0 和 1。用如下命令可以绘制这种直方图：

```
values <- rpois(1000,1.70)
hist(values/main="",xlab="random numbers from a Poisson with mean 1.7")
```

上述命令的输出如下图所示。

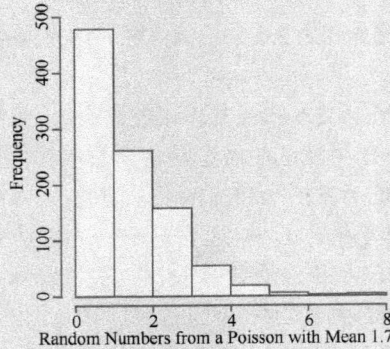

对这样的低值整数，最好是用 breaks 参数明确指定 bin。

最明智的计数断点是用 -0.5～0.5 捕捉 0，用 0.5～1.5 捕捉 1，以此类推。

现在，直方图清晰地说明 1 的出现频率大约为 0 的 2 倍，命令如下所示。

```
hist(values,breaks=(-0.5:8.5),main="",
xlab="Random Numbers from a Poisson with Mean 1.7")
```

上述命令的输出如下图所示。

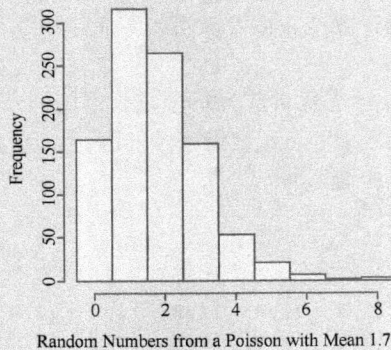

用平滑密度函数覆盖直方图

R 中的 hist() 函数不接受你关于方块数量和宽度的建议。这有助于同时查看类似范围的多个直方图。对于小整数，最佳方案是为每个值设定一个 bin。

可以从 -0.5 起创建断点容纳数值 0，用 max(y)+0.5 容纳最大的计数值。

假定从一个负二项式分布（$i=1.5$，$k=1$）提取 158 个随机整数：

```
y <- rnbinom(158,mu=1.5,size=1)
bks <- - 0.5: (max (y)+0.5)
hist(y,bsk,main="")
```

为了得到这个直方图最合适的密度函数，你必须估算负二项分布的样本参数：

```
mean(y)
[1] 1.772152
var(y)
```

```
[1]  4.228009
mean(y)^2/(var(y)-mean(y))
[1]1.278789
```

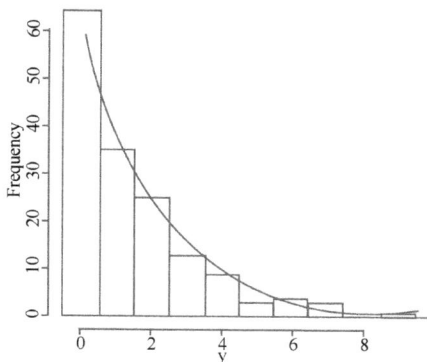

在 R 中，负二项分布的参数 k 被称为 size，均值称作 mu。我们希望为 0～11 的每个计数值生成概率密度，对应的 R 函数为 dnbinom：

```
xs <- 0:11
ys <- dnbinom(xs,size=1.2788,mu=1.772)
lines(xs,ys*158)
```

图 3-4-2 展示了在 R 的直方图中加入的平滑密度函数。

不出意料，从我们生成数据之后，负二项分布就

图 3-4-2　绘制带有平滑密度函数的直方图

很好地描述了频率分布。它指的是一系列试验中发生特定次数失败之前成功总次数的离散分布。1 的频率略低，0 的频率略高，但其他频率都得到了很好的描述。

连续变量的密度估算

绘制连续变量直方图的相关问题比解释变量更有挑战性。这个问题取决于密度估算，这是统计学家所要面对的重要问题。

你可以通过在帮助窗口中浏览 "density"，对所涉及的问题有所了解。默认的密度算法是根据经验分布函数（一个随机测量样本的相关分布函数），把聚集分散显示在一个至少包括 512 个点的网格中。它使用快速傅里叶变换，这是一种从另一个函数中衍生而来，并使用一系列正弦函数实现的函数。将一个函数与另一个函数结合在技术上称作**卷积**。这种将连续模型变换为核心的离散模型版本的逼近方法，会使用线性逼近来求出特定点的密度。带宽的选择关键在消除非明显突出部分和消除真正峰值之间的平衡。带宽的经验公式是

$$b = \frac{\max(x) - \min(x)}{2(1 + \log_2 n)}$$

式中，n 为数据点的数量。

例　子

考虑两个样本数据集 wmt Venables 和 eruptions。我们使用如下命令比较 hist wmt Venables 和用于 eruptions 数据的 Ripley truehist：

```
library(MASS)
attach(faithful)
```

根据带宽的经验公式得出：

```
(max(eruptions)-min(eruptions))/(2*(1+log(length(eruptions),base=2)))
[1] 0.192573
```

但是这样产生的拟合有很多不平坦的部分。带宽值 0.6 看起来好得多。

```
windows(7,4)
par(mfrow=c(1,2))
hist(eruptions,15,freq=FALSE,main="",col=27)
```

```
lines(density(eruptions,width=0.6,n=200))
truehist(eruptions,nbins=15,col=27)
lines(density(eruptions,n=200))
```

下图展示了上述命令的输出。

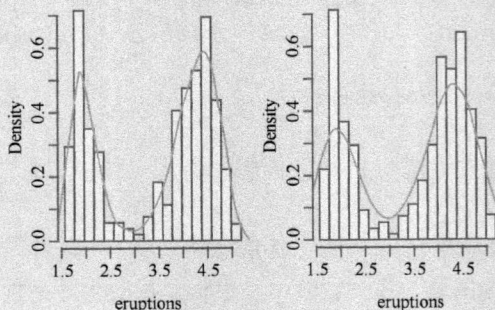

注意，在这个例子中，你要求 15 个 bin，但是实际上得到了 18 个。而且，虽然两个直方图都有 18 个 bin，但是它们在多个方块的高度上有实质性的差别。左侧的 hist 直方图在密度 0.5 处有两个峰值，而右侧的 truehist 有 3 个。

hist 直方图在大约 3.5 的位置有一个次峰，而 truehist 没有。这是直方图的问题。

还要注意，默认的概率密度曲线在辨认波峰波谷高度方面比使用 0.6 的带宽时差很多。

4.1.2　索引图

索引图是用于单一样本的另一种图表。这种图表取一个连续变量作为唯一参数，将其作为 y 轴坐标，x 轴坐标由向量中该数值的位置决定。这类图形对错误检查特别有用。

下面是一个尚未进行质量检查的数据集，用 response$y 作为参数绘制索引图：

```
raspanse <- read, table ("c : \\temp\\das.txt", header=T)
plot(response$y)
```

图 3-4-3 展示了 R 中绘制的索引图。

你应该检查是否有可能数据项的小数点出现在错误的位置。使用 which 函数确定索引：

```
which (response$y>15)
[1] 50
```

以结果值作为下标，查看出错的 y 应该取什么值：

```
response$y[50] <-2.179386
```

现在可以重复索引图，查看有没有其他的明显错误。

```
plot(response$y)
```

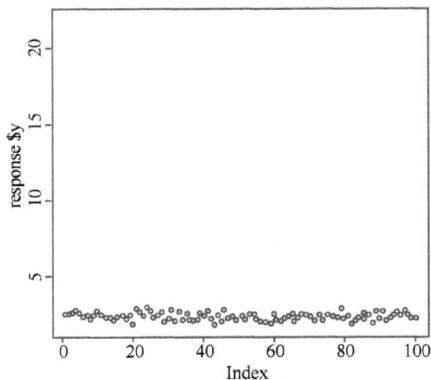

图 3-4-3　在 R 中绘制索引图

4.1.3　时间序列图

在一段时期结束时，可以用时间序列图将一组有序的 y 值连接起来。

当时间序列中有缺失值时（例如，前 5 年中有两个月的销售额遗漏）就会出现问题，特别是多组缺失值的情况（例如，前 5 年中遗漏了 2 个季度的销售额），在这些时间点，我们通常对时间序列图的表现一无所知。

R 中用于绘制时间序列数据图表的两个函数是 ts.plot 和 plot.ts。

下面我们用 ts.plot 在同样的坐标轴上以不同的线型绘制 3 个时间序列图，以确定英国每月因肺病致死的人数：

```
data (UKLungDeaths)
ts.plot(1deaths, mdeaths, fdeaths, xlab="year",ylab="deaths",lty
=c(1:3))
```

图 3-4-4 展示了 R 中的时间序列图。

上方的实线显示总死亡人数，颜色较深的虚线显示男性死亡人数，较浅的虚线显示女性死亡人数。性别上的差别很明显，季节性也同样明显——深冬季节出现峰值。

另一个函数 plot.ts 用于绘制从 class=ts 衍生的对象：

```
dat (sunspots)
plot (sunspots)
```

技术材料

UKLungDeaths 是 1974～1979 年因为支气管炎、肺气肿和哮喘死亡的人数数据，包含如下 3 个数据集。

- ldeaths：包含两性的死亡记录。
- mdeaths：包含男性死亡记录。
- fdeaths：包含女性死亡记录。

图 3-4-5 展示了用 plot.ts 函数绘制的时间序列数据图表。

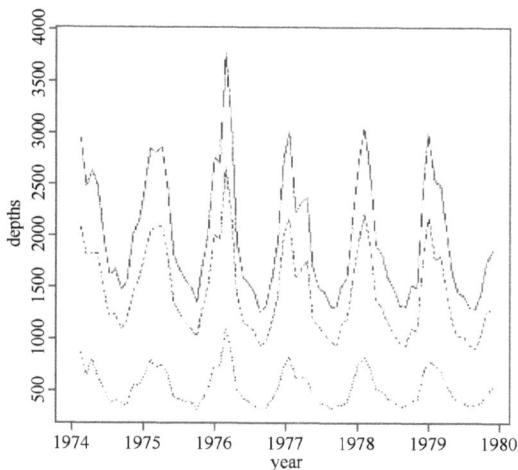

图 3-4-4　在 R 中绘制时间序列图

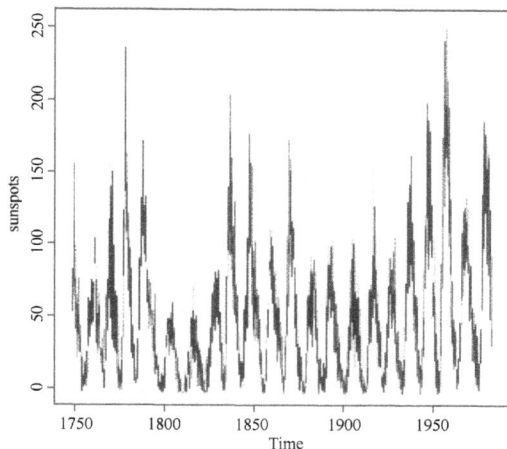

图 3-4-5　用 plot.ts 函数绘制时间序列图

简单的 **plot**（`sunspots`）语句能够正常工作，是因为 `sunspots` 从时间序列类继承而来，该对象内置了 *x* 轴所用的日期数据。

```
class (sunspots)
 [1] "ts"
is.ts(sunspots)
[1] TRUE
str(sunspots)
Time-Series [1:2820] from 1749 to 1984: 58 62.6 70 55.7 85 83.5 94.8
```

4.1.4　饼图

饼图有时候可用于演示样本的构成比例。`pie` 函数以一个数值向量为参数，将其转换为比例，并根据这些比例划分圆形。

使用标签表示饼图的每个分段是必不可少的。标签可以以字符串向量的形式提供，在此我们称其为 `data$names`。

如果名称列表包含空格，就无法使用 `read.table` 和制表符分隔文本文件输入数据。作为替代，可以将 piedata 文件保存为逗号分隔文件（使用**.csv** 扩展名），用 `read.csv` 代替 `read.table` 输入数据：

```
data <- read, csv ("c : \\temp\\piedata.csv")
data
          names            amounts
1         coal             4
2         oil              2
3         gas              1
4         oil shales       3
5         methyl clathrates 6
```

图 3-4-6 展示了 R 中绘制的饼图。

用户可以随意更改分段的颜色。

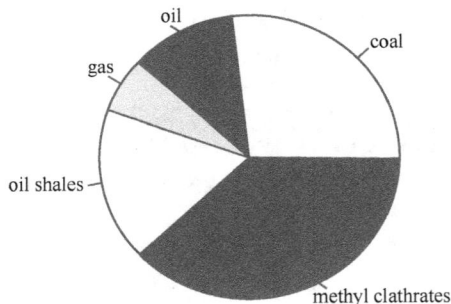

图 3-4-6　在 R 中绘制饼图

4.1.5　**stripchart** 函数

> **技术材料**
>
> 在大数据环境中，小于 100 个观测值的样本被看作小样本，小于 30 个就太小了。

对于规模过小（如少于 30 个观测值）的样本来说，备选的绘图方法之一是使用 **stripchart**（带状图）函数。使用带状图的目标是小心观察小样本中单独值的位置，比较不同情况的值。带状图可以由模型公式 y 因子规定，可以指定条带垂直（而非水平）延伸。

我们考虑内置数据集样本 OrchardSprays，如图 3-4-7 所示。

在此，响应变量是 `decrease`，只有一个分类变量名为 `treatment`。注意，在下面的命令中，用 `with` 代替 `attach`：

```
data (OrchardSprays)//
with (OrchardSprays/,
stripchart(decrease ~ treatment,
ylab = "decrease", vertical = TRUE, log = "y"))
```

图 3-4-8 展示了 R 中的带状图。

	decrease	rowpos	colpos	treatment
1	57	1	1	D
2	95	2	1	E
3	8	3	1	B
4	69	4	1	H
5	92	5	1	G
6	90	6	1	F
7	15	7	1	C
8	2	8	1	A
9	84	1	2	C

图 3-4-7　OrchardSprays 数据集

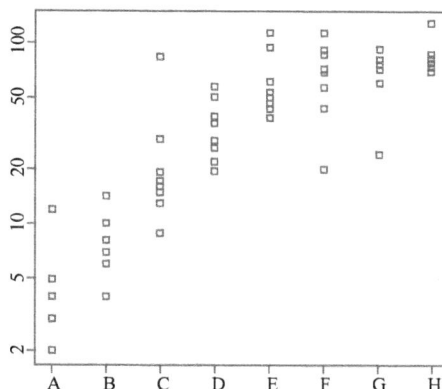

图 3-4-8　在 R 中绘制带状图

这种图采用箱线图的常规布局，但是显示所有原始数据值。注意，对数化的 y 轴（log="y"）和 8 个条带的垂直对齐。

知识检测点 1

编写绘制饼图来描述零售店 KPG 产品 A、B、C、D 销售量的语法。

4.2　绘制双变量图表

预备知识　分析数据之前要了解如何准备数据，这些准备有助于提高分析的效率。

图形分析中使用的两类变量是**响应变量**和**解释变量**。响应变量在 y 轴上体现，解释变量在 x 轴上体现。

你所制作的图表类型取决于解释变量。当解释变量是**连续变量**（如长度、重量或者高度）时，适合使用的图表是**散点图**。

散点图以图形方式展示了两个数值集合之间的关系。在解释变量为**分类变量**（如基因型或者性别）的情况下，合适使用的图表是**箱线图**或者**条形图**。

箱线图是用四分位点表示数值数据集合的图形手段，基于最小、最大和上下四分位数，如图 3-4-9 所示。

条形图以方块图表的形式提供了数据的图形表示。图 3-4-10 展示了条形图的例子。

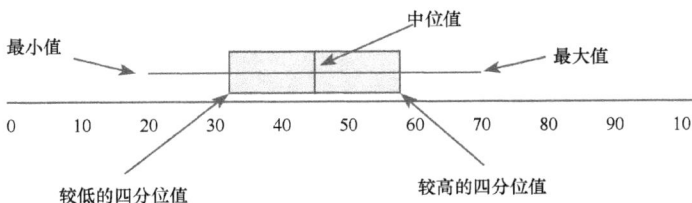

图 3-4-9　箱线图

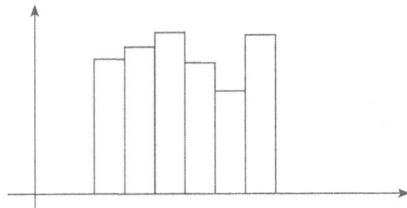

图 3-4-10　简单的条形图

R 中最常用的双变量绘图函数为：

○ **plot(x,y)**：表现 x 和 y 值相对关系的散点图。

○ **plot(factor, y)**：表现每个因子水平上 y 值的箱线图。

○ **barplot(y)**：高度来自 y 值的一个向量（每个条块代表一个因子水平）。

4.2.1　根据两个连续解释变量绘制图表：散点图

plot 函数绘制坐标轴并添加散点图上的点。画点和画线函数为现有的图表增加的额外的点和线段。画点和画线函数可以如下两种方式指定：

○ 笛卡儿形式：**plot(x，y)**；

○ 公式形式：**plot(y~x)**。

技术材料

　　笛卡儿坐标在两个正交向量（坐标轴）的帮助下，以二维结构规定点的位置。笛卡儿坐标系的原点是两个坐标轴的交点，该点位置为（0，0）。

技术材料

　　基于公式的图表指的是以图形方式表现变量之间的关系。例如，方程 $y=mx+c$ 用于在笛卡儿坐标系上绘制一条直线。

基于公式的绘图方法的好处是 plot 函数和模型拟合的观感相同。笛卡儿图表采用"先 x 后 y"的方式构图，而模型拟合采用"先 y 后 x"的方式。

plot 函数使用如下参数：

○ 解释变量的名称；

○ 响应变量的名称。

plot 函数的语法为 plot(x,y)。绘图所用的数据从文件中读入 R，命令如下所示。

```
data1 <- read, table ("c: \\temp\\scatter1. txt" ,header=T)
attach(data1)
names(data1)
[1] "x1" "y1"
```

输入如下命令可生成散点图：

```
plot (x1, y1, col="red")
```

图 3-4-11 展示了用 R 的 plot 函数绘制的散点图。

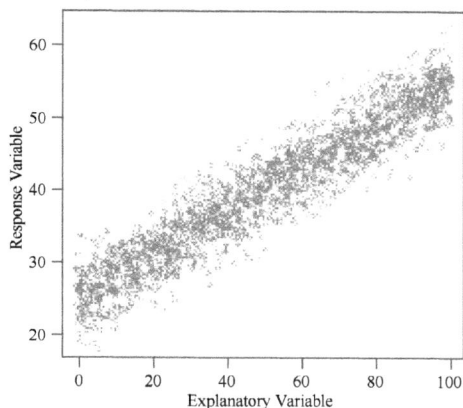

坐标轴用变量名标记，除非你选择用 xlab 和 ylab 覆盖这些名称。这是因为使用比默认的变量名更长、更明确的坐标轴标签往往是一个好主意。假定我们想将坐标轴标签 x1 改为更长的标签"Explanatory Variable"，将 y 轴标签从 y1 改为"Response Variable"。那么我们可以按照如下命令那样使用 xlab 和 ylab：

```
plot(x1, y1, col="red", xlab="Explanatory variable", ylab="Response
variable")
```

图 3-4-12 展示了 R 中散点图上的坐标轴标签。

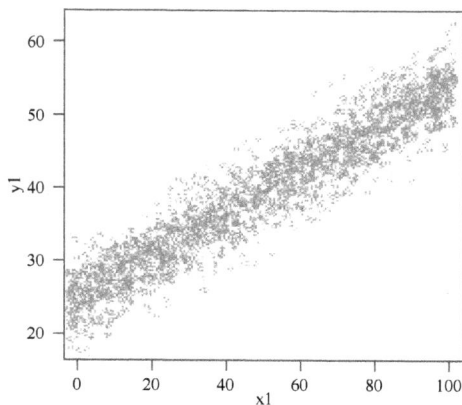

图 3-4-11　用 plot 函数绘制散点图　　　　图 3-4-12　R 中散点图上的坐标轴标签

附加知识

R 制图中很了不起的一点是，在图上添加对象极其简单。abline() 函数可用于添加穿越数据点"阴云"的回归线。这个函数使用线性模型对象 lm(y1~x1) 作为参数，其语法如下：

```
abline (lm(y1~x1))
```

abline() 函数的输出如下图所示。

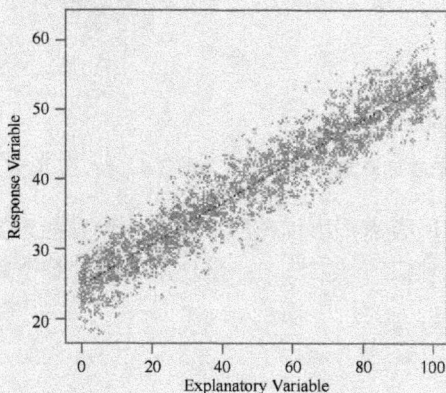

正如回归线，很容易在 R 图表中增加线段。可以用如下命令，从另外一个文件添加额外的点：

```
data2 <- read, table ("c:\\temp\\scatter2.txt", header=T)
attach(data2)
names(data2)
[1] "x2" "y2"
```

用如下的 points 函数可以添加新点(*x2*,*y2*)：

```
points (x2, y2, col="blue", pch=16)
```

用如下的命令可以添加穿过附加点的回归线：

```
abline (lm(y2 ~ x2))
```

图 3-4-13 展示了包含附加点的散点图。

下面举例说明 plot 函数的一个重要功能。注意，第二个数据集的几个较小的值没有出现在图上。这是因为 R 根据第一组点中的数据范围选择坐标轴刻度。如果后续的数据集范围在 *x* 和 *y* 轴刻度之外，这些点将被忽略，没有任何警告信息。

解决这个问题的方法之一是用 type = "n" 绘制所有数据，这样坐标轴的刻度将用连接函数 c() 包含所有数据集中的点。如下面的命令所示，两组数据中的点和线都可以添加到空白的坐标轴上：

```
plot (c(x1, x2), c(y1, y2), xlab="Explanatory variable", ylab="Response
variable", type="n")
points (x1, y1, col="red")
points (x2,y2,col="blue", pch=16)
abline (lm(y1~x1))
abline (lm(y2~x2))
```

图 3-4-14 显示包含了附加点和回归线的 R 散点图。

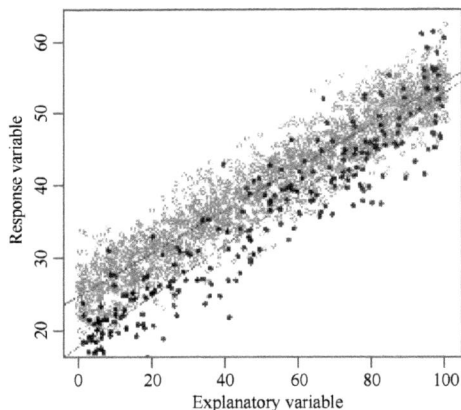

图 3-4-13　在 R 的散点图中增加附加的点　　图 3-4-14　在 R 散点图上添加附加的点和回归线

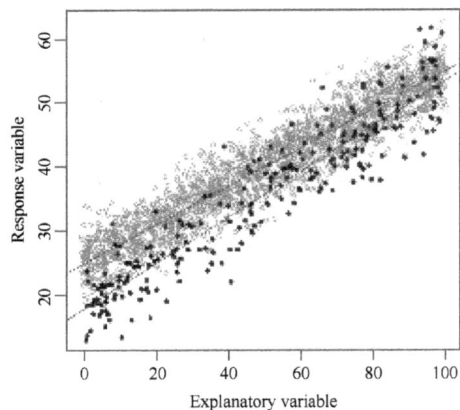

现在，来自两个数据集的所有点都出现在散点图上。你可能想要控制 *x* 和 *y* 轴限制的选择，而不是接受默认值。确定坐标轴值的好方法之一是使用应用到整个数据集的 range() 函数：

```
range (c(x1,x2))
[1] 0.02849861 99.93262000
range (c(y1,y2))
[1] 13.41794 62.59482
```

使用合适的比例，坐标轴和之前完全一样：

```
plot(c(x1,x2), c(y1,y2), xlim=c(0,100), ylim=c(0,70), xlab="Explanatory
variable", ylab="Response variable", type="n")
points(x1,y1,col = "red")
points(x2,y2,col="blue",pch=16)
abline(lm(y1~x1))
abline(lm(y2~x2))
```

图 3-4-15 展示了 R 散点图上使用 range() 函数的情况。

为图表添加图例，解释不同颜色的点之间的差异，可使图表更有意义。在 legend() 函数中，图例框中文本的行数由包含标签的向量长度决定。legend() 函数可以使用 locator(1) 选择图例框在图表上的位置。将光标定位在图例框左上角之后单击鼠标。legend() 函数的语法如下：

```
legend(locator(1), c("treatment", "control"), pch=c(1,16), col=c("red", "blue"))
```

图 3-4-16 展示了 R 散点图包含的图例。

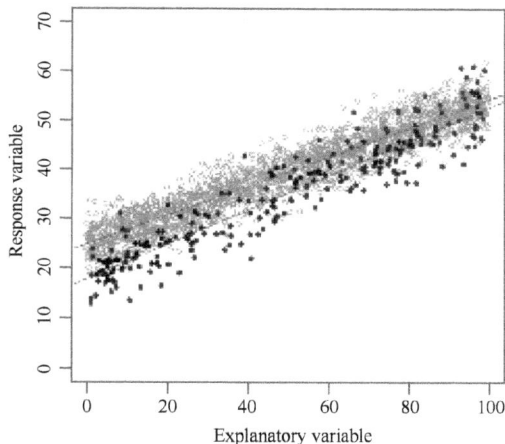

图 3-4-15　对 R 散点图的坐标轴应用 range() 函数　　　图 3-4-16　在 R 散点图中添加一个图例

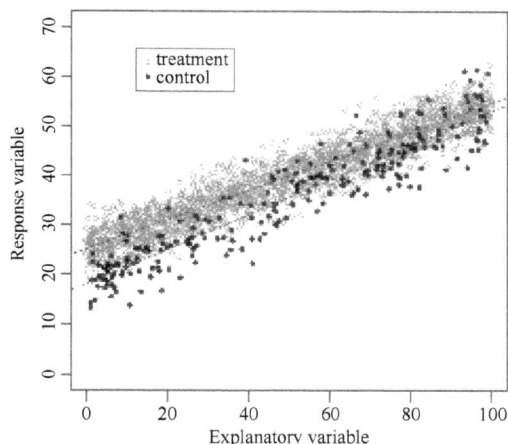

绘制符号：pch

图上显示的点外形可以在参数 pch 帮助下改变。

参数 pch 引用绘图字符或者绘图符号。绘图字符随着 pch 的值变化而变化。R 中可以使用 256 种不同的绘图字符（0～255）。用如下命令可以按照顺序从左上到右下显示所有字符：

```
plot(0:10,0:10,xlim=c(0,32),ylim=c(0,40),type="n",xaxt="n",yaxt="n",x
lab="",ylab="")
x <- seq(1,31,2)
s <- -16
f <- -1
for (y in seq (2, 40, 2.5)) {
s <- s + 16
f <- f + 16
y2 <- rep(y, 16)
points (x, y2,pch=s:f,cex=0.7)
text(x,y-1,as.character(s:f),cex=0.6) }
```

图 3-4-17 显示了 R 中可用的绘图符号列表。

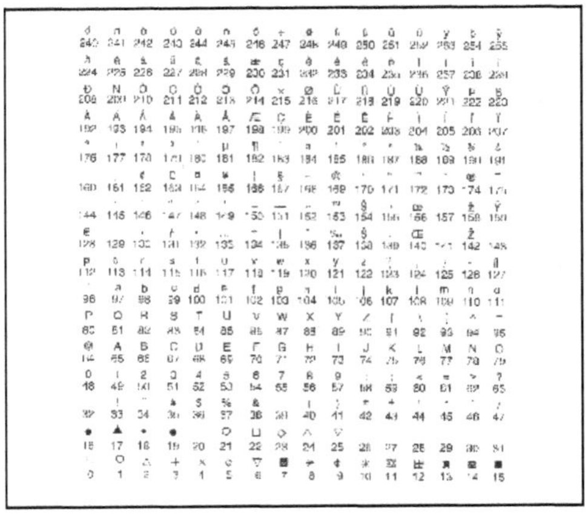

基本绘图符号（pch）显示在最后两行，下方是 pch 编号。默认值 pch=1，表示一个黑色的小空心圆圈。注意，从 26 到 32 的值目前没有使用，将被忽略。33～127 的数值表示 ASCII 字符集，128～255 的值是来自 Windows 字符集的符号。pch=19 和 pch=20 是不同大小的实心圆圈。pch=16 和 pch=19 之间的区别是后者使用边框，在线宽 Iwd 大于字符扩展 cex 时，它显得较大。pch=46 的符号是"点"，得到特殊的处理。

编号为 21～25 的绘图符号（pch）使你可以分别指定背景颜色和边框颜色。在下面的例子中，分列显示背景颜色（bg）1～8，编号在 x 轴上显示。边框颜色（col）1～8 分行显示，编号显示在 y 轴上：

```
plot(0:9, 0:9,pch=16,type="n",
xaxt="n",yaxt="n",ylab="col",xlab
="bg")
    axis(1,at=1:8)
    axis(2,at=1:8)
    for (i in 1:8) points(1:8,rep(i,8),
pch=c(21,22,24),bg=1:8,col=i)
```

图 3-4-18 显示了 R 中的绘图符号。

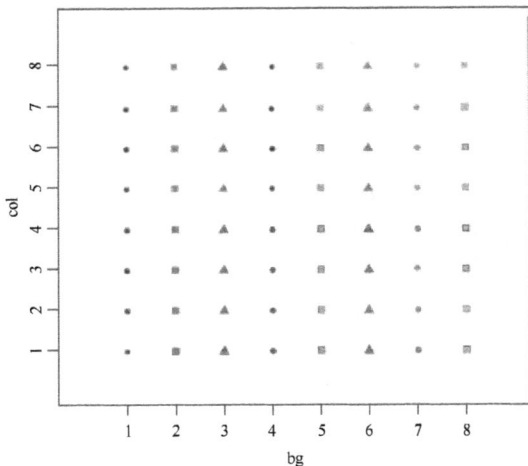

图 3-4-17　R 中的绘图符号

图 3-4-18　在 R 中应用彩色绘图符号

在散点图中添加文本

有时候，你可能需要为数据添加标签；例如，可以在每个点表示一个国家的图表上添加标签，表示全国的节能数据。

在图形中添加文本很容易；例如，要在位置 x=80、y=65 添加文本"(b)"，只需要输入 text(80, 65, '(b)')。

假定你想要生成一个显示不同位置名称的地图。位置的名称保存在 map.places.csv 文件中，其坐标则保存在另一个文件 bowens.csv 中。

bowens.csv 文件包含的位置名称比我们想要显示的更多。如果你的因子级别名称中有空格，读取文件的最佳格式是逗号分隔（.csv）而不是标准的制表符分隔（.txt）文件。可以用 read.csv 代替 read.table 将其读入 R 中的数据帧，命令如下所示。

```
map.places <- read.csv ("c :\\temp\\map.places.csv" ,header=T)
attach(map.places)
names(map.places)
[1] "wanted"
map.data <- read.csv ("c :\\temp\\bowens.csv", header=T)
attach(map.data)
names(map.data)
[1] "place" "east" "north"
```

R 中的默认图形窗口是 7 in×7 in 的正方形。但是示例中的地图是矩形，大约 80 km 宽、50 km 高。包括边距，你可以使绘图区域的宽为 9 个单位、高为 7 个单位——通过 windows 函数可以实现：

```
windows (9,7)
```

首先绘制一个合适大小的空白空间（type = "n"），将坐标轴标签和数值标记留空：

```
plot(c(20,100),c(60,110),type="n",xlab="",ylab="",xaxt="n", yaxt="n")
```

这里使用的技巧是在 place 向量中选择相应的位置，用 text 函数在正确的位置绘制名称。对于每个位置的名称，which()函数返回索引值，命令如下所示。

```
for (i in 1: length (wanted) ){
ii <- which(place == as.character (wanted[i]))
text(east [ii], nn[ii], as.character(place[ii]), cex = 0.6) }
```

图 3-4-19 展示了在 R 散点图中加入的文本。

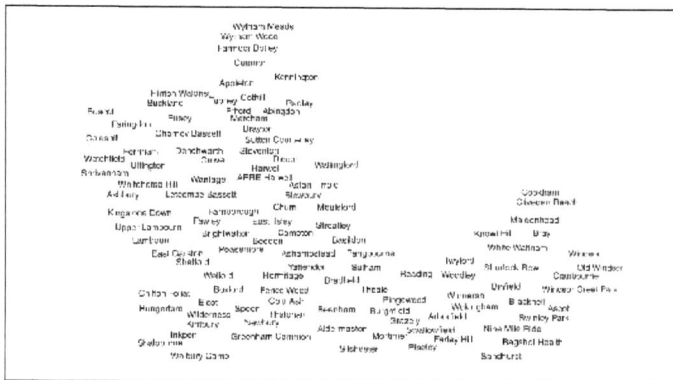

图 3-4-19　在 R 散点图中添加文本

例　子

　　我们将在如下样本中试验 R 的颜色和符号。这里有一个样本，包含 18 位试验对象对某种药物的反应时间，以及被剥夺睡眠的时长。该样本可以用如下命令绘制成图表：

```
data <- read, table ( "c :\\temp\\sleep.txt" ,header=T)
attach(data)
plot(Days,Reaction)
```

　　原始的散点图没办法体现太多的信息，因为在图中无法清晰地分辨个体。这个图表的主要目的是展示睡眠剥夺和药物反应时间之间的关系。另一个目标是引起对 18 位试验对象平均反应时间差异的注意，以及对反应时间随睡眠剥夺时长的增长率之间差异的注意。因为试验对象太多，图表可能很混乱。

改进方法之一是用非干扰性的线段颜色将单个试验对象的时间序列连接起来。为此，你可以创建一个向量，包含试验对象识别号（1~18）：

```
s <- as.numeric (factor(Subject))
```

这个向量将用于下标，以选择每个对象时间序列的 x 和 y 坐标。

接下来，建立一个循环，每次取得一个对象 k，用非干扰性颜色和参数 type = 'b' 绘制连线：

```
plot (Days, React ion, type="n")
for (k in 1:max(s)){
x <- Days [s==k]
y <- Reaction [s==k]
lines (x,y, type="b" , col= "gray")
}
```

然后，你可以为每个对象选择绘图符号和颜色。填充颜色的符号 pch = 21，pch = 22 和 pch = 24 很实用。

现在，我们对前两个绘图符号（sym）使用黑色之外的颜色，然后对用于其余对象的第 3 种绘图符号使用颜色编号 2~5，命令如下所示。

```
sym <- rep(c(21,22,24) ,c (7, 7,4) )
bcol <- C (2:8,2:8,2:5)
```

最后，你可以依次取得每个对象，使用 points 函数添加彩色符号，命令如下所示。

```
for (k in 1:max(s)){
points (Days [s==k] , Reaction [s==k] ,pch=sym [k] ,bg=bcol [k] ,
col=l)
}
```

下图展示了上述命令的输出。

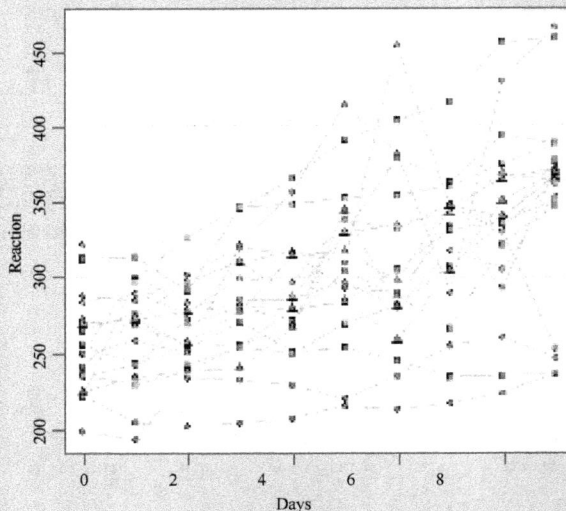

对于这样复杂的图表，最好是用文本解释绘图符号。

使用第 3 个变量作为散点图的标签

我们来考虑一个例子，这个例子关心的是测量得到的小规模紫羊茅生物量样本（FR）对两个解释变量（土壤 pH 值 pH 和干草产量 hay）的反应。pH 值和干草产量对比的散点图展示了不同样本的位置。可以使用 text 函数，以特定样本中的紫羊茅干重标记散点图上的每个点，观察紫羊茅重量是否随着干草产量和土壤 pH 值的变化而产生系统性的变化，命令如下所示。

```
data <- read, table ( "c :\\temp\\pgr.txt" ,header=T)
attach(data)
names(data)
[1] "FR" "hay" "pH"
plot(hay,pH)
text(hay, pH, labels=round(FR, 2), pos=1, offset=0.5,cex=0.7)
```

图 3-4-20 展示了在 R 中用 text 函数在散点图上显示的点标签。

标签按照点的 x 值居中（pos=1）。它们以 70% 的字符扩展因子显示舍入到两位有效数字的 FR 值。这种方法有一个明显的问题，就是有时候许多标签会相互重叠。但是对于间隔较大的点来说，这种方法很有效。上面的图表说明紫羊茅生物量的高值集中在中等的土壤 pH 和干草产量值。

也可以使用第 3 个变量选择散点图中点的颜色。下面的命令将超过中位数的 FR 显示为红色，其他则显示为黑色：

```
plot(hay, pH, pch=16,col=if else (FR>median (FR), "red", "black"))
legend (locator (1) , c ( "FR>median" , "FR<=median",pch=16, col=c
("red", "black") )
```

图 3-4-21 显示了 R 散点图中的彩色点。

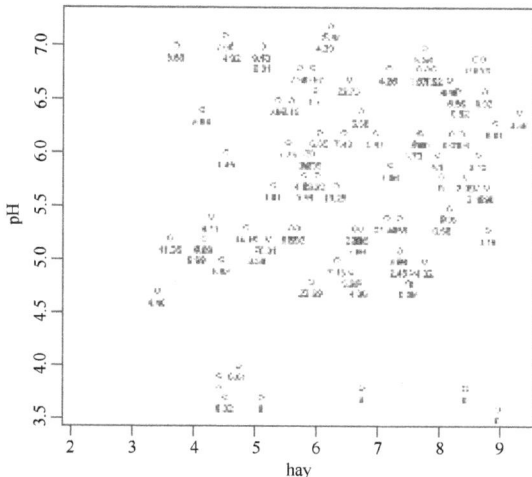

图 3-4-20　用 Text 函数在 R 散点图上绘制带标签的点

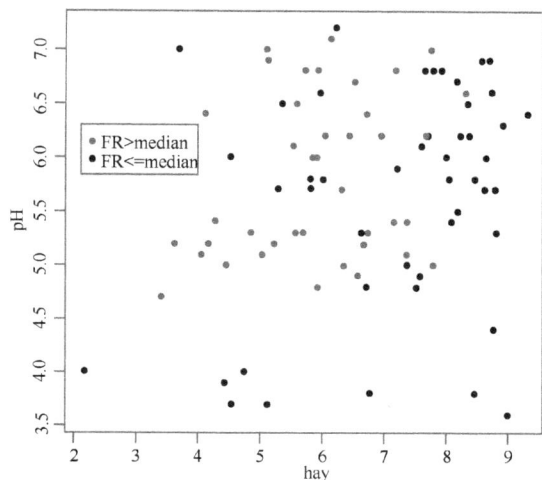

图 3-4-21　设置 R 散点图上点的颜色

要用线将散点图上的点连接起来，关键是确保这些点在 x 轴上有序。如果没有排序，结果就会一团糟。下面的命令在 x 轴上的点无序时生成输出：

```
smooth <- read.table ("c : \\temp\\smoothing.txt", header=T)
attach(smooth)
names(smooth)
[1] "x" "y"
```

我们首先生成一个下标向量，表示排序后的解释变量值。使用如下命令，以这个坐标作为 x 和 y 坐标的下标绘制连线。

```
plot(x, y, pch=16)
sequence <- order(x)
lines(x[sequence],y[sequence])
```

假定你没有对 x 值进行排序，只是使用了 lines 函数：

```
plot(x, y, pch=16)
lines(x, y)
```

下图展示了上述命令生成的图表。

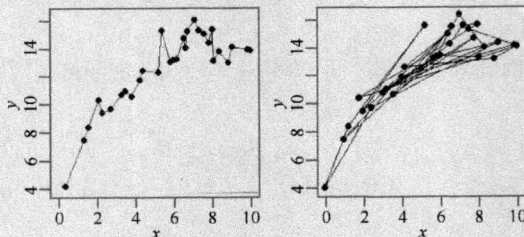

选项 type='b' 绘制点并用线将其连接起来。你可以选择绘图符号（pch）和线型（lty）。

绘制阶梯线

可以在 R 的图形显示中添加阶梯线。这些线用于明确地绘制数据图表，提供数字之间差别的清晰视图。现在我们用一个例子讨论 R 中阶梯线的实现。

例　子

绘制两点之间的直角边缘时，你必须确定先穿过点再向上还是向上之后再穿过点。我们假定有两个从 0 到 10 的向量：

```
x <- 0 : 10
y <- 0 : 10
plot(x, y)
```

有 3 种方法能够将这些点连接起来：

○ 用如下命令绘制一条直线。
```
lines(x, y, col="red")
```

○ 用小写的 "s" 绘制一条阶梯线，先穿过点后再向上，命令如下。
```
lines(x, y, col="blue", type="s")
```

○　用大写的"S"绘制一条绿色阶梯线，先向上之后再穿过点，命令如下。
```
lines(x,y,col="green",type="S")
```
下图展示了上述命令生成的输出。

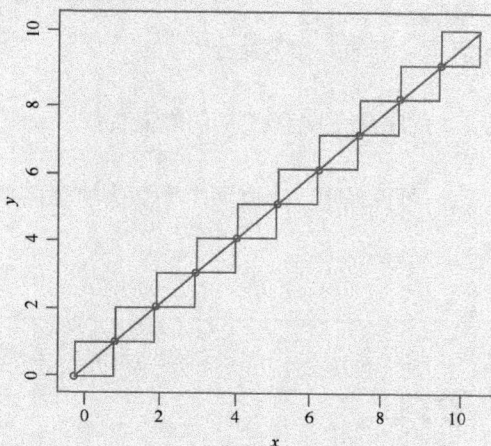

在图标上添加其他形状

一旦用 plot 函数生成了一组坐标轴，定位和插入其他图形对象就很容易了。可以用如下命令创建两个无标签、无刻度的坐标轴（xstat='n'），两个坐标轴的刻度都从 0～10，但是坐标轴上的 11 个点都未绘制（type='n'）：
```
plot(0:10,0:10,xlab="",ylab="",xaxt="n",yaxt="n",type="n")
```
在图上添加额外的图形对象很简单。

○　**rect**：矩形。

○　**arrows**：箭头和有方向的方块。

○　**polygon**：更复杂的有填充形状，包括有曲线边缘的对象。

我们来讨论添加一个单向箭头、一个双向箭头、一个矩形和一个六边形的步骤。下面的 rect() 函数语法提供 4 个数值：
```
rect(xleft, ybottom, xright, ytop)
```
下面的命令用于绘制从(6, 6)到(9, 9)的矩形。
```
rect(6,6,9,9)
```
locater() 函数可用于获得矩形四角的坐标。rect 函数不能接受 locater() 作为其参数，但是很容易编写一个函数做到这一点：
```
corners <- function (){
coos <- c(unlist(locator(1)),unlist(locator (1)))
rect(coos[1],coos[2],coos[3],coos [4])
}
```
然后，这样运行函数：
```
corners()
```

单击左下角和右上角，将在屏幕上提供的位置绘制一个矩形。

Arrows()函数的语法从点($x0, y0$)到点($x1, y1$)绘制一条带有箭头的线，箭头默认在"第二端点"（x1,y1）：

```
arrows(x0, y0, x1, y1)
```

要绘制从(1, 1)到(3, 8)的箭头，可输入如下命令：

```
arrows(1,1,3,8)
```

下面的命令添加 code=3，生成从(1, 9)到(5, 9)的双箭头：

```
arrows(1,9,5,9,code=3)
```

用 angle=90 代替默认值，可以显示一个有两个平切头的垂直方块（像误差线一样）：

```
angle = 30:
arrows(4,1,4,6,code=3,angle=90)
```

例　子

让我们来编写一段代码，从你第一次单击的光标位置到第二次单击位置绘制一个箭头：

```
click.arrows <- function(){
coos <- c (unlist(locator(1)),unlist(locator(1)))
arrows(coos[1],coos[2],coos[3],coos[4])
}
```

输入如下命令运行：

```
click.arrows ( )
```

然后在两端单击。

要在 R 中绘制多边形，使用如下命令，将 6 个点的坐标保存在名为 locations 的向量中。

```
locations <- locator(6)
```

单击第 6 个位置之后，控制返回到屏幕。

```
class(locations)
[1] "list"
```

已经生成了一个列表，我们可以在列表名称之后用$从列表中提取 x 和 y 向量值（R 已经创建了很有益的名称 x 和 y）：

```
locations
$x
[1] 5.484375 7.027344 9.019531 8.589844 6.792969 5.230469
$y
[1] 3.9928797 4.1894975 2.5510155 0.7377620 0.6940691 2.1796262
```

现在，可以使用如下命令绘制淡紫色的多边形：

```
polygon(locations,col="lavender")
```

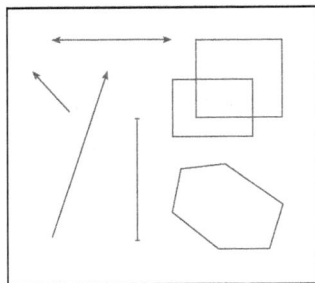

图 3-4-22 展示了在 R 中可以添加到图形的各种形状。

注意，polygon()函数自动绘制从最后一个点到第一个点的线段，闭合该图形。可以使用这个函数绘制更复杂的外形，包括曲线。

图 3-4-22　R 中可添加到图形内的形状

让我们举例说明为标准正态曲线中 z 值小于等于−1 的部分上色的实现步骤。先用如下命令绘制标准正态分布（均值为 0，标准差为 1）的概率密度（dnorm）线：

```
z <- seq(-3, 3, 0.01)
pd <- dnorm (z)
plot (z, pd, type = "l")
```

为了用红色填充 z<-1 左侧的区域，在 R 控制台中输入如下命令：

```
polygon(c(z[z<=-1], -1), c(pd[z<=-1],pd[z==-3]),col="red")
```

下图展示了上述命令的输出。

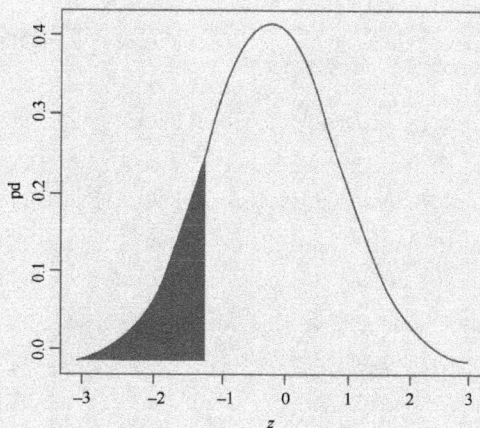

下面我们说明用 curve 函数绘制 x=−2 和 x=2 之间的 x^3−3x 曲线的方法。

```
curve(x^3 - 3*x, -2, 2)
```

下图展示了上述命令的输出。

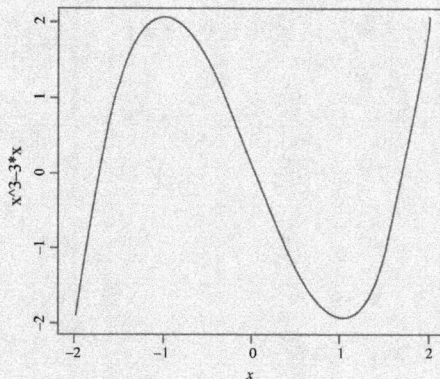

Ricker 曲线是一种解释种群与增殖之间关系的曲线。这种曲线以两个参数为基础，以著名的加拿大生物学家的名字命名。Ricker 曲线是峰型曲线，显示高种群密度下的低增殖率。

为散点图添加平滑参数曲线

到目前为止，你用分散的数据点来表示响应变量。但是，在许多情况下，你可能希望将响应显示为平滑的曲线。对此我们有一个重要的提示：为了在 R 中生成外观较为平滑的曲线，应该在 x 轴的最大值和最小值之间绘制大约 100 个直线段。

你需要比较两个 Ricker 曲线，其参数如下。

$$y_A = 482x\,e^{-0.045x},\ y_B = 518x\,e^{-0.055x}$$

需要做的第一个决策是图中 x 值的范围。根据字面定义，Ricker 曲线的最小 x 值为 0，最大 x 值为 100。接下来，你需要生成大约 100 个 x 值。可以用如下命令计算和绘制 y 的平滑值。

```
xv <- 0 : 100
```

接下来，可以计算包含对应每个 x 值的 y_A 和 y_B 值的向量：

```
yA <- 482*xv*exp(-0.045*xv)
yB <- 518*xv*exp(-0.055*xv)
```

在确定 y 轴的刻度之后，就可以绘制两条曲线了。可以求出 y_A 和 y_B 的最大值和最小值，然后用 ylim 指定 y 轴的极值。但是，更方便的做法是使用选项 type="n" 以绘制没有任何数据的坐标轴，然后用 lines 函数添加两个平滑函数。如下命令将生成空白的坐标轴。

```
plot(c(xv,xv),c(yA,yB),xlab="stock",ylab="recruits",type="n")
```

用如下命令可以绘制 y_A 的平滑曲线，形式为蓝色的虚线（lty=2,col='blue'）：

```
lines(xv,yA,lty=2,col="blue")
```

用如下命令可以绘制 y_B 的曲线，形式为红色的实线（lty=1,col='red'）：

```
lines(xv,yB,lty=1,col="red")
```

为了观察哪些曲线最好地描述了现场数据，用如下命令在平滑曲线上覆盖散点：

```
info <- read, table ("c: \\temp\\plotf it.txt" ,header=T)
attach(info)
names (info)
[1] "x" "y"
points(x,y,pch=16)
```

下图展示了上述命令的输出。

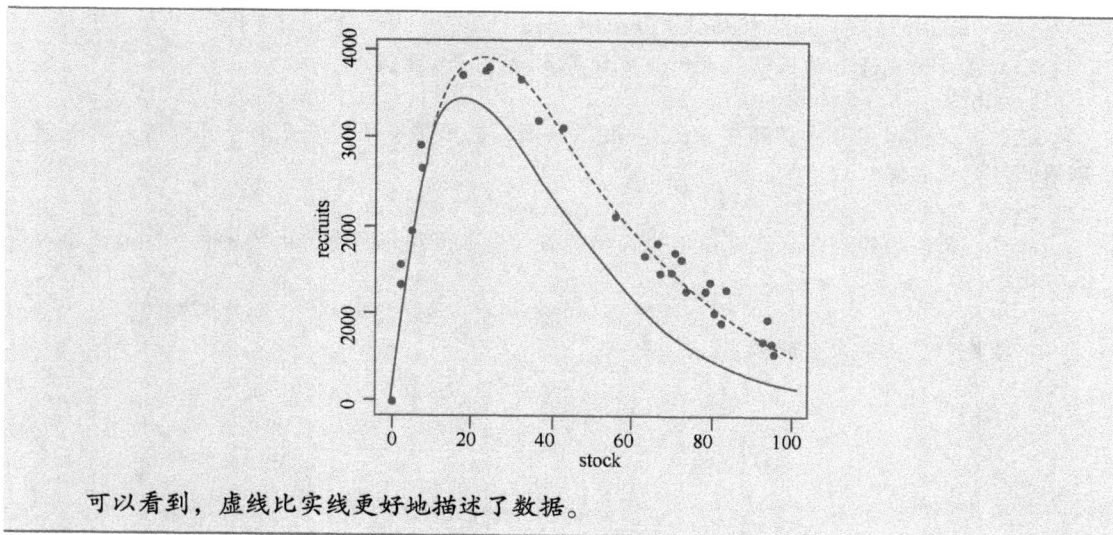

可以看到，虚线比实线更好地描述了数据。

4.2.2 使用分类解释变量绘图

当解释变量是分类变量而非连续变量时，无法生成散点图。作为替代，你必须在条形图和箱形图之间做出选择。箱形图表达的信息更多，是 R 中默认的分类解释变量图表。分类变量是具有两个或者更多级别的因子。

分类变量指的是包含固定可能取值的变量；例如，人类的血型可能为 O、A、B 和 AB。

解释变量是解释研究结果、通常用于帮助预测的变量。

箱形图指的是用四分位数表示一组数值数据的图形表现方式。这是根据某种等距区间测得的一组摘要数据。

我们用名为 month（级别 1～12）的因子研究 Silwood 公园的天气模式，以此说明箱线图的实现。

```
weather <- read.table("c:\\temp\\SilwoodWeather.txt",header=T)
attach(weather)
names (weather)
```

上述命令的输出如下。

```
[1] "upper" "lower" "rain" "month" "yr"
```
你必须声明 month 为因子。此时，R 仅将其视为一个数值。
```
month <- factor(month)
```
　　现在，你可以用分类解释变量（month）绘图，因为第一个变量是因子，你得到的是箱形图而不是散点图。
```
plot (month, upper)
```
　　注意，默认的箱线图上没有任何坐标轴标签，为了得到信息量较大的标签，你必须输入如下命令。
```
plot (month, upper, ylab = "daily maximum temperature", xlab="month")
```
　　下图展示了上述命令的输出。

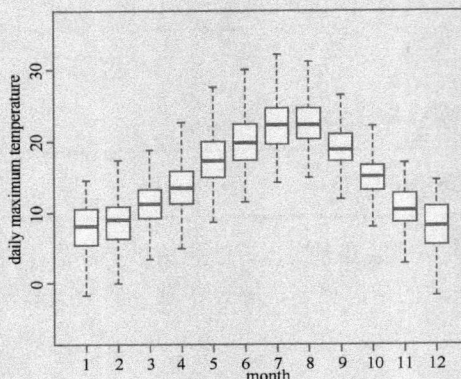

　　在上面的例子中，箱形图明显总结了许多信息。水平线显示了每个月日均温度的中值。箱体的上部和下部分别显示 25 和 75 分位数。垂直的虚线称作"须"（whisker）。对于上方的须，你可以看出两种情况之一：最大值（指的是 75 中位数以上小于 1.5 个四分位差范围的最大数据点）或者异常值（如果出现的话）。"数据四分位差的 1.5 倍"这个数量大约等于标准差的 2 倍，四分位差是响应变量第一个四分位和第三个四分位的差值。

　　第三个四分位之上和第一分位数之下超过 1.5 倍四分位差的点被定义为**异常值**并被单独绘出；因此，在没有异常值的情况下，须简单地显示最大值和最小值。

　　箱形图不仅显示数据的位置和分布，还表示其偏度。例如，在 2 月，低温的范围远大于高温的范围。

　　箱形图也很擅长找出数据中的错误。这些错误由极端异常值表示。

　　注意，箱线图完全基于数据点本身；没有任何均值或者标准差之类的估算参数。须总是止于数据点；所以上须和下须通常是不对称的，即使上下都有异常值时也是如此。

用缺口表示显著差异的箱形图

　　箱形图很擅长显示数据点在中位数周围的分布，但是不适合表示中位数之间是否有显著差异。

　　Tukey 发明了服务于上述两个目的的缺口。缺口（见图 3-4-23）作为中位数某一侧的"腰线"，其意图是给出两个中位数之间差异显著性的大概印象。在合适的检验下，缺口不重叠的箱体可能证明有显著不同的中位数。缺口重叠的箱体可能没有显著不同的中位数。缺口的大小与四分位差成正比，与重复次数的平方根成反比。缺口可以表示为

$$\text{notch} = \pm 1.58 \frac{IQR}{\sqrt{n}}$$

其中，IQR 为四分位差；n 为每个样本的重复次数。

缺口基于中位数渐进常态性和两个对比中位数的样本大小相等的假设，据称对样本的基本分布不敏感。

缺口的思路是为两个中位数的差异提供大约 95% 的置信区间，但是支持的理论有些模糊。

下面是使用选项 `notches=TRUE` 绘制的 Silwood 天气数据图表。

图 3-4-23 展示了用 Silwood 天气数据绘制的箱线图。

Silwood 天气数据的这个箱形图显示，7 月和 8 月的每日最高气温之间没有显著差异（7 月和 8 月的缺口完全重合），但是 9 月的最高气温明显低于 8 月。如果箱体没有重叠（如 9 月和 10 月），则中位数的差异在合适的检验下将很显著。

当样本规模很小或者样本内方差很大时，缺口可能不像你的预期那样成为箱体的腰线。

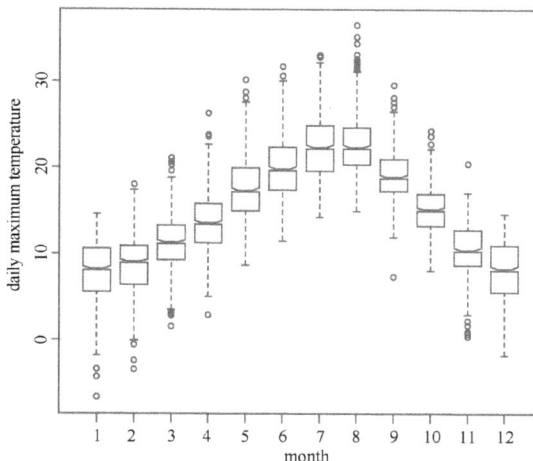

图 3-4-23　在 R 中绘制箱形图

相反，缺口将延伸到高于第 75 个百分位数或者低于第 25 个百分位数，这看起来很古怪，但是这是有意为之的，成为检验可能无效的警告信号。

带误差线的条形图

使用 plot 函数绘制条形图的一种备选方案是，用条形图展示不同处理中均值的高度。你可以从计算条块的高度开始，用 tapply 函数找出分类解释变量每一级别的均值。

我们用一个例子来说明带误差线的条形图。这个例子的数据来自植株竞争的试验，分类变量 `clipping` 有 5 个级别：控制（不浸润）、两种根部修剪处理（r5 和 r10）和两种地上部分修剪处理（n25 和 n50）（使相邻的植株减少 25% 和 50%）。响应变量是成熟期产量（干重），称为**生物量**（biomass）。绘图的命令如下。

```
trial <- read, table ("c : \\temp\\compexpt.txt" ,header=T)
attach(trial)
names(trial)
[1] "biomass" "clipping"
```

首先，用 tapply 计算 5 个均值，以求得条块的高度：

```
means <- tapply(biomass,clipping,mean)
```

现在，生成条形图非常简单：

```
barplot(means,xlab="treatment",ylab="mean yield",col="green")
```

图 3-4-24 展示了 R 中绘制的带误差线的条形图。

除非在这种条形图上添加误差线，否则图形无法表示每个估算均值相关的不确定性程度，从而也就不适合于发表。在条形图上绘制误差线没有内置函数，但是可以很容易地编写一个函数来完成这一任务。

下面是在 R 中使用误差线时的问题。

○ 在前一次调用 barplot 时绘制的 y 轴可能太短，无法容纳从最高的条块上延伸出来的误差线。

○ 误差线居中的位置（即误差线中心的 x 坐标）不明显。

○ 下一个需要做出的决策是绘制哪一类条块。

信息量最大的误差线可能是加上或者减去两个均值之间最不明显的差值的一半。可以用如下命令绘制相同数据的箱线图和缺口箱线图：

```
windows (7,4)
par (mfrow=c (1,2) )
plot(clipping,biomass)
plot(clipping,biomass,notch=T)
```

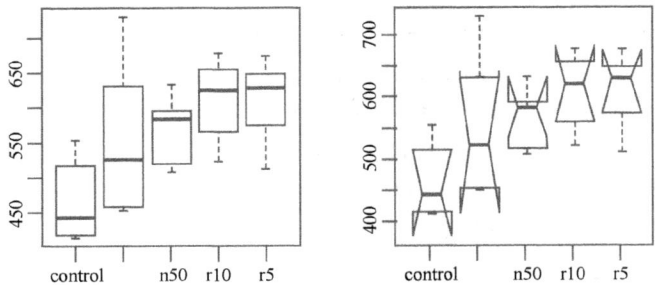

图 3-4-25 展示了在 R 中绘制的箱线图。

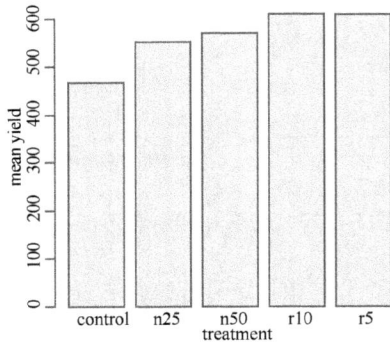

图 3-4-24　在 R 中绘制带有误差线的条形图　　　　图 3-4-25　在 R 中绘制箱线图

知识检测点 2

你希望将计算机窗口大小改为 10,12。下面哪一个是改变屏幕大小的正确语法？

a. `window (10,12)`　　　　　b. `Windows (1012)`

c. `WINDOWS(10, 12)`　　　　d. `window (1012)`

4.3　多重比较图表

有了多个级别的分类解释变量，就必须谨慎对待涉及多重比较的统计问题。

让我们来对比两种绘制多重比较图表的技术：缺口箱形图和 Tukey 的"真实显著性差异"（HSD）。

数据显示了对一个分类变量的响应，这个分类变量有 8 个级别，代表试验中使用的种子的 8 种不同基因型（有机体携带的一组基因）。

```
data <- read, table ("c: \\temp\\box.txt", header=T)
attach (data)
```

```
names (data)
[1] "fact" "response"
plot (response~factor (fact),notch=TRUE)
```

图 3-4-26 展示了在 R 中绘制的对比图表。

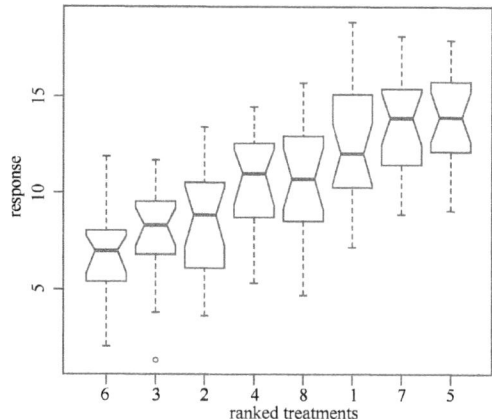

因为基因型是无序的，很难从图中判断与其他级别有显著差别的级别。让我们先计算一个索引，这个索引表示不同因子水平的响应的值：

```
index <- order(tapply(response,fact,mean))
ordered <- factor(rep(index,rep(20,8)))
boxplot(response-ordered,notch=T,names=as.character(index),
xlab="ranked treatments",ylab="response")
```

图 3-4-27 展示了描述计算出的索引的 R 图表。

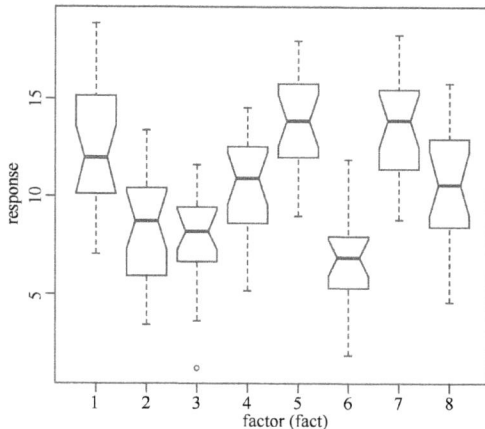

图 3-4-26　在 R 中绘制对比图表

图 3-4-27　在 R 中绘制计算出的索引

响应（response）作为函数（称作 ordered）的因子参与绘图，使箱体按照平均产量从低到高从左到右排列。你可以更改箱体的名称，以反映索引值。注意，index 向量的长度为 8，但是 ordered 的长度为 160。

观察缺口，任何两个相邻的中位数似乎都没有显著的差异，但是第 4 种处理方式的中位数似乎明显大于第 6 种处理方式的中位数，而第 5 种处理方式的中位数似乎明显大于第 8 种处理方式。

这些数据的统计分析可能涉及用户指定的比较方式，比较方式一经确定，就需要解释显著的差异。你可以用单向方差分析进行评估，检验最少有一个均值显著不同于其他均值的假设：

```
model <- aov(response-factor(fact) )
summary(model)
Df Sum Sq Mean Sq F value Pr (>F)
factor (fact) 7 925.7 132.24 17.48 <2e-16 ***
Residuals 152 1150.1 7.57
```

另外，为了在没有指定处理方式之间对比的先验手段时进行多重比较，可以使用 Tukey 的真实显著差异：

```
plot (TukeyHSD (model))
```

图 3-4-28 展示了在 R 中绘制的 Tukey 的真实显著差异。

y 轴上指明了因子级别的比较,垂直的虚线表示用于比较的均值之间没有差异。因此,你可以说品种 8 和品种 7 没有显著的差别,但是 7-6 和 8-6 的对比都很显著。HSD 图表中 y 轴上没有出现的比较标签必须由对因子级别编号的认识中推导。HSD 图表是显示多重比较的一种技术。由于 8-7 已经标记,上一个标签必须是 8-6,再上一个标签则是 7-6,然后我们找到 8-5 标签,它之上必须是 7-5,然后是 6-5 和 8-4,以此类推。

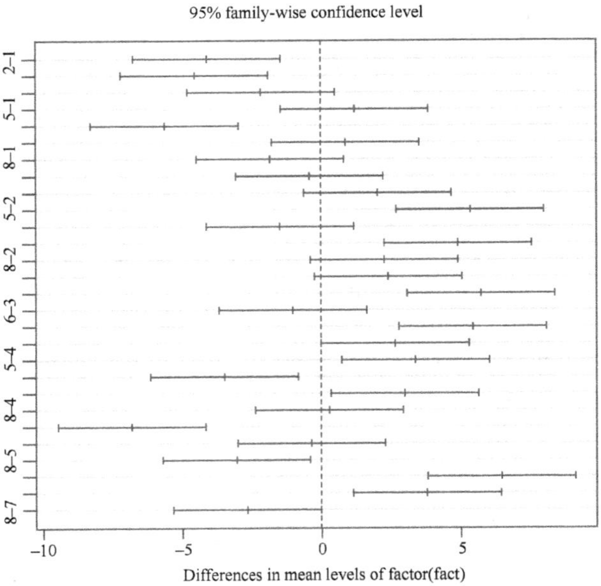

你可以为不同的条块添加颜色,但是在此之前,必须首先从调色板创建一个颜色向量。然后,用调色板中的下标引用颜色。关键是创建适合需求的颜色数量。

图 3-4-28　在 R 中绘制 Tukey 的真实显著差异图表

例　子

我们将举例说明使用内置色 heat.colors(包含红、绿和篮颜色代码)为样本文件 Silwood Weather 中的温度条形图着色的方法。你可以改变颜色,按照温度高低为 1～12 月分级。

```
data <- read, table ( "c : \\temp\\silwoodweather.txt", header=T)
attach(data)
month <- factor(month)
season <- heat.colors(12)
temp <- c(11, 10, 8,5,3,1,2,3,5,8,10,11)
plot(month,-upper,col = season[temp])
```

下图展示了上述命令的输出。

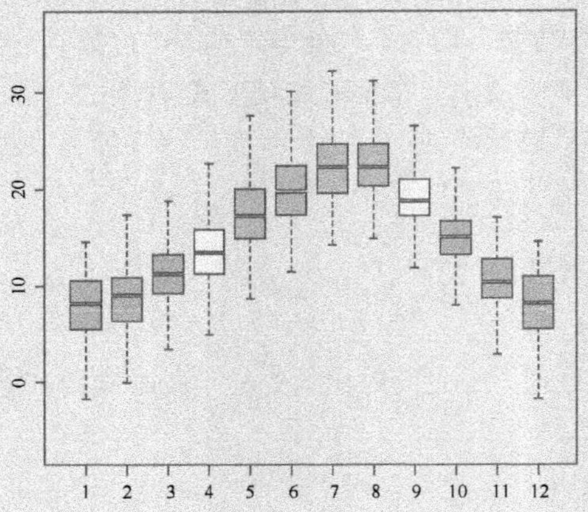

　　有一个数据文件包含每月中的日期和员工当月每天投入的工时，编写为其绘制箱形图的语法。

4.4　绘制多变量图表

　　当有许多变量，且任何一个变量都有可能出现错误或者遗漏时，使用图表进行初始数据检验更为重要。用于表现多个变量的主要 plot() 函数是：

- ○　pairs 函数，用于将每个变量与其他各个变量配对，绘制散点图矩阵；
- ○　coplot 函数，用于绘制由不同 z 值调节的 xy 散点图；
- ○　xyplot 函数，用于产生一组面板图。

让我们用样本数据集 ozone 为例，阐述这些函数。

4.4.1　pairs 函数

　　有两个或者更多连续解释变量时，检查解释变量之间的微妙依赖关系是很有价值的。pairs 函数用 y 轴表示数据帧中的每个变量，用 x 轴表示所有其他变量，命令如下所示。

```
ozonedata <- read, table ("c : \\temp\\ozone.data.txt", header=T)
attach (ozonedata)
names (ozonedata)
[1] "rad" "temp" "wind" "ozone"
```

　　pairs() 函数只需要整个数据帧的名称作为其第一个参数。让我们来练习一下为散点图添加非参数化平滑曲线的选项：

```
pairs(ozonedata,panel=p
anel.smooth)
```

　　图 3-4-29 展示了用 pairs() 函数绘制的多重比较图表。

　　行表示响应变量，列表示解释变量；因此，第一行的标签为rad——描述日光照射的响应变量。在最后一行，响应变量ozone（臭氧）出现在 3 个面板的 y 轴上。在 ozone 和 wind(风速) 之间似乎有很强的非线性负相关（y 值随着 x 值的增加而减小，但是没有遵循线性关系），在

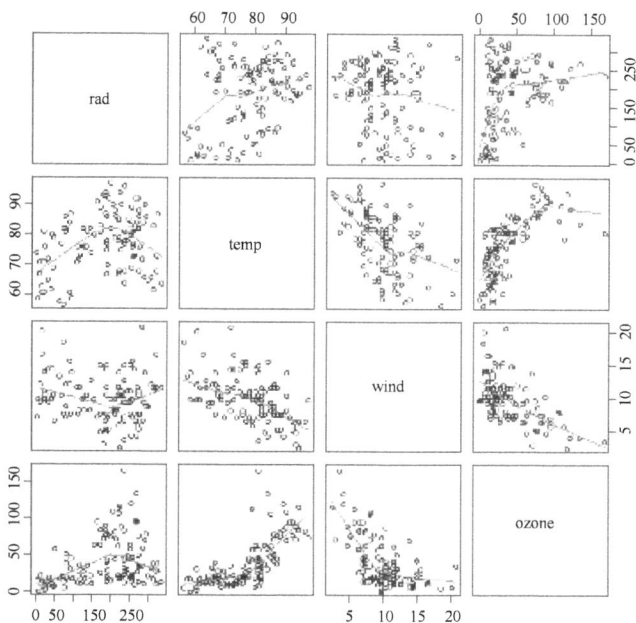

图 3-4-29　在 R 中用 pairs() 函数绘制多重比较图表

temp 和 ozone 之间存在非线性正相关,臭氧和日光照射之间的关系则模糊不清。至于解释变量,风速和温度之间似乎存在负相关。

4.4.2 coplot 函数

多变量数据中真正的难点是,两个变量之间的关系可能被其他过程的影响所掩盖。当绘制 y 和 x 相对关系的二维图形时,其他解释变量的影响将在纸面上显现出来。在最简单的情况下,我们有一个响应变量(臭氧)和两个解释变量(风速和气温)。函数如下:

```
coplot(ozone~wind|temp,panel = panel.smooth)
```

图 3-4-30 展示了在 R 中用 coplot() 绘制的多变量数据图表。

响应变量在波浪号的左侧,x 轴上的解释变量在右侧,在条件运算符(|)之后是条件变量。这里使用的一个选项是在整个散点图上拟合一个非参数化平滑曲线,强调每个面板中的对比趋势。

coplot 面板从左下角到右上角按顺序排列,与上方面板中从左到右的条件变量值相关联。因此,左下角的图表表示的是最低温度的情况,而右上角的图表表示的是最高温度的情况。

这个 coplot 图表凸显了有趣的相互关系。在条件变量 temp

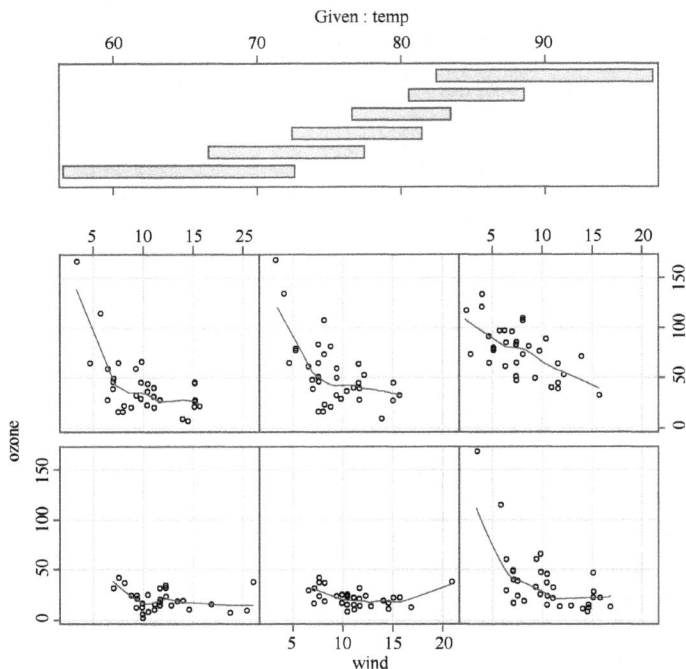

图 3-4-30 在 R 中用 coplot() 函数绘制多变量数据图表

的两个最低级别中,臭氧浓度和风速之间没有关系,但是在剩下的 4 个面板中,风速和臭氧之间有明显的负相关。

coplot 的缺点之一是在上沿会显示一个“盖板”,盖板之间的重叠是为了显示一个面板和下一个面板之间相同数据点引起的重叠程度。在这个默认配置中,面板区域中有一半与左侧的面板相同,半数数据与右侧的面板相同(overlap=0.5)。你可以修改盖板的大小到另一个极端,使一个面板中的所有数据点都仅出现在该面板上。

4.4.3 相互作用图表

当对一个因子的响应取决于另一个因子的级别时,相互作用图表是解释因子试验结果的有效图形手段。因子试验指的是设计中包含多个因子,每个因子的可能取值为离散值的试验。

例　　子

我们考虑粮食产量与灌溉及施肥关系的试验。这些数据的相互作用图表可以这样绘制：

```
yields <- read, table ("c : \\temp\\splityield.txt" ,header=T)
attach(yields)
lames(yields)
[1] yield" "block" "irrigation" "density" "fertilizer"
```

相互作用图表的语法相当不同寻常，因为响应变量出现在参数列表的最后。最先列出的因子组成图表的 x 轴，第二个因子生成线族。这些线连接了每个因子级别组合的响应变量均值：

```
interaction.plot (fertilizer, irrigation, yield)
```

下图展示了上述命令的输出。

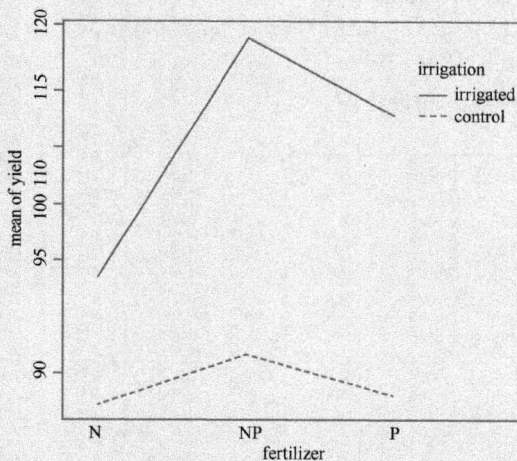

相互关系图显示，对肥料的平均响应取决于灌溉水平，两条线相互不平行就是证据。

知识检测点 4

写出绘制样本文件 food 相互关系图的语法。该文件包含 1 个月内供应给 2 家商店的 3 类粮食产品的数据。

4.5　特殊图表

R 有出色的图形能力，能够从不同格式的数据中制作出散点图。在 R 中，你可以根据需要生成**高级图表**和**低级图表**。**低级图表**指的是一步一步构建的基本图表。而**高级图表**具有内置的数据图形表示类型和风格。除了我们已经讨论的不同类图表之外，R 还提供了如下几种特种图表：

- ○　设计图；
- ○　气泡图；
- ○　具有许多相同值的图表。

4.5.1　设计图

可视化所设计试验产生的效果大小（计算两个分组之间的差值大小）的有效手段之一是 **plot.design** 函数，它可以像模型公式一样使用，命令如下所示：

```
plot.design(Growth.rate~Water*Degergent*Daphnia)
```

图 3-4-31 展示了在 R 中绘制的设计图。

该图说明了 3 个因素的主要影响，将注意力吸引到了水蚤无性繁殖之间的重大差别和清洁剂品牌 A、B 和 C 之间的较小差别上。默认情况下是根据均值绘图，但是也可以指定其他函数，如 median、var 或者 sd。此外，用户可以提供自己的匿名函数；例如，我们可以使用不同因子水平的标准误差（不同样本统计的标准差）：

```
plot .design (Growth.. rate~Water*Degergent*Daphnia,
fun=function (x) sqrt (var (x)/3)
```

图 3-4-32 展示了在 R 中绘制的设计图。

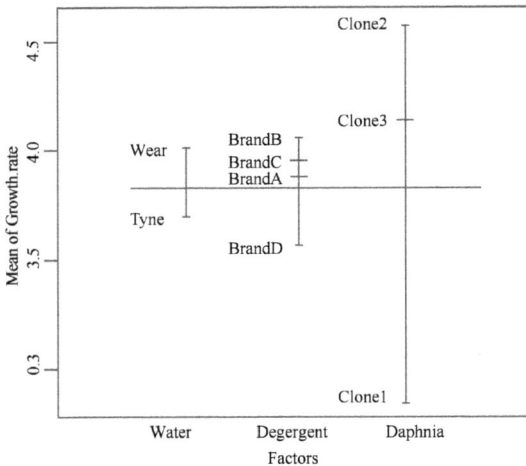

图 3-4-31　在 R 中绘制设计图

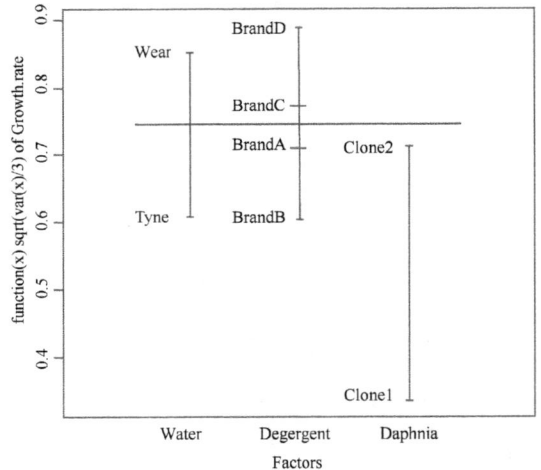

图 3-4-32　在 R 中绘制设计图

4.5.2　气泡图

气泡图对于在 *x-y* 平面上的不同位置说明第三个变量的变化很有用。下面是绘制气泡图的一个简单函数：

```
bubble.plot <- function (xv,yv, rv,bs = 0 .1) {
r <- rv/max(rv)
yscale <- max(yv)-min(yv)
xscale <- max (xv)-min (xv)
plot(xv,yv,type="n", xlab=deparse(substitute(xv)),
ylab=deparse(substitute(yv)))
for (i in 1:length(xv)) bubble(xv[i] ,yv[i] ,r [i] ,bs,xscale,yscale) }
```

```
bubble <- function (x,y,r,bubble.size,xscale,yscale) {
theta <- seq(0,2*pi,pi/200)
yv <- r*sin(theta)*bubble.size*yscale
xv <- r*cos(theta)* bubble.size*xscale
lines(x+xv,y+yv) }
```

示例数据是不同生物量和土壤 pH 值组
合下的产草量：

```
ddd<- read, table ("c: \\temp\\
pgr.txt" ,header=T)
attach(ddd)
names(ddd)
[1] "FR" "hay" "pH"
bubble.plot(hay,pH,FR)
```

图 3-4-33 展示了 R 中的气泡图。

在 hay = 6 和 pH = 6 的附近，紫羊
茅显示了 1 个非常高的值、4 个中等值、2
个低值和 1 个非常低的值。很明显，干草和
土壤 pH 值不是本次试验中决定紫羊茅丰度
的唯一因素。

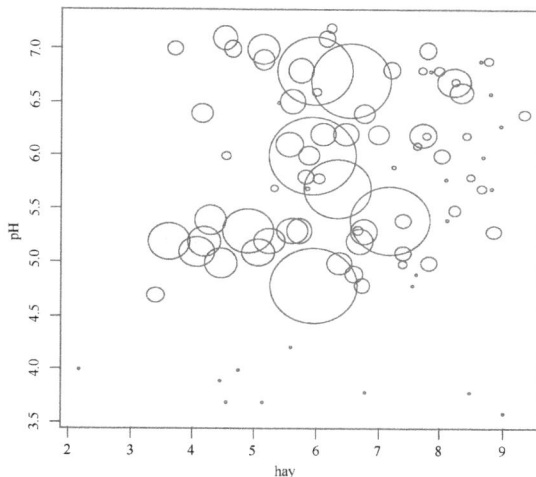

图 3-4-33　在 R 中绘制气泡图

4.5.3　有许多相同值的图表

有时候，散点图中的两个或者多个数据点将落在同一个位置上。在这种情况下，重复的 y 值将
被掩盖在另一个值之后。可以用如下命令指
出散点图上的每个点代表多少个数据：

```
numbers      <-    read.table("c:
\\temp\\longdata.txt",header=T)
attach(numbers)
names(numbers)
[1] "xlong" "ylong"
```

第一个选项是"抖动"plot 函数中的
点。这意味着将它们的 x 和 y 值加上或者减
去一个很小的随机数，直到每个数据点独立
显示：

```
plot(jitter(xlong,amount=1),jitt
er(ylong,amount=1),xlab="input",ylab
="count")
```

图 3-4-34 展示了 R 中的相同值图表。

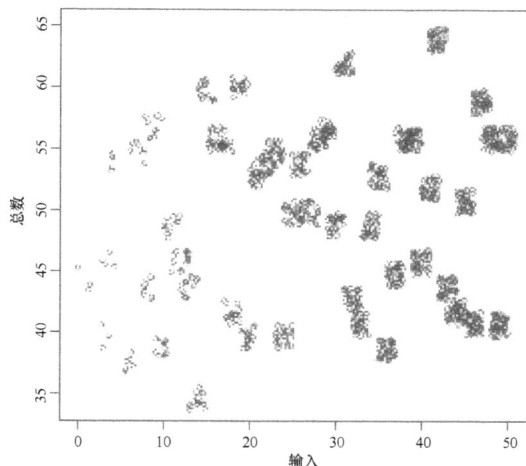

图 3-4-34　在 R 中绘制相同值图表

你必须试验 amount 参数，得到所需的分散程度。

另一个备选函数为 sunflowerplot()（葵花图）。这个名称是因为该函数对于每个特定点的 y 值生成一个"花瓣"。sunflowerplot() 可以这样使用：

```
sunflowerplot(xlong,ylong)
```

图 3-4-35 展示了用 sunflowerplot() 函数绘制的相同值。

在图 3-4-35 中可以看见，随着 x 从左侧的 1 增大到右侧的 50，每个点的重复次数也增大。当"花瓣"的数量超出 20 个之后，它们所能提供的信息量就不是特别大了。单个值不会显示任何花瓣，而同一位置的两个点形成两个花瓣。

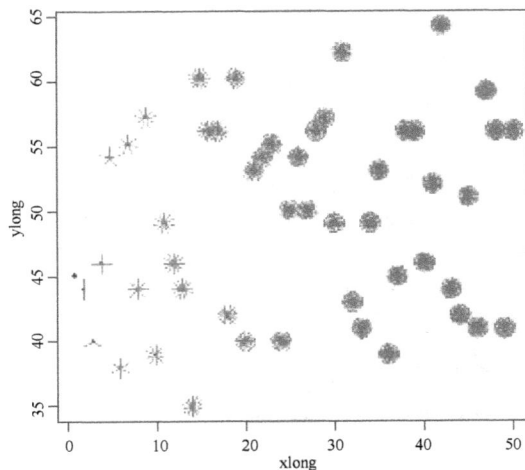

图 3-4-35　在 R 中用 sunflowerplot() 函数绘制相同值图表

作为一个选项，你可以指定两个向量包含唯一的 x 和 y 值，第三个向量包含每个组合的频率。

知识检测点 5

　　用 R 编写为样本文件 Race 绘制气泡图的语法。该文件包含在 10 圈的比赛中一位赛车手每圈的最高速度。

4.6　将图形保存到外部文件

为了得到出版级质量的图形，你可能想将每个图表保存为 PDF 或者 PostScript 文件。只需要在开始绘图之前指定"设备"，然后在完成时关闭设备就可以做到。默认设备是你的计算机屏幕，你可以用如下命令获取图形的概要副本，并粘贴到 R 之外的文档中：

```
data <- read, table ("c : \\temp\\pollute.txt", header=T)
attach(data)
```

可以用如下命令将图形保存到 PDF 文件中：

```
pdf ("c : \\temp\\pollution.pdf", width=7, height=4)
par(mfrow=c(1,2))
plot (Population,Pollution)
plot(Temp,Pollution)
dev.off()
```

可以用如下命令将图形保存到 PostScript 文件：

```
postscript ("c : \\temp\\pollution.ps " , width=7, height=4)
par(mfrow=c(1,2))
plot (Population,Pollution)
plot(Temp,Pollution)
dev.off()
```

pdf() 和 postscript() 函数有许多选项，但是最经常更改的可能是宽度和高度。这些尺寸的单位是英寸。你可以在调用 `pdf()` 和 `postscript()` 之前用 `pdf.options` 和 `ps.options` 指定任何想要更改的非默认参数。

选择合适的图形

我们已经学习了不同类型的图形，可以在 R 中绘制这些图形。但是，重要的是根据需求选择合适的图形类型。下面列出了常用的图形及其用途。

○　**线图**：线图用于显示一段时期的变化。根据需求，它通常用于跟踪长期和短期的记录。在变化很小的情况下，线图优于条形图。在某些情况下，线图还可用于比较同一时间段内不同分组的变化。

○　**饼图**：饼图用于显示一个分组内的对比；例如，你可以根据大学生的能力（如艺术、科学和商业），用饼图比较他们。饼图无法用于显示一定时期的变化。

○　**条形图**：和线图类似，条形图通常用于不同组之间的比较或者跟踪一段时间的变化。两者之间的差别是，线图用于跟踪小的变化，而条形图用于跟踪大的变化。

○　**区域图**：区域图也用于跟踪一个或者多个分组在特定时期内相对于类似类别的变化。

○　**x-y 图**：x-y 图用于显示两个变量之间的关系。在这类变量中，x 轴用于计量一个变量，y 轴用于计量另一个变量。一方面，如果两个变量的值同时增长，说明两个变量之间存在正相关。相反，如果一个变量增大的时候，另一个变量减小，则变量之间存在负相关。也有可能两个变量之间没有任何关系，在这种情况下，绘制图表没有意义。

图 3-4-36 列举了不同的图表。

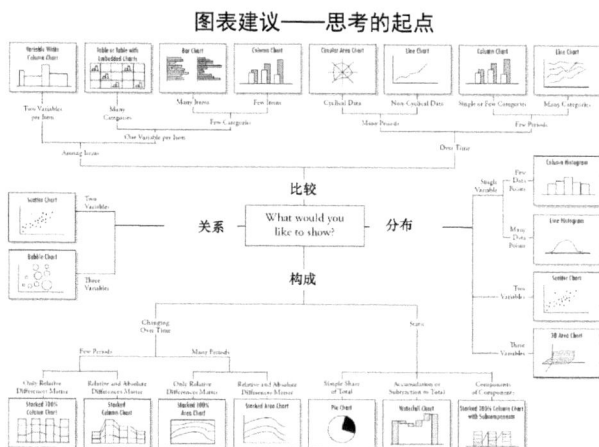

图 3-4-36　展示不同类型的图表

（来源：2006 A.Abela——a.v.abela@gmail.com）

知识检测点 6

编写语法将一个条形图保存为 **pdf** 文件。

多项选择题

选择正确的答案。在下面给出的"标注你的答案"里将正确答案涂黑。

1. 如下函数哪一个不能用于在 R 中绘制两个变量的函数？
   - a. plot (x, y)
   - b. c()
   - c. barplot (y)
   - d. plot (factor, y)

2. 下面哪一个是执行 R 中 plot 函数的正确语法？
   - a. PLOT ()
   - b. plot (x,y)
   - c. plot (x, y)
   - d. Plot (x, y)

3. 下面哪一个是在 R 中执行 abline 函数的正确语法？
   - a. Abline (lm(y1~x1)
   - b. ABLINE (lm(y1~x1)
   - c. abline (lm(y1~x1))
   - d. abline ((y1~x1)

4. 下面哪一个是在 R 中执行 legend 函数的正确语法？
   - a. Legend(locator(1), c("treatment", "control"), pch=c(1,16), col=c("red", "blue"))
   - b. legend(locator(1), c("treatment", "control"), pch=c(1,16), col=c("red", "blue"))
   - c. LEGEND(locator(1), c("treatment", "control"), pch=c(1,16), col=c("red"，"blue"))
   - d. legend ()

5. 下面哪一个是 R 中的绘图符号？
   - a. pch
   - b. pth
   - c. sap
   - d. phc

6. 下面哪一个对象不能加到 R 的图形中？
   - a. 矩形
   - b. 三角形
   - c. 箭头
   - d. 多边形

7. 下面哪一个函数用于获取 R 图形中任何形状的顶点坐标？
   - a. Locator()
   - b. plot()
   - c. loader()
   - d. locater()

8. 下面哪一个函数不能用于输入穿越数据点的非参数化平滑曲线？
   - a. lowess
   - b. loess
   - c. gap
   - d. lm

9. 下面哪一个函数可用于更改 R 窗口的大小？
   - a. window()
   - b. fetch()
   - c. size()
   - d. reshape()

10. 在 R 中应该使用下面哪一种图形技术表示多重比较？
    - a. 缺口箱形图
    - b. 条形图
    - c. 散点图
    - d. 饼图

标注你的答案（把正确答案涂黑）

1. ⓐ ⓑ ⓒ ⓓ
2. ⓐ ⓑ ⓒ ⓓ
3. ⓐ ⓑ ⓒ ⓓ
4. ⓐ ⓑ ⓒ ⓓ
5. ⓐ ⓑ ⓒ ⓓ

6. ⓐ ⓑ ⓒ ⓓ
7. ⓐ ⓑ ⓒ ⓓ
8. ⓐ ⓑ ⓒ ⓓ
9. ⓐ ⓑ ⓒ ⓓ
10. ⓐ ⓑ ⓒ ⓓ

测试你的能力

1. 给定数据，如何决定适用的图形——条形图/饼图/趋势图等？
2. 假定你有名为 bats 的数据文件。该文件包含关于 3 种蝙蝠和 2 种计数方法的数据。编写用箱线图表现已有数据的步骤。

○ 在 R 中，可以使用各种内置函数，以图形方式呈现分析后的数据。R 可以为如下变量绘制图表：

- 双变量图表；
- 比较图表；
- 单变量图表；
- 多变量图表。

○ 双变量图表可以表示为散点图。plot 函数绘制坐标轴并添加散点。

○ plot 函数使用如下参数：

- 解释变量名称；
- 响应变量名称。

○ Windows 中有 256 种不同的绘图符号。绘图符号 pch 用于在图形中绘制各种符号。

○ 只要在 R 中输入图中的位置，就可以将文本添加到散点图上。加入文本有助于解释 R 中的散点图。

○ 在 R 中，文本可以作为散点图中的第三个变量使用。

○ 一旦用 plot 函数生成一组坐标轴，就可以指定所需位置，添加形状和其他特征。

○ R 提供如下选项，绘制穿越数据点的非参数化平滑曲线：

- lowess（非参数化曲线过滤器）；
- loess（建模工具）；
- gam（广义加性模型）；
- 用于多项式回归的 lm（设计 x 幂次的线性模型）。

○ R 中显示图形输出的窗口大小和形状可以用 window() 函数修改。

○ R 提供如下单变量绘图函数：

- hist(y)；
- plot(y)；
- plot.ts(y)；
- pie(x)。

○ 多变量的主要绘图函数有：

- pairs() 函数，用于将每个变量与其他各个变量配对，绘制散点图矩阵；
- coplot() 函数，用于绘制由不同 z 值调节的 xy 散点图；
- xyplot() 函数，用于产生一组面板图。

○ R 支持如下特殊图表：

- 设计图；
- 气泡图；
- 有许多相同值的图表。

○ 很容易将 R 中创建的图表保存为 PDF 或者 PostScript 文件。

R 中的假设检验

学完本模块的最后，读者将能够：

▸▸ 在 R 中执行假设检验

本讲目标

学完本讲的最后，读者将能够：

▸▸▸	实施基本的假设检验，如学生 t 检验
▸▸▸	讨论非参数化数据的 u 检验
▸▸▸	对参数化和非参数化数据进行配对检验
▸▸▸	讨论卡方检验在关联分析中的用途
▸▸▸	实施拟合优度检验

"尽管现代科学技术还远远没有发挥其内在的潜力，但是它们至少教会人类一件事：一切皆有可能。"

——Lewis Mumford

统计学用于分析从各种来源收集的海量数据。分析可用于产生模式，或者证明任何假设。与假设检验有关的统计分析在没有对应的科学理论时有助于证明结论的合理性。因此，统计假设是研究人员关于任何试验收集的全体数据的假设。这些假设并不一定都是正确的。在某种程度上，假设检验是验证研究人员所做假设的正式方法。

在本讲中，你将学习使用某些标准和经典手段（如 t 检验、u 检验、配对检验、卡方检验和拟合优度检验）检验简单假设的方法。任何假设的检验都始于两个样本的比较。然后，这些样本的差异和关联被记录下来，得出最终的输出。

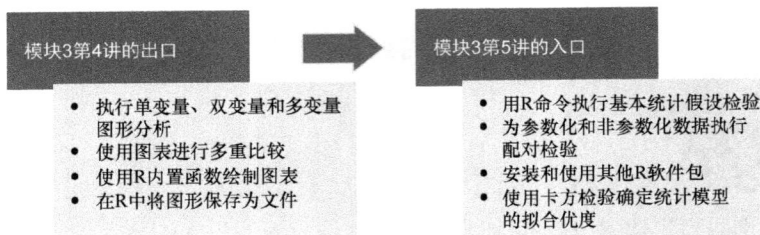

模块3第4讲的出口	模块3第5讲的入口
• 执行单变量、双变量和多变量图形分析 • 使用图表进行多重比较 • 使用R内置函数绘制图表 • 在R中将图形保存为文件	• 用R命令执行基本统计假设检验 • 为参数化和非参数化数据执行配对检验 • 安装和使用其他R软件包 • 使用卡方检验确定统计模型的拟合优度

5.1 统计假设简介

预备知识 了解更多假设检验的相关知识。

为了验证一个假设，应该考虑整个群体。但是，这在实践中是不可能的。因此，为了验证假设，使用来自总体的随机样本。以在样本数据上进行的检验为基础，选择或者拒绝假设。

假设检验可以宽泛地分为以下两类。

○ **零假设**：使用假设检验测试对一个群体做出的断言的正确性。试验中的断言本质上被称作零假设。零假设检验用 H_0 表示。

○ **备择假设**：备择假设是得出零假设不成立的结论时相信的假设。试验中的证据是你的数据和由其得出的统计信息。备择假设检验用 H_1 或者 H_a 表示。

为了理解这两类假设，我们以硬币为例。我们希望得出一枚硬币是否完全平衡的结论。由于零假设指的是事件的自然状态，根据零假设，如果多次投掷该硬币，正面向上和背面向上的次数应该相等。相反，备择假设否定零假设，认为正面和背面的次数将有显著的差别。

可以用符号方式表示这两种假设：

○ H_0：$p=0.5$。 ○ H_a：$p \neq 0.5$。

你已经掷币 100 次，记录 75 次正面和 25 次背面的结果。从这一结果，可以得出拒绝零假设的结论，因为两种结果发生的次数有显著差别。因此，备择假设得到验证，你可以得出这枚硬币不完全平衡的结论。

技术材料

所有假设检验最终使用给出的一个 p 值来表示证据的强度，换言之，数据对于群体的意义。p 值是 0 和 1 之间的数值，解读如下：

❍　小的 p 值（通常 ≤ 0.05）表示强烈反对零假设，所以你可以拒绝。
❍　大的 p 值（> 0.05）表示反对零假设的证据很弱，你无法拒绝。
❍　非常接近截止点（0.05）的 p 值表示边缘情况，两方面都有可能。

5.1.1　假设检验

统计学家使用假设检验正式检查应该接受还是拒绝假设。假设检验以如下方式进行。

（1）建立零假设和备择假设。

（2）用精心设计的方法收集好的数据。

（3）根据数据计算测试统计数字。

（4）找出测试统计数字的 p 值。

（5）根据 p 值决定是否拒绝 H_0。

（6）理解你的结论可能偶尔会出错。

5.1.2　决策错误

假设检验可能造成以下两类错误。

❍　**1 类错误**：拒绝正确的零假设 H_0 被称作 1 类错误。**显著性水平**这一术语用于表达假设检验中发生 1 类错误的概率，用符号 α 表示。

❍　**2 类错误**：接受错误的零假设 H_0 被称作 2 类错误。**检验功效**这一术语用于表达假设检验中发生 2 类错误的概率，用符号 β 表示。

5.2　使用学生 t 检验

学生 t 检验是一种比较两个样本的方法。实施这种方法可以确定样本是否不同。这是一种参数化检验，数据应该是正态分布的。

R 可以用 t.test() 命令处理各种版本的 t 检验。这种检验可用于处理两个和一个样本的检验以及配对检验。

表 3-5-1 列出了用于学生 t 检验的命令及其解释。

表 3-5-1　用于学生 t 检验的命令

命　　令	解　　释
t.test(data.1, data.2)	应用 t 检验的基本方法是比较两个数值数据向量
var.equal = FALSE	如果 val.equal 指令设置为 TRUE，则认为方差相同，执行标准检验。如果该指令设置为 FALSE（默认值），则认为方差不相等，执行 Welch 双样本检验
mu=0	如果执行单样本检验，mu 表示样本应该采用哪一个均值进行检验
alternative ="two.sided"	设置备择假设。默认为"two.sided"，但也可以指定为"greater"或者"less"。这条指令可以简写
conf.level = 0.95	设置区间内的置信度（默认为 0.95）
paired=FALSE	如果设置为 TRUE，执行配对 t 检验

命　　令	解　　释
`t.test(y ~ x, data, subset)`	可以公式"响应变量~预测变量"的形式指定必要的数据，在这种情况下，数据应该命名，可以指定预测变量的一个子集
`subset = predictor %in% c("sample.1", sample.2")`	如果数据是"响应变量~预测变量"的形式，subset 指令指定从数据的预测变量列中选择的两个样本

5.2.1　使用不相等方差的双样本 *t* 检验

　　`t.test()` 命令通常用于比较两个数值向量。可以以不同的方法指定向量，这取决于建立数据对象的方式。`t.test()` 命令的默认形式不假定样本有相同的方差，所以除非另做指定，否则将进行双样本检验。双样本检验可以用如下命令在任意两个数据集上进行：

```
> t.test(data2, data3)
Welch two-sample t-test
data: data2 and data3
t = -2.8151, df = 24.564, p-value = 0.009462
```

　　按照备择假设，我们可以推断均值中的真正差值不等于 0。根据 95% 的置信度区间，得到的输出如下：

```
-3.5366789 -0.5466544
```

　　按照样本估算可得：

```
Mean of x = 5.125000
Mean of y= 7.166667
```

5.2.2　使用相等方差的双样本 *t* 检验

　　`t.test()` 命令中的默认子句可以覆盖。为此，在标准的 `t.test()` 命令中添加 `var.equal = TRUE` 指令。这条指令强制 `t.test()` 命令假定两个样本的方差相等。

　　t 值的计算使用合并方差，不修改自由度；因此，*p* 值与 Welch 版本稍有不同，如以下命令所示。

```
> t.test(data2, data3, var.equal = TRUE)
Two-Sample t-test
data: data2 and data3
t = -2.7908, df = 26, p-value = 0.009718
alternative hypothesis: true difference in means is not equal to 0
95 percent confidence interval:
-3.5454233 -0.5379101
sample estimates:
mean of x mean of y
5.125000 7.166667
```

5.2.3　单样本 *t* 检验

　　为了进行分析，从各种来源收集大量数据，并在随机的样本上进行检验。在许多情况下，当收集数据的总体未知时，研究人员检验样本以确定总体。单样本 *t* 检验是检验样本总体的实用检验方法之一。这种检验仅可用作样本的检验手段。例如，你可以使用这种检验方法比较从特定院校取得的学生样本与常规学生的样本是完全相同还是不同。在这种情况下，假设检验该样本来自于一个具有已知均值（m）的已知总体，还是来自于一个未知的总体。

要在 R 中执行单样本 t 检验，应该提供单个向量的名称和与之比较的均值。

均值默认为 0。

单样本 t 检验可以按如下方式实施：

```
> t.test(data2, mu = 5)
One-Sample t-test
data: data2
t = 0.2548, df = 15, p-value = 0.8023
alternative hypothesis: true mean is not equal to 5
95 percent confidence interval:
4.079448 6.170552
sample estimates: mean of x
5.125
```

使用定向假设

你还可以在假设中指定某个"方向"。在许多情况下，你可以很容易地检验出两个样本的均值是否不同，但是你可能想知道，一个样本的均值比另一个样本的均值高还是低。可以使用 alternative= 指令将重点从双侧检验（默认）切换到单侧检验。你可以在 two.sided、less 或者 greater 之间选择，选择可以简写，如以下命令所示：

```
> t.test(data2, mu = 5, alternative = 'greater')
One-Sample t-test
data: data2
t = 0.2548, df = 15, p-value = 0.4012
alternative hypothesis: true mean is greater than 5
95 percent confidence interval:
4.265067 Inf
sample estimates: mean of x
5.125
```

5.2.4　t 检验中的公式语法和样本子集构建

正如前面几个小节所讨论的，t 检验设计用于比较两个样本。

目前为止，你已经了解了在单独的向量上进行 t 检验的方法；但是，你的数据也可能采用更结构化的形式：一列为响应变量，另一列为预测变量。

让我们讨论如下形式的数据：

```
> grass
    rich   graze
1   12     mow
2   15     mow
3   17     mow
4   11     mow
5   15     mow
6   8      unmow
7   9      unmow
8   7      unmow
9   9      unmow
```

这样列出数据更有意义，也更灵活，但是你需要一种新方法来处理这种布局。R 采用公式语法处理。

可以使用波浪号（~）创建一个公式。本质上，响应变量出现在~的左侧，预测变量出现在右侧，如以下的命令所示：

```
> t.test(rich ~ graze, data = grass)
Welch Two-sample t-test
data: rich by graze
t = 4.8098, df = 5.411, p-value = 0.003927
alternative hypothesis: true difference in means is not equal to 0
95 percent confidence interval:
2.745758    8.754242
sample estimates:
mean in group mow mean in group unmow
14.00                 8.25
```

如果预测变量列中的项超过两个，就无法使用 t 检验；但是，仍然可以构建预测变量列的子集，指定想要比较的两个样本进行检验。

对此，必须使用 subset=指令，作为 t.test()命令的一部分。

下面的例子说明如何用前一个例子的相同数据实现这种检验：

```
> t.test(rich ~ graze, data = grass, subset = graze %in% c('mow','unmow')
```

首先指定想要构建子集的列，然后输入%in%。这说明后面的列表包含在 graze 列中，注意，你必须将级别放在引号中；这里你将比较"mow"和"unmow"，结果与前面得到的相同。

例　子

假定数据集 Sample1 包含关于兰花的数据。
我们来看看在可用数据上进行的一系列 t 检验。

（1）使用如下的 ls 命令查看数据：

```
> ls(pattern='^orc')
```

命令输出如下：

```
[1] "orchid" "orchid2" "orchis" "orchis2"
```

（2）对于这个例子，我们将考虑第一个数据帧 orchid。假定该数据帧有两列 closed 和 open，与两个样本相关联，可以从如下命令的输出中看到：

```
> orchid
     closed     open
1    7          3
2    8          5
3    6          6
4    9          7
5    10         6
6    11         8
7    7          8
8    8          4
9    10         7
10   9          6
```

（3）如下命令展示了不对方差做任何假设的情况下，在这些数据上进行 t 检验的步骤。

```
> attach(orchid)
> t.test(open, closed)
Welch Two Sample t-test
data: open and closed
t = -3.478, df = 17.981, p-value = 0.002688
alternative hypothesis: true difference in means is not equal to 0
95 percent confidence interval:
-4.0102455 -0.9897545 sample estimates:
mean of x mean of y
6.0 8.5
> detach(orchid)
```

（4）下一组命令展示了用经典版本、假设两个样本方差相等的又一次双样本 *t* 检验的步骤：

```
> with(orchid, t.test(open, closed, var.equal = TRUE))
Two Sample t-test
data: open and closed
t = -3.478, df = 18, p-value = 0.002684
alternative hypothesis: true difference in means is not equal to 0
95 percent confidence interval:
-4.0101329 -0.9898671 sample estimates:
mean of x mean of y
6.0 8.5
```

（5）可以在 open 样本上进行单样本检验，将数据与均值 5 做比较，如以下命令所示：

```
> t.test(orchid$open, mu = 5)
One Sample t-test
data: orchid$open
t = 1.9365, df = 9, p-value = 0.08479
alternative hypothesis: true mean is not equal to 5
95 percent confidence interval:
4.831827 7.168173 sample estimates: mean of x
6
```

（6）现在我们假定数据对象 orchis 包含两列，即 flower 和 site。可以使用 str() 或者 summary() 命令确定 site 类中有两个样本：

```
> str(orchis)
//data.frame//: 20 obs. of 2 variables:
$ flower: num 7 8 6 9 10 11 7 8 10 9 ..
$ site : Factor w/ 2 levels "closed","open": 1 1 1 1 1 1 1 1 1 1 ..
```

（7）我们用公式语法执行 *t* 检验。在使用公式语法时，不需要做出关于方差的假设，如以下的命令所示。

```
> t.test(flower ~ site, data = orchis)
```

（8）现在，我们来观察 orchis2 数据对象。它有两列，即 flower 和 site。可以使用 str() 或者 summary() 命令确认 site 列中有 3 个样本，如以下命令所示。

```
> str(orchis2)
/data.frame/: 30 obs. of 2 variables:
$ flower: num 7 8 6 9 10 11 7 8 10 9 ..
$ site : Factor w/ 3 levels "closed","open",..: 1 1 1 1 1 1 1 1 1
1 ..
```

（9）可以使用 subset 指令在开放（open）和封闭（closed）的场地上进行 t 检验：

```
> t.test(flower ~ site, data = orchis2, subset = site %in% c('open', 'closed')
```

（10）让我们回到 orchid 数据，在 open 样本上进行单样本检验，看看均值是否小于 7：

```
> t.test(orchid$open, alternative = 'less', mu = 7)
One Sample t-test
data: orchid$open
t = -1.9365, df = 9, p-value = 0.04239 alternative hypothesis: true
mean is less than 7
95 percent confidence interval:
-Inf 6.946615 sample estimates: mean of x
6
```

（11）现在回到 orchis2 数据，在 site 列中有 3 个样本。为了在 "sprayed" 样本上进行 t 检验以观察其均值是否大于 3，可以使用如下命令。

```
> t.test(orchis2$flower[orchis2$site=='sprayed'], mu = 3, alt =
/greater/)
> with(orchis2, t.test(flower[site=='sprayed'], mu = 3, alt = /g/))
One Sample t-test
data: orchis2$flower[orchis2$site == "sprayed"]
t = 1.9412, df = 9, p-value = 0.04208
alternative hypothesis: true mean is greater than 3
95 percent confidence interval:
3.061236 Inf sample estimates: mean of x
4.1
```

解　　释

在第一步中，可以简单地匹配以文本 "orc" 开始的项目列出数据对象。在第一个 t 检验中，使用了 attach() 命令指定列名。注意，结果首先告诉你进行了 Welch 双变量 t 检验。

在下一个例子中，你使用了 with() 命令，允许 R 访问 orchid 数据中的列。通过添加 var.equal = TRUE，你执行了经典 t 检验，将样本的方差视为相等。

公式语法是描述数据的方便途径。subset 指令使你可以从列变量中选择两个样本，该指令的形式是 subset = predictor %in% c("item.1", "item.2")。

subset 指令仅可与公式语法结合使用。t 检验是强大而灵活的工具。还可以用 t.test() 命令进行配对检验，但是在此之前，我们将研究 u 检验，这是 t 检验的非参数化等价物。

知识检测点 1

让我们在一些数据上进行学生 t 检验。假定你有一个文件 KC Sample，包含了商店的有关数据。文件中包含的数据如下：

```
> shop
      closed open
1     7      3
2     8      5
3     6      6
```

```
        4      9        7
        5     10        6
        6     11        8
        7      7        8
        8      8        4
        9     10        7
       10      9        6
```

a. 在这些数据上进行学生 t 检验，不对方差做任何假设。
b. 用经典版本进行双样本 t 检验，假定两个样本的方差相等。

5.3 u 检验

当你有两个样本可以比较，且数据是非参数化的时候，可以使用 u 检验。这种检验有多种名称，可能被称为 **Mann-Whitney** u 检验或者 Wicoxon 符号等级检验。wilcox.test() 命令用于进行这种分析。

wilcox.text() 命令可以进行双样本或者单样本测试，用户可以添加各种指令，执行所需的检验。

表 3-5-2 列出了 wilcox.text() 命令中可用的主要选项及其解释。

表 3-5-2　wilcox.text() 命令的选项

命 令	检 验
wilcox.test(sample.1, sample.2)	在指定的数值向量上进行基本双样本 u 检验
mu=0	如果进行单样本检验，mu 指出用于样本检验的参考值
alternative = "two.sided"	设置备择假设。默认为"two.sided"，但是可以选择"greater"或者"less"。可以缩写该指令（但是仍然需要引号）
conf.int = FALSE	设置是否应该报告置信区间
conf.level = 0.95	设置区间置信度（默认为 0.95）
correct = TRUE	默认情况下，应用连续性校正。可以将其设置为 FALSE，关闭校正
paired = FALSE	如果设置为 TRUE，执行配对 u 检验
exact = NULL	设置是否应该计算准确的 p 值。默认为在项目数少于 50 时计算
wilcox.test(y ~ x, data, subset)	所需的数据可以用"响应变量~预测变量"的公式形式指定。在这种情况下，数据应该命名，可以指定预测变量的一个子集
subset=predictor %in% c("sample.1", "sample.2")	如果数据形式为"响应变量~预测变量"，subset 指令可以指定从数据的预测变量列中选择哪两个样本

5.3.1　双样本 u 检验

使用 wilcox.text() 命令的基本方法是指定两个样本作为单独向量比较，如以下的命令所示。

```
> data1 ; data2
[1] 3 5 7 5 3 2 6 8 5 6 9
[1] 3 5 7 5 3 2 6 8 5 6 9 4 5 7 3 4
```

```
> wilcox.test(data1, data2)
Wilcoxon rank sum test with continuity correction
data: data1 and data2
W = 94.5, p-value = 0.7639
alternative hypothesis: true location shift is not equal to 0
```
Warning message: In wilcox.test.default(data1, data2): cannot compute exact
p-value with ties.

默认情况下不计算置信区间，p 值用"连续性校正"调整，有一条信息告诉你使用了后者。在这种情况下，会看到一条警告消息，因为数据中有相同值。如果设置 exact=FALSE，这条消息将不会显示，因为 p 值将由一种正态逼近方法确定。

5.3.2　单样本 u 检验

如果指定了单一数值向量，则执行的是单样本 u 检验；默认设置为 mu=0，如以下命令所示。

```
> wilcox.test(data3, exact = FALSE)
Wilcoxon signed rank test with continuity correction
data: data3
V = 78, p-value = 0.002430
alternative hypothesis: true location is not equal to 0
```

在这种情况下，p 值由一种正态逼近方法取得，因为使用了 exact=FALSE 指令。该命令假定 mu=0，因为没有明确指定该参数。

使用有方向的假设

单样本和双样本检验默认都使用位移不为 0 的备择假设。这本质上是一种双侧假设。你可以使用 alternative=指令改变这种方向性，该指令可以选择 two.sided、less 或者 greater 这 3 种备择假设。

还可以指定位移 mu，其默认值为 0。在下面的例子中，设置了位移量不为 0 的假设。

```
> data3
[1] 6 7 8 7 6 3 8 9 10 7 6 9
> summary(data3)
Min.    1st Qu.   Median    Mean    3rd Qu.   Max.
3.000   6.000     7.000     7.167   8.250     10.000
> wilcox.test(data3, mu = 8, exact = FALSE, conf.int = TRUE, alt ='less') Wilcoxon
signed rank test with continuity correction
data: data3
V = 13.5, p-value = 0.08021
alternative hypothesis: true location is less than 8
95 percent confidence interval:
-Inf 8.000002
sample estimates: (pseudo)median
6.999956
```

在这个例子中，在 data3 样本向量上进行单侧检验。这一检验了解样本中位数是否小于 8。例中的指令还指定显示置信区间和不使用准确的 p 值。

5.3.3　*u* 检验中的公式语法和样本子集构建

一般来说，将数据编排为数据帧，其中一列表示响应变量，另一列表示预测变量，是更好的做法。在这种情况下，你可以使用公式语法描述并在数据上进行 `wilcox.text()` 命令。这和之前用于 *t* 检验的方法大致相同。该命令的基本形式是：

```
wilcox.test(response ~ predictor, data = my.data)
```

还可以和其他语法中一样使用附加指令。如果预测变量包含的样本超过两个，就不能进行 *u* 检验，必须使用正好包含两个样本的子集。`subset` 指令的工作方式如下：

```
wilcox.test(response ~ predictor, data = my.data, subset = predictor
%in% c("sample1", "sample2"))
```

注意，在上述命令中，样本的名称必须在引号中指定，以便将它们聚集在一起。*u* 检验是最广泛使用的统计方法之一，因此熟悉 `wilcox.text()` 命令的用法很重要。在下面的活动中，你将尝试进行一系列 *u* 检验。*u* 检验是比较两个版本的实用工具，也是所有简单统计检验中应用最广泛的。`t.test()` 和 `wilcox.test()` 命令还可以处理配对数据。

例　子

我们假定一个数据集 Sample2 包含蝴蝶丰度的数据。让我们来看看如何在可用数据上进行一系列 *u* 检验。

（1）使用如下的 `ls()` 命令查看数据：

```
> ls(pattern='^bf')
```

（2）在 R 控制台上输入如下命令，查看 `bfc` 数据对象：

```
> bfc
    grass heath
1      3     6
2      4     7
3      3     8
4      5     8
5      6     9
6     12    11
7     21    12
8      4    11
9      5    NA
10     4    NA
11     7    NA
12     8    NA
```

（3）使用如下命令，在 `bfc` 数据对象中的两个样本上执行双样本 *u* 检验：

```
> wilcox.test(bfc$grass, bfc$heath)
Wilcoxon rank sum test with continuity correction
data: bfc$grass and bfc$heath
```

```
W = 20.5, p-value = 0.03625
alternative hypothesis: true location shift is not equal to 0
Warning message: In wilcox.test.default(bfc$grass, bfc$heath): cannot
compute exact p-value with ties.
```

（4）现在，用 summary() 命令查看 bfc 数据的 grass 样本：

```
> summary(bfc$grass)
Min. 1st Qu. Median Mean 3rd Qu. Max.
3.000 4.000 5.000 6.833 7.250 21.000
```

（5）为了在 bfc 数据的 grass 样本上进行单样本检验，将假设位移设置为小于 7.5，如以下的命令所示：

```
> with(bfc, wilcox.test(grass, mu = 7.5, exact = F, alt = 'less'))
Wilcoxon signed rank test with continuity correction
data: grass
V = 23.5, p-value = 0.1188
alternative hypothesis: true location is less than 7.5
```

（6）使用 str() 命令查看 bf2 数据对象，如以下的命令所示。

```
> str(bf2)
//data.frame//: 20 obs. of 2 variables:
$ count: int 3 4 3 5 6 12 21 4 5 4 ..
$ site : Factor w/ 2 levels "Grass","Heath": 1 1 1 1 1 1 1 1 1 1 ..
```

（7）使用如下公式语法，在 bf2 数据上进行双样本 u 检验。

```
> wilcox.test(count ~ site, data = bf2, exact = FALSE)
Wilcoxon rank sum test with continuity correction
data: count by site
W = 20.5, p-value = 0.03625
alternative hypothesis: true location shift is not equal to 0
```

（8）现在，让我们在 bf2 数据对象的 Heath 样本上再次执行单侧 u 检验（设置一个位移大于第一个四分位数的备择假设）。

```
> with(bf2, summary(count[which(site=='Heath')]))
Min. 1st Qu. Median Mean 3rd Qu. Max.
6.00 7.75 8.50 9.00 11.00 12.00
> with(bf2, wilcox.test(count[which(site=='Heath')], exact = F,
alt = 'greater', mu = 7.75))
Wilcoxon signed rank test with continuity correction
data: count[which(site == "Heath")]
V = 28, p-value = 0.09118
alternative hypothesis: true location is greater than 7.75
```

（9）现在查看 bfs 数据对象。这次你使用有 3 个样本的预测变量。用如下命令在 Grass 和 Arable 样本之间进行双样本 u 检验。

```
> wilcox.test(count ~ site, data = bfs, subset = site %in% c('Grass', 'Arable'),
exact = F)
Wilcoxon rank sum test with continuity correction
data: count by site
W = 81.5, p-value = 0.05375
alternative hypothesis: true location shift is not equal to 0
```

　　wilcox.test()命令的基本形式需要指定数值向量。如果数据在数据帧中，必须使用attac()、with()或者$语法，使R能够"读取"它们。如果指定单一向量，则执行单样本检验。mu = 指令给出检验位移，alternative = 指令设置备择假设的方向，默认为"two.sided"。

　　公式语法使你可以指定"响应变量~预测变量"，也使你可以在不使用 attach()、with()命令或者$语法的情况下指定数据。

　　如果有一个响应变化列，必须使用更复杂的方法提取所需样本。这里使用了一个条件语句选择样本，使用 summary()命令确定第一个四分位。这个数值用于 mu=指令，和alternative="greater"指令一起进行单侧检验。

　　当你的预测变量中有超过两个样本时，可以用 subset 指令选择两个样本进行比较；subset 指令只适用于公式语法，以如下的方式指定所要比较的样本。

```
subset = response %in% c("sample1","sample2")
```

　　u 检验是比较两个样本的实用工具，也是简单统计检验中最广泛使用的一种。t.test()和wilcox.test()命令还可以处理配对数据，你目前还没有看到这种情况，这是下一小节的主题。

　　让我们在一些数据上进行 u 检验。假设你有一个文件 KC.Sample，包含了蝴蝶丰度数据 bfc、bf2 和 bfs。数据由两列（grass 和 heath）组成：

```
> bfc
    grass heath
1     3     6
2     4     7
3     3     8
4     5     8
5     6     9
6    12    11
7    21    12
8     4    11
9     5    NA
10    4    NA
11    7    NA
12    8    NA
```

　　a.　在 bfc 数据对象的两个样本上进行双样本 u 检验。

　　b.　在 bfc 数据的 grass 样本上进行单样本检验。将假设位移设置为小于 7.5。

　　t.test()和 wilcox.test()命令的结果在运行该命令时显示，但是，显示的不是全部结果。如果创建一个新对象以保存检验结果，可以使用 names()命令查看结果的各个元素。然后，可以用$语法访问各个元素。

总体情况

在大部分情况下，研究人员从一组假设入手。在陈述任何假设时，研究人员假定数据有明显的矛盾。在最新技术和大容量存储设备的帮助下，大部分研究人员构建了巨大的数据池，以验证研究结果。

可用的含量数据被分为较小的样本。然后，研究人员在这些样本上进行检验，以证明他们的假设。从样本中得到的结果此后被应用到整个数据集上。

5.4 配对 *t* 检验和 *u* 检验

如果在某种情况下你有成对的数据，例如包含培训前后学生成绩或者前后一个月的猪体重信息，可以在命令中添加 paired = TRUE 指令，使用配对 *t* 检验和 *u* 检验。数据是两个单独的样本列或者表示为响应及预测变量并不重要，只要你使用正确的语法以表明所需的数据。实际上，即使数据不完全匹配，R 也将进行配对检验。进行明智的检验取决于你，你可以使用其他所有标准语法和指令。在下面的活动中，我们将尝试一些配对检验。

例 子

我们将在一些数据上进行配对 t 和 u 检验。假定你有一个文件 KC.Sample，包含 mpd 数据。mpd 数据由两列（white 和 yellow）组成。

（1）使用如下命令查看数据：

```
> mpd
    white yellow
1     4      4
2     3      7
3     4      2
4     1      2
5     6      7
6     4     10
7     6      5
8     4      8
```

（2）使用如下命令在此数据上执行配对 u 检验（Wilcoxon 配对检验）。

```
> wilcox.test(mpd$white, mpd$yellow, exact = FALSE, paired = TRUE)
Wilcoxon signed rank test with continuity correction
data: mpd$white and mpd$yellow
V = 6, p-value = 0.2008
alternative hypothesis: true location shift is not equal to 0
```

（3）观察 mpd 数据中两个样本的均值，舍入并进行配对检验，但是设置一个备择假设：这些均值的差值小于这一差值。

```
> mean(mpd)
white yellow
4.000 5.625
```

```
> with(mpd, t.test(white, yellow, paired = TRUE, mu = 2, alt =
/less/))
Paired t-test
data: white and yellow
t = -3.6958, df = 7, p-value = 0.003849
alternative hypothesis: true difference in means is less than 2
95 percent confidence interval:
-Inf 0.2332847 sample estimates: mean of the differences
-1.625
```

（4）现在观察 mpd.s 数据对象。该对象包含两列，一个是响应变量 count，另一个是预测变量 trap。这些数据和 mpd 中相同且成对。用如下命令在可用数据上进行配对 t 检验：

```
> wilcox.test(count ~ trap, data = mpd.s, paired = TRUE, exact = F)
Wilcoxon signed rank test with continuity correction
data: count by trap
V = 6, p-value = 0.2008
alternative hypothesis: true location shift is not equal to 0
```

（5）在 mpd.s 数据上进行双侧配对 t 检验。设置备择假设，使均值中的差值为 1，采用 99% 的置信区间：

```
> t.test(count ~ trap, data = mpd.s, paired = TRUE, mu = 1, conf.
level = 0.99)
Paired t-test
data: count by trap
t = -2.6763, df = 7, p-value = 0.03171
alternative hypothesis: true difference in means is not equal to 1
99 percent confidence interval:
-5.057445 1.807445 sample estimates:
mean of the differences
-1.625
```

（6）现在观察 orchis2 数据。数据中的响应变量为 flower，预测变量为 site。预测变量有 3 个样本（open、closed 和 sprayed）。在 open 和 sprayed 样本上进行配对 t 检验：

```
> t.test(flower ~ site, data = orchis2, subset = site %in% c(/'open' /,
/'sprayed' /), paired = TRUE)
Paired t-test data: flower by site
t = 4.1461, df = 9, p-value = 0.002499
alternative hypothesis: true difference in means is not equal to 0
95 percent confidence interval:
0.8633494 2.9366506 sample estimates:
mean of the differences
1.9
```

解　释

在 t.test() 或者 wilcox.test() 命令中添加 paired=TRUE 指令，可以执行配对版本的检验。如果样本向量在数据帧中，必须使用 attach()、with() 或者 $ 语法，使 R 能读出数据。

也可以使用其他所有标准指令，以便执行有方向假设。例如，使用 alternative = "less"（或者 "greater"）。如果预测变量的级别（样本）超出两个，可以和非配对版本中一样使用 subset 指令。

附加知识

　　配对检验很实用，比非配对版本更敏感，因为配对检验是通过逐个情况比较来完成的。但是，使用配对检验时，一定要确保选择合适的检验方法，因为数据帧中的所有数据都将成对出现。R 将查看使用的向量长度是否相同，但是如果有 NA 项，默认情况下它们将被删除，结果可能与预期的不同。

知识检测点 3

　　我们在一些数据上进行配对 t 检验和 u 检验。假定你有一个文件 KC.Sample，其中包含 mpd 数据。mpd 数据由如下两个样本组成。

```
> mpd
      white yellow
1      4      4
2      3      7
3      4      2
4      1      2
5      6      7
6      4      10
7      6      5
8      4      8
```

　　在这些数据上执行配对 u 检验。

　　在这些数据上执行配对 t 检验。将备择假设设置为：均值中的差值为 1，置信区间为 99%。

5.4.1　相关和协方差

定　义

　　两个变量之间的联系称作相关。

　　当你有两个连续变量时，可以寻找它们之间的联系；这个联系称作相关。cor() 命令确定两个向量、数据帧的所有列或者两个数据帧之间的相关。cov() 命令检查协方差。cor.test() 命令执行相关显著性检验。你可以为这些命令添加各种附加指令。

　　表 3-5-3 列出了 cor.test() 命令中的主要选项以及解释。

表 3-5-3　cor.test() 命令选项

命　　令	解　　释
cor(x, y = NULL)	执行 x 和 y 之间的相关。如果 x 是矩阵或者数据帧，可以省略 y
cov(x, y = NULL)	确定 x 和 y 之间的协方差。如果 x 是矩阵或者数据帧，可以省略 y
cov2cor(V)	取得协方差矩阵 V，计算相关系数

续表

命　令	解　释
method=	默认为"pearson"，但是也可以指定"spearman"或者"kendall"作为相关或者协方差方法。这些方法可以缩写，但是仍然需要引号，还要注意，它们都使用小写字母
var(x, y = NULL)	确定 x 的协方差。如果 x 是矩阵或者数据帧，或者指定了 y，也可以确定协方差
cor.test(x, y)	执行 x 和 y 之间相关的显著性检验
alternative='two.sided'	默认为双侧检验，但是可以指定备择假设"two.sided"、"greater"或者"less"，允许缩写
conf.level = 0.95	如果 method="pearson"且 n>3，将显示置信区间。这条指令设置置信度，默认为 0.95
exact=NULL	对于 Kendall 或者 Spearman 方法，是否应该确定准确的 p 值？将此设置为 TRUE 或者 FALSE（默认值 NULL 与 FALSE 等价）
continuity=FALSE	如果数据在一个数据帧中，可以使用公式语法。公式语法的形式是~x+y，其中 x 和 y 是两个变量。可以指定数据帧，所有其他指令（包括 subset）都可以使用
subset = group %in% "sample"	如果数据包含一个分组变量，可以使用 subset 指令从分组中选择一个或者多个样本

表 3-5-3 中总结的命令使你能够执行一系列相关任务。

简单相关

简单相关出现在两个连续变量之间，可以使用 cor()命令获得相关系数，如以下的命令所示：

```
> count = c(9, 25, 15, 2, 14, 25, 24, 47)
> speed = c(2, 3, 5, 9, 14, 24, 29, 34)
> cor(count, speed)
[1] 0.7237206
```

R 的默认方法是 Peason 积差相关，但是可以用"method=指令"指定其他相关方法，如以下的命令所示：

```
> cor(count, speed, method = 'spearman')
[1] 0.5269556
```

这个例子中使用了 Spearman 秩相关方法，但是也可以用 method='kendall'指定 Kendall 的 Tau 方法。注意，这条指令可以简写，但是仍然需要引号，而且必须使用小写字母。

如果你的向量包含在数据帧或者其他对象中，必须用不同的方式提取它们。让我们来观察一个数据帧 **woman**，该数据帧在 R 中默认可用。这个数据集包含了 30~39 岁美国妇女的平均体重数据。

```
> data(women)
> str(women)
/data.frame/: 15 obs. of 2 variables:
$ height: num 58 59 60 61 62 63 64 65 66 67 ..
$ weight: num 115 117 120 123 126 129 132 135 139 142 ..
```

你必须使用 attach()或者 with()命令，使 R 能够读取数据帧，访问其中的变量。你还可以使用$语法，以便命令可以访问变量，如以下的命令所示：

```
> cor(women$height, women$weight)
The output of the preceding command would look like:
[1] 0.9954948
```

在这个例子中,cor()命令已经计算了 women 数据帧中 height 和 weight 变量之间的 Pearson 相关系数。你还可以在数据帧上直接使用 cor()命令。我们用如下命令在 women 数据帧上运算:

```
> cor(women)
```

上述命令的输出如下:

```
        height       weight
height  1.0000000    0.9954948
weight  0.9954948    1.0000000
```

现在,有了一个相关矩阵,显示数据帧中所有变量的组合。当有更多的列时,矩阵可能比这复杂得多。让我们来考虑一个包含 5 列数据的例子。下面列出这 5 个列:

```
> head(mf)
    Length  Speed  Algae  NO3    BOD
1   20      12     40     2.25   200
2   21      14     45     2.15   180
3   22      12     45     1.75   135
4   23      16     80     1.95   120
5   21      20     75     1.95   110
6   20      21     65     2.75   120
> cor(mf)
        Length       Speed         Algae        NO3          BOD
Length  1.0000000   -0.34322968    0.7650757    0.45476093  -0.8055507
Speed  -0.3432297    1.00000000   -0.1134416    0.02257931   0.1983412
Algae   0.7650757   -0.11344163    1.0000000    0.37706463  -0.8365705
NO3     0.4547609    0.02257931    0.3770646    1.00000000  -0.3751308
BOD    -0.8055507    0.19834122   -0.8365705   -0.37513077   1.0000000
```

相关矩阵可能很有帮助,但是你可能不总是希望看到所有可能的组合;第一列是响应变量,其余列是预测变量。如果选择 Length 变量,用默认的 Pearson 相关方法与 mf 数据帧的其他所有列比较,可以选择单一变量与其他所有变量比较,如以下的命令所示:

```
> cor(mf$Length, mf)
      Length  Speed      Algae      NO3        BOD
[1,]  1      -0.3432297  0.7650757  0.4547609  -0.8055507
```

5.4.2 协方差

cov()命令的语法类似于 cor()命令,用于检查协方差。我们在 woman 数据集上运行 cov()命令,如以下的命令所示:

```
> cov(women$height, women$weight) [1] 69
> cov(women)
```

上述命令的输出如下:

```
        height    weight
height  20        69.0000
weight  69        240.2095
```

cov2cor()命令用于从协方差矩阵确定相关,如以下的命令所示。

```
> women.cv = cov(women)
> cov2cor(women.cv)
```

上述命令的输出如下：

```
          height              weight
height    1.0000000           0.9954948
weight    0.9954948           1.0000000
```

5.4.3　相关检验中的显著性检验

可以用 cor.test() 命令对相关性进行显著性检验。在这种情况下，一次只比较两个向量，如以下的命令所示。

```
> cor.test(women$height, women$weight)
Pearson/s product-moment correlation
data: women$height and women$weight
t = 37.8553, df = 13, p-value = 1.088e-14
alternative hypothesis: true correlation is not equal to 0
95 percent confidence interval:
0.9860970 0.9985447
sample estimates:
cor
0.9954948
```

在上面的例子中可以看到，在 woman 数据集中的 height 和 weight 变量之间已经进行了 Pearson 相关性计算，结果表明了两者相关性的统计显著性。

5.4.4　公式语法

如果数据包含在数据帧中，使用 attach() 或者 with() 命令很乏味，使用 $ 语法也是如此。可以代之以公式语法，这种语法为数据提供了更简洁的表现形式，如以下的命令所示：

```
> data(cars)
> cor.test(~ speed + dist, data = cars, method = 'spearman', exact = F)
Spearman/s rank correlation rho
data: speed and dist
S = 3532.819, p-value = 8.825e-14
alternative hypothesis: true rho is not equal to 0 sample estimates:
rho
0.8303568
```

这里，检查了 R 内置的汽车数据。公式与前面使用的略有不同。这里，在 ~ 的右侧指定两个变量，还用单独的指令给出数据名称。使用公式语法时的所有附加指令都可用，也包括 subset 指令。如果数据包含单独的分组列，可以使用如下命令指定使用的样本：

```
subset = grouping %in% "sample"
```

相关是许多研究领域中广泛使用的常见方法。在下面的活动中，你可以实践一些数据的相关和协方差。

例　子

　　我们在某些数据上进行配对 *t* 检验和 *u* 检验。假定你有一个文件 KC.Sample，包含 mpd 数据，mpd 数据包含两列，即 white 和 yellow。

　　我们在样本数据上进行相关和协方差计算。假定你有一个文件 Sample 4，该文件包含 fw 数据，数据中有两列，即 count 和 speed。

　　（1）fw 数据对象包含两列，即 count 和 speed。在这两列上执行 Pearson 相关：

```
> cor(fw$count, fw$speed)
[1] 0.7237206
```

　　（2）现在在 R 中构建 swiss 数据对象，使用 Kendall 的 Tau 相关方法创建相关矩阵，命令如下。

```
> cor(swiss, method = 'kendall')
```

　　（3）swiss 数据生成一个相当大的矩阵。可以通过观察 Ferility 变量并将其与数据集的其他变量相关，简化相关矩阵。可以这样使用 Spearman 秩相关方法：

```
> cor(swiss$Fertility, swiss, method = 'spearman' )
Fertility Agriculture Examination Education Catholic Infant.
Mortality
[1,] 1 0.2426643 -0.660903 -0.4432577 0.4136456 0.4371367
```

　　（4）现在观察 fw 数据对象。它有两个变量，即 count 和 speed。创建一个协方差矩阵：

```
> (fw.cov = cov(fw))
count speed count 185.8393 123.0000 speed 123.0000 155.4286
```

　　（5）将协方差矩阵转换为相关矩阵：

```
> cov2cor(fw.cov)
count speed count 1.0000000 0.7237206 speed 0.7237206 1.0000000
```

　　（6）fw2 数据对象的行数与 fw 对象相同，它也有两列，即 abund 和 flow。在一个数据帧的各列和其他列之间进行相关：

```
> cor(fw, fw2)
abund flow count 0.9905759 0.7066437 speed 0.6527244 0.9889997
```

　　（7）在 fw 数据集中的 count 和 speed 变量上进行 Spearman 秩相关显著性检验：

```
> with(fw, cor.test(count, speed, method = 'spearman'))
Spearman/s rank correlation rho
data: count and speed
S = 39.7357, p-value = 0.1796
alternative hypothesis: true rho is not equal to 0 sample estimates:
rho
0.5269556
Warning message:
In cor.test.default(count, speed, method = "spearman") : Cannot
compute exact p-values with ties
```

　　（8）现在再次查看 fw2 数据。在 abund 和 flow 变量之间进行 Pearson 相关。将区间置信度设置为 99%，使用相关系数大于 0 的备择假设，如以下的命令所示。

```
> cor.test(fw2$abund, fw2$flow, conf = 0.99, alt = 'greater')
Pearson's product-moment correlation
data: fw2$abund and fw2$flow
t = 2.0738, df = 6, p-value = 0.04173
alternative hypothesis: true correlation is greater than 0
99 percent confidence interval:
-0.265223 1.000000 sample estimates:
cor
0.6461473
```

（9）使用公式语法，在 mf 数据对象的 Length 和 NO3 变量之间执行 Kendall Tau 相关显著性检验，命令如下所示。

```
> cor.test(~ Length + NO3, data = mf, method ='k' /, exact = F)
Kendall's rank correlation tau
data: Length and NO3
z = 1.969, p-value = 0.04895
alternative hypothesis: true tau is not equal to 0 sample estimates:
tau
0.2959383
```

（10）除了附加的分组变量 cover 之外，fw3 数据对象和 fw 相同。使用对应于 open 分组的数据子集，执行 Pearson 相关显著性检验，如以下的命令所示：

```
> cor.test(~ count + speed, data = fw3, subset = cover %in% /open/)
Pearson/s product-moment correlation
data: count and speed
t = -1.1225, df = 2, p-value = 0.3783
alternative hypothesis: true correlation is not equal to 0
95 percent confidence interval:
-0.9907848 0.8432203 sample estimates:
cor
-0.6216869
```

解　释

　　cor() 命令的基本形式需要两个向量，但是如果你有一个数据帧或者数值矩阵，将使用所有列组成一个相关矩阵。只要单独向量的长度匹配，任何对象都可与其他对象相关。这也适用于 cov() 命令，该命令确定协方差。

　　cor.test() 命令使你可以执行相关的显著性检验。在这种情况下，你可以仅指定两个数据向量，但是可以使用公式语法，这在变量包含于数据帧或者矩阵时更易于处理。默认方法是 Pearson 积差相关，但是也可以使用 Spearman 秩相关和 Kendall Tau 检验。可以使用 subset 命令根据分组变量选择数据。

知识检测点 4

　　假定你有一个文件 KC.Sample，包含 fw、fw2 和 fw3 数据。fw 数据对象包含两列，即 count 和 speed。使用这两列中的数据：

　　a. 在两列上进行 Pearson 相关。

　　b. 使用 Kendall 的 Tau 校正，创建相关矩阵。

5.5 关联分析检验

当你拥有分类数据时，可以使用卡方检验寻找分类之间的关联。实现这一目标的例程可以用 `chisq.test()` 命令访问。

表 3-5-4 列出了可根据需求添加到 `chisq.test()` 命令的各种附加指令。

表 3-5-4 <code>chisq.test()</code> 命令选项

命 令	解 释
`chisq.test(x, y = NULL)`	在矩阵或者数据帧上执行基本卡方检验。如果 x 以向量方式提供，可以提供第二个向量。如果 x 是一个向量且未提供 y，则执行拟合优度检验
`correct=TRUE`	如果数据格式是 2×2 列联表，应用 Yates 校正
`p=`	这适用于拟合优度检验的概率向量。如果没有提供 p，拟合优度检验的概率全部相同
`rescale.p = FALSE`	如果为 TRUE，对 p 进行比例调整使其总和为 1，用于拟合优度检验
`simulate.p.value = FALSE`	如果设置为 TRUE，使用蒙特卡洛模拟计算 p 值
`B=2000`	用于蒙特卡洛的复制次数

多个分类：卡方检验

卡方检验最常用于有多个分类、想要观察相互之间关联的情况。下面的例子在一个数据帧中有分类数据集。使用如下命令访问数据。

```
> bird.df
              Garden  Hedgerow  Parkland Pasture Woodland
Blackbird     47      10        40       2       2
Chaffinch     19      3         5        0       2
Robin         9       3         0        0       2
Great Tit     50      0         10       7       0
House Sparrow 46      16        8        4       0
Song Thrush   4       0         6        0       0
```

数据已经在一个列联表中，每个单元格表示两个分类的一种组合；这里的数据中包含多个栖息地和多个物种。可以提供数据名称以执行 `chisq.test()` 命令，如以下的命令所示。

```
> bird.cs = chisq.test(bird.df)
Warning message:
In chisq.test(bird.df) : Chi-squared approximation may be incorrect
> bird.cs
Pearson's Chi-squared test data: bird.df
X-squared = 78.2736, df = 20, p-value = 7.694e-09
```

在这个例子中，为结果取名，并将其设置为一个新对象。例子中出现一条错误信息，这是因为观测数据中有一些较小的值，预期值可能包含小于 5 的值。

你的原始数据采用数据帧形式，但是也可以使用矩阵。在那种情况下，结果完全相同。在任何一种情况下，你最终都得到一个结果对象，可以使用 `summary()` 命令详细检查：

```
> summary(bird.cs)
        Length  Class       Mode
```

```
Statistic    1       -none-      numeric
Parameter    1       -none-      numeric
p.value      1       -none-      numeric
method       1       -none-      character
data.name    1       -none-      character
observed     30      -none-      numeric
expected     30      -none-      numeric
residuals    30      -none-      umeric
```

产生的不是预期的结果；但是，它确实说明你所创建的结果对象中包含了几个部分。创建对象的内容可以使用 name() 命令查看：

```
> names(bird.cs)
The output of the preceding command would look like:
[1] "statistic" "parameter" "p.value" "method" "data.name" "observed"
[7] "expected" "residuals"
```

可以用 $语法加上想要检查的部分，访问结果对象的各个部分，如以下的命令所示：

```
> bird.cs$stat
X-squared
78.27364
> bird.cs$p.val
[1] 7.693581e-09
```

要选择统计信息和 p 值，你不需要使用完整的名称，只要没有歧义，就可以使用缩写；你可以使用对应的缩写词查看计算出来的预期值和 Pearson 残差，如以下的命令所示：

```
>bird.cs$exp
                Garden      Hedgerow    Parkland    Pasture     Woodland
Blackbird       59.915254   10.955932   23.623729   4.4508475   2.0542373
Chaffinch       17.203390   3.145763    6.783051    1.2779661   0.5898305
Great Tit       39.745763   7.267797    15.671186   2.9525424   1.3627119
House Sparrow   43.898305   8.027119    17.308475   3.2610169   1.5050847
Robin           8.305085    1.518644    3.274576    0.6169492   0.2847458
Song Thrush     5.932203    1.084746    2.338983    0.4406780   0.2033898
```

正如本例所示，有一些预期值小于 5，这是警告信息出现的原因。要将数值显示为整数，可以使用 round() 命令选择小数点位数，调整输出，如以下的命令所示：

```
> round(bird.cs$exp, 0)
```

上述命令的输出如下：

```
                Garden   Hedgerow   Parkland   Pasture   Woodland
Blackbird       60       11         24         4         2
Chaffinch       17       3          7          1         1
Great Tit       40       7          16         3         1
House Sparrow   44       8          17         3         2
Robin           8        2          3          1         0
Song Thrush     6        1          2          0         0
```

在这个例子中，round() 中的 0 表示不使用小数点。

蒙特卡洛模拟

你可以使用蒙特卡洛模拟确定 *p* 值。可以在 `chisq.test()` 命令中添加额外的指令 `simulate.p.value= TRUE`，如以下的命令所示：

```
> chisq.test(bird.df, simulate.p.value = TRUE, B = 2500)
Pearson/s Chi-squared test with simulated p-value (based on 2500
replicates)
data: bird.df
X-squared = 78.2736, df = NA, p-value = 0.0003998
```

默认值为 `simulate.p.value=FALSE` 和 `B=2000`。后者是蒙特卡洛检验中使用的重复次数，本例设置为 2500。

2×2 列联表的 Yates 校正

Yates 校正用于 2×2 列联表，默认情况下，这用于列联表有 2 行 2 列的情况。你可以使用 `correct=FALSE` 指令关闭校正。2×2 列联表可以看作如下命令的输出：

```
> nd
          Urt.dio.y   Urt.dio.n
Rum.obt.y 96          41
Rum.obt.n 26          57
```

可以用如下命令对 2×2 表应用 Yates 校正。

```
> chisq.test(nd)
Pearson's Chi-squared test with Yates/ continuity correction data: nd
X-squared = 29.8653, df = 1, p-value = 4.631e-08
> chisq.test(nd, correct = FALSE) Pearson/s Chi-squared test
data: nd
X-squared = 31.4143, df = 1, p-value = 2.084e-08
```

在第一个例子中，我们看到了数据，当运行 `chisq.test()` 命令时，可以看到 Yates 校正自动应用。在第二个例子中，你通过设置 `correct=FALSE`，强制命令不应用校正。Yates 校正仅适用于 2×2 矩阵，即使明确告诉 R 应用校正，也只会在 2×2 表上有效。

5.6 拟合优度检验

在为观测数据拟合统计模型时，分析师必须确定模型分析数据的准确度。这可以在卡方检验的帮助下进行。卡方检验是一种通过检验观测数据是否取自所声称的分布、确定拟合优度的统计检验。这一检验所包含的两个数值是观测数据、样本数据中一个类别的频率，根据样本总体的预期分布计算预期频率。

你可以使用 `chisq.test()` 命令进行拟合优度检验。在这种情况下，你必须有两个数值向量，一个表示观测数据，另一个表示预期比率。拟合优度根据你指定的比率检验数据。如果没有指定比率，则以等概率检验数据。

在下面的例子中，你有一个包含两列的数据帧；第一列包含与旧的调查相关的值；第二列包含与新调查相关的值。你希望了解新调查与旧调查相匹配的比例，所以进行一次拟合优度检验，如以下命令所示：

```
> survey
          old       new
woody     23        19
shrubby   34        30
tall      132       111
short     98        101
grassy    45        52
mossy     53        26
```

使用 chisq.test() 命令运行检验，但是这次你必须以单一向量的形式指定数据，还要指向包含概率的向量，如以下的命令所示：

```
> survey.cs = chisq.test(survey$new, p = survey$old, rescale.p = TRUE)
> survey.cs
Chi-squared test for given probabilities data: survey$new
X-squared = 15.8389, df = 5, p-value = 0.00732
```

在这个例子中，你没有真正的概率，而只有频率；使用 rescale.p=TRUE 来确保将这些数字转换为频率。默认情况下，这条指令设置为 FALSE。

结果包含卡方结果对象的所有通常项目，但是如果显示预期值，不能自动看到行名，即使数据中存在行名也是如此。可用如下命令查看行名：

```
> survey.cs$exp
[1] 20.25195 29.93766 116.22857 86.29091 39.62338 46.66753
```

可以用 row.names() 命令从原始数据中得到行名。你可以设置预期值的名称，如以下命令所示：

```
names(survey.cs$expected) = row.names(survey)
> survey.cs$exp
```

上述命令的输出如下：

```
woody shrubby tall short grassy mossy
20.25195 29.93766 116.22857 86.29091 39.62338 46.66753
```

例　子

我们假定数据集 Sample 5 包含有关蜜蜂的数据。使用 bees 数据对象，进行一系列的关联分析和拟合优度检验。数据在一个数据帧中，表示不同种类的蜜蜂落在不同植物品种上的次数。

（1）在数据上进行基本卡方检验，将结果保存为命名对象，如以下的命令所示：

```
>bees
                  Buff.tail   Garden.bee   Red.tail   Honey.bee   Carder.bee
Thistle           10          8            18         12          8
Vipers.bugloss    1           3            9          13          27
Golden.rain       37          19           1          16          6
Yellow.alfalfa    5           6            2          9           32
Blackberry        12          4            4          10          23
> (bees.cs = chisq.test(bees))
```

```
Pearson/s Chi-squared test
data: bees
X-squared= 120.6531, df = 16, p-value < 2.2e-16
```

（2）用如下命令显示结果中的 Pearson 残差。

```
> names(bees.cs)
[1] "statistic" "parameter" "p.value" "method" "data.name" "observed"
"expected"
[8] "residuals"
> bees.cs$resid
                  Buff.tail    Garden.bee   Red.tail    Honey.bee     Carder.bee
Thistle          -0.66586684   0.1476203    4.544647    0.18079727    -2.394918
Vipers.bugloss   -3.12467558  -1.5616655    1.169932    0.67626472     2.348309
Golden.rain       4.69620024   2.5323534   -2.686059   -0.01691336    -3.887003
Yellow.alfalfa   -1.99986117  -0.4885699   -1.693054   -0.59837350     3.441582
Blackberry        0.09423625  -1.1886361   -0.853104   -0.23746700     1.385152
```

（3）再次运行卡方检验，但是这次使用 3 000 次重复的蒙特卡洛模拟以确定 p 值，如以下的命令所示：

```
> (bees.cs = chisq.test(bees, simulate.p.value = TRUE, B = 3000))
Pearson/s Chi-squared test with simulated p-value (based on 3000
replicates)
data: bees
X-squared = 120.6531, df = NA, p-value = 0.0003332
```

（4）将数据的一部分视为 2×2 列联表。使用如下命令检查 Yates 校正对这一子集的效果。

```
> bees[1:2, 4:5]
                Honey.bee Carder.bee
Thistle            12          8
Vipers.bugloss     13         27
> chisq.test(bees[1:2, 4:5], correct = FALSE) Pearson/s Chisquared
test
data: bees[1:2, 4:5]
X-squared = 4.1486, df = 1, p-value = 0.04167
> chisq.test(bees[1:2, 4:5], correct = TRUE)
Pearson/s Chi-squared test with Yates/ continuity correction data:
bees[1:2, 4:5]
X-squared = 3.0943, df = 1, p-value = 0.07857
```

（5）观察最后两列，它们表示两种蜜蜂。用如下命令执行拟合优度检验，确定飞落在植物上的比例是否相同。

```
> with(bees, chisq.test(Honey.bee, p = Carder.bee, rescale = T))
Chi-squared test for given probabilities
data: Honey.bee
X-squared = 58.088, df = 4, p-value = 7.313e-12
Warning message:
In chisq.test(Honey.bee, p = Carder.bee, rescale = T) : Chisquared
approximation may be incorrect
```

（6）执行相同的拟合优度检验，但是使用如下命令，以模拟确定 *p* 值。

```
> with(bees, chisq.test(Honey.bee, p = Carder.bee, rescale = T,
sim = T))
Chi-squared test for given probabilities with simulated p-value
(based on 2000 replicates)
data: Honey.bee
X-squared = 58.088, df = NA, p-value = 0.0004998
```

（7）现在，查看单列并执行拟合优度检验。这次，省略 p= 命令，以检验等概率的拟合。

```
> chisq.test(bees$Honey.bee)
Chi-squared test for given probabilities
data: bees$Honey.bee
X-squared = 2.5, df = 4, p-value = 0.6446
```

解　释

chisq.test() 命令的基本形式将在矩阵或者数据帧上运算。通过将命令完全包围在圆括号中，你可以得到结果对象以便立即显示。许多命令的结果保存包含多个元素的列表，你可以使用 names() 命令查看可用的元素，使用 $ 语法查看这些元素。

p 值可以用 simulate.p.value 和 B 指令，以蒙特卡洛模拟法确定。如果数据组成一个 2×2 列联表，则自动应用 Yates 校正，但是只在不使用蒙特卡洛模拟的时候有效。

为了进行拟合优度检验，必须指定概率向量 p；如果这些概率的总和不为 1，除非使用 rescale.p=TRUE，否则将会出错。可以在拟合优度检验上使用蒙特卡洛模拟，如果指定单一向量，将会进行拟合优度检验，但是假设概率相等。

知识检测点 5

假定你有一个文件 KC.Sample，包含 bees 数据对象。这些数据在一个数据帧中，表示不同种类的蜜蜂飞落在不同植物种类上的次数。bees 数据对象显示如下。

```
> bees
               Buff.tail Garden.bee Red.tail Honey.bee Carder.bee
Thistle        10        8          18       12        8
Vipers.bugloss 1         3          9        13        27
Golden.rain    37        19         1        16        6
Yellow.alfalfa 5         6          2        9         32
Blackberry     12        4          4        10        23
```

a. 在这些数据上进行基本卡方检验，并将结果保存为命名对象。显示结果的 Pearson 残差。

b. 现在再次运行卡方检验，但是这次使用 3 000 次重复的蒙特卡洛模拟，以确定 *p* 值。

多项选择题

选择正确的答案。在下面给出的"标注你的答案"里将正确答案涂黑。

1. 假定你要在数据集 dataX 和 dataY 上进行等方差的双样本 t 检验。下面哪一个是启动 t 检验的正确语法?

   a. >t.test(data, data, var.equal = TRUE)   b. > t.test(data, data, var.equal = FALSE)

   c. >t.test(dataX, dataY, var.equal=TRUE)   d. > t.test(dataX, dataY)

2. 你有两个非参数化数据的样本。哪一种检验最适合于比较这些数据?

   a. Wilcoxon u 检验   b. 配对 t 检验和 u 检验

   c. 学生 t 检验   d. 卡方检验

3. 下面哪一个是在 Sample.Exercise 数据帧上执行带子集指令的 wilcox.test()命令的正确语法?

   a. wilcox.test(response ~ predictor, data = Sample.Excercise)

   b. wilcox.test(response ~ predictor, data = Sample.Excercise, subset = predictor %in% c("sample1", "sample2"))

   c. wilcox.test(response ~ predictor, Sample.Excercise, subset = predictor %in% c("sample1", "sample2"))

   d. wilcox.test(response ~ predictor, data = Sample.Excercise, predictor %in% c("sample1", "sample2"))

4. 在 R 中可以用哪一个函数实现相关?

   a. > cal()   b. > cor()   c. > c()   d. > var()

5. 在 R 中可以用如下哪个函数实现协方差?

   a. > cor()   b. > c()   c. > cov()   d. > var()

6. 假定你必须对两个向量 man$weight 和 man$age 之间的相关进行显著性检验。下面哪一个是在 R 中实施显著性检验的正确语法?

   a. > cor.test(man$weight, man$age)   b. > cor(man$weight, man$age)

   c. > cor.test = man$weight, man$age   d. > cor.test(weight, age)

7. 下面哪一条命令用于取整 R 中的输出?

   a. >r()   b. > r()   c. > round()   d. > roundoff()

8. 蒙特卡洛模拟用于确定任何数据帧的 p 值。下面哪一个是在 R 中实施蒙特卡洛模拟的正确语法?

   a. > chisq.test(sample.df, simulate.p.value = TRUE, B = 500)

   b. > chisq.test(simulate.p.value = TRUE, B = 500)

   c. > chisq.test(sample.df, simulate.p.value = FALSE, B = 500)

   d. > chisq.test(sample.df, simulate.p.value = FALSE)

9. 你进行两类调查，并将数据保存在数据帧中。现在，你希望在这些数据上进行拟合优度检验。下面哪一个是实施这类检验的正确语法？
   a. > collection.cs = chisq.test(p = collection$old, rescale.p = TRUE)
   b. > collection.cs = chisq.test(collection$new, p = collection$old, rescale.p = FALSE)
   c. > collection.cs = chisq.test(collection$new, p = collection$old, rescale.p = TRUE)
   d. > collection.cs = chisq.test(collection$new, p = collection$old)

10. 下面哪一个是在 R 的公式语法中指定公式的正确语法？
   a. response ~ predictor   b. response = predictor
   c. response * predictor   d. r ~ p

标注你的答案（把正确答案涂黑）

1. (a) (b) (c) (d)   6. (a) (b) (c) (d)
2. (a) (b) (c) (d)   7. (a) (b) (c) (d)
3. (a) (b) (c) (d)   8. (a) (b) (c) (d)
4. (a) (b) (c) (d)   9. (a) (b) (c) (d)
5. (a) (b) (c) (d)   10. (a) (b) (c) (d)

测试你的能力

1. 你有一个数据帧 FW.Sample，包含两列，表示两个栖息地的淡水无脊椎动物丰度；这两列称为 slow 和 fast。使用 u 检验比较丰度。

2. 假定你有一个数据帧，包含在对患者进行的一项试验中记录的数据。该数据帧由下表所示的 3 列组成。

列 名	描 述
Group	取一个数字值：代表药物（1 或者 2）
ID	表示患者标识号
Time	表示该药物增加的睡眠时间

每位患者在不同时间服用两种药物，记录增加的睡眠时间。在摄入不同药物增加的睡眠时间上进行配对 t 检验。

3. 假定你有一个数据帧，包含在零售商店中记录的关于客户对特定产品行为（购买或者不购买）的数据。该数据帧包含两列，即 visits 和 ratio。visits 类与访问产品所在货架的客户数量有关。ratio 列指的是对同一产品进行的前一次试验中客户访问的相对数量。进行拟合优度检验，了解两次试验是否得到相同的结果。使用本书配套下载资源中 Additional Datasets 文件中的 customer_behavior 数据集。

○ R 中内置了多种简单统计检验。

○ t 检验可用 t.test()命令进行。该命令可以进行单样本和双样本检验，还有一系列选项，可以进行单侧和双侧检验。

○ u 检验可以通过 wilcox.test()命令进行。这种对差值的非参数化检验有单样本或者双样本的版本。

○ 简单地在 t.test()或者 wilcox.test()命令上添加 paired=TRUE 指令，就可以用 t 检验或者 u 检验分析配对数据。

○ 可以使用 subset 指令从包含多个分组的变量上选择一个或者多个样本。

○ 用 cor()和 cov()命令，可以在成对的向量、整个数据帧或者矩阵对象上计算相关系数和协方差。可以指定单个变量以生成针对性的相关或者协方差矩阵。

○ 可以使用 3 类的相关方法：Pearson 的积差相关、Spearman 的秩相关或者 Kendall 的 Tau。

○ 相关假设检验可以通过 cor.test()命令，使用 Pearson、Spearman 或者 Kendall 方法进行。两个变量可以用单独向量或者公式语法指定。

○ 使用分类数据的检验可以通过 chisq.test()命令进行。该命令可以进行关联分析的标准检验或者拟合优度检验。

○ 可以使用蒙特卡洛模拟生成 p 值。

模块 4

使用 R 进行高级分析

　　模块 4 用许多相关的例子和场景讨论高级分析方法，帮助你理解这些技术适用的不同环境。本模块还将讨论 RHadoop 的角色和工作过程。

- 模块 4 第 1 讲帮助读者熟悉在 R 中进行线性回归的过程。该讲还解释了线性回归的基础知识，讨论 R 中用于执行线性回归的函数和方法，并描述了 R 中基于线性回归的建模技术。

- 模块 4 第 2 讲介绍非线性回归，并解释 R 中用于执行非线性回归的函数和方法。此外，该讲还讨论了逻辑回归的应用。

- 模块 4 第 3 讲介绍聚类及其在大数据环境和业务场景上的应用。该讲还解释了可用于在 R 中实施聚类分析的函数和方法。最后，该讲以对聚类实践应用的讨论结束。

- 模块 4 第 4 讲研究 R 中的决策树在大数据环境下的应用，并解释在 R 中构建决策树的步骤。

- 模块 4 第 5 讲详细介绍 R 和 Hadoop 的集成，解释集成 R 和 Hadoop 的各种应用，并讨论 Hive 及其在大数据中的应用。

R 中的线性回归

模块目标

学完本模块的内容，读者将能够：

▸▸　描述线性回归分析及其应用

▸▸　在 R 中应用线性回归的知识

本讲目标

学完本讲的内容，读者将能够：

▸▸　解释线性回归的基础知识

▸▸　在 R 中执行线性回归

▸▸　用 R 命令构建结果对象并访问它们

▸▸　使用前向和后向逐步过程构建回归模型

▸▸　描述曲线回归的概念

> "我也相信，现在是进行一些基础分析的时候了，我们应该知道自己是如何走到这里，是什么引领我们走到今天，以及需要怎么做才能确保自己在面对未来的问题时有最好的理解能力。"
>
> ——David Kay

大数据是 Google、Amazon 或者沃尔玛能够管理数百万网站访问者或者客户的原因。在过去数年中，互联网上流动的数据越来越多样化，很快，每年的数据量将达到 667 EB。为了处理和管理如此之大的数据，需要不同寻常的技术。

回归分析是最适合在可容许时间内高效地分析和处理大数据的分析技术之一。

一般来说，回归分析涉及在一个或者多个已知变量的基础上，确定未知变量的值。未知变量称为**响应变量**，已知变量称为**解释变量**。这种技术使用响应和预测变量之间的数学关系；例如，你可能拥有有机体的丰度数据（响应变量）和不同栖息地变量的细节（预测变量）。线性建模或者回归能够展示两者之中更为重要、统计显著的栖息地变量。

本讲将帮助你理解在 R 中执行线性回归的方法。由于回归技术是统计分析中最常用的技术，你应该知道如何实施它们。

模块3的出口	模块4第1讲的入口
● 使用R进行描述性和图形统计分析 ● 在R中执行假设检验	● 解释线性回归分析 ● 在R中执行线性回归分析

1.1　线性回归分析基础知识

预备知识　复习回归分析的基础知识。

回归分析是用于确定不同类型变量之间关系的统计工具。它能够帮助你分析一个变量的变化对其他变量行为的影响。不受其他变量变化影响的变量称为**自变量**，而取值受到其他变量影响的变量称为**因变量**。

根据自变量的变化率和这一变化对因变量的影响，回归分析可以分为两类：**线性回归**和**非线性回归**分析。

线性回归有以下两种类型：

○　简单线性回归；　　　　　　　　○　多重线性回归。

如果响应变量的值取决于单一解释变量，这种回归称为**简单线性回归**，如果响应变量的值取决于超过一个解释变量的值，这种回归称为**多重线性回归**。

单一和多重线性回归用于多个领域，在收集或者可用数据的基础上预测。线性回归常见应用领域的一些例子包括计算**国内生产总值**（GDP）、油气价格、医学诊断、资本资产定价和国家进出口支出。

在金融领域，**资本资产定价模型**（CAPM）是线性回归的常见应用。这一模型使用线性回归技术确定资产回报率。

1.1.1　简单线性回归

简单线性回归使我们可以找出连续因变量 y（也称作**响应变量**）和连续自变量 X（也称为**预**

测变量）之间的关系。

假定 x 的值 x_1, $\cdots$, x_n 是可控的，不考虑计量误差，对应的 y 值 y_1, $\cdots$, y_n 是观测而得的。

例如，变量 x 可能是时间，y 可以是在不同日期测得的数量，或者 y 可能是不同电流强度 x 下电阻两端测得的电势差。

假定 x 和 y 不是相互独立的，对 x 的认识可以帮助我们增强对 y 的认识。即使 x 值已知，通常也不意味着可以知道 y 的准确值，但是可以认为，这种认识使我们可以知道 y 的均值。

计算给定 x 值下 y 值的通用线性回归模型为

$$y_i = \beta_0 + \beta_1 x + \varepsilon_i$$

上式中的第 i 个数据点 y_i 由变量 x_i 决定；β_0 和 β_1 是回归系数，ε_i 是第 i 个 x 值的计量误差。

定　义

线性回归是用于根据一个或者多个子变量，预测因变量值的统计过程。

回归分析完成如下工作。
○　建立自变量（x）和因变量（y）之间的关系。
○　根据一组值 x_1, x_2, $\cdots$, x_n，预测 y 值。
○　识别自变量，以理解其中哪一个对解释因变量有重要意义，从而在变量之间建立更精确的因果关系。

我们举个例子，通过它来更好地理解线性回归的概念。

例　子

在购买之后，汽车的价值每年递减。假定汽车的成本每年以固定速度下降，很容易用如下线性函数计算某一年之后的汽车成本

成本 $= c_1 + c_2 \times$（购买后的年数）

在上面的公式中，c_1 和 c_2 是需要确定的常数。这是说明线性回归作用的简单例子。
如果必须计算 c_1 和 c_2，如何轻松地确定"成本"？

1.1.2　多重线性回归

你已经学习了简单线性回归，在这种回归技术中，根据一个预测变量（或者自变量）预测响应变量的值；但是，在现实世界中，你可能发现在许多情况下必须处理多于一个预测变量，才能求取响应变量的值。在这种情况下，不能使用简单线性模型。为了用多个预测变量进行回归分析，必须使用多重线性回归。

在多重回归中，通常有一个响应变量和多个预测变量。

有两个解释变量（x_1 和 x_2）的多重回归模型可以这样定义：

$$y_i = \beta_0 + \beta_1 x_{1i} + \beta_2 x_{2i} + \varepsilon_i$$

式中，第 i 个数据点 y_i 由两个连续解释变量 x_1 和 x_2 通过模型的 3 个参数 β_0、β_1 和 β_2 以及点 i 与拟合平面的残差 ε_i 确定。

通用多重回归模型可以表示为：

$$y_i = \sum_{j=1}^{n} \beta_j x_{ji} + \varepsilon_i$$

式中的求和项称为线性预测值，可能涉及许多解释变量、非线性项和相互关系。

> **定　义**
>
> 多重回归是用于从两个或者更多自变量（或者预测变量）获得因变量值的统计过程。现在，我们研究如下的例子，从而更好地理解多重线性回归的概念。

> **例　子**
>
> 某零售公司希望在一座城市的不同位置设立新店。它希望雇佣有能力成功销售其产品的人员。为了确保雇佣合适的人员，该公司决定进行一项研究。研究的目标是确定员工绩效与其逻辑能力和交际能力之间的关系。该公司相信，这些特质对于成功的销售人员而言是必不可少的。
>
> 这项研究包括一项心理测试，候选员工必须通过这项测试确定其逻辑能力和交际能力。研究中还将员工的过往销售记录考虑在内。
>
> 在测试的最后，该公司向员工颁发一张成绩卡片，包含如下 3 个变量：
>
> （1）智力得分（<75 为低，≥75 为高）；
>
> （2）交际得分（<20 为低，≥20 为高）；
>
> （3）销售绩效（每周的平均销售额，以美元计）。
>
> 如你所见，这项研究涉及的预测变量多于 1 个，除了智力得分之外还包含交际能力得分。以这项研究为基础，该公司可以开发如下多重线性模型，为其新店选择候选员工。
>
> 销售绩效=β_0+β_1×（智力得分）+β_2×（交际得分）
>
> 在这个模型中，β_0 表示两个预测变量均为 0 时的销售绩效，β_1 和 β_2 是回归系数。用对应的回归系数乘以预测变量（智力得分和交际得分），就可以计算出员工的销售绩效。
>
> 在多重线性回归模型公式化之后，该公司可以评估员工的销售绩效，并使用该模型招聘新员工。

1.1.3　最小二乘估计

> **技术材料**
>
> 简单或者多重回归模型不能解释变量之间的非线性关系。

多重回归公式的定义方法和单一回归公式相同，即使用最小二乘方法。下面我们介绍最小二乘估计。

线性最小二乘方法用于为给定数据集拟合回归模型，其中的回归模型以线性函数的形式表示，函数中的参数（或者系数）未知。未知参数的值用最小二乘估计方法计算。

最小二乘估计方法最大限度地减小误差平方和，使模型表示的直线能够最好地拟合给定的数据。这些误差（或称残差）的产生是因为观测点与模型表示的直线之间存在偏差。这一偏差在回归分析中称作残差。

构建回归模型时，可以用如下公式计算**残差平方和**（SSR）：

$$SSR = \sum e^2 = \sum (y - (b_0 + b_1 x))^2$$

式中，e 为误差，y 和 x 是变量；b_0 和 b_1 是未知参数（或者系数）。

假定你要在如下数据点的基础上构建一个回归模型：

(x, y)=(3, 5), (4, 6), (8, 9), (3, 6), (4, 7)

我们在两个未知参数 b_1 和 b_2 的帮助下形成给定数据点的线性回归模型。

$$5= b_1+ b_2 \times 3$$
$$6= b_1+ b_2 \times 4$$
$$9= b_1+ b_2 \times 8$$
$$6= b_1+ b_2 \times 3$$
$$7= b_1+ b_2 \times 4$$

使用最小二乘公式，可以得到如下等式：

$$e^2 = [5-(b_1+ b_2 \times 3)]^2 + [6-(b_1+ b_2 \times 4)]^2 + [9-(b_1+ b_2 \times 8)]^2 +$$
$$[6-(b_1+ b_2 \times 3)]^2 + [7-(b_1+ b_2 \times 4)]^2 \qquad (1)$$

解上式可以得到

$$e^2= 5b_1^2 + 114b_2^2 + 44b_1 b_2 - 66b_1 - 314b_2 + 227$$

为了求得 b_1 和 b_2 系数值，分别取上式关于 b_1 和 b_2 的偏导数，使结果公式等于 0，可以得到如下等式：

$$10b_1+44b_2 =66;$$
$$44b_1+228b_2=314$$

解上述方程，可以得到如下系数值：

$$b_1=3.581\,4,\ b_2=0.686\,05$$

代入 b_1 和 b_2 值，可以得到给定数据点的最佳拟合回归线为

$$y=3.581+0.686x$$

将 b_1 和 b_2 代入式（1），计算误差平方和，有

$$e^2 = [5-(3.581+0.686 \times 3)]^2 + [6-(3.581+0.686 \times 4)]^2 +$$
$$[9-(3.581+0.686 \times 8)]^2 + [6-(3.581+0.686 \times 3)]^2 + [7-$$
$$(3.581+0.686 \times 4)]^2$$
$$= [-0.639]^2 + [-0.325]^2 + [-0.069]^2 + [0.361]^2 + [0.675]^2$$
$$= 1.104\,6$$

这样，最小的误差平方和为 1.104 6。该值可以用于推算响应变量 y 的实际值和估计值之间的差值。这一误差平方和可以当作回归模型的一般误差项处理。

1.1.4　检查模型适当性

回归模型用于预测。为了得到正确的预测，重要的是首先检查模型的适当性（检查模型的好坏/精确度）。

　　一般来说，统计学家使用 R 平方值（也称为判定系数）计算回归模型的适当性。高的 R 平方值表示响应和预测变量之间存在强相关，如果 R 平方值很低，可能意味着开发的回归模型不适合于所需的预测。换言之，你可以说当数据中的方差很大时，R 平方值将会很小，当数据中的方差很小时，R 平方值将很高。

　　从统计学上讲，R 平方值的范围在 0 和 1 之间，0 表示样本数据中没有相关性，1 表示准确的线性关系。图 4-1-1 展示了 3 个不同 R 值的图表。

　　在图 4-1-1 中，可以看到 3 个不同 R 值表示的不同曲线。

　　要在现有回归模型中添加新的解释变量，可以使用调整的 R 平方值；但是，每在回归模型中添加一个预测变量，就会加入统计惩罚。

　　下面让我们来了解 R 和 R 平方值的计算。

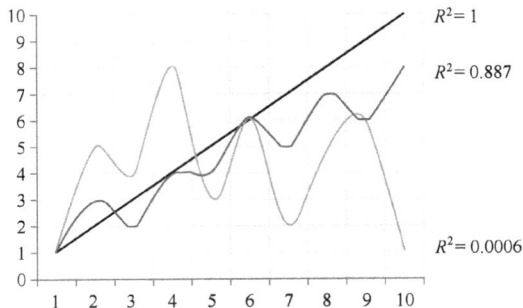

图 4-1-1　3 个 R 值的图表

R 平方值

　　在回归分析中，R 平方值称作判定系数。它规定如何从给定数据绘制一条线（见图 4-1-1）。R 平方值解释了该模型计算的预测值的总变差。对于线性模型，R 平方值的范围为 0~1，可以用如下公式计算：

$$R^2 = 1 - \frac{\text{SSR}}{\text{SST}}$$

　　式中，SST 和 SSR 分别代表总平方和及误差平方和。你已经学习了 SSR 的相关知识，这里介绍 SST。

　　假定有 n 个 y 变量的值。这些值的均值将用如下公式计算：

$$\overline{y} = \sum_{i=1}^{n} y_i$$

　　收集数据的总变差可以使用如下公式，通过总 SST 计算：

$$\text{SST} = \sum_{j=1}^{n} (y_i + \overline{y})^2$$

其中，y_i 是 y 变量的第 i 个观测值。

调整后的 R 平方值

　　在统计模型中添加新变量时，你必须使用更新后的 R 平方值。这个更新后的 R 平方值称作调整的 R 平方值。调整 R 平方值包含了添加新变量引起的模型变化。和 R 平方值类似，调整的 R 平方值用于计算所有解释变量引起的因变量变化比例。

　　让我们用一个例子来理解调整的 R 平方值的概念。假定你有两个用于分析某种情况的模型。其中一个模型有 5 个预测变量，另一个模型有 1 个预测变量。现在你可以比较这些模型，在比较中你可能觉得困惑，有 5 个预测变量的模型是否因为更高的 R 平方值而显得更好，R 平方值较高是不是因为有更多的预测变量。在这种情况下，你可以计算调整的 R 平方值，确定哪一个模型更有效。

　　在新项增进模型适当性时，调整的 R 平方值增大；而如果新增项不利于模型适当性，则其值减小。

　　当你在回归模型中增加解释变量时，使用调整的 R 平方值而非简单 R 平方值定义回归模型。这通常写作（$\overline{R}$ 平方值）。

　　调整的 R 平方值可以这样计算：

$$\overline{R}^2 = R^2 - \frac{k}{n-k-1}(1-R^2)$$

其中，n 表示观测值数量；k 表示参数数量。

　　调整的 R 平方值有如下属性。

○　它取决于解释变量的个数。

○　它对增加附加解释变量施加惩罚（降低 R 平方值）。

例　子

　　下面我们介绍一个使用 R 平方值和调整的 R 平方值的例子。某个统计模型有 5 个预测变量，每个变量有 50 组样本数据。R 平方值非常接近 0.5。

样本规模（n）=50

预测变量数（k）=5

样本 R 平方值=0.5

我们来计算该模型的调整 R 平方值，有

$$\overline{R}^2 = R^2 - \frac{k}{n-k-1}(1-R^2)$$

在公式中代入数值，可以得到

$$\text{调整 } R \text{ 平方值} = 1-(1-0.5^2)(50-1)/(50-5-1)$$
$$= 1-(0.75) \times (49/44)$$
$$= 1-0.835\,2$$
$$= 0.164\,8$$

　　表 4-1-1 展示了所有参数的 R 平方值和调整 R 平方值。

表 4-1-1　R 平方值和调整 R 平方值

变　量　数	R 平方值	调整的 R 平方值
1	0.2	0.2
2	0.3	0.3
3	0.48	0.47
4	0.49	0.23
5	0.5	0.164 8

　　从上表中可以得出结论，具有 4 个和 5 个参数的统计模型过于复杂。具有 3 个参数的模型最为适合，因为调整的 R 平方值最大。

1.1.5　回归输出的解读

　　图表和相关能识别和量化两个变量之间的关系；但是，如果散点图显示了某种确定的模型且发现

数据中有强相关，并不一定意味着两个变量之间存在**因果关系**。因果关系指的是改变某个变量（这里是 x）会导致另一个变量（y）的变化。换言之，y 中的变化不仅和 x 有关，而且是由 x 直接导致的。

例如，进行一项严密控制的医疗试验以确定某种药物对血压的影响。研究人员观察散点图，发现有明确的下降线性模式——他们对相关性进行了计算，发现两者有强相关。研究人员得出结论，加大这种药物的计量会导致血压下降。如果他们在试验中控制了其他可能影响血压的变量（如同时服用的其他药物、年龄、总体健康状况等），那么这种因果关系的结论是合理的。

但是，如果你制作一个散点图检查纽约冰淇淋消费与谋杀案发生率之间的相关性，也可能会发现强的线性关系。但是，没有人会认定冰淇淋消费量越大，就会造成更多谋杀案的发生。

这里发生了什么

在第一个例子中，数据是通过严格控制的医学试验收集的，这最大限度地降低了其他血压影响因素的影响。在第二个例子中，数据仅仅是基于观测，没有研究其他因素。研究人员后来发现，存在这样的强相关是因为谋杀率和冰淇淋销售量的上升都与**温度**的上升有关。在这种情况下，温度被称为**混淆变量**——它同时影响 x 和 y，但是没有被包含在这项研究中。

> **总体情况**
>
> 能否发现两个变量之间的因果关系取决于研究的进行方式。人们试图仅凭观察散点图或者相关系数断定因果关系。为了确定因果，你必须有设计良好的试验或者大量的观测研究。

1.1.6 回归假设

在构建回归模型时，统计学家需要做出一些基本的假设，确保回归模型的有效性。下面我们介绍这些回归假设。

用于预测的回归分析中使用如下 4 种基本假设。

- ○ **线性**：假定因变量和自变量之间存在线性关系。
- ○ **独立性**：假定收集样本的误差中没有相关性。
- ○ **同方差性**：假定误差中的变异度恒定。
- ○ **正态性**：假定收集样本中的误差呈正态分布。

如果违反了上述 4 种假设，回归模型可能不足以做出预测。

让我们来研究一个违反线性假设的例子。

你想要构建一个回归模型以预测一定时间间隔之后某个工业厂房的价值。

使用如下的线性回归模型

$$y = c_1 + c_2 x$$

式中，y 是厂房的价值；x 是厂房的使用年限；c_1 和 c_2 是回归常数。

在现实生活中，厂房的价值在第一年下降的幅度高于第二年，第二年高于第三年。在这种情况下，响应和预测变量之间的关系不是线性的；因此，违反了线性假设，该模型不能计算出准确的成本。

1. 你打算构建一个回归模型以规定口渴与气温之间的关系。通常，温度的升高会增加口渴的感觉；但是，口渴还取决于人们消耗的热量。在这种情况下，构建回归模型时应该考虑多少个自变量？

　　a. 1　　　　　b. 2　　　　　c. 3　　　　　d. 4

2. 考虑如下数据：

```
X=( 3,4,6,5,4)
Y=( 3, 7, 11, 15, 19)
```

对于给定的数据，下面哪一个是正确的 R 平方值？

　　a. 0.416　　　b. 0.173　　　c. 0.121　　　d. 0.277

现在，你已经熟悉了线性回归分析的基本概念。接着我们学习如何使用线性回归进行工作。

1.1.7　多重共线性

简而言之，多重共线性指的是**冗余性**。在统计学上，它被定义为两个解释变量之间的近线性关系，这种关系导致参数估计不准确。当两个或者更多变量相对于因变量表现出线性或者近似线性关系的时候，就存在多重共线性。

多重共线性最常见的例子就是以身高和体重作为预测变量的回归模型。一般来说，人的身高和体重相互之间有强相关。如果将身高和体重作为两个自变量进行预测，可能得到错误的结果。因此，在构建回归模型时，识别多重共线性并尽可能消除是很重要的。

多重共线性的存在是因为以下一些因素：

○　收集数据时使用了错误的方法；
○　收集的数据有未知的约束；
○　指定错误的模型；
○　使用过于特定的模型，也就是观测值的数量少于预测变量数量的模型。

多重共线性在需要研究 x 变量对 y 的影响时会带来极大的挑战，原因如下：

○　误导单独 p 值；
○　在回归系数上使用很宽的置信区间。

1.1.8　检测多重共线性

在回归模型中，如下情况可以确定多重共线性：添加或者删除解释变量时，可以观察到估算的回归系数发生显著变化。

回归模型的方差膨胀因子（VIF）很高（5 或者更高）。VIF 用于识别回归模型中存在的多重共线性，可用如下公式计算：

$$VIF = \frac{1}{1 - R_i^2}$$

式中，R_i 是解释变量 x_i 关于其他所有解释变量的回归系数。

下面我们考虑一个检测多重共线性的例子。

例　子

你打算按照客户家庭成员人数和到访超市的次数，计算客户的每月支出。

家庭成员人数和到访超市的次数高度相关。假定这些变量的 R 平方值为 0.8。现在你可以计算 VIF：

$$VIF = \frac{1}{1 - R_i^2}$$

代入 R 平方值，将得到：

$$VIF = 1/(1-0.8) = 1/0.2 = 5$$

这暗示着数据中存在多重共线性。

为了理解多重共线性是如何对统计模型的精确性产生影响、导致你得出错误结果的，让我们来考虑如下的例子。

Jackson 是社会学领域的研究人员。他正在进行一项研究，识别提升研究生幸福感的因素。他使用来自一项调查的数据。此外，Jackson 决定使用两个主要因素（变量）：每周花在社会活动的小时数和花在学习上的小时数。在我们的案例中，这些变量都是高度负相关的。Jackson 先生发现每周花在社会活动上的小时数和花在研究上的小时数之间的相关系数为 0.91（高度负相关）。

为了确定哪一个变量对学生的幸福感影响更大，Jackson 在一个回归模型中使用这两个变量，此外还加上了学生的年龄和性别；但是，Jackson 不确定年龄和性别是否和幸福感有关。他相信社交和学习中有一个变量对学生的幸福感有影响。令他惊讶的是，没有一个预测变量在确定学生幸福感时具有显著性。

这是否暗示着，研究生不关心社交和学习？当然不是，学生们对此很在意，问题在于多重共线性的存在。在这个案例中，当这两个预测变量一同使用时，其中一个会控制另一个。这两个变量高度相关，且用于同一个回归模型；一个变量的效果将会影响另一个用于确定幸福感的变量。但是，幸福感已经在第一个变量上得到了解释。这意味着，两个变量（社交和学习）都不能更显著地解释学生的幸福感。令 Jackson 困惑的是，具有高 R 平方值的变量在寻找响应变量（幸福感）和预测变量之间的关系时不具有显著性。

多重共线性的存在使 Jackson 迷惑不解。确实，社交和学习都与学生的幸福感水平高度相关；显然，社交与学生的幸福感之间的关联度更高一些，但是多重共线性的存在表明，两个变量都不是学生幸福感的可靠指标。

Jackson 可以采取如下措施解决多重共线性问题：

○ 删除导致多重共线性的变量；
○ 组合高度相关的变量。

多重共线性的影响

下面是多重共线性的一些影响。

○　错误估算回归系数。

○　无法估计标准误差和系数。

○　紧密相关的变量的普通最小二乘估算中有很高的方差和协方差，导致难以评估精确的估算。

○　很可能因为错误或者相对大的标准误差而接受零假设。

○　普通最小二乘估计量及其标准误差对数据中的小变化很敏感，难以得到准确的结果。

○　t 检验的水平下降。

○　模型可预测性下降。

多重共线性的消除

现在你对回归模型中多重共线性的影响已经有了认识，因此，如果可能的话必须将其消除。让我们来看一些消除多重共线性的简单方法。

○　再次指定回归模型。

○　在估算系数时使用先验信息或者约束。

○　收集新数据或者增大样本规模。

1.2　使用线性回归进行工作

在两个数值变量 x 和 y 的情况下，通过相关和散点图已经确定至少一个中等相关时，你知道它们有某种线性关系。研究人员常常使用这种关系，用一条直线预测给定 x 值下的（平均）y 值。统计学家将这条直线称作**回归线**。回归线的例子如图 4-1-2 所示。

在图中，已经为图上的点绘制了回归线，因为线周围的几乎所有点都表现了 x 和 y 变量之间的高度相关。

如果你知道回归线的斜率和 y 截距，就可以代入 x 值，预测 y 的平均值。换言之，你可以从 x 预测（平均）y 值。

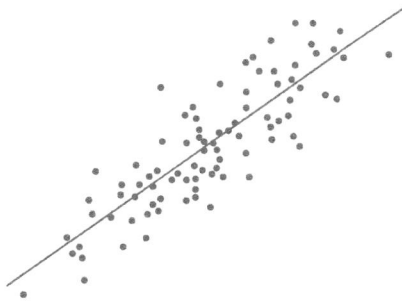

图 4-1-2　回归线

技术材料

除非你已经发现了两个变量之间存在中等的相关，否则绝不要进行回归分析。经验法则是，相关系数应该等于或者超出正负 0.5。如果数据表现的不像一条直线，就不应该尝试用直线拟合数据、做出预测。

1.2.1　确定 x 和 y 变量

在找出回归线方程之前，必须确定哪一个变量是 x，哪一个是 y。在识别相关时，选择哪一个变量是 x、哪一个是 y 并不重要，但是在拟合直线、做出预测时，x 和 y 的选择会造成不同的效果。

统计学家将 x 变量称为**解释变量**，因为如果 x 变化，斜率就能解释 y 的预期变化量，因此，

y 变量被称作**响应变量**。你现在已经知道，*x* 和 *y* 还有其他名称，包括自变量和因变量。

1.2.2 检查条件

一般来说，*y* 是你想要预测的变量，*x* 是你用于做出预测的变量。

在两个数值变量的情况下，如果满足下列两个条件，你可以用一条直线，从 *y* 中预测 *x*：

○ 散点图必须形成线性模式。
○ 相关系数 *r* 为中等到强（通常超过 0.5 或者−0.5）。

x 和 *y* 变量之间具有最高相关系数（1）的散点图如图 4-1-3 所示。

即使相关系数很高，你仍然需要观察散点图。在某些情况下，数据呈现曲线的形状，但是相关仍然很强；在这些情况下，用直线做出预测仍然是无效的。

x 和 *y* 值形成的曲线形状如图 4-1-4 所示。

图 4-1-3 相关系数为 1 的散点图　　　图 4-1-4 曲线形状关系

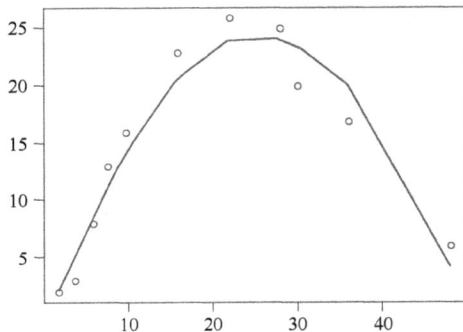

1.2.3 回归线的计算

在响应和预测变量之间存在很强的相关时，你可以找到一条和数据拟合得最好的直线。统计学家将这种求取最佳拟合线的技术称作使用最小二乘法的简单线性相关分析。最佳拟合线（或者回归线）的公式为

$$y=mx+b$$

式中，*m* 是直线的斜率；*b* 是 *y* 截距。

方程 *y=mx+b* 和代数中表示直线的方程相同。但是在统计学中，数据点不会正好在一条直线上——如果存在强相关模式，这条线是一个模型，数据分布在其周围。

技术材料

直线的斜率是 *x* 的变化造成的 *y* 值变化。例如，斜率为 10/3 意味着 *x* 值增加（向右移动）3 个单位，*y* 值平均向上移动 10 个单位。*y* 截距是 *x* 为 0 时的 *y* 轴位置。例如，在方程 2*x*−6 中，直线与 *y* 轴的交点位置为−6（坐标为 0,−6）；当一条直线与 *y* 轴相交时，交点的 *x* 坐标总为 0。

为了求出最佳拟合线，你必须在给定条件下找出最佳拟合数据模式的 *m* 和 *b*。不同的条件可能导致不同的直线，但是所有入门级统计中使用的条件是找出最小化统计学家所称的**误差平方和**（SSE）的直线。SSE 是拟合线和数据集实际数据点之间差值的平方和。选择 SSE 最低的直线，用其方程作为最佳拟合线，这一过程称为**最小二乘法**。

为了节约计算最佳拟合线的时间，首先找出下面列出的 5 个汇总统计量（"五大"）。

○　*x* 的均值（$\bar{x}$）。
○　*y* 的均值（$\bar{y}$）。
○　*x* 值的标准差（S_x）。
○　*y* 值的标准差（S_y）。
○　*x* 和 *y* 的相关系数（*r*）。

1.2.4　求取斜率

最佳拟合线斜率 *m* 的计算公式如下：

$$m=r(S_y/S_x)$$

式中，*r* 是 *x* 和 *y* 的相关系数；S_x 和 S_y 分别是 *x* 值和 *y* 值的标准差。该公式简单地将 S_y 与 S_x 相除再将结果乘以 *r*。

最佳拟合线的相关系数和斜率不相同。斜率公式取得相关系数（无单位测度）并为其指定了单位。可以将 S_y/S_x 视为 *x* 变异造成的 *y* 变异量，以 *x* 和 *Y* 的单位表示。

> **快速提示**
>
> 为了计算一组给定值的标准差，可以使用如下公式：
>
> $$标准差（SD）= \sqrt{\frac{1}{N}\sum_{i=1}^{N}(X_i-\mu)^2}$$
>
> 式中，X_i 是 *X* 的第 *i* 个值，μ 是给定值的平均数。

1.2.5　求取 *y* 截距

最佳拟合直线的 *y* 截距 *b* 的公式为 $b = (\bar{y}) - m(\bar{x})$，其中 $(\bar{y})$ 和 $(\bar{x})$ 分别是 *x* 值和 *y* 值的均值，*m* 是斜率。所以，要计算最佳拟合回归线的 *y* 截距，首先要求出最佳拟合直线的斜率 *m*，将其乘以 $(\bar{x})$，最后从 $(\bar{y})$ 中减去该结果。

1.2.6　回归线的解读

解读最佳拟合回归线的斜率和 *y* 截距的能力，比计算它们更为重要。回归线的解读有助于做出预测和决策。我们将在接下来的小节中学习更多这方面的知识。

斜率的解读

斜率在代数中的解释是"上升率"。例如，如果斜率为 2，可以将其写为 2/1。当从线上的一点移到另一点时，x 值增加 1，y 变量值增加 2。在回归的语境中，斜率是方程的核心，因为它告诉你 x 增加时 y 预期增大多少。

一般来说，斜率的单位是 y 变量单位/x 变量单位，也就是 y 相对于 x 的变化率。假定在每毫克剂量对收缩压（毫米汞柱）影响的研究中，研究人员发现回归线斜率为-2.5。可以将其写为-2.5/1——服药剂量每增大 1 mg，收缩压预期平均降低 2.5 mm 汞柱。

> **技术材料**
>
> 注意，最佳拟合直线的斜率可能为负数，因为相关系数可能为负。负数的斜率表示该直线方向向下。例如，警察人数的增加和罪案数量的减少成线性关系；这种情况下相关系数为负，最佳拟合直线的斜率也就为负。

> **技术材料**
>
> 在解读斜率时一定要确保使用正确的单位。如果没有考虑单位，就无法理解两个变量之间的相关性。例如，如果 Y 是考试成绩，X 是学习时间，并求得一个斜率为 5 的方程，这个数字如果没有单位，那么什么意义也没有。

y 截距的解读

y 截距表示回归线 y=mx+b 与 y 轴相交的位置（其 x=0），记为 b。有时候，y 截距可以以有意义的方式解读，有时则不能。

有时候，y 截距没有任何意义。例如，假定你用降雨量预测玉米亩产（以蒲式耳为单位）。你知道如果数据集包含的一个数据点降雨量为 0，那么玉米亩产也将为 0。因此，如果回归线与 y 轴的交点坐标不为 0（不能保证交点坐标为 0——这取决于数据），y 截距将毫无意义。类似地，在这种背景下，y（玉米亩产）的负值也无法解读，如图 4-1-5 所示。

在图 4-1-5 中，y 轴表示降雨量（以 mm 为单位）；y 的负值没有任何意义，因为产量不可能为负数。

另一种无法解读 y 截距的情况是数据出现在靠近 x=0 的位置时。例如，你可能想用学生上半学期的成绩预测下半学期的成绩。y 截距表示上半学期成绩为 0 时预计的下半学期成绩。除非某位学生不参加考试，否则不会预计其半学期的成绩为 0 或者接近 0，在那种情况下，学生的成绩从一开始就不会被包含在内。

但是，许多时候 y 截距能够引起你的兴趣，它具有意义，你也收集到了 x=0 区域的数据。假定你用温度预测威斯康辛州格林贝美式足球赛上的咖啡销售量。有些比赛是在寒冷的天气中进行的，气温达到华氏 0 K 甚至更低，所以预测这些温度下的咖啡销售量是有意义的。

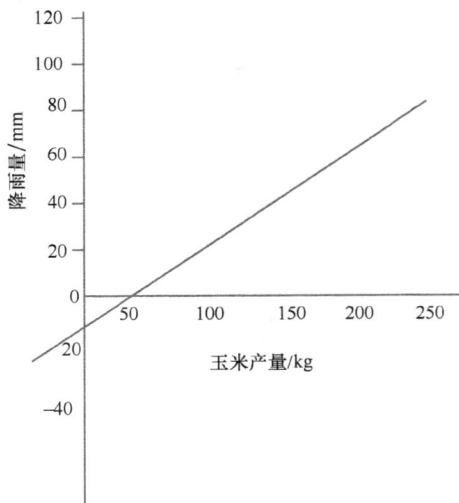

图 4-1-5　玉米产量和降雨量的图表

1.2.7　做出正确的预测

在确定强线性关系、求出最佳拟合直线方程 $y=mx+b$ 之后，可以用这条直线预测给定 x 值下的 y 值。要做出预测，只需在方程中代入 x 值，然后解出 y 值即可。

例如，如果公式是 $y=2x+1$，你希望预测 $x=1$ 时的 y 值，则在公式中代入 x 值 1，得到 $y=2\times 1+1=3$。

记住，你要选择代入的 x（解释变量）值。你预测的是 y（响应变量），该变量取决于 x。这样，你将使用容易收集的变量预测难以或者无法测量的 y 变量。

我们以击球手在 10 局中得分数量为例：

75, 74, 81, 75, 11, 83, 19, 99, 81, 77

如果考虑这位击球手在 10 局中的平均得分数，那么这个数字大约为 70。但是，在第 5 和第 7 局中，他分别得到 11 分和 19 分，这远远低于总平均数。如果画出图形，这些点将落在平均线之外很远的地方，被称为异常值。

一个或者两个数据点可能落在其余数据的总体模式之外——这些点被称为**异常值**。一两个异常值可能不会影响回归线的总体拟合度，但是最终你将会看到回归线在特定点上的拟合效果不佳。

从回归线预测的 y 值和从数据中得到的真实 y 值之间的差值称为**残差**。异常值的残差大于其他点，值得对其进行调查，以了解那些点的数据是否有错，或者数据中是否有特别有趣的情况。

已经学习了简单线性回归的基础知识。现在，让我们学习在 R 中进行线性回归的方法。

1.3　R 中的简单线性回归

如果读者有统计学的基础知识，就很容易在 R 平台上工作。R 是运行于 UNIX、Windows 和 Mac OS 平台上的统计工具，可从互联网上免费获得。

线性回归分析涉及大量复杂计算，用简单的计算器完成这些计算是不现实的。R 是一个流行工具，为你提供多种执行线性回归的内置函数和命令。

> **附加知识**
>
> 在使用统计工具时，统计学家可能遇到无法用常用软件工具分析的大数据集。这样的数据称作大数据。大数据的规模可能从几十 TB 到几个 PB。R 作为统计工具，有能力处理这样大的数据量，生成用于预测的实用信息。

1.3.1　R 的 5 个著名函数

假定你需要计算统计量 Σx、Σy、Σx^2、Σy^2 和 Σxy，可以用 R 中的 5 个著名函数完成这些计算。

○　**sum(x)**：计算所有 x 值的总和。

- ○ **sum(y)**：计算所有 y 值的总和。
- ○ **sum(x2)**：计算所有 x 值的平方和。
- ○ **sum(y2)**：计算所有 y 值的平方和。
- ○ **sum(xy)**：计算每个 x 值和每个 y 值乘积的和。

1.3.2　校正的平方和及乘积和

使用 R 中的 5 个著名函数，可以计算校正的平方和及乘积和。这在使用如下公式计算标准差（SD）时很有用

$$标准差（SD）= \sqrt{\frac{1}{N}\sum_{i=1}^{N}(x_i - \mu)^2}$$

式中，数值 x_i 是第 i 个值；μ 是 N 个值的均值。

给定变量集的校正平方使用上述值的平均值求得。计算平方和及乘积和的公式为

$$SSX（x \text{ 的平方和}）=\sum x^2 - \frac{(\sum x)^2}{n}$$

$$SSY（Y \text{ 的平方和}）=\sum y^2 - \frac{(\sum y)^2}{n}$$

$$SSXY（\text{乘积和}）=\sum xy - \frac{(\sum x)(\sum y)}{n}$$

注意，校正的乘积和在结构上和 SSY 和 SSX 相同。对于 SSY，第一项是 y 乘以 y 的总和，第二项是 y 的总和乘以 y 的总和，对于 SSX 也类似。对于 SSXY，第一项包含 x 乘以 y，第二项包含 xy 乘积的和。

1.3.3　分散度

另一个需要考虑的重要问题是，具有相同斜率和截距的两个数据集看上去可能大不相同，如图 4-1-6 所示。

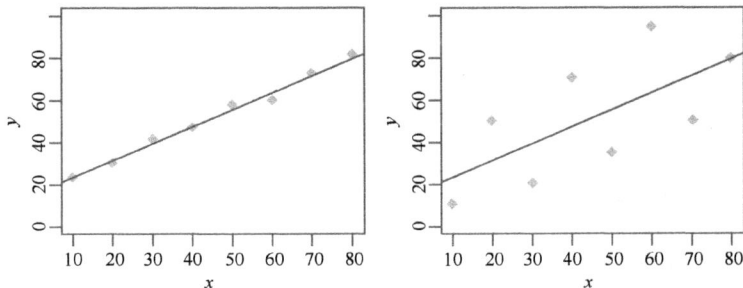

图 4-1-6　具有相同斜率和截距的两个数据集

在图 4-1-6 中可以明显看出，相对于画出的直线，左图中的数据点分布较广，而右图中的数据点更靠近拟合线。这种差异称为误差平方和或者 SSE。这里的误差并不意味着错误，只是一种残差或者无法解释的差异。

SSE 可以用如下公式计算：

$$SSE = \sum (y - a - bx)^2$$

> **快速提示**
>
> 注意，考虑到计算机程序的精确度，最好不要使用这些快捷公式，因为它们涉及可能非常大的数值（平方和）之间的差值，因此可能出现舍入误差。作为替代，在编程时可以使用如下等价公式：
>
> $$SSX = \sum (x - \bar{x})^2$$
> $$SSY = \sum (y - \bar{y})^2$$
> $$SSXY = \sum (x - \bar{x})(y - \bar{y})$$

1.3.4　回归中的方差分析

由模型解释的**差异**称作**回归平方和**或者 SSR，同一个模型无法解释的差异称作**误差平方和**或者 SSE。

SSR 可以用如下公式计算：

$$SSR = b.SSXY = \frac{SSXY^2}{SSX}$$

1.3.5　AIC

赤池信息量准则（AIC）在统计行业中被称为惩罚对数似然率。如果你有一个模型可得到一个对数值，则 AIC 可由如下公式计算：

$$AIC = -2\ln(似然率) + 2(p+1)$$

式中，p 为模型中参数的个数，加 1 是为了估算方差。

1.3.6　参数不可靠性的估算

为了计量与每个估算参数相关联的不可靠性，你必须计算截距和斜率的标准误差。

估算斜率的不确定性随着方差的增大而增大，随图中的数据点数增大而减小。当 x 取值范围较小时不确定性更大。

可以使用如下公式求取斜率的标准误差：

$$Se_b = \sqrt{\frac{SD^2}{SSX}}$$

估算截距的不确定性随方差的增大而增大，随图中数据点数的增大而减小。和斜率一样，当

x 的取值范围（由 SSX 计量）较小时，不确定性更大。因此，在截距估算中，不确定性随着原点与 x 均值距离的平方增大。

可以使用如下公式求取截距的标准误差：

$$Se_a = \sqrt{\frac{SD^2 \sum x^2}{nSSX}}$$

1.3.7 用拟合模型预测

将模型拟合结果保存在命名对象中是一个好的做法。模型的命名很大程度上取决于个人的品味：有些人喜欢用模型名称描述其结构，其他人则喜欢使用简单的模型名称，依赖于回归模型使用的公司，如 $x \sim y$ 或者 $x \sim y+z$。

现在，可以对所有事物使用模型对象了。例如，可以使用预测函数计算响应变量，预测不能测量的解释变量值。

1.3.8 检查模型

最后，你应该对模型进行严格评价。最简单的方法是绘制变量值图表。在本讲中，将学习绘制回归分析图表的多条命令。

总体情况

近年来，数据分析的重要性显著增加。信息管理公司（如 IBM、Oracle 和 SAP）投入数十亿美元研究数据的管理和分析。公共和私有领域的组织越来越多地使用数据密集的技术。R 是一种流行的大数据工具，被广泛地用于大数据集的统计分析。

知识检测点 2

1. 人们开发出一个回归模型，用于根据学习小时数和参与演讲的次数预测学生的成绩。这个回归模型如下所示：

   成绩 $=\beta_0 + \beta_1 \times$ 学习小时数 $+\beta_2 \times$ 参加演讲次数

   下表展示了从同一班级的 4 位学生收集的数据。

学生名	β_0	学习小时数	β_1	参加演讲次数	β_2
Jackson	990.80	78	7.20	26	42.3
Mike	990.80	81	7.20	21	42.3
Jelly	990.80	82	7.20	18	42.3
Lisa	990.80	92	7.20	16	42.3

   根据回归模型和数据，如果按照预测成绩的降序排列，下面哪一个是正确的学生顺序？

   a. Jackson→Lisa→Mike→Jelly
   b. Jackson→Mike→Jelly→Lisa
   c. Mike→Lisa→Jelly→Jackson
   d. Mike→Jackson→Lisa→Jelly

2. 在回归分析中，SSE 用如下公式计算

$$SSE = \sum (y - a - bx)^2$$

其中符号和系数的含义和往常一样。

根据给定的公式，下面哪一个是计算斜率 b 的正确表达式？

a. $\dfrac{SSXY}{SSX}$　　　b. $\dfrac{SSXY^2}{SSX}$　　　c. $\dfrac{SSX}{SSXY}$　　　d. $\dfrac{SSX^2}{SSXY}$

现在，让我们学习构建结果对象，使用 R 命令访问这些对象。

1.4　线性模型结果对象

如你所知，回归的最简形式类似于两个变量（响应变量和预测变量）的相关分析。R 中的 lm()
命令用于进行线性建模。为了使用这个命令，你需要使用它的语法。代码清单 4-1-1 展示了一个
简单的数据帧，它的两列可以相关。

代码清单 4-1-1　有两个变量的数据帧

```
1  > fw
2              count       speed
   Taw         9           2
   Torridge    25          3
   Ouse        15          5
   Exe         2           9
   Lyn         14          14
   Brook       25          24
   Ditch       24          29
   Fal         47          34
3  > cor.test(~ count + speed, data = fw)
4  Pearson/s product-moment correlation
   data: count and speed
   t = 2.5689, df = 6, p-value = 0.0424
   alternative hypothesis: true correlation is not equal to 0
   95 percent confidence interval:
   0.03887166 0.94596455
   sample estimates:
   Cor
   0.7237206
```

代码清单 4-1-1 解释

1	fw 是 R 中的一个可用数据帧，它有两个变量 count 和 speed
2	显示数据帧中的可用数据
3	cor.test 命令用于检验变量 count 和 speed 之间的相关性
4	显示 >cor.test(~count+speed, data=fw) 命令的输出。count 和 speed 变量的相关系数为 0.723 720 6

在代码清单 4-1-1 显示的输出中，可以看到回归系数(0.038 871 66, 0.945 964 55)，也就是截距和斜率。要查看更多的细节，可将回归保存为命名对象，然后用 summary() 命令查看，如代码清单 4-1-2 所示。

代码清单 4-1-2　使用 summary() 命令

```
1  > fw.f = lm(count ~ speed, data = fw)
2  > summary(fw.lm)
3  Call:
   lm(formula = count ~ speed, data = fw)
   Residuals:
   Min 1Q Median 3Q Max
   -13.377 -5.801 -1.542 5.051 14.371
   Coefficients:
                Estimate    Std. Error    t value    Pr(>|t|)
   (Intercept)  8.2546      5.8531        1.410      0.2081
   speed        0.7914      0.3081        2.569      0.0424 *
   ---
   Signif. codes: 0 /***/ 0.001 /**/ 0.01 /*/ 0.05 /./ 0.1 / / 1
   Residual standard error: 10.16 on 6 degrees of freedom
   Multiple R-squared: 0.5238, Adjusted R-squared: 0.4444
   F-statistic: 6.599 on 1 and 6 DF, p-value: 0.0424
```

代码清单 4-1-2 解释

```
1  lm() 命令执行 count 和 speed 数据的回归分析，并将结果保存在 fw.lm 对象
2  summary() 命令以 fw.lm 对象为参数，访问关于对象组件的信息
3  显示 summary() 命令的输出。它显示回归分析所用公式以及分析的结果
```

除了 summary() 命令输出的信息之外，结果对象还包含了其他信息，可以通过 names() 命令查看。names() 命令的输出如下：

```
> names(fw.lm)
[1] "coefficients" "residuals" "effects" "rank"
[5] "fitted.values" "assign" "qr" "df.residual"
[9] "xlevels" "call" "terms" "model"
```

可以使用 $ 语法提取输出中显示的组件；例如，可以使用如下命令提取 coefficients（系数）组件：

```
> fw.lm$coefficients
(Intercept) speed
8.2545956 0.7913603
> fw.lm$coef
(Intercept) speed
8.2545956 0.7913603
```

在第一个例子中，我们输入了完整的组件名称；但是，在第二个例子中可以注意到，只要没有歧义，名称就可以缩写。

当从线性模型得到一个结果时，可以访问包含不同结果的对象，基本的 summary() 命令显示某些结果。可以使用 $ 语法提取结果的任何组件。

下面的几个小节将详细讨论组件及其命令。

1.4.1　系数

可以使用 coef() 命令提取结果对象中的系数。要使用这个命令，只需要给出结果对象的名称：

```
> coef(fw.lm)
(Intercept)      speed
8.2545956    0.7913603
```

可以使用 confint() 命令得到这些系数的置信区间。默认设置产生 95% 的置信区间，也就是说，差值在 2.5% 和 97.5% 之间，如以下命令所示：

```
> confint(fw.lm)
                 2.5 %        97.5 %
(Intercept) -6.06752547   22.576717
speed         0.03756445    1.545156
```

在统计学中，置信区间定义用于指定参数估算可靠性的取值范围。这一范围通过给定的样本数据计算。

可以使用 level=instruction 参数修改区间，区间以比例形式指定。还可以使用 parm=instruction 参数，将变量名放在引号中，选择显示的置信变量，如下例所示：

```
> confint(fw.lm, parm = c(/ (Intercept)/, /speed/), level = 0.9)
                 5 %        95 %
(Intercept) -3.1191134   19.628305
speed        0.1927440    1.389977
```

注意，截距项包围在圆括号中，如 (Intercept)，这正是在 summary() 命令中显示的样子。

附加知识

相关和简单回归类似，都是将一个变量与另一个变量比较。在相关中，你假定数据是正态分布的，目的是发现变量之间关系的紧密程度。在回归中，分析更进一步，假定变量之间有数学关系，因而是可以预测的。回归分析的结果显示了描述这一关系的斜率和截距值。从回归中得到的 R 平方值是相关系数的平方，它展现了两种方法之间的相似性。

1.4.2　拟合值

可以使用 fitted() 命令提取用于绘制回归线的值；换言之，可以使用该方法的方程预测每个 x 值对应的 y 值：

```
> fitted(fw.lm)
Taw        Torridge    Ouse       Exe        Lyn        Brook
```

```
9.837316      10.628676   12.211397   15.376838    19.333640   27.247243
Ditch         Fal
31.204044     35.160846
```

在上面这个例子中，为数据行做了命名，所以 fitted() 命令的结果生成了名称。

1.4.3 残差

可以使用 residuals() 命令查看残差。下面给出一个说明 residual() 命令用法的例子：

```
> residuals(fw.lm)
Taw           Torridge    Ouse        Exe          Lyn         Brook
-0.8373162    14.3713235  2.7886029   -13.3768382  -5.3336397  -2.2472426
Ditch         Fal
-7.2040441    11.8391544
```

同样，你可以看到，因为原始数据有行名，所以残差也被命名。

1.4.4 公式

可以使用 formula() 命令访问线性模型中使用的公式：

```
> formula(fw.lm)
count ~ speed
```

这和下面的 lm() 命令完整调用不太一样：

```
> fw.lm$call
lm(formula = count ~ speed, data = fw)
```

1.4.5 最佳拟合线

可以使用这些线性建模命令，以图形方式可视化简单线性模型。下面的命令实际上都产生相同的图表：

- plot(fw$speed, fw$count)
- plot(~ speed + count, data = fw)
- plot(count ~ speed, data = fw)
- plot(formula(fw), data = fw)

这些命令生成的图表如图 4-1-7 所示。

添加最佳拟合线需要截距和斜率。求出这些值之后，可以使用 abline() 命令添加直线。下面的命令都可以生成所需的最佳拟合线：

- abline(lm(count ~ speed, data = fw))
- abline(a = coef(fw.lm[1], b = coef(fw.lm[2])))
- abline(coef(fw.lm))

第一条命令很直观，可以清晰地看到线性模型的调用。第二条命令显示了所用数值的来源。最后一条的输入最简单，最大限度地利用了 lm() 结果变量。

最佳拟合线的基本图形如图 4-1-8 所示。

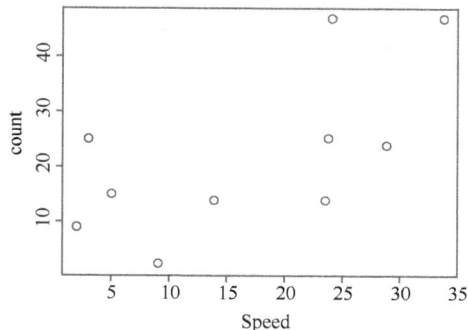

图 4-1-7　plot() 命令生成的图表　　　　图 4-1-8　回归模型的最佳拟合线

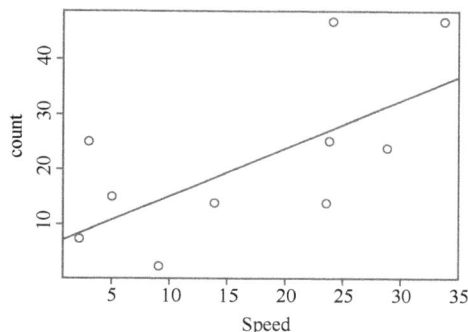

你可以用不同的样式和颜色绘制最佳拟合线。表 4-1-2 总结了绘制最佳拟合线使用的命令。

表 4-1-2　绘制最佳拟合线所用的命令

命　　令	解　　释
lty = n	设置线型。线型可以指定为一个整数： 0=空白，1=实线（默认值） 2=短划线 3=点线 4=点划线 5=长划线 6=双短划线 或者指定为一个字符串： blank solid dashed dotted dot dash long dash two dash blank 选项使用的是不可见的线，也就是没有绘制
lwd = n	用数值设置线宽，1 为标准宽度，2 为双倍宽度，以此类推。默认值为 1
col = color	用一个命名颜色（放在引号中）或者整数值设置颜色。 默认为 "black"（1，黑色）。可以用 colors() 命令访问颜色列表

简单回归是迈向更复杂的多重回归的跳板，在多重回归中，你有一个响应变量和多个预测变量。已经学习了如何使用 R 命令和访问结果对象。下面我们学习在 R 中构建回归模型的方法。要执行回归分析，首先必须构建回归模型。在 R 中，你使用简单的命令构建回归模型。

1.5　模型的构建

当有多个预测变量时，通常希望从数据中创建统计上最显著的模型。有如下两个选择。

○　**前向逐步回归**：从单个最佳变量开始，添加更多变量，将模型构建为更复杂的形式。

○ **后向删除**：将所有变量加入，通过删除变量直到剩下最显著项，精简模型。

你可以使用 add1() 和 drop1() 命令，采取这两种方法。

下一个小节将介绍这两种方法。

1.5.1　用前向逐步回归增加项

当你有许多变量时，找出一个起点是关键的步骤。选项之一是搜索与响应变量具有最大相关度的预测变量。你可以使用 cor() 命令执行简单相关。在下面的例子中，创建一个相关矩阵，因而得到成对的相关系数，可以从中选择最大者。

```
> cor(mf)
          Length       Speed         Algae        NO3          BOD
Length   1.0000000   -0.34322968    0.7650757    0.45476093   -0.8055507
Speed   -0.3432297    1.00000000   -0.1134416    0.02257931    0.1983412
Algae    0.7650757   -0.11344163    1.0000000    0.37706463   -0.8365705
NO3      0.4547609    0.02257931    0.3770646    1.00000000   -0.3751308
BOD     -0.8055507    0.19834122   -0.8365705   -0.37513077    1.0000000
```

在这个例子中，响应变量是 Length，但是 cor() 命令显示了所有可能的相关。你很容易看到 Length 和 BOD 之间的相关是最好的起点。为 Length 和 BOD 数据构建回归模型的语法如下：

```
> mf.lm = ln(Length ~ BOD, data = mf)
```

在这个例子中，只有 4 个预测变量，所以矩阵不是很大。但是，如果有更多的变量，矩阵将变得相当大，难以理解。在下面的例子中，你的数据帧有很多的预测变量：

```
> names(pb)
[1] "count"  "sward.may" "mv.may" "dv.may" "sphag.may" "bare.may"
[7] "grass.may" "nectar.may" "sward.jul" "mv.jul" "brmbl.jul" "sphag.jul"
[13] "bare.jul" "grass.jul" "nectar.jul" "sward.sep" "mv.sep" "brmbl.sep"
[19] "sphag.sep" "bare.sep" "grass.sep" "nectar.sep"
> cor(pb$count, pb)
> cor(pb$count, pb)
     count sward.may mv.may dv.may sphag.may bare.may
grass.may
[1,] 1       0.3173114    0.386234    0.06245646    0.4609559    -0.3380889
-0.2345140
      nectar.may    sward.jul    mv.jul    brmbl. jul
sphag.jul    bare.jul    grass.jul
[1,] 0.781714      0.1899664    0.1656897    -0.2090726    0.2877822
-0.2283124 -0.1625899
      nectar.jul    sward.sep    mv.sep    brmbl.sep    sphag.
sep bare.sep    grass.sep
[1,] 0.259654      0.6476513    0.877378    -0.2098358    0.7011718
-0.4196179 -0.6777093
      nectar.sep
[1,] 0.7400115
```

如果已经使用过 cor() 命令的普通形式，就需要做很多的搜索，但是这里将结果限制在响应变量和数据帧其余部分的相关。可以看到，最大的相关系数出现在 count 和 mv.sep 之间，所以这是回归模型的最佳出发点：

```
> pb.lm = lm(count ~ mv.sep, data = pb)
```

你也可以从更简单的模型入手，完全不包含预测变量，只简单地指定明确的截距。用数字 1 替代预测变量名称：

```
> mf.lm = lm(Length ~ 1, data = mf)
> pb.lm = lm(count ~ 1, data = pb)
```

在两种情况下，都将生成只有截距项的"空白"模型。现在，可以使用 add1() 命令查看哪一个预测变量是下一个加入的最佳变量。该命令的基本形式如下：

```
add1(object, scope)
```

object 是将要构建的线性模型，scope 是组成新模型所包含内容的数据，结果是一个项目列表和这些项添加到模型中将会产生的"影响"。

```
> add1(mf.lm, scope = mf)
Single term additions
Model:
Length ~ 1
          Df   Sum of Sq   RSS       AIC
<none>                     227.760   57.235
Speed     1    26.832      200.928   56.102
Algae     1    133.317     94.443    37.228
NO3       1    47.102      180.658   53.443
BOD       1    147.796     79.964    33.067
```

现在，可以看到 Speed 是 AIC 最低的变量，所以是下一个要加入的变量。注意，出现在模型中的项不包含在列表中。如果现在在模型中添加新项，将得到代码清单 4-1-3 中的结果。

代码清单 4-1-3　添加 Speed 变量之后 summary() 命令的结果

```
1  > mf.lm = lm(Length ~ BOD + Speed, data = mf)
2  > summary(mf.lm)
3  Call:
   lm(formula = Length ~ BOD + Speed, data = mf)
   Residuals:
   Min     1Q        Median    3Q      Max
   3.1700  -0.5450   -0.1598   0.8095  2.9245
   Coefficients:
               Estimate   Std. Error   t value    Pr(>|t|)
   (Intercept) 29.30393   1.62068      18.081     1.08e-14 ***
   BOD         -0.05261   0.00838      -6.278     2.56e-06 ***
   Speed       -0.12566   0.08047      -1.562     0.133
   ---
   Signif. codes: 0 /***/ 0.001 /**/ 0.01 /*/ 0.05 /./ 0.1 / / 1
   Residual standard error: 1.809 on 22 degrees of freedom
   Multiple R-squared: 0.6839, Adjusted R-squared: 0.6552
   F-statistic: 23.8 on 2 and 22 DF, p-value: 3.143e-06
```

代码清单 4-1-3 解释

1	lm() 命令在 BOD 和 Speed 变量上执行回归分析，将结果保存在 mf.lm 对象
2	mf.lm 对象传递给 summary() 命令
3	显示 mf.lm 对象包含的组件

可以看到，Speed 变量表示统计上显著的变量，可能不应该包含在最终的模型中。在包含新项之前观察显著性水平是很有益的。add1() 命令中的一条额外指令可用于进行这一观察。你可以使用 test ='F' 显示添加到模型时每个变量的显著性。这里的 'F' 是 F-test（F 检验）的缩写，如果运行 add1() 命令，结果如代码清单 4-1-4 所示。

代码清单 4-1-4　使用 add1() 命令添加新变量

```
1  > mf.lm = lm(Length ~ BOD, data = mf)
2  > add1(mf.lm, scope = mf, test ='F')
3  Single term additions
   Model:
   Length ~ BOD
             Df    Sum of Sq    RSS      AIC      F value    Pr(F)
   <none>                       79.964   33.067
   Speed     1     7.9794       71.984   32.439   2.4387     0.1326
   Algae     1     6.3081       73.656   33.013   1.8841     0.1837
   NO3       1     6.1703       73.794   33.060   1.8395     0.1888
```

代码清单 4-1-4 解释

1	lm() 命令执行 BOD 和 Speed 变量上的回归分析，并将结果保存在 mf.lm 对象中
2	add1() 命令用于找出最适合添加到回归模型的变量。结果对象 mf.lm、范围 mf 和检验类型 F 作为参数传递给 add1() 命令
3	显示 add1() 命令的结果，结果预示着，如果添加到当前回归模型，列表中的变量没有一个具有统计显著性

1.5.2　用后向删除方法删除项

你可以选择不同的方法，创建一个包含所有预测变量的回归模型，然后删减没有统计显著性的项。换言之，你从一个大的模型开始裁减，直到得到最佳（最具统计显著性）的模型。

为此，你可以使用 drop1() 命令。

这条命令检查一个线性模型，确定从中删除每个变量的影响。按照如下步骤执行后向删除。

（1）首先，创建一个"全"模型。你可以一次性输入所有变量。使用如下命令是一条捷径：

```
> mf.lm = lm(Length ~ ., data = mf)
```

（2）在上面的命令汇总，使用 Length 作为响应变量，但是在~字符的右侧，使用一个句点表示所有其他变量。使用 formula() 命令可以检查使用的公式：

```
> formula (mf.lm)
Length ~ Speed + Algae + NO3 + BOD
```

（3）现在使用 drop1() 命令查看需要删除的项目。drop1() 的结果如下：

```
> drop1(mf.lm, test = 'F')
Single term deletions
Model:
Length ~ Speed + Algae + NO3 + BOD
        Df    Sum of Sq    RSS       AIC       F value    Pr(F)
<none>                     57.912    31.001
Speed   1     10.9550      68.867    33.333    3.7833     0.06596 .
Algae   1     6.2236       64.136    31.553    2.1493     0.15818
NO3     1     6.2261       64.138    31.554    2.1502     0.15810
BOD     1     12.3960      70.308    33.850    4.2810     0.05171 .
---
Signif. codes: 0 /***/ 0.001 /**/ 0.01 /*/ 0.05 /./ 0.1 / / 1
```

（4）删除具有最低 AIC 值的项。在本例中，Algae 变量的 AIC 最低。重组模型，不包含该变量。最简单的方法是将模型公式复制到剪贴板，粘贴到新命令中，像下面那样编辑删除不想要的项。

```
> mf.lm = lm(Length ~ Speed + NO3 + BOD, data = mf)
```

（5）再次运行 drop1() 命令，检查删除另一项的效果：

```
> drop1(mf.lm, test = 'F')
Single term deletions
Model:
Length ~ Speed + NO3 + BOD
        Df   Sum of Sq   RSS       AIC       F value   Pr(F)
<none>                   64.136    31.553
Speed   1    9.658       73.794    33.060    3.1622    0.08984
NO3     1    7.849       71.984    32.439    2.5699    0.12385
BOD     1    88.046      152.182   51.155    28.8290   2.520e-05 ***
---
Signif. codes: 0 /***/ 0.001 /**/ 0.01 /*/ 0.05 /./ 0.1 / / 1
```

现在可以看到，NO3 变量的 AIC 最低，可以删除。重复执行这一过程，直到拥有合适的模型。

现在，已经使用前向逐步回归和后向删除法创建了回归模型。为了选择最合适的模型，必须知道如何比较不同的回归模型。让我们来比较用相同数据集构建的模型。

1.5.3　模型的比较

比较从相同数据集构建的模型往往很有用。例如，这使用户能够查看复杂模型和较简单模型之间是否有统计显著的差别。因为用户总是试图创建用最少数量的项目、最恰当地描述数据的模型，所以这样做是很有益的。

可以使用 anove() 命令比较两个线性模型。

这条命令以前用于以经典的 ANOVA 表形式表示 lm() 命令的结果。anova() 命令也可用于比较回归模型，如代码清单 4-1-5 所示。

代码清单 4-1-5　用 anova() 命令比较模型

1	> mf.lm1 = lm(Length ~ BOD, data = mf)
2	> mf.lm2 = lm(Length ~ ., data = mf)

```
3   > anova(mf.lm1, mf.lm2)
4   Analysis of Variance Table
    Model 1: Length ~ BOD
    Model 2: Length ~ Speed + Algae + NO3 + BOD
        Res.Df RSS     Df    Sum of Sq   F          Pr(>F)
    1   23     79.964
    2   20     57.912  3     22.052      2.5385     0.08555
    ---
    Signif. codes: 0 /***/ 0.001 /**/ 0.01 /*/ 0.05 /./ 0.1 / / 1
```

代码清单 4-1-5 解释

1	使用 lm() 命令在 Length 和 BOD 变量上执行回归分析，结果保存在 mf.lm1 对象中
2	用 lm() 命令在 mf 数据帧中出现的所有变量上执行回归分析，结果保存在 mf.lm2 对象中
3	anova() 命令用于比较结果对象。mf.lm1 和 mf.lm2 对象作为参数传递给 anova() 命令
4	anova() 命令的输出显示了 mf.lm1 和 mf.lm2 结果对象之间的比较

从代码清单 4-1-5 中可以看到，lm() 创建了两个模型。第一个模型只包含一项（统计上最显著的），第二个模型包含所有项。anova() 命令显示，两者之间在统计上没有显著差别；换言之，不值得在原始模型上添加任何变量。

用户不需要将自己局限在比较两个模型，可以在 anova() 命令中包含更多的模型，如以下的命令所示：

```
> anova(mf.lm1, mf.lm2, mf.lm3)
Analysis of Variance Table
Model 1: Length ~ BOD
Model 2: Length ~ BOD + Speed
Model 3: Length ~ BOD + Speed + NO3
    Res.Df      RSS      Df    Sum of Sq    F         Pr(>F)
1   23          79.964
2   22          71.984   1     7.9794       2.6127    0.1209
3   21          64.136   1     7.8486       2.5699    0.1239
```

上述例子展示了 3 个模型的比较。结论是第一个是最小适用模型，其他两个模型相比第一个都没有改进。

到目前位置，已经学习了简单线性回归的不同方面。但是在许多情况下，线性回归不能表示预测变量和响应变量之间的关系，在这种情况下需要使用曲线回归。现在，让我们来讨论曲线回归。

1.6　曲线回归

线性回归模型不一定以直线形式出现。只要可以描述数学关系，就可以执行线性回归。当数学关系不是以直线形式出现时，就可以描述为曲线。

曲线回归的一个简单例子是背甲（乌龟身体上部的甲壳）长度和乌龟产卵数之间的关系。根据一项研究，背甲长度和产卵个数之间的关系可以用一个二项式表达，即

$$y = ax + bx^2$$

式中，a 和 b 是回归系数，取决于样本数据。

在 R 中，如果为以上方程绘制一个图形，就会得到类似于图 4-1-9 的图形。

当采用多重回归时，只需要添加更多的预测变量和斜率，即

$$y = m_1x_1 + m_2x_2 + m_3x_3 + m_nx_n + c$$

这个方程仍然有相同的一般形式，处理的仍是直线。

在现实世界中，不总是能够得到直线，也可能有其他的数学关系。我们用两个例子来说明这一点。第一个例子是对数关系，另一个是多项式关系。对数关系可以表示为

$$y = m\log(x) + c$$

多项式关系可以表示为

$$y = m_1x + m_2x^2 + m_3x^3 + m_nx^n + C$$

总结起来，我们可以说对数回归类似于简单回归，多项式回归类似于多重回归。

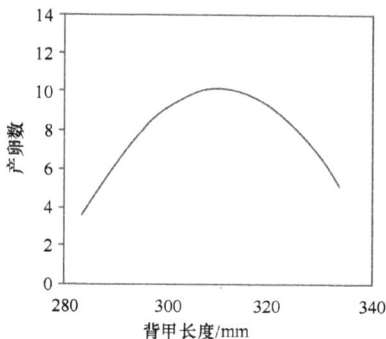

图 4-1-9　背甲长度和产卵数的回归线

知识检测点 3

1. 考虑如下命令：
   a. mf.lm1 = lm(Y~ X, data = mf)。
   b. mf.lm2 = lm(Y~ X + X2, data = mf)。
   c. mf.lm3 = lm(Y~ X + X2 + X3, data = mf)。
   编写一条 R 命令，比较给定模型的结果集。
2. 考虑如下表格，该表格展示了某回归模型上 drop() 命令的结果：

	RSS	AIC	F value	Pr(F)
X1	10.9550	68.867	33.333	3.7833
X2	64.136	30.553	2.1493	0.15818
X3	64.138	31.554	2.1502	0.15810
X4	70.308	33.850	4.2810	0.05171 .t

这个模型有 4 个预测变量 X1、X2、X3 和 X4。假定你想要从 4 个变量中删除最不显著的变量。根据表中给出的统计数值，你首选哪一个变量从回归模型中删除？
a. X1　　　b. X2　　　c. X3　　　d. X4

基于图像的问题

1. 考虑下图，该图显示了两个变量 x 和 y 的散点图。

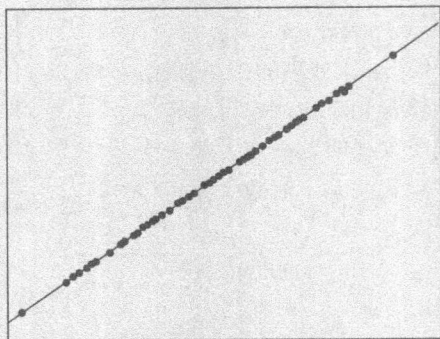

确定相关系数的近似值。

2. 下图展示了一条回归线，描述虫鸣声和温度数据之间的关系。

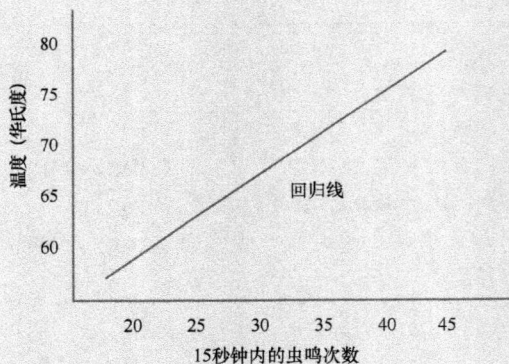

解读上图。

多项选择题

选择正确的答案。在下面给出的"标注你的答案"里将正确答案涂黑。

1. 考虑如下数据集：

   (3, 2), (3, 3), and (6, 4)

   给定数据集的相关系数为：

   a. 0.12   b. 0.37   c. 0.63   d. 0.87

2. 你打算构建一个回归分析，根据购买后年数预测汽车的折余价值。在这种情况下，下面哪一个回归模型最为适合？

a. $y=a+bx$ b. $y=a+bx_1+cx_2$

c. $y=a + a+b(x_1+x_2)$ d. $y=a + a+b(x_1+x_2)$

3. James 是一家电信服务提供商的统计人员。他被要求构建一个回归模型，以根据如下参数预测客户流失率：

    - 公司提供的服务。
    - 客户满意度。
    - 其他电信公司提供的服务。

    在这种情况下，下面哪一个回归模型是 James 最适合使用的？

    a. $y=a+bx_1+c(x_2+x_3)$ b. $y=a+bx_1+cx_2+dx_3$

    c. $y=a+b(x_1+x2+x_3)$ d. $y=a+bx_1+cx_2*x_3$

4. 考虑在记录一周中不同天温度时观测到的如下数值：

    33.8, 36.9, 33.8, 38.8, 32.2, 36.5, 33.7

    下面哪一个是给定值的标准差？

    a. 2.24   b. 2.83   c. 2.33   d. 2.66

5. 在进行回归分析时，你将使用下面哪一个公式计算误差平方和（SSE）？

    a. $\Sigma(y-a-bx)^2$ b. $\Sigma\beta_i x_i+\varepsilon_i$

    c. $\Sigma(x-x)^2$ d. $\Sigma(y-y)^2$

6. 下面哪一条 R 命令用于执行简单线性回归分析？

    a. anova()   b. summary()   c. lm()   d. plot()

7. 在 R 中进行多重线性回归时，使用下面哪一种技术，从单一最佳变量开始增加更多变量，构建形式更复杂的模型？

    a. 后向删除   b. 曲线回归

    c. 前向逐步回归   d. 对数回归

8. 一个回归模型包含 10 个解释变量；解释变量 x_1 相对于其他 9 个变量的 R 平方值为 0.67。该模型的 VIF 为：

    a. 0.36   b. 1.81   c. 5.76   d. 8.23

9. 你打算使用后向删除技术构建一个模型。最初模型中有 5 个变量。现在，你想从模型中删除一个变量。你已经计算了 5 个变量的 AIC 值，如下表所示。

变量名	AIC 值
X_1	31.553 7
X_2	3.556 3
X_3	5.672 4
X_4	32.742 4
X_5	29.452 8

    根据 AIC 值，你将从回归模型中删除下面哪一个变量？

    a. X_2 b. X_3 c. X_4 d. X_5

10. 考虑如下数据：

    x 值标准差（Sx）= 19。

    y 值标准差（Sy）= 21。

    相关系数（r）= 0.76。

    根据给定的数据，回归线的斜率为：

    a. 0.68   b. 0.84   c. 0.96   d. 1.08

标注你的答案（把正确答案涂黑）

1. ⓐ ⓑ ⓒ ⓓ   6. ⓐ ⓑ ⓒ ⓓ

2. ⓐ ⓑ ⓒ ⓓ   7. ⓐ ⓑ ⓒ ⓓ

3. ⓐ ⓑ ⓒ ⓓ   8. ⓐ ⓑ ⓒ ⓓ

4. ⓐ ⓑ ⓒ ⓓ   9. ⓐ ⓑ ⓒ ⓓ

5. ⓐ ⓑ ⓒ ⓓ   10. ⓐ ⓑ ⓒ ⓓ

测试你的能力

1. 使用前向逐步规程，为 R 中的 mtcars 数据构建一个回归模型。

2. 考虑如下数据：

    X={ 16, 34, 23, 45, 23}

    Y={ 41, 25, 34, 39, 40}

    计算给定数据的 R 平方值。

備
忘
単

○ 回归分析是一种用于确定不同类型变量之间关系的统计工具。它帮助你分析一个变量中的变化如何影响其他变量的行为。

○ 简单线性回归使我们可以找到连续因变量 y（也称为响应变量）与连续自变量 x（也称为预测变量）之间的关系。

○ 回归分析需要进行如下的工作：
  - 确立自变量（x）和因变量（y）之间的关系；
  - 根据一组值 $x_1, x_2, \cdots, x_n$，预测 y 值。

○ 确定自变量以理解其中哪些对解释因变量更重要，从而更精准地确定变量之间的因果关系。

○ 多重回归是一种用于从两个或者更多自变量（预测变量）中求得因变量值的统计技术。

○ 多重共线性指的是两个解释变量之间的近线性关系，会导致参数估算不准确。多重共线性存在于两个或者更多变量相对于因变量表现出准确或者近似线性关系的情况下。

○ 在回归分析中，R 平方值称为判定系数。它指出了回归线与给定数据的拟合情况。R 平方值解释了模型计算出的预测值的总变异量。对于线性模型，R 平方值的范围在 0 和 1 之间。可以用如下公式计算 R 平方值

$$R^2 = 1 - (SSR/SST)$$

○ R 是一种流行工具，为你提供了执行线性回归的多种内置函数和命令。你可以使用 R 中的 5 个著名函数进行计算。
  - sum(x)：计算 x 值的总和。
  - sum(y)：计算 y 值的总和。
  - sum(x2)：计算 x 值的平方和。
  - sum(y2)：计算 y 值的平方和。

○ lm() 命令用于在 R 中进行线性建模。

  你可以使用 coef() 命令提取结果对象中的系数。

○ 当有多个预测变量时，通常希望从数据中创建最统计显著的模型。有两种主要的选择。
  - 前向逐步回归：从单一最佳变量开始，添加更多变量，构建更复杂的模型。
  - 后向删除：加入所有变量，然后删除变量以精简模型，直到剩下最显著的项。

非线性回归

模块目标

学完本模块的内容，读者将能够：

▸▸ 理解非线性回归的应用

▸▸ 在 R 中应用非线性回归分析

本讲目标

学完本讲的内容，读者将能够：

▸▸ 解释逻辑回归的基础知识

▸▸ 用 MLE 执行线估算

▸▸ 描述非线性回归模型

▸▸ 将非线性模型转换为线性模型

▸▸ 解释广义加性模型

▸▸ 在 R 中实现自启动函数

▸▸ 用拔靴法建立非线性回归模型族

▸▸ 讨论非线性回归的一些行业应用

"目标是将数据转化为信息，信息转化为洞察力。"

——Carly Fiori

回归分析是用于确定不同类型变量之间关系的统计工具。它能够帮助你分析一个变量中的变化如何影响其他变量的行为。

根据自变量发生变化的速度和变化对因变量的影响，回归分析可以分为两类：**线性回归分析**和**非线性回归分析**。

读者已经学习了线性回归分析的相关知识；但是，在现实生活中，因变量和自变量不总是线性相关的，例如人口增长率和新产品在市场中的销售速度。在这些情况中，线性回归不足以评估自变量的值。为了表示因变量和自变量之间的非线性相关，就需要使用非线性回归分析。

在本讲中，将学习非线性回归分析及其各种模型的相关知识，还将学习在 R 中执行逻辑分析的方法，以及回归线的解读。本讲还要讨论如何将非线性模型转化为线性模型。接下来，将学习非线性回归模型中的参数估算，以及广义加性模型的重要性。

已经学习了在 R 中执行分组数据的回归分析和伪时间相关。本讲还将讨论非线性最小二乘方法、自启动函数和多变量逻辑回归。最后，还将学习用拔靴法建立非线性回归模型族。

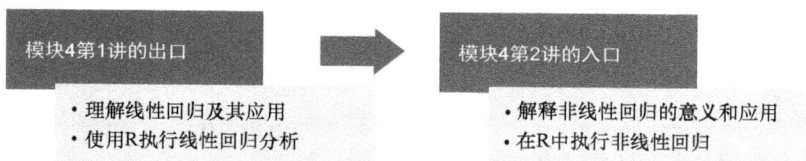

模块4第1讲的出口	模块4第2讲的入口
• 理解线性回归及其应用 • 使用R执行线性回归分析	• 解释非线性回归的意义和应用 • 在R中执行非线性回归

2.1 非线性回归分析简介

我们用一个汽车成本估算的例子来理解非线性回归相对于线性回归分析的好处。在模块 4 第 1 讲中，已经建立了根据购买后年数计算汽车成本的如下方程：

$$成本=C_1+C_2\times(购买后年数)$$

式中，C_1 和 C_2 是回归系数。

但是，汽车的价值在第一年下降的幅度大于第二年，第二年下降的幅度大于第三年。这种变化率的差异意味着，线性函数不适合于根据购买年数估算汽车成本。

在这种情况下，更准确的分析可以用非线性函数进行，估算公式如下：

$$成本=C_1+C_2\times\exp(-C_3\times(购买后年数))$$

在此，C_1、C_2 和 C_3 都是常数，需要确定。exp 是指数函数，即 e（2.718 281 8）的负幂次。

2.2 非线性回归和广义线性模型

如果至少有一个参数以非线性形式出现，则称回归模型是非线性的。非线性模型常用于分类和分析电信、研究组织、零售和银行等行业的数据。它还有助于根据用户在互联网上的活动得出结论和预测未来趋势。

用于非线性回归分析的模型（或者方程）多种多样。这些模型用于描述变量间的复杂关系。

快速提示　　glm 命令用于执行广义线性模型的回归分析。

定　义

　　非线性回归分析是构建非线性函数,在取决于变量之间关联程度的模型参数下根据自变量预测因变量结果的过程。

　　当样本数据的方差不是恒定的,或者误差不呈正态分布时,使用广义线性模型(GLM)计算非线性回归。GLM 常用于如下回归类型:

　○　以比例方式表达的计数数据(如逻辑回归);
　○　不是比例的计数数据(如计数值的对数线性模型);
　○　二元响应变量(如"是与否""白天或者夜间""睡或醒""购买或不购买");
　○　显示恒定变异系数的数据(如具有 γ 误差的时间数据)。

预备知识　　了解广义线性模型的基础知识。

知识检测点 1

　　下面哪一个是非线性方程的例子?
　　a.　$y-cebxu$　　　　　　　　　b.　$y-A+bx+U$
　　c.　$y-mx-c$　　　　　　　　　d.　$Ax+By=0$

　　已经学习了非线性回归和广义加性模型的相关知识,现在我们来学习**逻辑回归**的相关知识。

2.3　逻辑回归

　　在统计学中,逻辑回归是最常用的非线性回归方法之一。它用于根据一个或者多个自变量估算事件的概率。逻辑回归用概率理论确定**枚举变量**和**自变量**之间的关系。

　　如果变量只能取给定值集中的一个,则称其为**枚举变量**。

　　例如,逻辑回归可以预测患者染上某种疾病的概率。这一预测可以根据年龄、血液检验结果和体重指数(BMI)等特性进行。当回归分析包含多于一个自变量时,被称为**多变量逻辑回归**。

　　一般来说,逻辑回归问题中涉及的枚举变量本质上是二元变量,也就是说,这些变量的值只有两种可能。当可能取值集合超过两个值时,分析被称为**多项式逻辑回归**。

　　多项式逻辑回归用于估算取决于两个或者更多变量值的枚举变量值。例如,根据各种特性,人的血型可能为许多可能组合中的一个。

　　用于定义逻辑回归的变量给你 x 分对数函数 $f(x)$ 为

$$f(x)= \text{logit}(x) = \log(x/(1-x)) \tag{1}$$

图 4-2-1 展示了 logit(x)相对于 x 的图形。

　　现在,让我们来看看如何表现变量 x 的逆分对数函数 $f(x)$。

逆分对数函数的方程为

$$f(x)=\text{inv.logit}(x)=e^x/(1+e^x)$$

图 4-2-2 展示了逆分对数函数相对于 x 的图形。

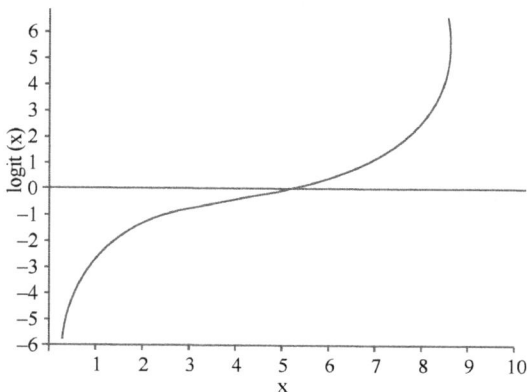

图 4-2-1　logit(x) 函数的图形表现形式

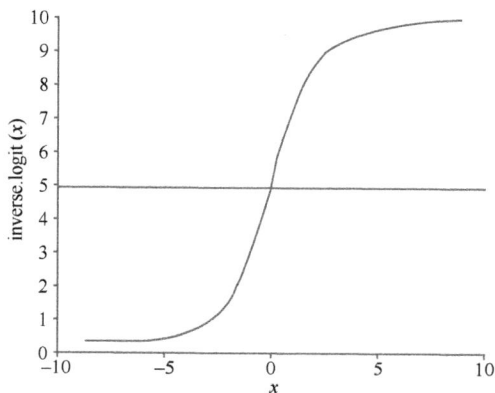

图 4-2-2　逆分对数函数的图形表现形式

技术材料

由 S-形曲线表示的对数函数称为 Sigmold 函数。

假定 $P(x)$ 表示某事件（如糖尿病）在某个自变量（如人的年龄）基础上发生的概率。概率 $P(x)$ 将由下式给出：

$$P(x)=\exp(\beta_0+\beta_1x_1)/(1+\exp(\beta_0+\beta_1x_1)) \tag{2}$$

取公式（2）的分对数，可以得到

$$\text{logit}(P(x))=\log(1/(1-P(x))) \tag{3}$$

解公式（3），得到

$$\text{logit}(P(x))=\beta_0+\beta_1x_1 \tag{4}$$

式中，β 是回归系数。

在多个预测变量的情况下，用如下的方程表示多变量逻辑回归

$$p=\exp(\beta_0+\beta_1x_1+\beta_2x_2+\cdots+\beta_nx_n)/(1+\exp(\beta_0+\beta_1x_1+\beta_2x_2+\cdots+\beta_nx_n)) \tag{5}$$

式中，p 为预期概率；$x_1, x_2, \cdots, x_n$ 是自变量；β_0，β_1，$\cdots$，β_n 是回归系数。

与现实生活的联系

多变量逻辑回归常用于医学和社会科学领域。它还用于做出选举假设，如特定地区的投票率；不同性别、年龄、年收入和住所的投票者比率；以及特定候选人在该地区取胜或者失利的概率。这些分析有助于预测提议系统、产品或者过程的失败或者成功率。

让我们在下面例子的帮助下理解多重逻辑回归的用途。

例　子

　　一家汽车制造公司进行了一项调查,根据发动机的功率和重量求取车辆使用手动变速箱的概率。

　　在这种情况下,用于求取概率 p 的多重逻辑回归包含两个自变量:功率和重量。估算车辆手动变速箱概率的公式可以写成

$$p(\text{手动变速箱}) = 1/(1+\exp(\beta_0+\beta_1(\text{功率})_1+\beta_2(\text{重量})))$$

代入回归系数和自变量值,就可以计算出车辆中使用手动变速箱的概率。

总体情况

　　当市场中推出一项新技术时,通常在前几个月需求会快速增加,然后在一段时期内逐步减慢。这是逻辑回归的一个例子。逻辑回归模型通常用于增长率在一段时期内不保持恒定的情况。

2.3.1 解读逻辑回归中的 β 系数

预备知识　了解逻辑回归的基本知识。

　　我们已经看到,回归系数 β 用于解逻辑回归方程。现在我们来学习 β 系数在多重逻辑回归中的解释。考虑公式(5)中给出的多变量逻辑方程

$$f(x) = \text{logit}(x) = \log(x/(1-x))$$

假定公式(5)中的所有自变量为 0,则得到

$$p= e^{\beta_0}/ (1+ e^{\beta_0})$$

对于 $\beta_0=0$,有

$$P=e^0/ (1+e^0) =0.05 \tag{6}$$

对于 $\beta_0=1$,有

$$P=e^1/(1+e^1)=0.73 \tag{7}$$

对于 $\beta_0=-1$,有

$$P=e^{-1}/(1+e^{-1})=0.27 \tag{8}$$

从上述公式可以得出结论,β_0 取正值时概率大于 0.5,取负值时概率小于 0.5。

　　我们再举一个例子,以便更清晰地理解 β 系数在多重逻辑回归中的作用。假定你需要计算自变量 x 的任何变化对某个事件的概率的影响。

　　考虑公式(4),即

$$\text{logit}(P(x))= \beta_0+\beta_1 x_1$$

将 $x_1=x_1+1$ 代入公式(4),得到

$$\text{logit}(P(x+1))= \beta_0+\beta_1 (x_1+1) \tag{9}$$

从公式(4)中减去公式(9),得到

$$\text{logit}(P(x))-\text{logit}(P(x+1))=\beta_0+\beta_1 x_1-(\beta_0+\beta_1(x_1+1))$$
$$\text{logit}(P(x))-\text{logit}(P(x+1))=-\beta_1$$

利用 logit 函数的定义，将上式写为

$$\log(1/(1-(P(x+1))))-\log(1/(1(1-P(x))))=\beta_1$$

解上述方程，得到

$$\log[P(x+1)/(1-P(x+1))/P(x)/(1-P(x))]=\beta_1$$

$[P(x+1)/(1-P(x+1))/P(x)/(1-P(x))]$ 表示对应于自变量 x 中 1 个单位变化的让步比。

这可以写为

$$\log(OR)=\beta_1,\ \text{其中}\ OR=[P(x+1)/(1-P(x+1))/P(x)/(1-P(x))]$$

取方程式两端的指数，得到

$$\exp(\log(OR))=\exp(\beta_1)$$
$$OR=\exp(\beta_1) \tag{10}$$

从上述结果中，我们可以得出结论：$\exp(\beta_1)$ 是自变量单位变化对应的让步比。概括这一结论，可以说对于自变量 x 中 n 个单位的变化，让步比 OR 由下式给出

$$OR=\exp(n\beta_1) \tag{11}$$

解读多变量逻辑回归中的 β 系数时，可能发生如下情况：

○ 在所有自变量之间相互没有关系时，将公式（11）的结果应用到所有变量：

对于所有变量 x_i，$OR=\exp(\beta_i)$，其中 $i=(1,2,3,\cdots,n)$

○ 在自变量有某种关系时，β 系数的解读变得很困难。一般来说，$OR=\exp(n\beta)$ 表示对应于该变量 n 个单位变化经过其他自变量值调整后的让步比。

2.3.2　计算 β 系数

技术材料

人工估算 β 系数容易出错且费时，因为它涉及许多复杂和冗长的计算，因此，这种估算通常使用精密的统计软件完成。

在统计分析中，给定数据集的 β 系数使用如下步骤计算。

（1）计算概率函数的对数值。

（2）计算相对于 β 系数的偏导数。对于 n 个未知的 β 系数，将有 n 个方程。

（3）为 n 个未知的 β 系数建立 n 个方程。

（4）解 n 个未知 β 系数的方程，得出 β 系数值。

2.3.3　具有交互变量的逻辑回归

在逻辑回归中，**交互**（interaction）被定义为 3 个或者更多变量之间的关系，用于规定两个或者更多交互变量对一个因变量的同时影响。假定系统中定义了 3 个变量 x_1、x_2 和 y，它们相互关联，y 是因变量。因变量 y 和每个交互变量的关系受到其他交互变量的影响。

考虑如下方程：

$$y = A + Bx_1 + Cx_2 + \text{er}$$

在上式中：

○ 变量 y 依赖于 x_1 和 x_2；

○ A、B 和 C 是常数；

○ er 表示系统的估计误差。

假定变量 x_1 和 x_2 之间存在交互，这种相互作用没有包含在上式中。这样，上式无法提供精确的结果。我们必须在方程式中添加一个交互项，对其加以改良。交互项规定了发生在交互变量之间的相互作用。

在统计分析中，交互变量的原始值相乘，以测试变量间交互的存在和量值。在有两个以上交互变量时，一对变量的交互以两个交互变量的乘积形式加入，更高阶的乘积表示超过两个变量之间的交互。

在上式中添加交互项，得到

$$y = A + Bx_1 + Cx_2 + D\,(x_1\,x_2) + er$$

式中，D 是一个常数。

2.3.4　具有指示变量的逻辑回归

在逻辑回归分析中有两类自变量：**连续**和**枚举**变量。在逻辑回归中，枚举变量可以有顺序，但是没有量级，这使得数组不适合于保存枚举变量，因为数组既有顺序又有量级。因此，枚举变量使用哑变量或者指示变量保存。哑变量或者指示变量可能取两个值，即 0 或者 1。

你可以使用两个枚举变量表示学生的等级（第 1、第 2 或者第 3），如表 4-2-1 所示。

表 4-2-1　将等级作为枚举变量

等　　级	x_1（哑变量）	x_2（哑变量）
1	0	0
2	1	0
3	0	1

在表 4-2-1 中有两个哑变量 X_1 和 X_2，这些变量使用如下组合表示 3 个分类。

○ $X_1=0$ 且 $X_2=0$ 表示第 1 等级。

○ $X_1=1$ 且 $X_2=0$ 表示第 2 等级。

○ $X_1=0$ 且 $X_2=1$ 表示第 3 等级。

从上述列表可以得出结论，在两个指示变量的帮助下，你可以表示 3 种条件。但是，如果有两个简单变量，就只能表示两个条件。

2.3.5　逻辑回归模型适当性检查

在开发逻辑回归模型之后，你必须检查其预测的精确性。有多种技术可以检查逻辑回归模型的精确性。下面列出了一些实用的逻辑回归模型精确性检查技术：

○ 剩余偏差；

○ 简约性；

○ 分类精度；

○ 预测精度。

让我们逐个学习以上技术。

剩余偏差

剩余偏差是检查逻辑回归模型精确性的重要因素之一。较高的剩余变异说明逻辑回归模型不充分。逻辑回归模型剩余偏差的理想值为 0；但是，在现实生活中，不可能收集剩余方差为 0 的数据样本。

零偏差指的是回归模型只包含截距项（β_0）而没有任何解释变量时的剩余方差。具有零偏差的模型是预测响应变量值的最劣模型，因为它没有包含任何解释变量。

你可以计算剩余偏差和零偏差之间的差值，以说明解释变量对响应变量的影响。剩余偏差和零偏差之间的差值帮助预测响应变量的值。你可以计算 p 值，确定偏差的减小在统计上是否显著。

简约性

具有较小解释变量的逻辑回归模型比有大量解释变量的模型更可靠。具有较少解释变量的模型中交互较少，因此比复杂模型更实用。你可以使用 AIC 矩阵从逻辑回归模型中精简不显著的变量。AIC 矩阵根据不同解释变量计量剩余偏差，并建议更简单、更实用的预测模型。

分类精度

分类精度指的是根据解释变量设置响应变量概率阈值的过程。它有助于更简单地解读逻辑回归模型的结果。

例如，你已经开发了一个回归模型，根据年龄、性别、住所和收入，预测一个人是否喜欢观看足球比赛。在这个例子中，设置人们喜欢观看足球比赛的概率阈值（如 0.7 或更高）有助于更准确地解读模型的结果。

预测精度

逻辑回归模型的最重要应用是根据收集到的数据样本做出预测。为了检查逻辑回归模型的预测精度，使用称作**交叉验证**的技术。交叉验证过程重复多次，以改进逻辑回归模型的预测精度。

2.3.6 使用逻辑回归线进行预测

在逻辑回归中，当数据只显示为 0 或者 1 时，难以知道模型拟合有多好。有些统计学家建议放置**直方图**，以代替坐标轴顶部和底部的"地毯"。但是这样做存在有关 bin 位置随意性的问题。"**地毯**"是图表底部（或顶部）添加的显示沿 x 轴数据点位置的一维图形。

图 4-2-3 展示了 x 轴顶部和底部的一个地毯示例。

在图中，你可以看到 x 轴顶部和底部的地毯。

"地毯"的思路是表示数值在某些解释变量值的位置上聚集，而不是均匀分布。如果在同一个 x

值处有许多值，使用 jitter 函数将其分开（随机选择一个
小的数值，作为与 *x* 的距离）是很有益的。

　　另一种技巧是将数据截断为许多部分，绘制经验概
率图表（理想的情况下还包含其标准误差）作为逻辑曲
线拟合的指南。但是，这种方法也在截断边界的随意性
上遭到批评，而且数据点往往太少，无法为任何给定组
中的经验概率和标准误差提供可接受的精度。

　　下面的例子可以帮助你理解用回归线进行预测的
概念。在样本数据中，响应变量是土地利用率，解释变
量是每块土地的资源可用性。

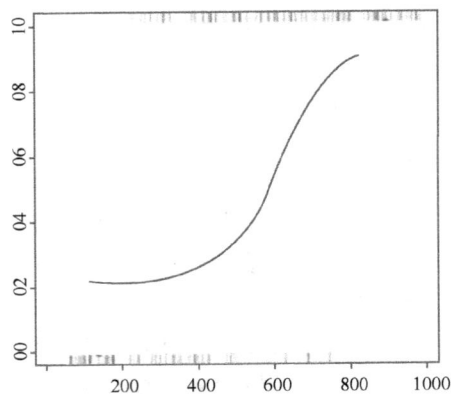

图 4-2-3　*x* 轴顶部和底部的地毯

　　我们执行如下步骤，用 R 为逻辑回归模型构建一条
曲线。

（1）用如下命令读取 occupation.txt 文件中的可用数据：

```
occupy<-read.table("c:\\temp\\occupation.txt",header=T)
```

occupation.txt 文件默认可用于 R 工具。

（2）使用如下命令添加 occupation.txt 文件中的可用数据：

```
attach(occupy)
```

（3）用如下命令列出 occupy 对象中的变量名：

```
names(occupy)
```

上述命令的输出如下：

```
[1] "resources" "occupied"
```

（4）使用如下命令，绘制 occupy 对象中可用数据的点图：

```
plot(resources,occupied,type="n")
```

在上述命令中，type="n" 表示用于绘制数据点的空白画布。

（5）使用如下命令在数据点中添加地毯：

```
rug(jitter(resources[occupied==0]))
rug(jitter(resources[occupied==1]),side=3)
```

预备知识　了解更多有关 glm 命令语法的知识。

（6）使用如下命令执行逻辑回归：

```
model<-glm(occupied~resources,binomial)
```

在上述命令中，binomial 参数指定了误差分布的类型（二项分布）。binomial 的意思是 2，
与涉及两种结果的情况相关。例如，是/否或者成功/失败（是否遇到红灯，是否出现副作用）。

（7）使用如下命令将 *x* 轴刻度设为 0～1 000：

```
xv<-0:1000
```

（8）用如下命令生成 *y* 轴的对应值：

```
yv<-predict(model,list(resources=xv),type="response")
```

（9）用如下命令绘制逻辑线：

```
lines(xv,yv)
```

现在为模型绘制回归线，以检查预测的有效性，我们将 x 轴（资源）上排序的值分为 5 个类别，然后计算每组比例的均值和标准误差。

（10）使用如下命令将 x 轴（资源）上的排序值分为 5 个类别：

```
cutr<-cut(resources,5)
tapply(occupied,cutr,sum)
(13.2,209)   (209,405)   (405,600)   (600,796)   (796,992)
     0           10          25          26          31
table(cutr)
    cutr
(13.2,209)   (209,405)   (405,600)   (600,796)   (796,992)
    31           29          30          29          31
```

技术材料

二项比例标准误差由如下公式给出：

$$se=\sqrt{p(1-p)/n}$$

（11）使用如下命令，计算分范围的实际概率：

```
probs<-as.vector(probs)
resmeans<-tapply(resources,cutr,mean)
resmeans<-as.vector(resmeans)
```

（12）使用如下命令绘制生成点的图表：

```
points(resmeans,probs,pch=16,cex=2)
```

你需要为图上的点添加一个不可靠度的计量，找出实际值和拟合线之间的差值。

（13）用如下命令计算点的不可靠度：

```
se<-sqrt(probs*(1-probs)/table(cutr))
```

（14）用如下命令从每个点向上下画线，表示标准误差：

```
up<-probs+as.vector(se)
down<-probs-as.vector(se)
for (i in 1:5){
lines(c(resmeans[i],resmeans[i]),c(up[i
],down[i]))}
```

上述步骤生成的图形如图 4-2-4 所示。

逻辑回归线很好地拟合了资源值在 800 以上的数据，但是对于 400 和 800 之间以及 200 以下的资源值拟合不佳。

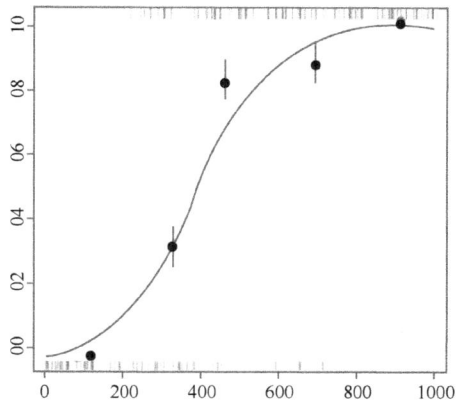

图 4-2-4　包含标准误差的逻辑回归线

总体情况

政府机构和商业组织解读统计信息，根据研究数据做出推断和得出结论。这些结论可以帮助组织分析当前计量手段的效率，确定未来增长率和利润的趋势。

交叉参考 你已经在模块 4 第 1 讲中学习了执行回归分析和生成回归线的知识。

知识检测点 2

1. 你已经构建了一个根据吸烟情况预测癌症发生概率的回归模型。这个回归模型由如下方程决定:

$$p = e^{\beta_0} / (1 + e^{\beta_0})$$

下面哪一个值表示癌症发生概率增大 50% 或者更多?

   a. 0   b. 0.25   c. 0.5   d. 1

2. 在解释变量之间有某种关系的回归分析模型中,你将使用下面哪一个表达式解读 β 系数?

   a. $OR = \exp(\beta_i)$ b. $OR = \exp(n\beta)$

   c. $OR = \exp(n/\beta)$ d. $nOR = \exp(n\beta)$

2.4 用 MLE 进行线估算

模型的回归线是根据回归模型中出现的参数值生成的,因此,为了绘制回归线,首先需要估算回归模型的参数。参数估算用于改进线性和非线性统计模型的精度。

最大似然估计(MLE)指的是估算回归模型参数的过程。

参数可以用以下任何一种方式估算。

○ 用某些条件指定模型参数,如机械发动机的阻力和惯性。

○ 操纵输入和输出测试数据,如流速和以每分钟转速(r/min)表示的机械发动机输出。

○ 对变量不同值的一个函数进行计量。

假定你需要估算一台机器的参数 p,该机器的输出假定为 D。可以用如下方程描述该系统

$$F(P,D) = 0$$

实际观测到的系统输出可以用如下方程计算:

$$y = D + C$$

式中,C 是系统产生的噪声;y 是燃料输入。

交叉参考 你已经在模块 4 第 1 讲中学习了为回归模型绘制曲线的知识。

p 的值可以通过执行不同 y 值(y_1, y_2, …, y_n)的一系列观测估算。

可以根据参数值为回归模型绘制曲线。

附加知识

当为参数估算收集的数据可能导致不均匀和误导性结果时,就存在偏差。偏差可以在如下时刻发生:

○ **选择样本**:假定你想要估算喜欢经常购物的人的比例,以及他们首选购买的商品。你在圣诞节前一天到购物中心询问顾客的购物计划。在选择这些样本时,很可能出现偏差,因为你选择的是勇于在这一天拥挤的人潮中购物的死硬派购物者。

○　**收集数据**：调查问题是偏差的主要来源。由于研究人员往往寻求特定的结果，他们提出的问题往往反映和导向预期的结果；例如，每位投票者都可能碰到征税以帮助当地学校的问题。"你是否认为支持当地学校是一项好的投资"？这样的调查问题就容易引起偏差。另一方面，"你是否对从自己的口袋掏钱教育其他人的孩子感到厌倦？"这样的措辞对结果会有巨大的影响。

造成偏差的其他调查问题包括时机、长度、问题难度以及与样本中的个人联络的方式。

已经学习了回归模型的线估算。现在，我们将学习将非线性模型转化为线性模型的方法。

2.5　将非线性模型转化为线性模型

使用线性函数进行计算和得出结论较为简单，所以有时候将非线性回归模型转化为线性回归模型。

线性最小二乘法用于将模型中的数据点拟合到一条直线；但是，在多种情况下，数据点组成一条曲线。输出呈现曲线形状的模型称为非线性模型，如二次方程。

下面是一个指数增长率的非线性方程

$$y=ce^{bx}u$$

式中，y 以固定的相对速率 b 增长；b 是增长率；u 是随机的误差项；c 是一个常数。

上式是非线性方程；但是，你可以使用线性回归方法绘制其图形。为此，你首先需要将这个非线性方程转化为线性方程。

现在，我们用如下两个步骤将上面的方程转化为线性方程。

（1）在方程两边取自然对数，你将得到如下结果：

$$\ln(y)=\ln(c)+bx+\ln(u)$$

（2）用 y 代替 $\ln(y)$，c 代替 $\ln(c)$，u 代替 $\ln(u)$。经此替换，你将得到如下结果：

$$y=c+bx+u$$

现在，你可以看到，上式为线性形式。

技术材料

注意，并不是所有非线性模型都能转换为线性模型。

知识检测点 3

考虑如下非线性回归模型方程：

$$y=ax^e$$

下面哪一个是将这一个方程式转换为线性模型的正确方法？

a. 求方程式的自然对数　　　　　　b. 求方程式以 2 为底的对数

c. 将方程式乘以 x^{-e}　　　　　　d. 用 x 代替 x^e

已经学习了关于将非线性模型转化为线性模型的知识，下面将学习有关常见非线性回归模型的知识。

2.6 其他非线性回归模型

有多种模型可以描述 y 和 x 之间的关系，从数据中估算特定非线性方程的参数和参数标准误差。表 4-2-2 列出了一些常用的非线性模型。

表 4-2-2　实用的非线性模型

名　　称	方　　程
渐近函数	
Michaelis - Menten	$y=ax/(1+bx)$
双参数渐近指数	$y=a(1-e^{-bx})$
三参数渐近指数	$y=a-be^{-cx}$
S 型函数	
双参数逻辑	$y=(e^{a+bx})/(1+e^{a+bx})$
三参数逻辑	$y=a/(1+be^{-cx})$
四参数逻辑	$y=a+(b-a)/(1+e^{(c-x)/d})$
Weibull	$y=a-be^{-(cx^d)}$
Gompertz	$y=a\,e^{-be^{-cx}}$
峰型曲线	
Ricker 曲线	$y=axe^{-bx}$
一阶房室	$y=k\exp(-\exp(a)x)-\exp(-\exp(b)x)$
钟形	$y=a\exp(-|bx|^2)$
双指数	$y=ae^{bx}-ce^{-dx}$

附加知识

统计解释的准确性很大程度上取决于所依靠的统计模型的正确性。
下面是最常用的统计模型类型。

- ○ **完全参数化**：在这种模型中，根据已知数量的参数做出假设。
- ○ **非参数化**：在这种模型中，根据可用数据的特征做出假设。这些模型不使用参数描述生成数据的过程。
- ○ **半参数化**：在这种模型中，既使用参数化方法也使用非参数化方法描述数据生成过程。在得出结论时，这些模型使用参数，也使用数据的主要特征。

我们举一个 R 中非线性回归的例子。这个例子基于鹿的颌骨长度与年龄之间的关系。

理论表明，这一关系是具有 3 个参数的渐近指数关系，公式如下：

$$y=a-be^{-cx}$$

在上述方程中，y 表示颌骨长度，x 表示年龄，a、b 和 c 是恒定的参数。

在 R 中，可以将上式写为：

$$y \sim a - b\exp(-cx)$$

在 R 中，线性模型和非线性模型之间的主要差别是，在使用非线性建模时，我们必须告诉 R 方程式的准确特性，作为模型公式的一部分。

交叉参考　我们已经在模块 4 第 1 讲中使用 `lm()` 命令执行了线性回归。

作为 `lm()` 命令的替代，你必须使用 `nls()` 命令实施非线性回归。nls 是非线性最小二乘（nonlinear least squares）的英文缩写。

R 要求我们指定参数值的初始猜测。在我们的例子中，这些参数是 a、b 和 c。我们绘制数据图表以找出明智的起始值。为了找出方程的"极限行为"，可以求出 $x=0$ 和 $x=\infty$ 时的 y 值。

对于 $x=0$：$y=a-b$，$(\exp(-0)=1)$
对于 $x=\infty$：$y=a$，$(\exp(-\infty)=0)$

可以输入代码清单 4-2-1 中所示的代码，从 `jaws.txt` 文件中读入和连接数据，为这些数据绘制图表。

代码清单 4-2-1　读取和添加数据的代码

```
1   deer<-read.table("c:\\temp\\jaws.txt",header=T)
2   attach(deer)
3   names(deer)
    [1] "age" "bone"
4   plot(age,bone,pch=16)
```

代码清单 4-2-1 解释

1	从 `jaws.txt` 读取数据。文件路径作为参数传递
2	将数据连接到 `deer` 对象。`deer` 对象作为参数传递
3	列出 `deers` 对象中的变量名。`deer` 对象作为参数传递
4	为 `age` 和 `bone` 数据绘制图形。`pch` 参数用于指定绘图字符。值 16 用于绘制点（.）

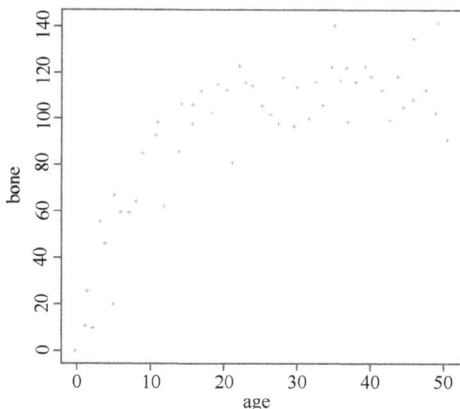

图 4-2-5　age 和 bone 变量的图表

`plot()` 命令生成的 age 和 bone 变量图形如图 4-2-5 所示。

检查上述图形，可以得出结论，渐近线（在无穷大处触及曲线的一条直线）的大致估算为 $a \approx 120$，所以 $b = 120 - 10 = 110$。

技术材料

约等于号（$\approx$）用于指定近似于相等的值；例如，$a \approx 10$ 意味着 a 的值近似于 10。

为了计算 c 的值，将如下数值代入方程中：

$$a=120, b=110, y=40 \text{ 和 } x=5;$$
$$c=-\log((a-y)/b)/x = \log((120-40)/110)/5 = 0.063\,690\,75$$

可以在 R 中以这 3 个参数为 nls() 命令的初始值，如代码清单 4-2-2 所示。

代码清单 4-2-2　在 nls() 命令中插入参数

1	`model<-nls(bone~a-b*exp(-c*age),start=list(a=120,b=110,c=0.064))`
2	`summary(model)`
3	Formula: bone~a - b * exp(-c * age)

```
      Estimate    Std. Error     t value     Pr(>|t|)
A     115.2528    2.9139         39.55       < 2e-16 ***
B     118.6875    7.8925         15.04       < 2e-16 ***
C     0.1235      0.0171         7.22        2.44e-09 ***
```

代码清单 4-2-2 解释

1	非线性回归方程是作为 nls() 命令的参数传递的，并指定了 a、b、c 参数的起始值。结果保存在 model 对象中
2	summary() 命令用于显示关于 model 对象的信息。model 对象作为 summary() 命令的参数传递
3	显示用于回归分析的公式和统计值

在 $p<0.001$ 的情况下，所有参数似乎与 0 有显著差别。

这并不意味着所有参数都必须保留在模型中。在本例中，a=115.252 8（标准误差 2.913 9）和 b=118.687 5（标准误差 2.913 9）显然没有显著的差别。它们之间的差值必须大于标准误差的 2 倍才算是显著的，因此，你可以尝试拟合更简单的双参数模型，即

$$y=a(1-e^{-cx})$$

可以对上述模型应用 nls() 命令，用代码清单 4-2-3 中所示的命令比较两个模型的结果。

代码清单 4-2-3　改良模型的回归分析

1	`model2<-nls(bone~a*(1-exp(-c*age)),start=list(a=120,c=0.064))`
2	`anova(model,model2)`
3	Analysis of Variance Table

```
Model 1: bone~a - b * exp(-c * age)
Model 2: bone~a * (1 - exp(-c * age))
      Res.Df  Res.Sum Sq  Df    Sum Sq   F value   Pr(>F)
1     51      8897.3
2     52      8929.1      -1    -31.8    0.1825    0.671
```

代码清单 4-2-3 解释

1	对修改后的回归模型使用 nls() 命令。结果保存在 model2 对象中
2	anova() 命令用于比较结果对象 model1 和 model2，model1 和 model2 对象作为参数传递给 anova() 命令
3	比较 model1 和 model2 这两个模型

交叉参考　我们已经在模块 4 第 1 讲中使用 anova() 命令比较了线性模型。

可以用如下步骤绘制双参数回归模型的曲线。

（1）用如下命令生成 age（年龄）变量的平滑序列：

```
av<-seq(0,50,0.1)
```

这条命令生成 age 变量的序列，取值范围在 0～50，间隔为 0.1。该命令的结果保存在 av 对象中。

（2）使用如下命令生成预测的颌骨长度：

```
bv<-predict(model2,list(age=av))
```

这条命令生成与 seq 命令生成的序列相对应的预测颌骨长度。这条命令的结果保存在 bv 对象中。

（3）将 av 和 bv 对象传递给 lines() 命令，生成曲线：

```
lines(av,bv)
```

这条命令生成 age 和 bone 变量的图形，如图 4-2-6 所示。

可以使用如下命令查看 model2 的组件：

```
summary(model2)
```

在运行这条命令之后，将得到如下结果：

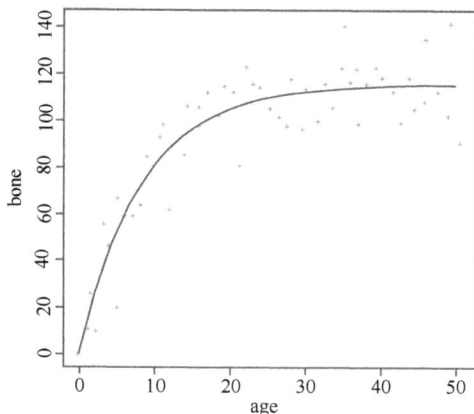

图 4-2-6　age 和 bone 变量的曲线

```
Parameters:
         Estimate    Std.      Error t value    Pr(>|t|)
a        115.58056   2.84365   40.645           < 2e-16 ***
c        0.11882     0.01233   9.635            3.69e-13 ***
Residual standard error: 13.1 on 52 degrees of freedom
```

可以用改良的双参数模型中的估算值替换参数 a 和 c，公式如下：

$$y=115.58(1-e^{-0.118\,8x})$$

如果你想要表示标准误差和参数估算，可以将模型写为：

$$y=a(1-\exp(-bx))$$

其中 a=115.58±2.84（1 个标准差），b=0.118 8±0.012 3（1 个标准差，n=54），可以解释颌骨长度变动的 84.6%。最小适用模型中只有两个参数，因此你可以将其写为 a 和 b，而不是原始公式中的 a 和 c。

在图 4-2-6 中，你可以看到渐近指数（实线）在年龄为 30 岁之前以较高的速度增加，之后成为常数；因此，你可以得出结论：鹿的颌骨长度在 30 岁之前以很快的速度增长，此后增长速度快速降低。

在本节中，已经使用了一个数学函数表达颌骨长度和鹿的年龄的关系。但是，在许多情况下，没有可用于表达关系的数学模型。在这些情况下，需要使用广义加性模型进行回归分析。下面我们将学习广义线性模型的相关知识。

1. 下面哪一个方程式表示一阶房室回归模型?
   a. $y=axe^{-bx}$
   b. $y=k\exp(-\exp(a)x)-\exp(-\exp(b)x)$
   c. $y=a\exp(-|bx|2)$
   d. $y=ae^{bx}-ce^{-dx}$
2. 你想要对市场新产品的销售进行回归分析。通常认为,新产品的销售量在一开始逐步增加,此后增长率停滞不前。在这种情况下应该使用如下哪一种回归模型?
   a. 双参数渐近指数
   b. 三参数渐近指数
   c. 双参数逻辑
   d. 双指数

2.7 广义加性模型

有时候,我们可以看出 y 和 x 之间的关系是非线性的,但是没有任何理论或者机械模型能够提出特定的函数形式(数学方程式),以描述这种关系。在这种情况下,广义加性模型(GAM)特别实用,因为它们用非参数化曲线拟合数据,不需要指定任何特定数学模型以描述这种非线性关系。

GAM 很实用,这是因为它们使你可以确定 y 和 x 之间的关系,而无需选择特定的参数化形式。在 R 中,广义加性模型通过 gam() 命令实现。

game() 命令具有 glm() 和 lm() 的许多特性,输出可以用 update() 命令修改。可以在 GAM 已经拟合数据之后使用所有熟悉的方法,如 print、plot、summary、anova、predict 和 fitted。gam 函数在 mgcv 库中。

在 R 的 GAM 中指定模型有多种方法。

可以指定所有连续解释变量 x、w 和 z,它们可以以非参数化平滑函数 $s(x)$、$s(w)$ 和 $s(z)$ 的形式进入模型中,即

$$y \sim s(x) + s(w) + s(z)$$

另外,模型可以包含参数化估计参数(x 和 z)与平滑变量 $s(w)$ 的组合,即

$$y \sim x + s(w) + z$$

公式可以包含嵌套(二维)项,其中平滑项 $s()$ 可以有多于一个参数,如

$$y \sim s(x) + s(z) + s(x,z)$$

平滑函数也可以有重叠项,如

$$y \sim s(x,z) + s(z,w)$$

你打算构建一个回归模型,其中 y 和 x 之间的关系是非线性的;但是,你没有任何理论或者机械模型可以提出描述关系的特定函数形式。在这种情况下,你将使用下列哪一种回归模型?
   a. 广义加性模型
   b. 逻辑回归模型
   c. 线性回归模型
   d. 渐近指数模型

这是对广义加性模型的简介。对于非线性回归分析，R 中有多种自启动模型。下面我们来学习一些实用的 R 自启动函数。

2.8　自启动函数

最小二乘法可用于线性和非线性回归。非线性最小二乘法用于拟合图形中的数据点。从线性最小二乘法得到的点给出一条直线，而非线性最小二乘法中的点总是组成一条曲线。

交叉参考　我们已经在模块 4 第 1 讲中学习了线性最小二乘法的相关知识。

在非线性回归分析中，非线性最小二乘法是不够的，这是因为用户对起始参数值的猜测可能有误。最简单的解决方案是使用 R 的自启动模型，这些模型能够自动找出起始值。

表 4-2-3 展示了最常使用的自启动函数。

表 4-2-3　自启动函数

函　数	描　述
SSmicmen	Michaelis-Menten 模型
SSasymp	渐近回归模型
SSasympOff	带偏移的渐近回归模型
SSasympOrig	双指数模型
SSbiexp	双指数模型
SSfol	一阶房室模型
SSfpl	四参数逻辑模型
SSgompertz	Gompertz 增长模型
SSlogis	逻辑模型
SSweibull	Weibull 增长曲线模型

2.8.1　自启动 Michaelis-Menten 模型

让我们考虑一个计算酶浓度的例子。化学反应的速度是酶浓度的函数。反应速度随着浓度的增加而快速增加，但是一旦到达渐近值，反应速度便不再受酶的限制。R 有一个自启动版本 SSmicmen，描述如下：

$$y=ax/(b+x)$$

其中的两个参数是 a（y 的渐近值）和 b（响应变量达到最大值的一半 $a/2$ 时的 x 值）。在酶动力学领域，a 称作 Michaelis 参数。

用 SSmicmen 函数，按照如下步骤执行回归分析。

（1）使用如下命令读取 mm.txt 文件中的可用数据：

```
data<-read.table("c:\\temp\\mm.txt",header=T)
```

（2）使用如下命令添加 mm.txt 文件中的可用数据：

```
attach(data)
```

（3）使用如下命令列出数据对象中的可用变量名称：

```
names(data)
```

上述命令的输出如下：

```
[1] "conc" "rate"
```

（4）使用如下命令绘制 conc 和 rate 变量的点图：

```
plot(rate~conc,pch=16)
```

为了拟合非线性模型，你可以只在波浪号左侧放上响应变量（rate），在右侧放上 SSmicmen（conc，a，b），你的解释变量名称（conc）在参数列表中的第一个，然后是两个参数的名称（*a* 和 *b*）。

（5）使用如下命令，执行回归分析并将结果保存在模型对象中：

```
model<-nls(rate~SSmicmen(conc,a,b))
```

（6）使用如下命令生成 x 值序列，并将结果保存在 xv 对象：

```
xv<-seq(0,1.2,.01)
```

（7）用如下命令预测 *y* 的值，将结果保存在 yv 对象：

```
yv<-predict(model,list(conc=xv))
```

（8）用如下命令绘制 xv 和 yv 值的图形：

```
lines(xv,yv)
```

图 4-2-7 展示了 lines(xv,yv) 命令生成的图形。

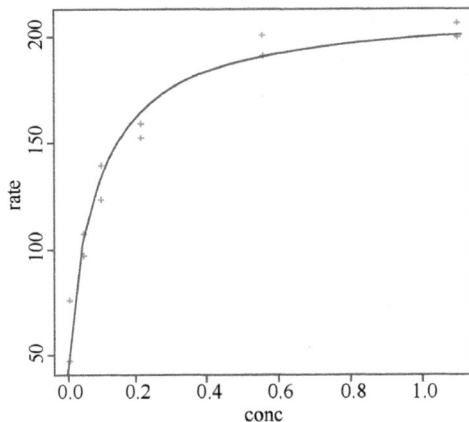

图 4-2-7　自启动 Michaelis-Menten 模型的图形

2.8.2　自启动渐近指数模型

交叉参考　你已经在模块 4 第 1 讲中学习了 seq() 和 predict() 命令的用法。

三参数渐近指数方程可以写成

$$y=a-be^{-cx}$$

在 R 的自启动版本 SSasymp 中，参数如下：

○　*a* 是右侧的水平渐近值（在 R 的帮助文件中称为 Asym）；

○　$b=a-R_0$，其中 R_0 是截距（*x* 为 0 时的响应变量值）；

○　*c* 是速度常数。

遵循如下步骤，对 jaws 数据所用的 SSasymp 模型执行回归分析。

（1）用如下命令读取 jaws.txt 文件中的可用数据：

```
deer<-read.table("c:\\temp\\jaws.txt",header=T)
```

（2）用如下命令将 jaws.txt 的可用数据添加到 deer 对象：

```
attach(deer)
```

（3）使用如下命令列出 deer 对象的变量：

```
names(deer)
[1] "age" "bone"
```

（4）用如下命令执行回归分析，将结果保存在 model 对象中：

```
model<-nls(bone~SSasymp(age,a,b,c))
```

（5）使用如下命令绘制 age 和 bone 变量的点图：

```
plot(age,bone,pch=16)
```

（6）用如下命令生成 *x* 值序列，并将结果保存在 xv 对象：

```
xv<-seq(0,50,0.2)
```

（7）使用如下命令预测 *y*，将结果保存在 yv 对象：

```
yv<-predict(model,list(age=xv))
```

（8）用如下命令绘制 xv 和 yv 值的图形：

```
lines(xv,yv)
```

另外，可以使用穿过原点的双参数形式 SSasymoOrig，这种形式的拟合函数 $y=a(1-\exp(-bx))$。渐近指数的最终形式允许人们用 SSasympOff 为函数指定一个 *x* 轴上的偏移 *d*，这种形式拟合如下函数：

$$y=a-b\exp(-c(x-d))$$

2.8.3　轮廓似然

profile 函数是一个通用函数，通过调查接近模型拟合值所代表的解的目标函数行为，对模型进行剖析。在 nls 中，它调查的是轮廓对数似然函数：

```
par(mfrow=c(2,2))
plot(profile(model))
```

轮廓 *t* 统计（tau）定义为平方和变化的平方根除以具有正确符号的剩余标准误差。

2.8.4　自启动逻辑

这是最常用的三参数增长模型，生成经典的 S 形曲线。

可以使用 3 个参数（*a*、*b* 和 *c*）和自启动函数 SSlogis 执行逻辑回归分析。

逻辑回归的命令如下：

```
sslogistic<-read.table("c:\\temp\\sslogistic.txt",header=T)
attach(sslogistic)
names(sslogistic)
model<-nls( density ~ SSlogis(log(concentration), a, b, c ))
```

其中 density 和 concentration 是 sslogistic.txt 文件中的两个变量。

可以用如下命令绘制一条拟合线：

```
xv<-seq(-3,3,0.1)
yv<-predict(model,list(concentration=exp(xv)))
lines(xv,yv)
```

2.8.5　自启动四参数逻辑

四参数逻辑模型由如下公式给出

$$y=A+(B-A)/(1+e^{(D-x)/c})$$

其中：

- ○ A 是左侧的水平渐近值（对应 x 的低值）；
- ○ B 是右侧的水平渐近值（对应 x 的高值）；
- ○ D 是 x 在曲线弯曲处的值（在我们为 chicks 数据所做模型中用 x 表示）；
- ○ C 是 x 轴的刻度参数。

可以使用如下命令进行回归分析：

```
data<-read.table("c:\\temp\\chicks.txt",header=T)
attach(data)
names(data)
[1] "weight" "Time"
model <- nls(weight~SSfpl(Time, a, b, c, d))
```

可以用如下命令绘制拟合线：

```
xv<-seq(0,22,.2)
yv<-predict(model,list(Time=xv))
plot(weight~Time,pch=16)
lines(xv,yv)
```

四参数逻辑回归图形如图 4-2-8 所示。

这个参数化模型可以写为：

```
y=27.453+(348.971-27.453)/(1+exp((19.391
-x)/6.673))
```

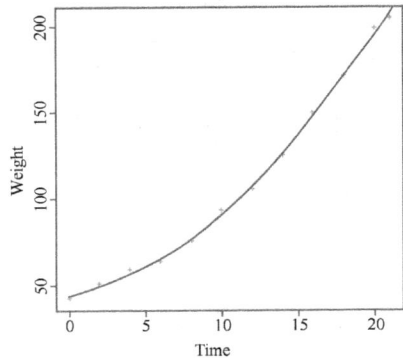

图 4-2-8　自启动四参数逻辑图形

2.8.6　自启动 Weibull 增长函数

R 的参数化 Weibull 增长函数如下：

```
Asym-Drop*exp(-exp(lrc)*x^pwr)
```

其中，Asym 是右侧的水平渐近值，Drop 是渐近值和截距（$x=0$ 时的 y 值）的差值；lrc 是速度常数的自然对数；pwr 是 x 的幂次。

你可以使用如下命令，利用自启动 Weibull 增长函数执行回归分析：

```
weights<-read.table("c:\\temp\\weibull.g
rowth.txt",header=T)
attach(weights)
model <- nls(weight ~ SSweibull(time, Asym,
Drop, lrc, pwr))
```

使用如下命令可以绘制生成模型的图形：

```
plot(time,weight,pch=16)
xt<-seq(2,22,0.1)
yw<-predict(model,list(time=xt))
lines(xt,yw)
```

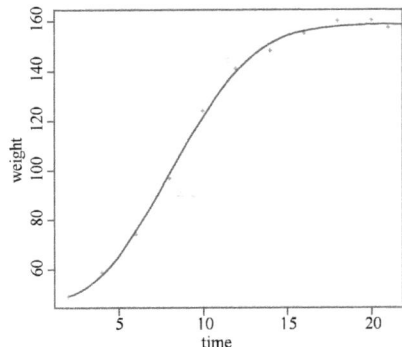

图 4-2-9　自启动 Weibull 增长函数的图形

图 4-2-9 展示了自启动 Weibull 增长函数的图形。

拟合很好，但是一旦到达渐近值，这个模型无法适应 y 值的下降。

2.8.7　自启动一阶房室函数

自启动一阶房室函数的形式如下：
```
y=k exp(-exp(a)x)-exp(-exp(b)x)
```

其中，k=Dose×exp(a+b-c)/(exp(b)- exp(a))，Dose 是为拟合提供的一个等值向量（本例中是 4.02）。

可以使用如下命令，利用自启动一阶房室函数：
```
foldat<-read.table("c:\\temp\\fol.txt",header=T)
attach(foldat)
model<-nls(conc~SSfol(Dose,Time,a,b,c))
```

可以使用如下命令绘制生成模型的图形：
```
plot(conc~Time,pch=16)
xv<-seq(0,25,0.1)
yv<-predict(model,list(Time=xv))
lines(xv,yv)
```

图 4-2-10 展示了一阶房室函数的图形。

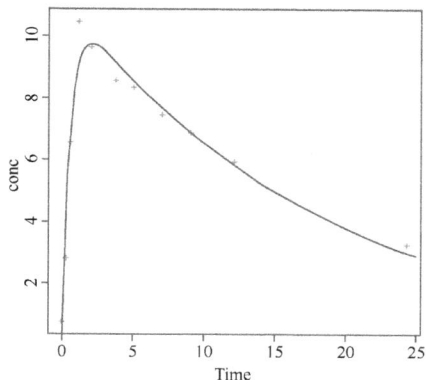

图 4-2-10　自启动一阶房室函数的图形

知识检测点 6

1. 非线性最小二乘估计方法不能预测精确结果，这是因为：
   a. 它涉及拟合回归线的大规模计算
   b. 它不包含回归模型的标准误差
   c. 它无法使用非线性回归
   d. 起始函数的初始猜测可能错误
2. 考虑如下方程：
   ```
   Asym-Drop×exp(-exp(lrc)×x^pwr)
   ```
   你将使用下面哪一个自启动函数执行这一方程的回归分析？
   a. Weibull 增长函数　　　　　　　b. 四参数逻辑函数
   c. 一阶房室函数　　　　　　　　　d. 渐近指数函数

2.9　用拔靴法建立一个非线性回归家族

你已经学习了 R 中重要的自启动函数的相关知识。在执行非线性回归分析时，许多时候你可能只有一个不充足的样本数据。在这种情况下，需要使用现有样本创建新的样本数据。从现有样本创建新样本的一种常用技术是"拔靴法"（bootstrapping）。下面我们学习非线性回归中拔靴法的概念。

你可能听过一句老话："用你的鞋带把自己拉起来。"这就是"拔靴法"一词的来源，它的用意是"不劳而获"。可以允许某些值出现不止一次,保留少量值,来完成这一目标。这种技术称作"拔靴法"。

在拔靴法中,可以多次计算样本均值,对数据的每次抽样都进行计算,然后观察估算均值的高限和低限,提取所需的置信区间(例如,用 c(0.027 5,0.975)指定 95%置信区间,以确定上下限)。

对于线性模型中的参数估算,拔靴法有两种宽泛的应用。

○ 随机选择某些数据点进行有放回抽样,这样,对于任何给定的模型拟合,一些数据点将重复出现,其他数据点则被忽略。

○ 拟合模型并估算残差,然后随机分配残差,将其添加到不同模拟中的不同拟合值。

我们举一个涉及 MASS 库中 viscosity(黏度)数据的例子,在这个数据集中,9 种不同黏度流体中 3 种不同重量的沉降时间计量如下:

$$Time=(b \times Viscosity)/(Wt-c)$$

需要估算两个参数 b 和 c,以及它们的标准误差。

我们使用如下命令,为 stormer 对象添加数据:

```
library(MASS)
data(stormer)
attach(stormer)
```

现在,用 nls 命令执行简单非线性回归:

```
model<-nls(Time~b*Viscosity/(Wt-c),start=list(b=29,c=2))
```

可以用 summary()命令访问关于回归模型的信息,如以下的命令所示:

```
summary(model)
```

summary()命令的输出如下:

```
Formula: Time ~ b * Viscosity/(Wt - c)
Parameters:
Estimate  Std. Error  t value   Pr(>| t|)
b         29.4013     0.9155    32.114    < 2e-16 ***
c         2.2182      0.6655    3.333     0.00316 **
Residual standard error: 6.268 on 21 degrees of freedom
```

让我们对同样的数据采用拔靴法,随机忽略一些样本。目标是随机抽样 23 个案例(有放回)的索引(下标):

```
sample(1:23,replace=T)
[1] 4 4 10 10 12 3 23 22 21 13 9 14 8 5 15 14 21 14 12 3 20 14 19
```

案例 1 和案例 2 被忽略,案例 3 出现两次,以此类推。这里,可以将下标称作 ss,并使用下标选择响应变量 y 和两个解释变量(x_1 和 x_2)的值,使用的命令如下:

```
ss<-sample(1:23,replace=T)
y<-Time[ss]
x1<-Viscosity[ss]
x2<-Wt[ss]
```

现在,将生成的样本放入一个循环,使用代码清单 4-2-4 中所示的命令拟合模型。

代码清单 4-2-4　在非线性回归中应用拔靴法的代码

1	`bv<-numeric(1000)`
2	`cv<-numeric(1000)`
3	`for(i in 1:1000)`
4	`{`
5	`  ss<-sample(1:23,replace=T)`
6	`  y<-Time[ss]`
7	`  x1<-Viscosity[ss]`
8	`  x2<-Wt[ss]`
9	`  model<-nls(y~b*x1/(x2-c),start=list(b=29,c=2))`
10	`  bv[i]<-coef(model)[1]`
	`  cv[i]<-coef(model)[2]}`
	`}`

代码清单 4-2-4 解释

1	创建可保存 1 000 个值的向量 bv
2	创建可保存 1 000 个值的向量 cv
3	启动执行 1 000 次的 for 循环
4	随机有放回抽样 23 个案例索引（下标）
5	将 Time 向量中索引 ss 位置的值保存在 y 变量中
6	将 Viscosity 向量中索引 ss 位置的值保存在 x_1 变量中
7	将 Wt 向量中索引 ss 位置的值保存在 x_2 变量中
8	用 b 和 c 的起始值建立回归分析方程模型
9	将 b 系数的值保存在 bv 向量索引 i 的位置
10	将 c 系数的值保存在 cv 向量索引 i 的位置，结束 for 循环

> **快速提示**　也可以使用 boot 库的内置函数对非线性回归应用拔靴法。

　　使用上述代码，可以生成给定数据的 1 000 个不同样本。类似地，可以为其他可用数据生成样本。这种思路非常简单。有 n 个计量值的一个样本，但是，只要允许某些值出现多于一次，忽略其他样本（即有放回抽样），就可以通过许多种方式从中抽样。

2.10　逻辑回归的应用

　　到目前位置，已经学习了非线性回归分析的相关知识以及在 R 中的实现。下面学习一些 R 的实际应用。

　　逻辑回归是最常用的非线性回归。逻辑回归模型对于将新案例分类为两种结果类别（"成功"或者"失败"）之一十分有用。估算出来的逻辑模型应用到一个测试（评估）数据集，可以提供成功概率的预测。利用成功概率上的某个截止点，逻辑回归提供了分类新案例的一个规则。让我们来学习一些使用逻辑回归的行业实例。

2.10.1　贷款接纳

我们以逻辑回归在贷款接纳中的应用为例。这一应用的数据取自 Shmueli 等人（2010）。数据集包含了 5 000 个贷款申请的信息。

响应表示在之前的场合提出的贷款申请是否被接受。解释变量包括以下几个。

- ○　**客户年龄**。
- ○　**经验**：专业经历的年限。
- ○　**客户收入**。
- ○　**客户家庭人数**。
- ○　**CCavg**：平均月度信用卡花费。
- ○　**抵押**：抵押物规模。
- ○　**证券账户**：是/否。
- ○　**拟增加定期账户**：是/否。
- ○　**在线**：是/否。
- ○　**信用卡**：是/否。
- ○　**教育程度**：3 类（肄业、毕业、专业）。

60% 的数据（5 000 个案例中的 3 000 个）用于估算（训练集），其余数据（40%，即 2 000 个案例）用于评估（作为测试数据集）。

数据随机分为以上两组。

5 000 次观测中，总体成功率（成功的定义是之前的贷款申请被接受）为 0.096；训练集中的成功概率也为 0.096。根据训练集的 3 000 个案例中估算得出的逻辑回归模型用于预测评估数据集中的成功概率。

2.10.2　德国信用数据

德国信用数据集得自 UCI（加州大学埃尔文分校）机器学习知识库（Auncion 和 Newman，2007）。这个数据集包含了 1 000 个贷款申请的属性和结果，是 1994 年由汉堡大学统计与经济学院的 Hans Hoffman 教授提供的。它已经成为了多种信用评级算法的重要测试数据集。

假定贷款违约的代价平均是未向好的借款人提供贷款的代价的 5 倍（假定后者的代价为 1）。在这里，违约被定义为"成功"。假设我们估算违约概率 p。那么如果我们放贷，则预期代价为 $5p$，如果拒绝贷款，则预期代价为 $1-p$。因此，如果 $5p<1-p$，我们预期贷款引起的损失低于拒绝这项业务的损失。

这预示着如下的决策规则：如果违约的概率 $p<1/6$，则接受贷款申请。每当 $p>1/6$ 时，则做出违约的预测（"成功"）。这是错误分类的相对代价影响概率截止点的一个例子。

预测的两种结果是成功（贷款违约）和失败（没有违约）。使用连续变量（贷款期间、贷款额度、分期、年龄）和分类变量（贷款历史、目的、国外工作者、申请租金）作为解释变量，执行逻辑回归以估算违约概率。

在 1 000 个案例中随机选取 900 个作为训练集，其余 100 个案例作为测试集。在测试数据集上逻辑回归模型的表现如下：逻辑回归发现了 28 次违约中的 23 次（82%），但是 72 位好的贷款人中有 42 人被预测为违约（58%）。

2.10.3　延误的航班

数据来自 Shmueli 等人（2010 年）。该数据集包含从 2004 年 1 月起从华盛顿首都特区到纽约地区的 220 1 个航班。感兴趣的特征（响应变量）是航班是否延迟 15 min 以上（0 表示没有延迟，1 表示延迟）。

解释变量包括：

○ 3 个不同的到达机场（肯尼迪、纽瓦克和拉瓜迪亚）；
○ 3 个不同的出发机场（里根、杜勒斯和巴尔的摩）；
○ 8 家承运商；
○ 表示 16 个不同出发时间（早晨 6 点～晚上 10 点）的分类变量；
○ 天气条件（0=好/1=不好）；
○ 周日（星期天和星期一为 1，其余为 0）。

多项选择题

选择正确的答案。在下面给出的"标注你的答案"里将正确答案涂黑。

1. 下面哪一个方程式表示 logit 函数？

   a. $f(x) = \log(x/(1-x))$ b. $f(x) = \log(x(1+x))$

   c. $f(x) = \log(1+x)/x$ d. $f(x) = \log(1-x)x$

2. 下面哪一个是对应于变量中 x 个单位变化，根据其他自变量值调整后的回归系数让步比（OR）正确值？

   a. $x\beta$ b. x/β

   c. β/x d. βx

3. 在多重逻辑回归中，指示变量（哑变量）可以有多少个值？

   a. 1   b. 2

   c. 任意个值   d. 0

4. 假定一个逻辑回归模型有 3 个变量：D，X_1 和 X_2。D 变量取决于 X_1 和 X_2。X_1 和 X_2 变量也有某种影响 D 值的交互（相互关系）。你将在方程中增加下面哪一项，以加入 X_1 和 X_2 之间的交互？

   a. $X_1 + X_2$ b. $X_1 X_2$

   c. X_1 / X_2 d. $X_1^2 + X_2^2$

5. 下面哪一个自启动函数用于渐近回归模型？

   a. SSfpl   b. SSfol

   c. SSasymp   d. SSweibull

6. 下面哪一个方程式用于表示 Johnson-Schumacher 回归模型？

   a. $b_1 \exp(-b_2 \exp(-b_3 x))$ b. $b_1 \exp(-b_2/(x+b_3))$

   c. $(b_1 + b_3 x)\, b_2$ d. $b_1 x/(x+b_2)$

7. 下面哪一个是估算回归模型中 n 个 β 系数的必要步骤？

   a. 对每个 β 系数求偏导数   b. 将所有自变量等同为 0

   c. 将每个 β 系数等同于 0   d. 对每个自变量求偏导数

8. inverse.logit(x) 函数表示为：

   a. C 形曲线   b. S 形曲线

   c. U 形曲线   d. X 形曲线

9. 下面哪一种技术用于预测样本数据的精度？

   a. 剩余偏差   b. 简约性

   c. 分类精度   d. 预测精度

10. 可以用如下的哪一种方法估算非线性系统的参数？

a. 用某些条件指定模型参数，如机械发动机的阻力和惯性

b. 操纵输入和输出测试数据，如流速和以每分钟转速（r/min）表示的机械发动机输出

c. 将解释变量设置为 0，从初始系数值开始

d. 将响应变量设置为 0，从初始系数值开始

标注你的答案（把正确答案涂黑）

1. ⓐ ⓑ ⓒ ⓓ   6. ⓐ ⓑ ⓒ ⓓ

2. ⓐ ⓑ ⓒ ⓓ   7. ⓐ ⓑ ⓒ ⓓ

3. ⓐ ⓑ ⓒ ⓓ   8. ⓐ ⓑ ⓒ ⓓ

4. ⓐ ⓑ ⓒ ⓓ   9. ⓐ ⓑ ⓒ ⓓ

5. ⓐ ⓑ ⓒ ⓓ   10. ⓐ ⓑ ⓒ ⓓ

测试你的能力

1. 考虑表示 y 相对于 x 指数增长的如下非线性回归模型方程：

$$y = Ae^x + C$$

将上述方程转换为线性模型。

2. 使用如下 R 自启动函数执行非线性回归分析：

- SSasymp。
- SSlogis。

○ 如果回归模型的至少一个参数表现出非线性，则称其为非线性回归模型。非线性回归分析用于需要快速分析大量数据的情况。

○ 当样本数据的方差不恒定或者误差不呈正态分布时，使用广义线性模型（GLM）计算非线性回归。

○ GLM 常用于如下回归类型：
  • 以比例形式表达的计数数据（例如逻辑回归）；
  • 不是比例的计数数据（例如计数的对数线性模型）；
  • 二元响应变量（例如，死亡或者生存）；
  • 关于生存期的数据，其方差的增加速度超过均值的线性增长速度（例如具有 γ 误差的时间数据）。

○ 在统计学上，逻辑回归是最常用的非线性回归类型之一。逻辑回归用概率理论识别枚举变量和自变量之间的关系。

○ 在统计分析中，给定数据集的 β 系数使用如下步骤计算：
  • 计算概率函数的对数值。
  • 计算相对于每个 β 系数的偏导数。对于 n 个未知 β 系数，有 n 个方程。
  • 为 n 个未知 β 系数建立 n 个方程。
  • 解对应于 n 个未知 β 系数的 n 个方程，求出 β 系数值。

○ 在开发逻辑回归模型之后，你必须检查其预测精度。下面是用于检查逻辑回归模型精度的一些技术：
  • 剩余偏差；   • 简约性；   • 分类精度；   • 预测精度。

○ 最大似然估计（MLE）指的是估算回归模型参数的过程。参数可以用如下任意一种方式估算。
  • 根据某种条件指定模型参数，如机械发动机的阻力和惯性。
  • 操纵输入和输出测试数据，例如流速和用每分钟转速（r/min）表示的机械发动机输出。
  • 对不同变量值下的某个函数进行测量。

○ 在 R 中，线性模型和非线性模型之间的主要差别是，在使用非线性建模时必须告诉 R 方程的准确特性，作为模型公式的一部分。

○ nls()命令在 R 中用于非线性回归。

○ GAM 特别有用，因为它们用非参数化曲线拟合数据，无需指定任何描述非线性的特殊数学模型。

○ 非线性最小二乘法用于在一个图形中拟合非线性数据点。

○ 从线性二乘法中得到的数据点可以用直线图形表示，而非线性最小二乘法中的点总是形成一条曲线。

○ 拔靴法在估算非线性模型参数上有两种宽泛的应用。
  • 随机有放回地选择数据点，这样对于任何给定模型拟合时，有些数据点重复，其他则被忽略。
  • 拟合模型并估算残差，然后随机分配残差，然后添加到不同模拟中的不同拟合值。

聚类分析

模块目标

学完本模块的内容，读者将能够：

- ▸▸ 解释聚类分析技术
- ▸▸ 在 R 中实施聚类技术

本讲目标

学完本讲的内容，读者将能够：

- ▸▸▸ 理解聚类分析的意义以及应用
- ▸▸▸ 描述簇内和簇间平方和的概念
- ▸▸▸ 在 R 中实施相似性聚合和凝聚层次聚类
- ▸▸▸ 使用 R amap 包和 k 均值聚类
- ▸▸▸ 在 R 中实施层次化聚类

"如果我有技术背景，那么在工作中就会更加得心应手。"

——Sheryl Sandberg

在本模块的第 1 讲和第 2 讲中，你已经学习了有关回归分析的知识，这种技术在统计分析中的应用非常广泛。此外还有许多重要的技术，**聚类**（也称为分段）就是其中之一。

聚类是最普遍的描述性数据分析和数据挖掘方法。它用于数据量很大的场合，目标是找出同类的子集，这些子集可以按不同的方式处理和分析。需要这种方法的情况很多，特别是在社会科学、医药和营销等领域，这些领域中由于人的因素，数据量很大且难以解读。

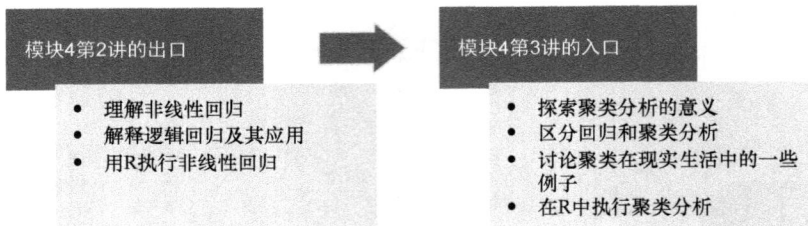

让我们用一个例子来理解聚类的概念。

一家食品制造公司希望根据一个月中购买的商品数量以及这些商品的价格，对其客户进行分类。该公司从不同的商店收集了数据。按照购买的产品数量以及产品价格做出的图形如图 4-3-1 所示。

在图 4-3-1 中，可以看到客户可以被分为 4 组。这种客户的分组称作簇（cluster）。

图 4-3-2 展示了图 4-3-1 中的 4 个客户簇。

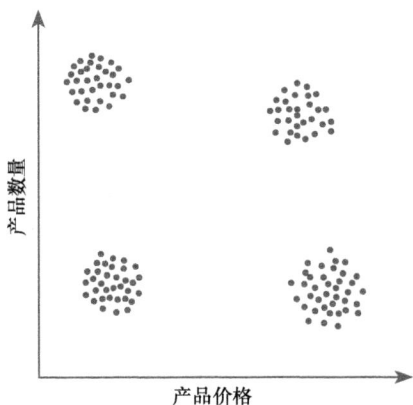

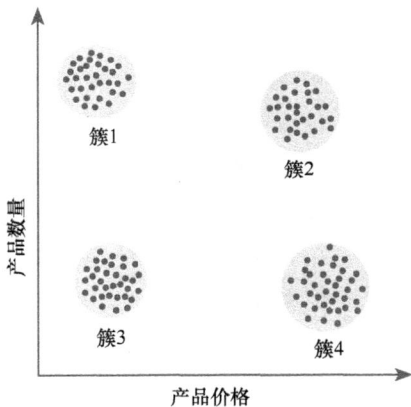

图 4-3-1　客户图表　　　　　　　　图 4-3-2　客户的 4 个簇

从图 4-3-2 中明显可以看出，该公司可以将客户分为 4 组，对每组制定单独的策略，以增进产品销售。

聚类与回归不同，没有特定的因变量，难以客观地比较两种聚类形式。

交叉参考　我们已经在模块 4 第 1 讲中学习了关于回归的知识。

在本讲中，你将学习聚类分析、聚类复杂性、聚类距离计量和簇内及簇间平方和的概念。此外，本讲还讨论凝聚层次聚类、用相似性聚合进行聚类分析、相似性聚合的原理以及在 R 中通过相似性聚合实施聚类技术的方法。最后，本讲描述 R 中 k 均值、期望最大化和层次聚类的实施。

3.1　聚类简介

预备知识　*了解更多关于分段的知识，以及执行聚类的方法。*

聚类是将**对象**（个人或者变量）**分为有限数量的组**（称作簇或者分段）的统计运算。聚类有如下属性。

○　它们不是由分析师预先定义的，而是在运算中发现的，这和回归中使用的变量不同。

○　它们是具有类似特性的对象的组合，与不同特性的对象分开（造成内部同质性和外部异质性）。

聚类的本质是将对象分布到不同的组中，但是，这种分布**不是根据预定义条件进行**的，意图不是组合在这种条件上有相同值的对象。即使是簇的数量，也不总是预先固定的。这是因为，聚类技术中没有因变量，它是描述性的，而非预测性的。

定　义

聚类是一种数据分段技术，根据相似性将巨大的数据集分为不同的组，产生的组称为簇。

3.1.1　聚类的应用

聚类广泛地应用于多个领域的统计分析中。聚类技术常用的领域是。

○　**营销**：在营销领域中，聚类对找出组成客户基础的**客户概况**特别有用。在发现**"概述"**其客户基础的簇之后，企业可以为每个簇开发特定的策略。聚类还可用于在几个月的时间内**跟踪客户**，发现每个月从一个簇转移到另一个簇的客户数量。如果有必要，企业还可以建立聚类驱动的客户面板以跟踪某些客户，确定所有簇都有很好的代表性。

○　**零售**：在零售业中，除了营销之外，聚类还用于将特定公司的所有商店分为**机构组**。这些机构在客户类型、营业额、按部门营业额（根据产品类型）、商店规模等方面上是同质的。

○　**医学**：在医学领域，聚类可用于发现适合于特定疗法的**患者分组**，每个组由相同反应的所有患者组成。患者分组根据年龄、疾病类型、生活方式和收入进行。聚类技术还可用于蛋白质序列、CT 扫描分类，找出特定患者组适用的药物以及预测多种常见病的概率（如根据生活方式预测糖尿病的发生）。

○　**社会学**：在社会学中，聚类用于将群体分为在社会人口学特征、生活方式、对收入的意见、预期等方面同质的组。一般来说，聚类在执行其他数据挖掘操作中也很有用。首先，大部分预测性算法都不擅长处理超大数量的变量，因为变量之间存在相关性。这可能影响预测能力；但是，用少数变量难以正确地描述一个异构的群体。聚类形成的组很有用，因为它们是**同质**的，可以用特定于每个组的**少数变量**描述。这种分类还可用于各种目的，如民意测验、识别犯罪分子以及产品营销等。

在不同领域，聚类有着不同的叫法。

○ **营销**：在营销中，聚类常常称为**细分**或者**类型化分析**。

○ **医药**：在医药领域，聚类被称作**疾病分类**。

○ **生物学**：在生物学领域，聚类称作**数值分类**。

3.1.2 聚类的复杂性

作为一般规则，使用如下表达式定义聚类和使用高效算法的正确条件

$$B^n(n \text{ 个对象的分区数}) > \exp(n)$$

可以使用如下公式确定分区数和对象数之间的关系

$$B_n = \frac{1}{e} \sum_{k=1}^{\infty} \frac{k^n}{k!}$$

在以上公式中，B_n 是分区数量，e 是指数，n 是对象的数量。

如果 $n=4$，$B_n=15$，我们可以将 4 个对象 a、b、c、d 分成 15 个不同的集合。

○ 1 个包含一个簇的分区，即(abcd)

○ 7 个包含两个簇的分区，即(ab, cd)、(ac, bd)、(ad, bc)、(a, bcd)、(b, acd)、(c, bad)和(d, abc)

○ 6 个包含 3 个簇的分区，即(a, b, cd)、(a, c, bd)、(ad, bc)、(a, d, bc)、(b, c, ad)、(b, d, ac)和(c, d, ab)

○ 1 个包含 4 个簇的分区，即(a, b, c, d)

聚类的复杂性取决于对象可能组合的数量。上述分区在少量对象上进行；但是，如果对象的数量很大，测试所有可能组合将是不可能的。

3.1.3 距离计量

在聚类中，对象根据相互之间的距离结合或者分离。这些距离被称作**相异度**（当对象互相远离时）或者**相似度**（当对象相互接近时），它们可以对一维或者多维计算；例如，如果对快餐进行聚类分析，将取多个维度，如快餐提供的热量、价格和客户打分。

用于计算差值的方法多种多样。下面列出了常见的几种距离计算方法。

○ **欧几里得距离**：这是聚类中结合或者分立对象时最常用的距离类型，是多维空间中对象之间距离的几何计量。假定在 n 维空间中有两个点 $p(p_1, p_2, \cdots, p_n)$ 和 $q(q_1, q_2, \cdots, q_n)$。p 和 q 之间的欧几里得距离可以用如下公式计算

$$D(p, q) = \sqrt{(q_1 - p_1)^2 + (q_2 - p_2)^2 + \cdots + (q_n - p_n)^2}$$

一般来说，欧几里得距离在未经修改的原始数据上计算。这类聚类的共同优势是添加新对象不会影响计算出来的距离。

○ **平方欧几里得距离**：这种距离通过取欧几里得距离的平方数得到，用于为距离更远的对象分配较大的权重。

○ **城区（曼哈顿）距离**：城区距离通过计算两点在各维上的平均差值而得。在大部分情况

下，它与欧几里得距离相同。假定，在 n 维空间中有两个点 $p(p_1, p_2, \cdots, p_n)$ 和 $q(q_1, q_2, \cdots, q_n)$，p 和 q 之间的城区距离可以用如下公式计算：

$$D(p,q) = |p_1 - q_1| + |p_2 - q_2| + \cdots + |p_n - q_n|$$

曼哈顿距离有时候用于聚类分析，以降低极端值的影响，因为它没有取坐标的平方值。

3.1.4　簇内和簇间平方和

簇的总平方和（或称惯性）I 是每个点与簇中心距离平方的加权均值。簇相对其重心的平方和计算方式也相同，可以写作：

$$\sum_{i \in I_j} p_i (x_i - \overline{x}_j)^2$$

簇的总平方和定义为簇间平方和加上簇内平方和，簇间平方和和簇内平方和定义如下。

○　**簇间平方和**：通过求得每个簇与重心差值的平方并加总计算，如图 4-3-3 所示。

在图 4-3-3 中可以看到 5 个簇——1、2、3、4、5。这些簇与中心之间的差值分别为 6、5、3、7、9。可以这样计算簇间平方和：

$$6^2 + 5^2 + 3^2 + 7^2 + 9^2 = 200$$

在这个例子中，簇间平方和为 200。

○　**簇内平方和**：通过求取一个簇中每个点与重心的差值并加总计算而得，如图 4-3-4 所示。

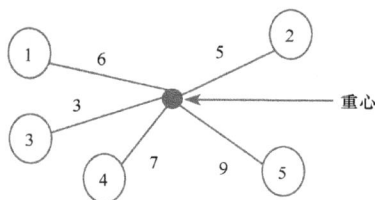

图 4-3-3　簇间平方和　　　　　　　　图 4-3-4　簇内平方和

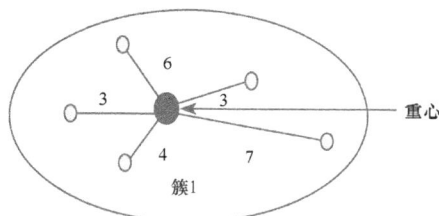

在图 4-3-4 中，可以看到一个簇中有 5 个点。这些点与簇中心的差值分别为 6、3、7、4 和 3。可以这样计算簇内平方和：

$$6^2 + 3^2 + 7^2 + 4^2 + 3^2 = 119$$

在这个例子中，簇内平方和为 119。

概括起来，总平方和可以由如下公式定义：

总平方和= 簇间平方和+簇内平方和

图 4-3-5 展示了上述公式的框图表示。

如果对象分为 k 个簇，平方和为 $I_1, \cdots, I_n$，簇内平方和可以由如下公式给出：

$$I_A = \sum_{j=1}^{k} I_j$$

簇的同质性随着其平方和的减小而增

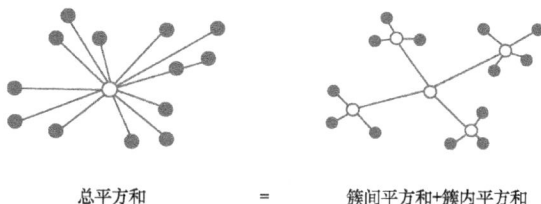

总平方和　　　　=　　　簇间平方和+簇内平方和

图 4-3-5　总平方和公式的框图表示

大，簇的质量随着 I_A 的降低而提高。

簇间平方和 I_R 定义为每个簇重心与全局重心之间距离平方的均值，可以写作：

$$I_R = \sum_{J \in 簇} (\sum pi)\ (\overline{x_j} - x)^2$$

随着 I_R 的增加，簇之间的分离度也增大，说明聚类令人满意。

因此，正确的聚类有两个条件：

○ I_R 应该大；   ○ I_A 应该小。

因此，总平方和（惯性）I 可以由如下公式给出：

$$I=I_A+I_R$$

上述公式称为 Huygens 公式，它说明总平方和仅取决于整个群体，因此，上述的两个条件（簇内平方和最小和簇间平方和最大）是等价的。

快速提示	R^2（RSQ）是由簇解释的平方和比例（簇间平方和/簇内平方和）。该值越接近 1，聚类质量越高，但是我们不应该不惜一切代价最大化该值，因为这可能造成簇数量最大化：每个个体组成一个簇。所以，我们需要接近 1 的 R^2 值，但是不需要过多的簇。好的原则之一是，如果在我们从 k 个簇转移到 $k+1$ 个聚类时，R^2 最后一次有显著的提升，那么分区为 $k+1$ 个簇是正确的。

附加知识

Huygens 公式由荷兰数学家和哲学家 Christiaan Huygens 提出。他于 1629 年 4 月 14 日出生在南荷兰首都海牙的一个荷兰家庭中。在研究中，Huygens 曾经提到，笛卡儿的弹性碰撞体法则是不正确的，后来他提出了正确的法则。Huygens 还扩展了牛顿第二运动定律，称为运动定律的二次形式。

3.1.5 高效聚类的属性

合理的聚类过程是：

○ 检测数据中存在的结构；
○ 实现最优簇数量的简单确定；
○ 产生有清晰区分的簇；
○ 产生保持稳定，数据变化很小的聚类；
○ 高效处理大量数据；
○ 在必要时处理所有类型的变量（定量和定性）。

附加知识

为了区分数据中真正的簇，我们往往必须首先解读数据，然后转换、添加或者排除变量，并重启聚类分析。排除变量不一定意味着将其从分析库中删除，而是停止在聚类运算中考虑它们，将其保留作为不活跃变量，以观察它的分类在不同簇中的分布。它不再是"活跃"变量，而是成为"说明"变量（也称为"补充"变量）。

1. 在社会学领域进行统计分析时，你必须处理大量的异构数据。下面哪一个是选择聚类分析而不是其他统计分析技术的正确原因？
    a. 聚类分析不包含计算
    b. 聚类分析比其他统计技术简单
    c. 聚类分析很容易用一定数量的变量表示异构数据
    d. 聚类分析是专为社会学领域开发的技术
2. 在进行聚类分析时，下列条件中哪一个是必须满足的？
    a. I_R 应该大，I_A 应该小
    b. I_A 应该大，I_R 应该小
    c. I_R 和 I_A 应该小
    d. I_R 和 I_A 应该大

3.2　凝聚层次聚类

凝聚层次聚类（AHC）是在分区之间生成一序列**异质性递增的嵌套分区**、形成 n 个簇的聚类技术。在这种技术中，每个对象被隔离、分区到包含所有对象的一个簇中。如果分区之间存在一个距离，就可以使用 AHC，分区可以在个体空间中或者变量空间中。你必须定义两个对象或者两个簇之间的距离，这有助于高效地分类数据。

凝聚层次聚类算法的一般形式如下。
○ **第 1 步**：观测值就是初始簇。
○ **第 2 步**：计算簇之间的距离。
○ **第 3 步**：合并最近的两个簇并用单一簇代替。
○ **第 4 步**：从第 2 步开始重复，直到只剩下一个簇，该簇包含所有观测值。

凝聚层次聚类可以用图 4-3-6 所示的树图表示。

AHC 生成的树也称为**系统树图**。这种树可以从较大或者较小的高度切断，获得较小或者较大的簇数量。统计学家可以选择这一数值，优化某些统计质量标准。

主要的标准是簇间平方和的损失，在图 4-3-6 中由两个相连分支的高度表示。因为这一损失必须尽可能小，树图从树枝高度较大的地方切断。

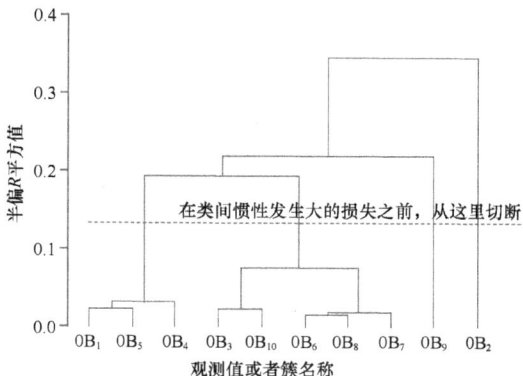

图 4-3-6　凝聚层次聚类系统树图

总体情况

层次聚类用于识别数字化图像中的模式、预测股票交易以及文本挖掘和本体论。2005年，层次聚类技术被用于蛋白质序列分类的研究。

3.2.1　主要距离

AHC 算法的工作原理是在每一步中寻找最近的簇并将其合并。该算法的关键点是对两个簇 A 和 B 之间距离的定义。当两个簇缩减到一个元素时，距离的定义很自然，但是一旦簇中的元素超过 1 个，两个簇之间的定义就没那么明显了。距离可以有多种定义方法，但是最有用的定义如下。

○ **最大距离**：两个观测值 $a \in A$ 和 $b \in B$ 之间的最大距离（其中 a 和 b 是分属于两个簇（A 和 B）的元素）倾向于生成直径相等的簇。按照定义，这种方法对异常值很敏感，因此很少使用。AHC 的对应形式称作最远邻技术、直径标准或者全链接 AHC。

○ **最小距离**：两个观测值 $a \in A$ 和 $b \in B$ 之间的最小距离定义了最近邻技术或者单链接 AHC 方法。它的弱点是对链式效应很敏感：如果两个距离很大的簇被相互靠近的单独点链条连接起来，它们可能会被合并。

让我们来看一个用平均链接和全链接方法检测到的两个组之间链式效应的例子，如图 4-3-7 所示。

但是，如果使用单链接 AHC 在相同数据集中寻找两个簇，它会隔离簇 2 并将其余组链接到一起，如图 4-3-8 所示。

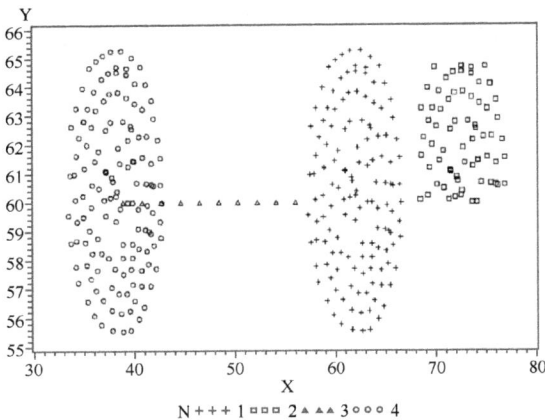

图 4-3-7　链式效应

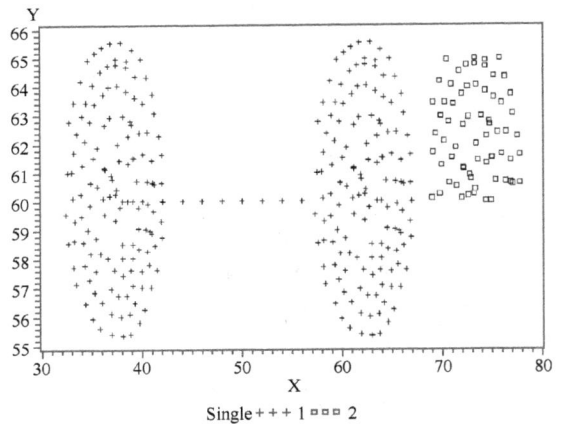

图 4-3-8　单链接对链式效应的敏感性

这是因为簇 1 和簇 2 的最近点被一个大于以下最近距离的距离所分隔：

○ 簇 1 的两个点之间；
○ 簇 1 和簇 3 的两个点之间；
○ 簇 3 的两个点之间；
○ 簇 3 和簇 4 的两个点之间。

在单链接方法中，由于两个簇之间的距离是两个簇中的两个点之间的最近距离，簇 2 与其他簇的距离最远。

这是因为，尽管两个大的簇（簇 1 和簇 4）之间有一定距离，但是它们被簇 3 链接到一起，该簇的每个点与前一个点的距离比簇 1 和簇 2 中的两个点之间的最短距离更短：这就是链式效应。

链式效应的敏感性是单链接方法的主要缺点，但是只发生在特殊的情况下。

> **技术材料**
>
> 　　AHC 的主要缺点是算法复杂性，这不是线性的：为了从 $k+1$ 个簇转移到 k 个簇，你必须计算 $[(k+1)k/2]$ 个距离，并组合两个最近的簇。如果 n 是被聚合的个体数量，基本算法的复杂度是 n^3 的阶，即使是一台强大的计算机，这一算法也会很快超越其能力。

　　两个观测值 $a \in A$ 和 $b \in B$ 之间的平均距离定义了平均链接 AHC，这是介于最大距离和最小距离方法之间的一种方法，它对聚合数据的敏感性较低，倾向于生成具有相同方差的簇。

　　A 和 B 重心之间的距离用于质心 AHC 方法（重心有时被称为质心），它不容易受到异常值的影响，但是精确度较低。这种方法在计算上最为简单。

3.2.2　密度估算方法

　　密度估算方法往往最适合于检测复杂簇的结构。你可以将数据空间绘制成峰谷图，其中的"山峰"就是簇，"谷底"是它们的边界。如图 4-3-9 所示。

　　正如所见，图 4-3-9 中的"峰"是**高密度**区域。**密度**通常定义为某一区域中的对象数量。

图 4-3-9　用峰谷图描述数据空间

　　在聚类过程中，密度用如下方法之一估算。

○ **k 近邻方法**：点 x 的密度是以 x 为中心的一个球体内观测值的数量 k 除以球体的体积。

○ **一致核心方法**：球体的半径是固定的，而不是固定的近邻数量。

○ **Wong 混合方法**：这种方法用 k 均值算法进行初步分析。

> **技术材料**
>
> 　　两个簇之间的距离 dP 和这两个簇中的密度成反比。如果两个簇不相邻，则假定 dP=∞。

　　以上 3 种方法可以有效地检测所有类型的簇，包括大小不等且具有差异的簇。这是因为方法的原理中并没有预先规定簇的形状：簇沿密度足够大的方向增长。密度估算方法的运行并不依靠指定簇的数量，而是依靠平滑参数，根据不同情况，这个参数可能为：

○ 初步分析中 k 均值算法得到的簇数（Wong 方法）；

○ 每个点 x 的近邻数 k；

○ 以 x 为中心的球体半径 r。

　　这些方法的问题是难以找出合适的平滑参数值。它们的局限在于：一方面，标准化连续值并排除异常值是更好的选择；另一方面，它们需要足够高的频率。

　　下面的例子将帮助读者理解这些方法的使用方式。

　　输入如下命令创建具有 5 个簇的数据：

```
>clusters_five<-kmeans(test _final,5)
```

可以用如下命令创建包含 10 个簇的数据：

```
> clusters_ten<-kmeans(test _final,10)
```

3.3　相似性聚合聚类

相似性聚合聚类用于在每一步中成对比较所有个体，从而构建一个全局聚类，而不是层次聚类方法中的局部聚类。这种聚类技术自动确定最优的簇数，而不是预先固定。

这种聚类技术基于 Pierre Michaud 和 Jean-Francois Marcotorchino 的研究，因为他们使用了关系分析，所以该技术也被称作**关系聚类**。有时候，它被称为**投票法**或者 **Condorcet 方法**。

3.3.1　相似性聚合的原理

相似性聚合聚类基于数据的等价关系表示。

聚类实际上是一个等价关系 R，如果 i 和 j 在同一个簇中，则 iRj。

对于为一组 n 个对象定义的任何二元关系，你可以将 R 与一个 $n \times n$ 矩阵关联，该矩阵定义为：如果 iRj，$m_{ij}=1$，否则 $m_{ij}=0$。

等价关系有 3 种属性，称为**自反性、对称性**和**传递性**，如以下的关系所示：

○　$m_{ii}=1$（自反性）；

○　$m_{ij}=m_{ji}$（对称性）；

○　$m_{ij}+m_{jk}-m_{ik}\leqslant 1$（传递性）。

因此，聚类过程是寻找一个符合以上条件的矩阵 $M=(m_{ij})$。

在关系分析中，聚类目标群体中个体的所有变量必须是定性的；如果不是，必须分类为相等的区间；例如，每个 p 变量都有自己的自然聚类：每个簇由在该变量上属于相同类别的个体组成。

关系分析的目标是找到一个在初始 p 自然聚类之间有很好平衡的聚类。

为此，你可以假定 m_{ij} 是个体 i 和 j 放在同一个簇的次数（即 i 和 j 属于相同分类的变量数量），$M\prime=(m\prime_{ij})=2(m_{ij})-p$。

如果 i 和 j 的大部分变量在同一个簇（它们保持"一致"），则 $m\prime_{ij}>0$，如果两者在大部分变量上处于不同簇，则 $m\prime_{ij}<0$，如果 i 和 j 在同一个簇的变量数与不在同一个簇的变量数相同，则 $m\prime_{ij}=0$。很自然，如果 $m\prime_{ij}$ 为正数则将 i 和 j 放在同一个簇，为负数则将其分开。

但是这种条件并不充足，因为**多数原则**的非传递性（Condorcet 悖论），可能存在大部分变量支持 i 与 j 结合、j 与 k 结合，但不支持 i 与 k 结合的情况。因此，你必须增加前面提到过的等价关系约束（自反性、对称性和传递性），以找出最接近大部分 p 初始聚类的聚类方法。这给我们带来了一个线性编程问题，正如你在线性回归中已经做过的那样，在 R 中可以正确解决这个问题。

3.3.2　相似性聚合聚类的实施

为了更好地说明以相似性聚合为基础的聚合分析，你必须描述使用直观方法（而非绝对严格的方法）进行聚类分析的各个阶段。

对于每对个体(A,B)，设 m(A,B)是 A、B 中有相同值的变量数量，d(A,B)是 A 和 B 中有不同值的变量数量。据此，对于连续变量，有如下两个条件。

○　如果变量有相同的十分位值，则认为变量有相同的值。

○　它们对 c(A,B)的影响用如下公式定义：

$$1-2(|v(A)-v(B)|)/(v_{\max}-v_{\min})$$

其中，$v_{\max}$ 和 $v_{\min}$ 是变量 v 的极值。

两个个体 A 和 B 的 Condorcet 标准可以用如下等式定义

$$c(A, B) = m(A, B)-d(A, B)$$

你可以用如下公式定义个体 A 和簇 S 的 Condorcet 标准

$$c(A,S) = \Sigma\, ic(A,B_i)$$

其中，总和包含所有 $B_i \in S$。

考虑到上述条件，你首先将每个个体 A 放在 c(A,S)最大（至少为 0）的簇 S 中。有时候，你可以用更大的值代替 0，以强化簇的同质性。你还可以在 Condorcet 标准的定义中引入因子 σ>0，有

$$c(A, B) = m(A, B)- \sigma\, d(A, B)$$

大的 σ 值将是高同质性因子。如果对于现有的 S，c(A,S)<0，则 A 是新簇的第一个元素。

因此，取得第一个个体 A，与其他所有个体比较，在必要时与另一个个体 B_A 组合。然后，取得第二个个体 B，与其他个体及簇(A, B_A)（如果存在的话）比较，以此类推。这一步骤是聚类的第一次迭代。

你可以执行第二次迭代，再次取每个个体，在必要时将其重新分配给第一次迭代中定义的另一个簇中。这样，我们执行一系列迭代，直到满足如下两个条件之一：

○　达到指定的最大迭代次数；

○　在两次迭代之间，全局 Condorcet 标准不再能带来充分的改善（例如，超过 1%，这个值可以预先设置）。这个全局 Condorcet 标准可以用如下公式描述：

$$\Sigma_A c(A,S_A)$$

其中，总和运算在 A 和为其分配的簇 S_A 中的所有个体上进行。在实践中，两次迭代（如果绝对必要的话，可以是 3 次）足以提供好的结果。

3.4　R amap 包的用法

统计工具 R 提供 amap 包，用于相似性聚合聚类。我们用这个程序包执行聚类分析。

用如下命令加载 amap 包：

```
> library(amap)
```

如果要处理的数据帧中的变量不是因子（定性变量），它们必须用如下命令预先转换：

```
> for (i in 1:17) credit[,i] <- factor(credit[,i])
```

在这个例子中，假定有 17 个变量，变量最初可以是数值，但是分类数量必须较小。

现在，可以用包中的 diss()函数计算两个样本之间的距离。

但是，这个函数只能处理整数，因此，必须预先用如下命令转换变量：

```
> creditn <-matrix(c(lapply(credits,as.integer),recursive=T),ncol=17)
```

可以使用如下命令执行相似性聚合聚类：

```
> pop(matrix)
```

上述命令的输出如下：

```
Upper bound (half cost)              : 189
Final partition (half cost)          : 129
Number of classes                    : 6
Forward move count                   : 879424708
Backward move count                  : 879424708
Constraints evaluations count        : 1758849416
Number of local optima               : 4
        Individual       class
1       1                1
2       2                2
3       3                3
4       4                3
5       5                4
6       6                3
7       7                1
8       8                2
9       9                3
10      10               5
11      11               2
12      12               2
13      13               2
14      14               5
15      15               2
16      16               2
17      17               1
18      18               6
19      19               2
20      20               1
```

可以看到，pop()命令已经发现了 20 个个体中的 6 个簇（1～6）。

知识检测点 2

1. 在聚类中，对一组 n 个对象定义的二元关系 R 可以和一个 $n \times n$ 矩阵关联，矩阵的定义为：如果 iRj，则 $m_{ij}=1$，否则 $m_{ij}=0$。等价关系的 3 个属性是自反性、对称性和传递性。下面哪一个关系表示对称关系？

   a. $m_{ij} = 1$ b. $m_{ii} = 1$

   c. $m_{ij}=m_{ji}$ d. $m_{ij}+m_{jk}-m_{ik}<=1$

2. 密度估算方法用于确定复杂簇的结构。假定你想要根据观测值数量 k 和球体体积，估算以 x 为中心的球体密度。在这种情况下，你将使用如下哪一种密度估算方法？

   a. k 最近邻方法   b. 一致核心方法

   c. Wong 混合方法   d. 平方和方法

3.5　*k* 均值聚类

k 均值是一种广泛用于数值型客户数据细分的方法。

这种技术将 *n* 个单元分成 *k*≤*n* 个不同的簇 $S=\{S_1, S_2, \cdots, S_k\}$，使用如下公式最小化簇内平方和：

$$\arg\min \sum_{j=1}^{k} \sum_{x_i \in s_i}^{k} \| x_i - \overline{m_j} \|^2$$

假定有 *n* 个单位的观测值，$\{x_1, x_2, \cdots, x_n\}$，单元 *i* 的观测值表示一个 *p* 维属性向量。

簇均值 $\overline{m_j}$ 是 *p* 属性在簇 S_j 中的所有单位上的均值向量。基准 $\| x - m \|^2 = \sum_{r=1}^{p}(x_r - m_r)^2$ 加总 *p* 属性上的差值平方和。这一基准假定 *p* 属性上的比例相同，且不加入属性之间的相关。

簇数量 *k* 必须事先给定。

聚类纯粹是描述性的，根据相似性组合项目，以无引导（无监督）的方式进行。

k 均值聚类常采用两种初始化方法：

- 随机从数据集中选择 *k* 个单元，作为初始簇均值；
- 随机地为每个单元指定 *k* 个簇中的一个，然后继续进行更新步骤，计算初始均值作为随机分配的簇单元的重心。一般认为，这种随机分区方法更可取。

技术材料

可以使用 R 的 states 包中的 kmeans 函数，这个算法以快速、可靠著称。但是，不能保证它收敛到全局最优值，最终结果取决于算法启动的方式。

K 均值聚类的应用

k 均值聚类是最常用的聚类方法。*k* 均值聚类的常见应用如下：

- 预测特定期间、特定季节或者场合（如夏季、新年或者特定节日）的产品价格；
- 通过时间序列模型提取电价中的信息。

3.6　R 聚类示例：欧洲人的蛋白质摄入

我们用一个例子来理解 R 执行聚类的概念。

考虑 25 个欧洲国家（*n*=25 个单元）及来自 9 种主要食品来源（*p*=9）的蛋白质摄入（百分比）。数据在表 4-3-1 中列出。

表 4-3-1　蛋白质摄入数据

Country	Red Meat	White Meat	Eggs	Milk	Fish	Cereals	Starch	Nuts	Fry and Veg
Albania	10.1	1.4	0.5	8.9	0.2	42.3	0.6	5.5	1.7
Austria	8.9	14	4.3	19.9	2.1	28	3.6	1.3	4.3
Belgium	13.5	9.3	4.1	17.5	4.5	26.6	5.7	2.1	4

续表

Country	Red Meat	White Meat	Eggs	Milk	Fish	Cereals	Starch	Nuts	Fry and Veg
Bulgaria	7.8	6	1.6	8.3	1.2	56.7	1.1	3.7	4.2
Czechoslovakia	9.7	11.4	2.8	12.5	2	34.3	5	1.1	4
Denmark	10.6	10.8	3.7	25	9.9	21.9	4.8	0.7	2.4
E Germany	8.4	11.6	3.7	11.1	5.4	24.6	6.5	0.8	3.6
Finland	9.5	4.9	2.7	33.7	5.8	26.3	5.1	1	1.4
France	18	9.9	3.3	19.5	5.7	28.1	4.8	2.4	6.5
Greece	10.2	3	2.8	17.6	5.9	41.7	2.2	7.8	6.5
Hungary	5.3	12.4	2.9	9.7	0.3	40.1	4	5.4	4.2
Ireland	13.9	10	4.7	25.8	2.2	24	6.2	1.6	2.9
Italy	9	5.1	2.9	13.7	3.4	36.8	2.1	4.3	6.7
Netherlands	9.5	13.6	3.6	23.4	2.5	22.4	4.2	1.8	3.7
Norway	9.4	4.7	2.7	23.3	9.7	23	4.6	1.6	2.7
Poland	6.9	10.2	2.7	19.3	3	36.1	5.9	2	6.6
Portugal	6.2	3.7	1.1	4.9	14.2	27	5.9	4.7	7.9
Romania	6.2	6.3	1.5	11.1	1	49.6	3.1	5.3	2.8
Spain	7.1	3.4	3.1	8.6	7	29.2	5.7	5.9	7.2
Sweden	9.9	7.8	3.5	24.7	7.5	19.5	3.7	1.4	2
Switzerland	13.1	10.1	3.1	23.8	2.3	25.6	2.8	2.4	4.9
United Kingdom	17.4	5.7	4.7	20.6	4.3	24.3	4.7	3.4	3.3
USSR	9.3	4.6	2.1	16.6	3	43.6	6.4	3.4	2.9
W Germany	11.4	12.5	4.1	18.8	3.4	18.6	5.2	1.5	3.8
Yugoslavia	4.4	5	1.2	9.5	0.6	55.9	3	5.7	3.2

表 4-3-1 可能用于研究 25 个国家是否可以分离到数量较少的簇中。地中海国家的蛋白质摄入可能来自某些食品种类,不同于北欧和德语国家。

我们从前两个特征(从红肉和白肉中摄取)的聚类分析开始,将 25 个国家分为 3 组。

你可以创建一个 R 程序,将 25 个国家分为 3 类。

为 25 个国家创建 3 个簇的程序如代码清单 4-3-1 所示。

代码清单 4-3-1 创建 3 个簇的代码

```
1  food <- read.csv("C:/DataMining/Data/protein.csv")
2  set.seed(1)
3  grpMeat <- kmeans(food[,c("WhiteMeat","RedMeat")], centers=3, +
   nstart=10)
4  o=order(grpMeat$cluster)
5  data.frame(food$Country[o],grpMeat$cluster[o])
```

代码清单 4-3-1 解释

1	读取 protein.csv 文件中的可用数据
2	以 1 为种子,固定选择随机的簇数
3	指定在红肉和白肉数据上进行 3 个簇的聚类分析

4	根据簇编号排序
5	列出簇和国家名称

代码清单 4-3-1 的输出如下：

```
        food.Country.o.      grpMeat.cluster.o.
1       Albania              1
2       Bulgaria             1
3       Finland              1
4       Greece               1
5       Italy                1
6       Norway               1
7       Portugal             1
8       Romania              1
9       Spain                1
10      Sweden               1
11      USSR                 1
12      Yugoslavia           1
13      Belgium              2
14      France               2
15      Ireland              2
16      Switzerland          2
17      UK                   2
18      Austria              3
19      Czechoslovakia       3
20      Denmark              3
21      EGermany             3
22      Hungary              3
23      Netherlands          3
24      Poland               3
25      W Germany            3
```

现在，可以用如下命令绘制散点图：

```
plot(food$Red, food$White, type="n", xlim=c(3,19), xlab="Red Meat",+
ylab="White Meat")
text(x=food$Red, y=food$White, labels=food$Country, +
col=grpMeat$cluster+1)
```

上述命令生成的散点图如图 4-3-10 所示。

快速提示　　参考本讲的预备知识，学习 R 中用于聚类分析的 kmeans() 命令。

在图 4-3-10 中的散点图上，可以看到地理上靠近的国家更可能聚合为同一组。

在同一个分析中，如果将簇的数量从 3 改为 7，将得到图 4-3-11 所示的散点图。

快速提示　　在 R 中，你可以为 kmeans() 命令的 centers 属性赋不同值，为相同数据生成不同数量的簇。

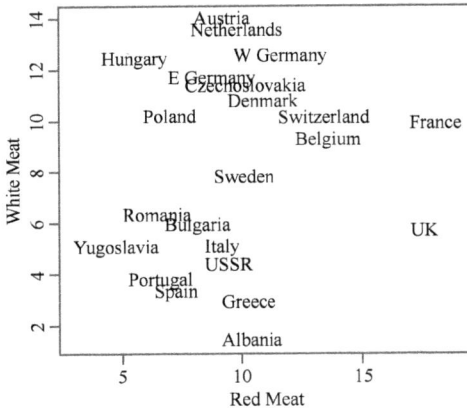

图 4-3-10　根据红肉和白肉分配 3 个簇　　　图 4-3-11　根据红肉和白肉分配 7 个簇

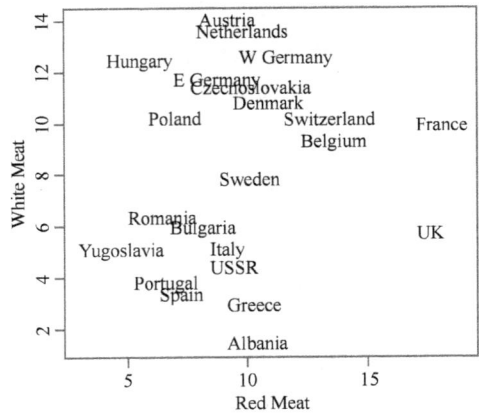

3.7　R 聚类示例：美国月度失业率

下面是第二个示例，分析美国 50 个州（$n=50$）在 1976 年 1 月～2010 年 8 月期间的月度按季调整失业率。

在这个例子中，你将使用每个周的汇总统计，如失业率的平均值和标准差，然后使用这两个值计算得出的月度失业率特征作为聚类属性。

数据文件 unemp.csv 包含每个州的平均值和标准差。标准差和均值的散点图上表示了 3 个簇的结果。

执行如下步骤，在美国失业率数据上进行 k 均值聚类分析。

（1）用如下命令从 unemp.csv 文件中读取数据：

```
unemp <- read.csv("C:/DataMining/Data/unemp.csv")
```

（2）使用如下命令为簇设置随机种子：

```
set.seed(1)
```

（3）用如下命令执行 k 均值聚类：

```
grpunemp <- kmeans(unemp[,c("mean","stddev")], centers=3, +
nstart=10)
```

（4）使用如下命令排序簇：

```
o=order(grpunemp$cluster)
```

（5）使用如下命令列出簇：

```
data.frame(unemp$state[o],grpunemp$cluster[o])
```

（6）用如下命令在图上画出各个簇：

```
plot(unemp$mean,unemp$stddev,type="n",xlab=
"mean", + ylab="stddev")
    text(x=unemp$mean,y=unemp$stddev,labels=une
mp$state,+
    col=grpunemp$cluster+1)
```

上述命令生成的散点图如图 4-3-12 所示。

通常，州失业率的标准差随其失业率水平的增大而增大。在图 4-3-12 中，你可以看到低失业率和低可变性的州和高失业率、高可变性的州的分组。注意，这种聚类方法不包含各州失业率特定时间模式的差别或者相似性。

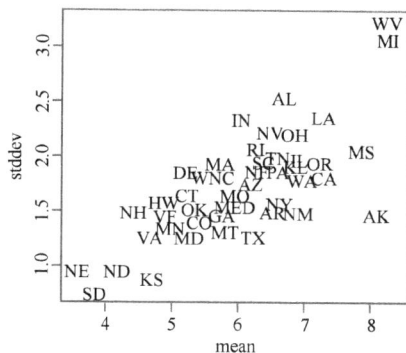

图 4-3-12　根据美国失业率分配的 3 个簇

知识检测点 3

1. 关于 k 均值聚类分析，下面哪一个陈述是正确的？
   a. 它最小化了簇内平方和
   b. 它最大化了簇内平方和
   c. 它最小化了簇间平方和
   d. 它最大化了簇间平方和
2. 考虑如下 R 命令：
   ```
   kmeans(food[,c("Var1","Var2")], centers=5, + nstart=10)
   ```
   用上述命令将生成多少个簇？
   a. 10　　　b. 2　　　c. 5　　　d. 7

3.8　在 R 中实施层次聚类

我们已经学习了层次聚类的相关知识，这是一种将 n 个由 p 种特征描述的单元（对象）聚合为少量分组的方法。

层次聚类创建可以用树图（称为**系统树图**）方式表示的簇层次结构。

凝聚层次聚类使用自底向上的方法，每个单元开始时自成一个簇，随着层次的上移成对合并簇。对于凝聚层次聚类，可以使用 R cluster 包中的 agnes()函数，也可以使用 stats 包中的 hclust()函数。

3.8.1　例 1：重温欧洲人蛋白质摄入

让我们在层次聚类的背景下，重新考虑欧洲人蛋白质摄入和美国月度失业率的例子。

（1）用如下命令添加 cluster 库：
```
library (cluster)
```

（2）用如下命令从 protein.csv 文件中读取数据：
```
food <- read.csv("C:/DataMining/Data/protein.csv")
```

（3）用如下命令执行凝聚层次聚类：

```
foodagg=agnes(food,diss=FALSE,metric="euclidian")
```

（4）在上述命令中，已经使用了 agnes 命令，这个命令在 cluster 库中。参数 diss=FALSE 表示你已经使用了从原始数据中计算出来的相异性矩阵。参数 metric= "euclidian"表示使用欧几里得聚类。由于默认为平均链接，没有任何标准化。

（5）使用如下命令生成系统树图：

```
plot(foodagg)
```

上述命令生成的系统树图如图 4-3-13 所示。

图 4-3-13 展示了欧洲蛋白质数据凝聚层次聚类分析的结果。

现在，让我们在凝聚层次聚类的背景下回到美国月度失业率的例子。

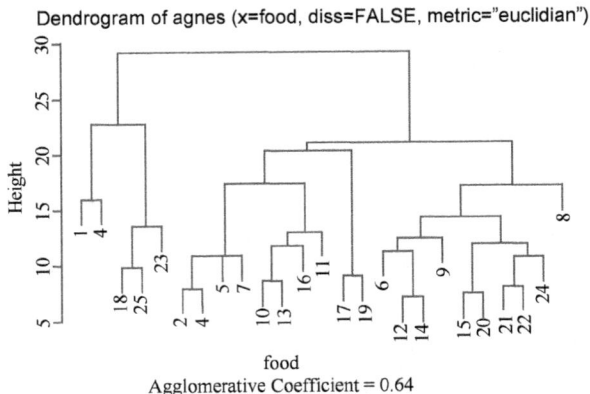

图 4-3-13 蛋白质摄入的系统树图

3.8.2 例 2：重温美国月度失业率

为了实施凝聚层次化聚类，我们重新回到前面讨论的美国失业率数据。这里你可以使用一个 50×50 的距离矩阵，构建步骤如下：

○ 距离矩阵中第(i, j)个元素定义为 1 减去第 i 个州和第 j 个州第一个时间性差异（月度变化）的相关系数；

○ 所有成对的不同时间序列都呈正相关；

○ 相关系数为 1，距离为 0 的两个州紧密（实际上完全）相关；

○ 相关系数接近 0，距离为 1 的两个州不同。

你可能想要调整失业率数据集中的几个异常值。AZ、LA 和 MS 这 3 个州有异常值，也有一个可用的调整数据集。LA 和 MS 数据经过调整，平滑了 2005 年秋季卡特里娜飓风的影响。AZ 中的缺口（我们不知道突然下降的原因）也被平滑。调整后的数据在文件 adj3unempstates.csv 中。

知识检测点 4

> 希望将各由 p 个特征表示的 n 个单元（或者对象）聚合为少量组，以创建可用树状结构表示的簇层次结构。在 R 中，用如下哪一个命令完成？
>
> a. agnes　　　　　　　　　　b. order
> c. kmeans　　　　　　　　　 d. round

练习

多项选择题

选择正确的答案。在下面给出的"标注你的答案"里将正确答案涂黑。

1. 你将使用下面哪一种聚类技术将两个相互靠近的簇合并为一个簇？
   - a. 凝聚
   - b. 层次
   - c. *k* 均值
   - d. E-M 算法

2. 采用 *k* 均值算法进行聚类分析时，下面哪一个是初始化聚类过程的正确方法？
   - a. 随机从数据集中选择 *k* 个单元作为初始簇均值
   - b. 计算簇间距离
   - c. 生成簇的系统树图
   - d. 求出对象总数

3. 你打算用 R 在大量数据上进行 *k* 均值聚类分析。为了指定数据的簇数，你将使用 kmeans()命令中的哪一个参数？
   - a. k
   - b. centers
   - c. centroids
   - d. mean

4. 你在 R 中执行凝聚聚类，并将结果保存在 res 对象中。你将使用下面哪一条命令，为凝聚聚类的结果生成系统树图？
   - a. agnes()
   - b. plot()
   - c. round()
   - d. cbind()

5. 在层次聚类中，关于链式效应，下面哪一个陈述是正确的？
   - a. 两个观测值之间的最大距离生成直径相等的簇
   - b. 最近的两个簇被合并成一个簇
   - c. 两个远离的簇被单独数据点的链条连接起来
   - d. 随机地为每个单元指定 *k* 个簇中的一个

6. 在 R 中，下面哪一条命令可以替代 agnes()命令，用于执行凝聚层次聚类？
   - a. Hclust()
   - b. kmeans()
   - c. Round()
   - d. mvnormalmixEM()

7. 关于期望最大化算法中的 m（最大化）步骤，下面哪一个陈述是正确的？
   - a. m 步骤更新模型参数
   - b. m 步骤计算潜在变量的概率
   - c. m 步骤更新潜在变量的概率
   - d. m 步骤确定潜在变量的数量

8. 你将在程序中首先包含下面的哪一个 R 程序包，以执行相似性聚合聚类？
   - a. amap
   - b. mixtools
   - c. cluster
   - d. stats

9. 你打算对关于世界不同大城市居民蛋白质摄入的数据进行聚类分析。你已经选择了相似性聚合技术分析可用数据。如果使用 R 工具进行分析，将使用以下哪一条命令?

a. plot   b. pop

c. seed   d. agnes

10. 考虑 4 个对象 1、2、3、4 创建的如下分区：

(12, 34), (13,24), (14,23), (1,234), (2,134), (3,214), (4,123), (1,2,34), (1,3,24), (14,23), (1,4,23), (2,3,14), (2,4,13), (3,4,12)

有几个包含两个簇的分区？

a. 6   b. 7

c. 11   d. 13

标注你的答案（把正确答案涂黑）

1. ⓐ ⓑ ⓒ ⓓ   6. ⓐ ⓑ ⓒ ⓓ

2. ⓐ ⓑ ⓒ ⓓ   7. ⓐ ⓑ ⓒ ⓓ

3. ⓐ ⓑ ⓒ ⓓ   8. ⓐ ⓑ ⓒ ⓓ

4. ⓐ ⓑ ⓒ ⓓ   9. ⓐ ⓑ ⓒ ⓓ

5. ⓐ ⓑ ⓒ ⓓ   10. ⓐ ⓑ ⓒ ⓓ

测试你的能力

1. 实施层次聚类，为 protein.csv 文件中的可用数据生成系统树图。
2. 指定 5 个簇中心，在 unemp.csv 文件中的美国失业率数据上实施 k 均值聚类分析。

○ 聚类指的是将对象（个体或者变量）组合为有限分组（称为簇或者分段）的统计运算。簇有如下属性。

  • 和回归中使用的变量不同，它们不是由分析师预先定义的，而是在运算中发现的。

  • 它们是具有类似特性的对象的组合，与具有不同特性的对象分离（造成内部同质性和外部异质性）。

○ 聚类技术广泛用于多个统计分析领域。使用聚类技术的一些领域如下：

  • 市场；

  • 零售；

  • 社会学。

○ 群体的总平方和（或者惯性）是个体与群体中心间距离平方的加权平均值（通常按照总频率的倒数加权）。

○ 凝聚层次聚类（AHC）在分区之间生成异质性递增的嵌套分区、形成 n 个簇，每个对象都被隔离，并被分区为一个包含所有对象的簇。这种算法的一般形式如下。

  • 第 1 步：观测值是初始簇。

  • 第 2 步：计算簇间距离。

  • 第 3 步：两个最近的簇合并，被单一簇所替代。

  • 第 4 步：从第 2 步开始重复，直到只有一个包含所有观测值的簇。

○ 密度估算方法最适合于检测复杂簇结构。密度通常定义为某一区域中的对象数量。在聚类过程中，密度用如下方法之一估算：

  • k 最近邻方法；

  • 一致核心方法；

  • Wong 混合方法。

○ 相似性聚合聚类用于在每一步中成对比较所有个体，从而构建一个全局聚类，而不是层次聚类方法中的局部聚类。这种聚类技术自动确定最优簇数，而不是预先固定其数量。

○ 相似性聚合聚类基于数据的等价关系表现形式。聚类实际上是一个等价关系 R，如果 i 和 j 在同一个簇中，则 iRj。

○ 等价关系有 3 个属性：自反性、对称性和传递性。用如下关系表示：

  • $m_{ii} = 1$（自反性)；

  • $m_{ij} = m_{ji}$（对称性)；

  • $m_{ij} + m_{jk} - m_{ik} \leq 1$（传递性)。

○ k 均值聚类方法将 n 个单元分区为 $k \leq n$ 个不同的簇，$S = \{S_1, S_2, \cdots, S_k\}$，以最小化簇内平方和。

○ k 均值聚类方法使用两种常用的初始化方法：

  • 从数据集中随机选择 k 个单元，作为初始簇均值使用；

  • 随机为每个单元指定 k 个簇中的一个，然后进入更新步骤，计算初始均值作为随机分配的簇单元的质心。

○ 对于凝聚聚类，你可以使用 R 程序包 cluster 中的 agnes()函数，也可以使用 stats 程序包中的 hclust()函数。

决策树

着一棵树的叶子浮现，每个节
都代表着一个考虑和决策点。"

——Niklaus Wirth，编程语言
计

决策树是通过映射关于某个项目的观测值，预测项目目标值的模型。

你可以用决策树执行两类任务——**分类任务**和**回归任务**。这些任务从一组自变量预测目标变量值。例如，识别信用卡的欺诈性交易是分类任务，而预测股票价格则是回归任务。用于回归任务的决策树称作**回归树**。

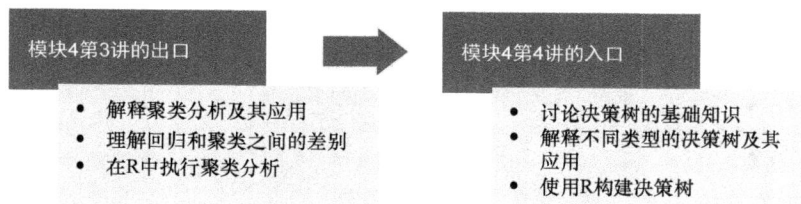

```
┌─────────────────────────┐        ┌─────────────────────────┐
│ 模块4第3讲的出口          │   ➡    │ 模块4第4讲的入口          │
└─────────────────────────┘        └─────────────────────────┘
```

- 解释聚类分析及其应用
- 理解回归和聚类之间的差别
- 在R中执行聚类分析

- 讨论决策树的基础知识
- 解释不同类型的决策树及其应用
- 使用R构建决策树

决策树用于从营销到欺诈检测及医疗诊断等各种领域。下面是决策树用于根据患者血压、年龄和心率确定癌症风险的一个简单示例。

这棵决策树如图 4-4-1 所示。

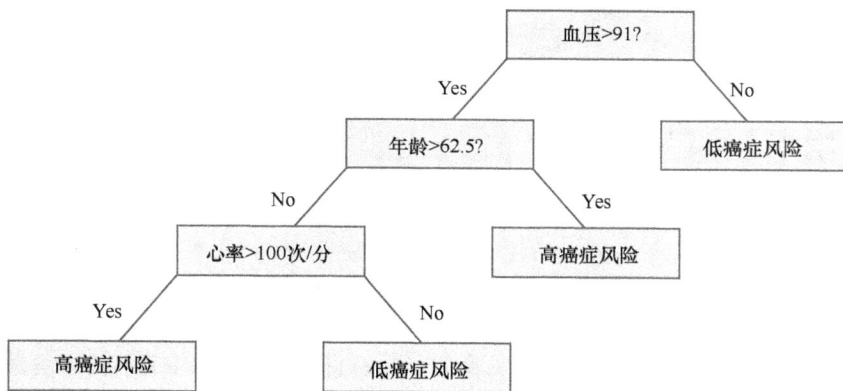

图 4-4-1　确定癌症风险的决策树

本讲首先讨论决策树的原理，然后继续解释决策树的应用。

你还将学习 3 种最常用的决策树——**CART**（分类与回归树）、**C5.0** 和 **CHAID**（卡方自动交互检测）。而且，本讲还将讨论执行树运算的可用选项、使用决策树的优缺点以及使用决策树时需要考虑的要点。

在本讲的最后，读者将学习在 R 中构建决策树。

首先从决策树在各个领域的应用开始学习。

4.1　决策树的应用

预备知识　了解决策树为何在预测性分析中如此流行。

决策树是最直观和流行的数据挖掘方法，因为它提供了明确的分类规则，可以很好地处理异构数据、缺失数据和非线性效应。

决策树常用于如下领域。

○ **直接营销**：在处理产品和服务营销时，企业应该跟踪竞争对手提供的产品和服务，在分类树的帮助下，企业可以识别针对特定消费者的最佳产品和营销渠道组合。

让我们来看一个在直接营销中使用决策树的例子。一家宠物用品及食品制造公司希望根据性别和婚姻状态（已婚、离婚）确定已婚或者离婚人群收养宠物的概率。这一研究的数据收集自 1 000 个人。决策树如图 4-4-2 所示。

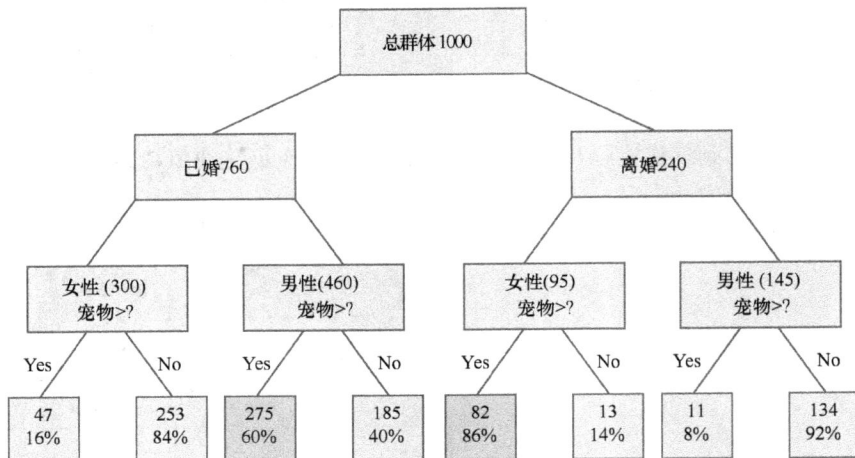

图 4-4-2　宠物决策树

从上述决策树，该公司可以得出结论，已婚男性（60%）和离婚女性（86%）是最有价值的客户。

○ **客户维系**：客户是任何组织的真正财富。组织将尽一切努力培育客户，确保他们对提供的产品或服务感到满意。组织也将非常认真地对待客户的反馈。但是，有时候在组织根据客户的问题采取措施时为时已晚。在那个时候，客户可能已经决定不再使用该组织的服务了。在这种情况下，组织难以促使客户改变主意。结果是，组织失去了宝贵的客户。这种情况可以用决策树避免。

下面是使用决策树评估客户流失的一个例子。

一家保健品制造公司打算根据好的客户和不好的客户开发决策树。这棵决策树如图 4-4-3 所示。

上述决策树帮助组织通过提供高质量产品、折扣和礼券，维系宝贵的客户并得到新客户。组织还可以使用这些决策树分析客户的购买行为，了解其满意度。在组织发现客户对其服务或者产品的任何一方面不满意时，可以立即采取补救措施。组织可以投放产品/服务、附加的售后管理或者采取其他措施，确保客户保持愉快和满意。因此，决策树可以帮助组织制定业务基础扩张和客户维系战略。

○ **欺诈检测**：欺诈是许多行业面临的重大问题之一。使用分类树，企业就可以预先发现欺诈，并消除涉嫌欺诈的客户。

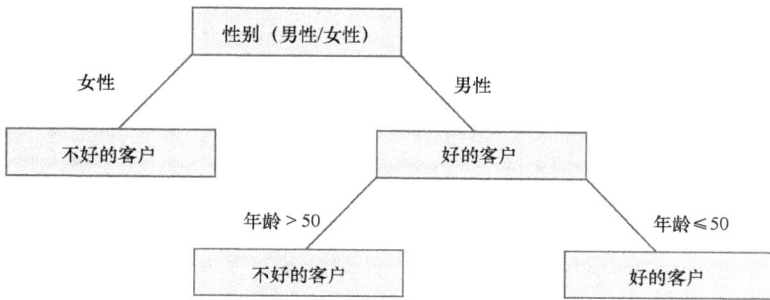

图 4-4-3　识别潜在客户的决策树

用于构建这些决策的变量是收入、过去的欺诈活动以及其他贷款数量。决策树如图 4-4-4 所示。

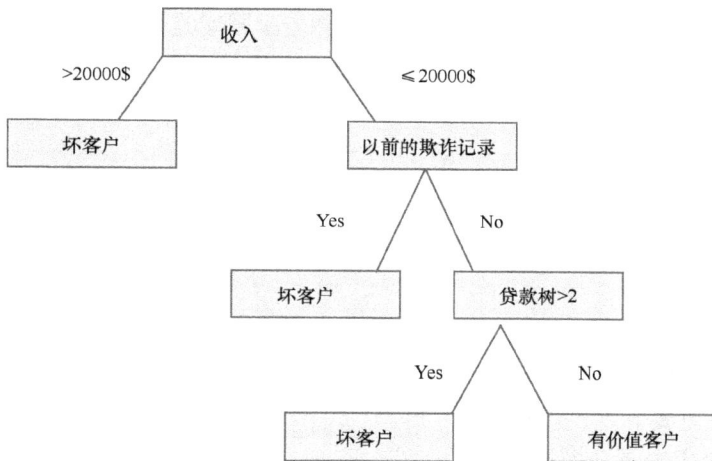

图 4-4-4　贷款申请决策树

○　**医疗问题诊断**：分类树可用于确定罹患重大疾病（如癌症和糖尿病）的患者。

让我们使用决策树，根据年龄、BMI（体重指数）、高血压和日常锻炼习惯确定糖尿病的概率。决策树如图 4-4-5 所示。

根据这一决策树，可以根据年龄、BMI 和高血压状况确定糖尿病的风险。这棵树将人们分为 3 类，即低风险、中等风险和高风险。

现在，已经对决策树的多种应用有了感性认识。下面我们来了解决策树的基本原理以及创建它们所需的步骤。

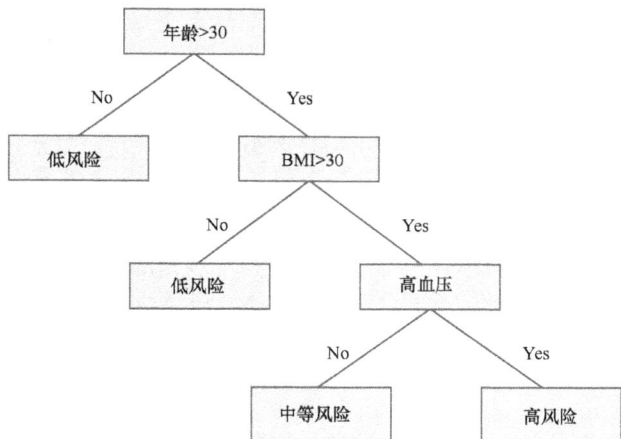

图 4-4-5　确定糖尿病风险的决策树

> 讨论决策树在 NPV（净现值）计算中的应用。

4.2 决策树原理

决策树技术在统计分析中用于检测将一组个体分为 n 个预先确定的类的条件（在许多情况下 $n=2$，因为平衡的决策树意味着每个父节点最多有两个子节点）。

首先选择变量，按照其分类提供个体在每个类别的最佳分割，从而提供子群体（称作节点），每个子群体包括单一类别中最大比例的可能个体。然后在获得的每个新节点上执行相同的操作，直到进一步的分割不再可能或者合理（根据取决于树类型的标准）。因此，每个终端节点（叶子）由单一类别的个体组成。

如果树的每个节点的子节点树不超过 2，则称其为**二叉树**；但是，并非所有树都是二叉树。树的第一个节点称为**根**；终端节点是**叶子**。根和每片叶子之间的路径是一条规则的表达。

当每个个体有相当高的概率符合到达某片叶子的所有规则时，将其分配给该叶子，从而属于某个分类。所有叶子的规则集组成了分类模型或者决策树，如图 4-4-6 所示。

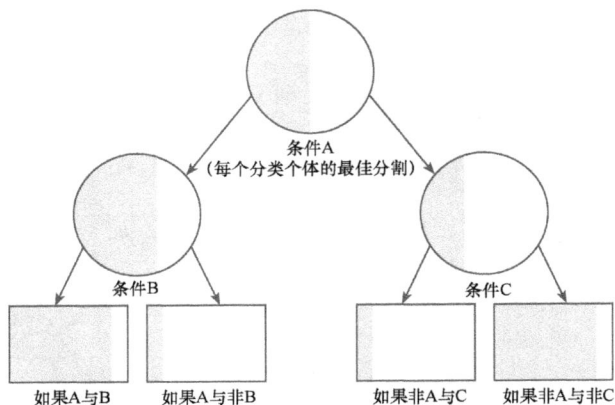

图 4-4-6　决策树

4.2.1 选择变量——创建树的第 1 步

为了构建将群体中的个体分为 n 个分类的决策树，必须知道如何选择能够最佳地分割每类群体的变量：变量选择的**精确标准**（C1）和根据树的类型决定的该变量分割条件。

自变量允许的可能分割条件取决于其类型。**二元变量**允许单一分割条件。对于有 n 个分割值的连续变量 X，在此变量上有 $n-1$ 个可能的分割条件。

这是因为，当 X 的值 $x_1,\cdots,x_n$ 按照 $x_1,\leqslant\cdots\leqslant x_n$ 的顺序排列时，分割条件可以用如下形式表达：

$$X\leqslant \mathrm{mean}(x_k, x_{k+1})$$

CART 等技术测试所有可能性。如果独立变量 X 是定性的，其 n 个可能值 $x_1,\cdots,x_n$ 组成集合 E，这个变量上的分割条件形式如下：

$$X\in E', \quad 其中\ E'\in E-\phi$$

上述标记表示，X 的每个值属于集合 E'，E' 是集合 $E-\phi$ 的子集。

可以看到，这个变量有 $2^{n-1}-1$ 个可能分割条件，因为条件 $X \in E'$ 和 $X \in E'-E$ 是等价的。再次说明一下，CART 测试所有可能性。

找到最佳分割之后，应用该分割，然后在每个节点上重复这一操作，以增强区分能力，这会为每个节点生成两个或者更多子节点。每个子节点依次又创建两个或者更多节点，直到满足如下条件：

○　个体的分割无法进一步重复进行，因为每个节点只剩下一个个体，或者因为单个节点上的个体仍然属于同一类，或者它们都完全相同（从自变量来看）；

○　满足停止扩展树的某个条件（C2）。

例如，年龄小于 x，体重小于 y，身高至少为 z 的客户中 $n\%$ 属于 C 类。则百分数 n 就是 C 类的成员得分。

节点密度是节点个体数与群体总个体数的比率。树叶最小密度的常见值为 1%～2%。

4.2.2　拆分标准

可以使用一个标准（C1）选择节点的最佳分割。最广为使用的标准如下。

○　χ^2 **标准**：自变量是定性或者离散变量。

○　**Gini 标准**：用于所有类型的自变量。

○　**二分标准**：如果因变量有 $k \geqslant 3$ 个分类，你打算将 k 个分类上最优拆分的搜索转换为由初始分类组成的两个超类上的最优拆分，这一标准可以用于任何类型的自变量。

○　**有序二分标准**：如果因变量有 $k \geqslant 3$ 个有序的分类，条件中的两个超类仅包含初始分类中的相邻分类。

○　**熵或者信息标准**：用于所有类型的自变量。

我们将详细地介绍前两种标准。

χ^2 检验

χ^2 检验常用于测试**两个变量 x 和 y 的独立性**。假定 x 和 y 相互独立（零假设 H_0），则对于所有 i 和 j（x 和 y 的取值数），有

$$\#\{x = i \text{ and } y = j\} = \#\{x = i\} \times \#\{y = j\} \times 1/n$$

其中，$\#\{\cdot\cdot\}$ 可以读作"满足…的个体数量"；n 是个体总数。如果 O_{ij} 表示等号左侧的项，T_{ij} 表示右侧的项，对 x 和 y 独立性的测试就是应用到该统计量的 χ^2 检验。χ^2 的值用如下公式计算：

$$\chi^2 = \sum_i \sum_j \frac{(O_{ij} - T_{ij})^2}{T_{ij}}$$

自由度数量用如下公式计算：

$$p = (行数-1)\times(列数-1)$$

让我们用一个例子更好地理解 χ^2 方法的使用。

考虑一个包含两个年级（10 年级和 12 年级）150 名学生的样本数据。这些学生根据得到的成绩分为两个级别 A 和 B。数据如表 4-4-1 所示。

表 4-4-1　样本数据

	10 年级	12 年级	总计
观测结果			
A	55	45	100
B	20	30	50
合计	75	75	150
预期结果			
A	50	50	100
B	25	25	50
合计	75	75	150

χ^2概率 = 0.083 3

在 150 名学生的群体中，66.67%的个体得到 A。在第一个年级中，73.33%的个体得到 A。

按照上述信息，可以用前面的公式计算 χ^2，即：

$$\frac{(55-50)^2}{50}+\frac{(45-50)^2}{50}+\frac{(20-25)^2}{25}+\frac{(30-25)^2}{25}=3$$

自由度为(2-1)×(2-1)=1。现在，对于自由度 1，如果{A,B}和{10 年级，12 年级}独立，χ^2≥3 的概率是 0.083 3。这个概率大于 0.05，表示独立性零假设可以接受。

基尼指数

节点的基尼（Gini）指数是**节点的纯度**计量，用如下公式计算：

$$Gini(node)=1-\sum_i f_i^2 =\sum_{i\neq j} f_i f_j$$

其中，$f_i(i=1,\cdots,p)$ 是 p 个待预测分类（因变量）节点中的相对频率（某事件发生次数除以总次数）。

节点中的分类分布得越均匀，基尼指数越高。随着节点纯度的增加，基尼指数也增加。在两个分类的情况下，基尼指数的范围为 0（纯粹的节点）到 0.5（最大混合）。在 3 个分类的情况下，基尼指数的范围为 0 到 2/3。基尼指数计量从一个节点中随机有放回选取两个个体分属于两个不同类型的概率。

每次分割为 k 个子节点（包含 n_1, $n_2,\cdots,n_k$）都应该造成纯度的最大增量，从而最大限度地降低基尼指数。

换言之，你必须最小化如下值：

$$Gini(separation)=\sum_{i=1}^k \frac{n_i}{n}Gini(第\ i\ 个节点)$$

使用相同的计算原理，可以用另一个纯度函数——熵代替基尼指数，有

$$\text{entropy(node)}=\sum_i f_i \log(f_i)$$

这种方法的目标是最小化子节点的熵。

4.2.3 为节点分配数据——创建树的第 2 步

在构造树并确立了每个节点的分割标准时，每个个体可以分配到一片树叶上。这是由该个体的自变量决定的。

完成这一步之后，每片树叶包含一定比例（f_i）的各类别（j）个体。

然后，你可以推断为树叶指定的类，这将定义树叶中所有个体的分类。

规则是，如果为树叶中个体指定分类 j 的代价低于指定给任何其他类的代价，则为树叶指定类 j。代价 C_j 可以用如下公式计算：

$$C_j = \sum_{i=1}^{p} C_{ji} f_i$$

在最简单的情况下，如果 $i!=j$ 则 $C_{ij}=1$，$C_{ii}=0$，可以得到：

$$C_j = \sum_{i \neq j}^{p} f_i = 1 - f_j$$

在这种情况下，"树叶的类 j 得到的代价 C_j 最小"等价于"类 j 最大化树叶中个体属于该类的比例 f_j"。因此，这片树叶的分类得到了最好的表现。更一般的说法是，如果各个部分的先验概率不同，该分类是这片树叶中最有可能的分类。

由于树叶的所有个体指定为类 j，树叶的分类错误率为 $1-f_j$。

从每片树叶的错误率入手，可以计算树的错误率，这也被称作**树的总代价**或者**树的风险**。这是树叶错误率的加权总和，其中的权重是个体被指定到该树叶的概率。在上面提到的简化假设中考虑了先验概率和错误指定的代价，树的总代价是这棵树错误地分类个体的比例。

4.2.4 修剪——创建树的第 3 步

修剪对于决策树的构建非常有用。下面的例子说明了修剪的方法。在一棵很深的决策树（例如有超过 10 个中间级别的树）中，靠近树叶的一些节点可能包含数量很少的个体。因此，因变量似乎与各类事物都相关。

这个例子说明，对于很深的树来说，缩短分支是很有必要的，这样可以避免创建没有真正统计显著性的极小节点。

每个节点应该有至少 20～30 个个体；因此，太低的分支应该在分类错误率开始上升之前修剪。修剪可以避免图 4-4-7 所说明的过度拟合。

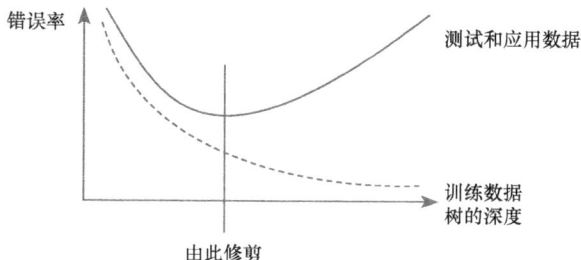
图 4-4-7 树的错误率是其深度的函数

好的算法应该首先构建最大尺寸的树（根据前述的标准 C2），然后自动检测最优修剪阈值，对其进行修剪。这一检测可以用两种方式进行。

○ 如果群体的规模足够大，可以创建一个独立于训练样本的测试样本。这个样本可用于测试最大化树的每棵子树，在测试中表现出最低错误率的子树可以视为最佳修剪树。

○ 如果群体不够大，有必要使用交叉验证并结合所有可能子树的错误率，目标仍然是选择最佳的可能子树。

附加知识

人们认为决策树处于预测性和描述性方法的边缘，因为它们通过将群体分段创建分类；因此，它们属于有监督分级方法的范畴。

总体情况

直接营销软件利用决策树推销服务或者产品。到目前为止，决策树的唯一主要竞争对手是逻辑回归，后者的健壮性更好，因此在风险预测方面占优。

知识检测点 2

在构建决策树时，如果因变量有 $k \geq 3$ 个有序分类，使用如下哪一个拆分标准，其中两个超类仅包含来自初始类别中的相邻类别？

a. χ^2 检验　　　　　　　　b. 基尼标准

c. 有序二分标准　　　　　　d. 熵

既然你已经对构建决策树的基本方法有了概念。现在我们来了解构建决策树所涉及的步骤，一些实际考虑因素以及统计软件中决策树的常见选项。

4.3 构建决策树

决策树属于一类**递归分区算法**，可以很简单地描述和实现。对于前面描述的每一种决策树算法，步骤如下。

（1）对于每个候选输入变量，评估将数据拆分为两个或者更多子组的最佳方法。选择最佳拆分方式，将数据分为拆分方式定义的子组。

（2）选择一个子组并重复步骤 1（这是算法的递归部分）。对每个子组重复。

（3）继续拆分，直到拆分后的所有记录属于相同目标变量值或者满足另一个停止条件。停止条件可以是精密的统计显著性检验，也可以是简单的最小记录数。

最佳的确定可以通过许多方式进行；但是，不管使用哪种指标，它们都提供不同分类中单独项目分布的精度计量。每个输入变量是每次拆分的候选，所以理论上决策树的每次拆分可以使用相同的变量。

4.3.1　决策树如何确定纯度？

让我们考虑 Ronald Fisher 爵士于 1936 年推出的鸢尾花（Iris）数据集。这个数据集默认可以在 R 中找到。

这是一个多变量数据集，包含 4 个变量：萼片长度（sepal length）、萼片宽度（sepal width）、花瓣长度（petal length）和花瓣宽度（petal width）。这些数据的收集是为了研究 3 种鸢尾花的形态差异：山鸢尾、变色鸢尾和弗吉尼亚鸢尾。

数据集中有 150 个记录和 3 个分类（山鸢尾、变色鸢尾和弗吉尼亚鸢尾）。

Iris 数据中的 4 个候选输入中，只有两个用于这棵树：花瓣长度和花瓣宽度。考虑具有 3 个目标变量分类（红色的山鸢尾、绿色的变色鸢尾和蓝色的弗吉尼亚鸢尾）的**花瓣宽度**和**花瓣长度**变量，如图 4-4-8 所示。

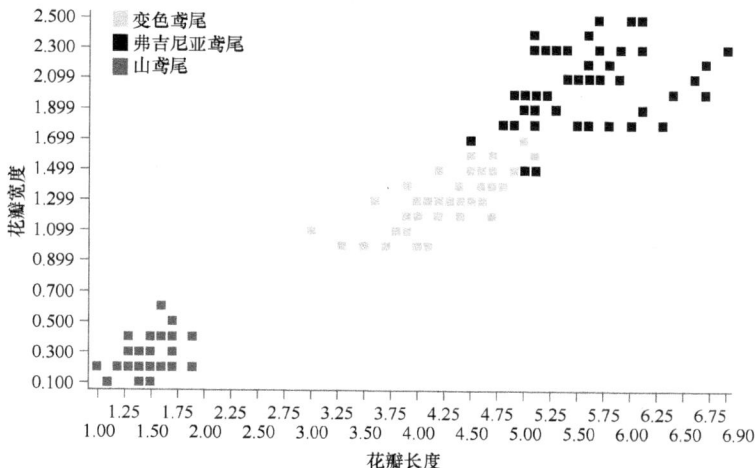

图 4-4-8　Iris 数据的花瓣宽度和花瓣长度对比散点图

在图 4-4-8 中可以看到，散点图在花瓣长度 2.25 和 2.75 之间、花瓣宽度 0.6 和 0.8 之间将红色的山鸢尾分开。

决策树是**非线性预测方法**，也就是说，目标变量分类之间的决策边界是非线性的。非线性的程度取决于树中的拆分数量，因为每次拆分本身都只是分类的一次逐段恒定分割。

随着树的深度增加，它变得越来越复杂，决策边界中加入了更多的逐段恒定分割以提供非线性分隔。决策边界具有阶梯式的形状，如图 4-4-9 所示。

在图 4-4-9a 中，可以看到单一拆分（水平的决策边界），这是一个恒定的决策边界。相比之下，图 4-4-9b 有两次拆分，看上去就像台阶一样，指明了决策边界的第一次非线性。最后，图 4-4-9c 显示了两个阶梯。

从图 4-4-9 中，可以得出结论：决策树也可用于非线性相关的数据。对于非线性数据，阶梯图如图 4-4-9b 和 4-4-9c 所示。

(a)

(b)

(c)

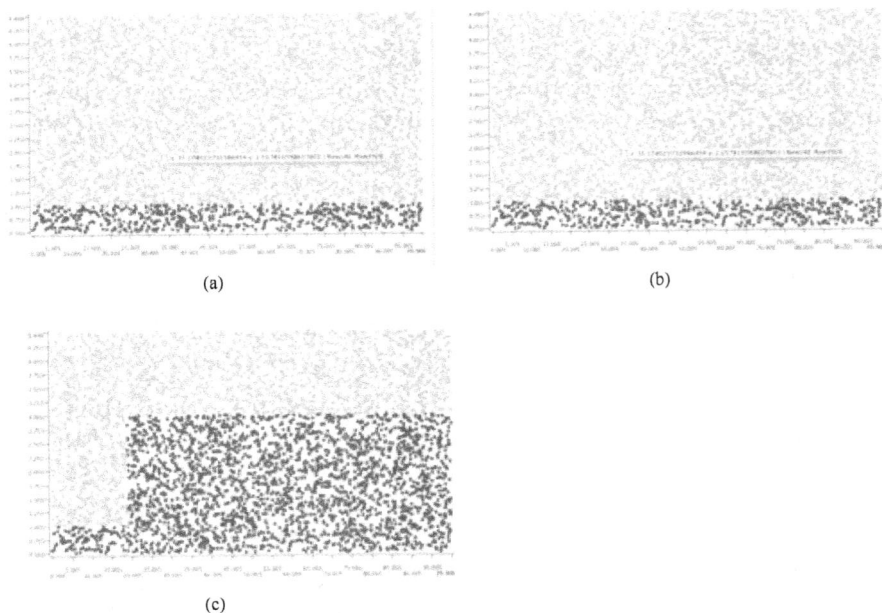

图 4-4-9　树的非线性决策边界

4.3.2　使用决策树时的实际考虑因素

决策树是通过**前向选择**创建的。

在这种方法中，用户永远不需要根据后续学习到的拆分信息回顾树中的某次拆分。使用决策树时需要遵循某些方针。下面列出这些方针。

（1）决策树的**每次拆分只加入一个变量**。如果没有一个变量能够很好地完成拆分，树就无法顺利运行。决策树需要能立即提供"升力"的属性。如果建模者知道可能有用的多变量特征，应该将其作为模型的候选；例如，考虑根据客户的购买模式分段。你至少需要一个可用于将客户分成多个分组的变量（年龄、收入、家庭规模等）。

（2）决策树被认为是弱学习器或者不稳定模型，因为数据中的**小变化**可能给树的外观和行为造成**显著的变化**。有时候，首选的拆分和排名第二的拆分差别很小，以至于如果在不同的数据分区上重新构建决策树，两者可能颠倒。检查首选拆分的竞争者和替代拆分，对理解首选拆分的价值、以及是否有其他变量可以达到近似的效果很有帮助。

（3）决策树**偏向于选择有大量级别的分类变量**（高基数数据）。如果你的分类变量中有许多级别，可以开启基数惩罚或者考虑删除这些变量，以减少级数。

（4）树可能在**找到好的模型之前用完数据**。因为每次拆分都减少剩余记录的数量，后续的拆分只能基于越来越少的记录，从而降低其统计功效；例如，考虑根据购买模式细分客户，如果将所有客户分为 3 组——低收入（60%）、中等收入（35%）和高收入（5%），高收入组进一步拆分的机会就很少。

（5）单一的决策树往往在预测精度上不如其他算法。这主要是因为前向变量选择和节点的逐段恒定拆分。

4.3.3　决策树选项

有多种软件工具可用于创建决策树。下面是大部分统计软件支持的决策树创建选项的简单解释。

○ **最大深度**：该选项确定树的级数，即使数据可能允许更复杂的数，其复杂性也会受到限制。

○ **终端节点的最小记录数**：这个选项确定终端节点允许的最小记录数。如果拆分造成其中一个终端节点的记录数小于这个最小值，拆分不会进行，该分支停止增长。这个选项对于那些不喜欢终端节点只有几个记录的人来说是个好主意；例如，可以避免算法允许拆分造成只有一两个记录的终端节点。

○ **父节点最小记录数**：这个选项类似于终端节点最小记录数选项，但是应用到可能发生拆分的节点。一旦记录少于该选项指定的数量，就不允许该分支进一步拆分。这个值通常设置为比终端节点最小记录数更大的值，一般为两倍，因为许多情况下一个父节点分为两个子节点。该选项的一般首选值为 50。

○ **Bonferroni 校正**：在为分类输入变量与分类目标变量对比而计算卡方统计量时，这一校正对多重比较进行调整。为了找到好的拆分，你必须确保比较所有输入和目标变量组合。Bonferroni 校正按照可能比较数量的比例对拆分进行补偿，降低偶然找到某个拆分的可能性。

知识检测点 3

1. 在统计软件中，使用如下那个选项确定树中允许的级数？
   a. Bonferroni 校正　　　　　　　　b. 最大深度
   c. 终端节点最小记录数　　　　　　d. 父节点最小记录数
2. 在为给定数据集构建决策树时，下面哪一个是停止条件？
   a. 继续拆分直到终端节点中只剩下一个记录
   b. 继续拆分直到达到最大深度
   c. 继续拆分直到达到最大节点数
   d. 继续拆分直到拆分后的所有记录属于相同的目标变量值

你已经学习了构建决策树的步骤、实际考虑因素和统计软件中的常见决策树选项。

统计软件有不同的类型，常用的是 CART、C5.0 和 CHAID 树。下面我们来详细地学习这些树。

4.4　CART、C5.0 和 CHAID 树

预备知识　对比 CART、C5.0 和 CHAID 树的特性。

决策树中使用如下 3 种重要算法。

○ **分类和回归树**（CART）：用于研究所有类型的变量。

○ **C5.0**：适合于所有类型变量的研究。

○ **卡方自动交互检测**（CHAiD）：用于离散和定性自变量的研究。

在下面的几个小节中我们将逐个讨论以上算法。

4.4.1 CART

　　CART 树是 1984 年由统计学家 L. Breiman、J. H. Friedman、R. A. Olshen 和 C. J. Stone（伯克利和斯坦福大学）发明的，是最有效和最广泛使用的决策树之一。

> **附加知识**
>
> 　　CART 树可以在 R（rpart 和 tree 函数）、SAS Enterprise Miner、IBM SPSS Modeler 及 IBM SPSS Decision Trees、S-PLUS（TIBCO Software）、Statistica（StatSoft）、SPAD（Coheris-SPAD）和 CART（Salford Systems）中找到。CART 这一名称已经注册，只允许 Salford Systems 使用，但是可以用非常类似的名称如 CRT 或者 C&RT 找到这种类型的树。

　　CART 使用基尼指数找出每个节点的最佳分割。除了这一选择之外，CART 的设计者已经提供了许多技术解决方案，这些方案可以提供两种主要好处：**普遍性**和**性能**。

普遍性

　　普遍性主要基于这样一个事实：因变量的类别数量可以是有限的，也可以是无限的，CART 既可用于分类，也可用于预测——对于每一类问题，都有对应的节点拆分标准。

　　CART 的普遍性还因为它可以通过在基尼指数的计算中加入不正确分配的代价 C_{ij}，从而将其考虑在内。

　　CART 可通过用同等拆分变量或者同等精简变量替换所关心的每个变量来处理缺失值，这一能力加强了它的普遍性。同等拆分变量是提供与原始变量近似的节点纯度的变量。同等精简变量是以近似于原始变量的方式分布个体的变量。这些变量可以用作替代变量，但是最好是使用同等精简变量，以保持树的一致性。

性能

　　决策树的**性能**取决于多种因素。使用决策树的一些重要考虑因素如下。

○　　CART 的**性能**主要取决于其修剪机制。首先通过尽可能远地持续拆分节点，得到最大化树。然后，该算法通过连续的修剪操作推导出嵌套的子树，与后者比较后选择测试或者交叉验证，得到最低可能错误率的子树。

○　　CART 树的另一个性能特征是没有设定上多少有些随意性的**阈值**，如其他类型的树中使用的 χ^2 显著性阈值。在必要时确定这些阈值总是很难，因为必须在两种阈值之间做出最佳选择：一种阈值提供深度很大的树，这种树因为过于依赖样本而缺乏健壮性；另一种阈值则提供预测能力较低的小树。

○　　CART 的最后一个性能要素是对所有拆分的彻底搜索，这种搜索可以确保选中**最优拆分**。很显然，这种搜索将会花费很长的时间，特别是在处理有大量类别的**定性变量**的情况下，因为需要测试的拆分有 $2^{k-1}-1$ 种。

　　CART 树也有如下两个缺点。

○　　CART 树是二叉树结构，缺点是产生的树较**窄**但是可能很**深**，在某些情况下复杂且难以理解。

○ CART 树还有一定的**偏向**，倾向于具有大量分类的变量。因此，它并不总能达到最大的可靠性。

节点拆分机制——示例

我们举一个例子来理解使用基尼标准的节点拆分机制。一个目录包含某些物品的价格以及购买状态，如表 4-4-2 所示。

表 4-4-2　物品价格和购买状态

物　品	价　格	购　买
1	125	N
2	100	N
3	70	N
4	120	N
5	95	Y
6	60	N
7	220	N
8	85	Y
9	75	N
10	90	Y

目标是找出决定购买的价格。

为了生成用于所提供数据的决策树，你必须首先计算出给定物品的基尼指数阈值。物品最初根据自变量（价格）增加值分类，如表 4-4-3 所示。

表 4-4-3　物品的阈值和基尼系数

购买		N		N		N		Y		Y		Y		N		N		N		N	
价格		60		70		75		85		90		95		100		120		125		220	
阈值	55		65		72		80		87		92		97		110		122		172		230	
	≤	>	≤	>	≤	>	≤	>	≤	>	≤	>	≤	>	≤	>	≤	>	≤	>	≤	>
Y	0	3	0	3	0	3	0	3	1	2	2	1	3	0	3	0	3	0	3	0	3	0
N	0	7	1	6	2	5	3	4	3	4	3	4	3	4	4	3	5	2	6	1	7	0
基尼指数	0.420		0.400		0.375		0.343		0.417		0.400		0.300		0.343		0.375		0.400		0.420	

最优阈值为值 97，因为该值上分割的基尼系数最小。基尼系数的计算如下：

$$(6/10) \times (1 - 0.5^2 - 0.5^2) + (4/10)(1 - 0^2 - 1^2) = (6/10) \times 0.5 = 0.3$$

类似地，在阈值为 92 时，基尼指数等于 0.4。

上述数据生成的 CART 树如图 4-4-10 所示。

图 4-4-10 说明，CART 的拆分不太平衡，81% 的个体在节点 1，19% 的个体在节点 2。这是因为 CART 有能力快速检测很清晰的轮廓，尽管在软件中不常实现，但是调整 CART 拆分标准对不平衡的拆分进行惩罚（补偿）是有可能的。

为此，你可以根据左侧个体的比例 P_L 和右侧个体的比例 P_R 确定一个系数，将其乘以杂质的减少量。

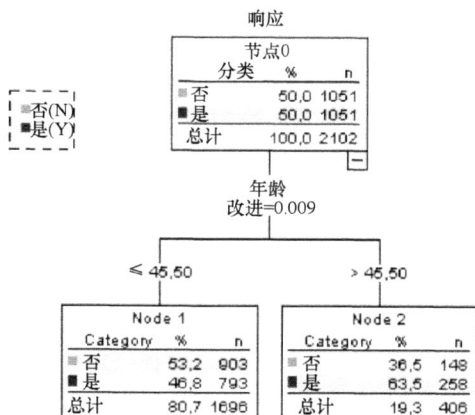

图 4-4-10　CART 树

新的最大化标准为：

$$(p_L p_R)^\alpha [\text{Gini (父节点)} - \text{Gini (分割)}]$$

式中，α 是非负整数。左侧的项在 $P_L = P_R = 0.5$ 时最大。

$\alpha = 0$ 时，我们回到通常的拆分标准，而 $\alpha = 1$ 是最常用的不平衡拆分惩罚因子。

4.4.2　C5.0

C5.0 树是澳大利亚研究人员 J.Ross Quinlan 开发的，作为他之前开发的 ID3 和 C4.5 树的改进版本。

> **附加知识**
>
> 　　C5.0 树的应用不如 CART 树广泛。SAS Enterprise Miner、IBM SPSS Modeler 和 R（Rweka for C4.5 程序包）中实现了这种树。在 Windows 平台上，它以 See5 的名称推广，因为 C5.0 这一名称是为 UNIX 平台保留的。

C5.0 的工作原理是最大化通过将每个个体分配给树的某个分支所得到的信息。它与 CART 有一些共同特性：适用于研究所有类型的变量、彻底搜索所有可能拆分、构造最大化树之后通过修剪优化树。

但是，C5.0 的修剪过程不同于 CART。因为这种树从训练样本中构造，树的每个节点对应于一个条件集 $\{C_i\}$，是所有符合这些条件的集合的一个样本。计算节点的错误率时，你可以应用常规统计公式，确定错误率（t_e）的置信区间（Δ）。

因此，在固定的风险阈值下，应用该树时可以在这个节点中观察到的最大错误率是 $t_e + \Delta$。如果子节点的最大错误率大于父节点，这个子节点可以在父节点级别上的修剪中删除。

修剪与否的决策取决于节点的错误率和置信区间——换言之，取决于节点上的个体数量。小节点更可能被修剪，即使它们的错误率更低也是如此，这可以用一个简单的例子说明。

假定一个有 1 000 个个体的节点错误率为 35%。

这个节点有两个子节点，其中一个错误率为 25%，明显低于其父节点。

但是，该节点只包含最初的 1 000 个节点中的 100 个。

计算置信区间的公式显示，这个区间的宽度对于包含 1 000 个个体的父节点来说大约为 6%，而对于只有 100 个个体的子节点为 20%。

因此，父节点的悲观错误率为 35%+6%=41%，而子节点为 25%+20%=45%。

与第一印象不同，子节点的可靠性不如父节点，因此该树将从父节点级别上修剪。

C5.0 的一个原始特征与 C4.5 相同：**包含将树转换为规则集的过程**。多余的规则被删除，从而降低了规则集的复杂度，此后，C5.0 的目标是通过删除不能降低错误率的条件，概括每一条规则。在操作结束时，这组规则可能明显减少，这对于交叉树可能很有用，但是和修剪过的树相比，有降低预测精度的危险，而且如果数据量很大，需要的处理时间过长。

C5.0 有一个特殊性，可以在每一步中将群体分割为多于两个子群体：它不是二叉树。这是因为它在父节点级别上对定性变量的处理会为每个类别生成一个子节点；但是，连续数据的处理与

CART 相同。这种树的缺点是节点的频率连同统计可靠性和概括能力都快速下降。

4.4.3　CHAID

CHAID 树的原理是 1975 年由 J. A. Hartigan 提出的，G.V.Kass 于 1980 年设计了算法。它甚至被描述成第一种决策树——Mogan 和 Sonquist 的 AID 树（1963）的产物，但是后者以方差分析为基础处理连续变量，同时生成二叉树。

CHAID 树使用 χ^2 检验定义每个节点的最显著变量，所以仅可用于离散定性自变量。大部分使用 CHAID 的软件已经设计为自动将连续自变量离散化，通常将其分为 10 个分类，但是有时候可以由用户决定是否使用更多分类。

技术材料

和 CART 不同，CHAID 树不用同等拆分或者同等精简值替换缺失值：它将所有缺失值作为一个分类，如果合适的话可以与另一个分类合并。

创建 CHAID 树

创建 CHAID 树的过程大约包含如下 5 个步骤。

（1）对于每个至少有 3 个分类的自变量 x，用 χ^2 为 x 分类，方法是制作 x 变量分类与响应变量（因变量）k 个分类的交叉表。

你可以首先选择子表（$2 \times k$）与最小 χ^2（关联概率最大）相关的一对 x 分类。这两个分类在响应变量上造成的差异最小。如果 χ^2 在选择的阈值上不显著，则将两类合并，合并的结果被视为新的复合类别。

快速提示

注意，如果 x 是序数或者定性变量，则可接受的类别是相邻的一对类别；如果 x 是名义变量，则可以是任何配对。

（2）重复第 1 步，直到每对类别（简单或者复合）都有显著的 χ^2（在响应变量上有显著不同），或者类别不超过 2 个。如果其中一个类别的频率低于设置树参数时指定的值，这个类别与 χ^2 最接近的另一个类别合并，即使 χ^2 已经很显著也是如此。在每种情况下，如果新的合并类别由至少 3 个具有足够高频率的初始类别组成，可以用最大的 χ^2 确定二元拆分（在初始类别中），如果这个值显著，则执行拆分。

（3）在这个步骤中，第 2 步结束时可用的类别变量被组合成类。例如，如果变量有 6 个类别 {a,b,c,d,e,f}，这些类别将被组合成 3 个类 {a,d}、{b,c} 和 {e,f} 或者两个类 {a,b,c,d} 和 {e,f}。如果自变量是名义变量且有缺失值，这组缺失值被视为一个类别，和其他类别同样处理；但是，如果变量是序数或者定性变量，缺失值类别不包含在前述的合并过程中。在这些过程之后，CHAID 才尝试将其与其他类别（即 χ^2 最接近的类别）合并。算法将合并缺失值类别所得表格中的 χ^2 与未合并生成的表格比较，接受概率最低的表格。

（4）在第 3 步结束时，你得到了与所得最佳表格的 χ^2 相关的概率。如果有必要，将这个概率乘以所谓的 Bonferroni 校正。该系数是将自变量的 m 个分类组合为 g 个分组（$1 \leqslant g \leqslant m$）的可能性数量,它与 χ^2 关联的概率相乘,避免多分类变量显著性的过高估值。

(5)当每个自变量的分类得到最优的组合且已经计算了对应的 χ^2 概率时,CHAID 选择 χ^2 最为显著的变量,也就是概率最低的变量。如果这个概率低于选择的阈值,你可以将节点分为多个子节点,数量等于变量组合后类别的数量。如果 χ^2 没有达到指定的阈值,该节点不被分割。

技术材料

如果选择的拆分阈值低于合并阈值,变量的分类可以在不拆分节点的情况下组合:与每个变量相关的 χ^2 概率将在类别组合之后下降,但是没有低到拆分阈值之下。因此,使用大于或者等于合并阈值的拆分阈值是合乎逻辑的。

χ^2 检验用于每个节点分割的连续步骤中,第 1~4 步是合并自变量类别的步骤,第 5 步是节点拆分步骤。这些步骤在父节点之后的每个子节点上迭代执行,直到达到某个停止条件。当然,被拆分节点的频率必须至少等于设置树参数时指定的值。否则,该节点无法拆分,下一步骤将不执行。

简而言之,你可以看到:

○ 减小拆分阈值将**降低树中的节点数**,因为很难使变量小于阈值(相反,如果阈值等于 1,所有节点都被拆分);

○ 减小合并阈值**降低**每个自变量中找到的**分类数**,因为成对的类别将合并更长的时间,才能低于该阈值(相反,如果阈值为 1,没有一对类别会被合并)。

和 CART 不同,CHAID 不是二叉树,因此生成的树可能较宽,而不是较深。它没有修剪功能:当最大化树已经构建且达到停止标准时,构造终止。

附加知识

CHAID 可以在 SAS Enterprise Miner、IBM SPSS Modeler 和 IBM、SPSS AnswerTree、Angoss KnowledgeSEEKER 和 Statistica (StatSoft)等软件工具中找到。

因为 CHAID 的构建方式使然,它对于根据连续变量的范围分隔,将定性数据转换为连续变量的定性数据很有用。在这种情况下,只使用前面讨论的第 1~3 步。

下面我们比较前述的 3 种树。

4.4.4 决策树对比

CART、C5.0 和 CHAID 是最流行的 3 种决策树算法。表 4-4-4 对这些树算法的特性做了简单的对比。

表 4-4-4　决策树对比

树算法	拆分标准	输入变量	目标变量	二分或者多路拆分	复杂度调节	不平衡类处理
CART	基尼指数	分类或连续	分类或连续	二分	修剪	先验或者代价
C5.0	增益比,基于熵	分类或连续	分类	二分或多路	修剪	错误分类代价
CHAID	卡方检验	分类	分类	二分或多路	显著性检验	错误分类代价

在表 4-4-4 中可以看到，CART 和 C5.0 决策树在多个方面类似。它们都构建全尺寸树，有意过度拟合树，然后修剪树，得到以合适方式在错误和复杂度之间求得平衡的深度。此外，它们都可以使用连续和分类输入变量。

另一方面，CHAID 仅在拆分创建的两个或更多分类通过卡方检验证明具有统计显著性时才进行拆分。**卡方检验**仅适用于分类变量，所以为了构建 CHAID 树，连续输入和输出变量必须组合为分类变量。通常，这由软件在模型训练期间自动完成。

4.5　用决策树预测

决策树是为分类设计的，但通常可以改变节点拆分标准（C1），用于预测。这样做的目标是：

○ 因变量在子节点中的方差必须小于父节点；

○ 因变量必须是一个在各个节点之间尽可能不同的均值。

换言之，你必须选择最小化类内方差、最大化类间方差的子节点。为了更好地理解这个概念，我们来看一个例子。

图 4-4-11 中所示的 CHAID 树将 163 个国家分为 5 组。

在图 4-4-11 中，CHAID 树按照人均国民生产总值（GNP）的不同和最具辨识力的标准（能源消耗）将 163 个国家分为 5 组（中等 GNP 的组又根据预期寿命再次拆分）。这棵树很简单地将焦点集中于 1/5 的国家，这些国家的平均 GNP 36 倍于其他国家。

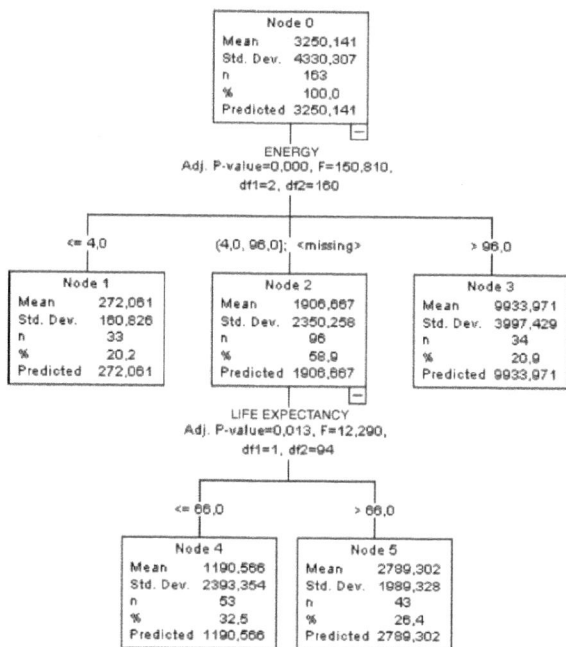

图 4-4-11　163 个国家的 CHAID 树

4.6　决策树的优缺点

决策树是广泛使用的统计技术之一。使用这些树有多种优点和一些缺点。下面的小节讨论这些优缺点。

4.6.1　决策树的优点

下面所列的是决策树的一些优点。

○　结果以原始变量上的明确条件表达。因此，用户**很容易理解**结果，IT 人员很容易编程所得的模型，当模型应用到新个体上时，根据 X 是定量或者定性变量，执行速度也高于由数值比较（$X \leq n$）或者包含测试（$X \in \{a, b, c, \cdots\}$）组成的计算。

○　决策树方法是**非参数化方法**，也就是说，不假定自变量遵循任何特殊的概率分布。这些变量可以共线性，如果它们没有差异，树不受影响，因为不需要选择它们。

○　决策树相对**不受极端个体存在的影响**，这些个体会被隔离在小节点中，不会影响整体分类。

○　决策树可以**处理缺失值**。例如，CHAID 将变量的所有缺失值视为一个分类，可以保持隔离或者与另一个类合并。

○　有些树（如 CART 和 C5.0）可以直接处理**所有类型的变量**（连续、离散和定性）。

○　决策树提供决策场景的**可视化解释**。因此，使用决策树有助于沟通。决策树的分支代表决策中的重要因素，在许多统计软件中，可以使用前向和后向计算路径，这有助于做出正确的决策。

4.6.2　决策树的缺点

下面所列的是决策树的共同缺点。

○　***n*+1 层节点的定义高度依赖 *n* 层的定义**，节点之间的依赖性如图 4-4-12 所示。

在图 4-4-12 中，只有在条件 A 为真时，条件 B 才能有效地定义一个 y 占比较高的分组。否则，条件 B 可能为假。在 y 占比较高的类定义(A1) and (A2) and (A3)…中，条件（A*i*）

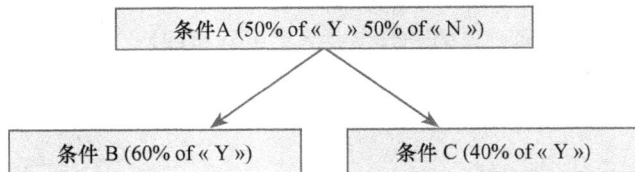

图 4-4-12　拆分条件

如果独立于其他条件而单独提出就没有显著性。在理想的分类中，条件（A*i*）不管以何种顺序出现，都应该有相同的权重。相反，在决策树分类中，出现在第一个条件中的变量权重远大于其他条件中的变量，影响了树中其他变量的出现。

○　树检测的是**局部最优状态，而不是全局最优状态**。树顺序地评估所有自变量，而不是同时评估。某一层上的节点分割选择后续不做任何修订。这可能造成麻烦，特别是某些树（CART）会做出有偏的选择，优先选择具有更多分类的变量。

○ 对**靠近树顶端的单一变量的修改可能改变整棵树**：例如，除了用于拆分树的变量之外，一个单独项中有组 A 的所有类别，在这种情况下，该变量可能被错误地分到另一个组，原因仅仅是这棵树已经测试了这个特殊变量。决策树这种缺乏稳定性的情况有时候是不能接受的；但是，可以通过重新采样、在一系列连续样本上构造树并通过投票或者均值聚合来克服这一不足。但是这意味着失去了模型的简单性和易理解性，而这正是决策树的优点。

总体情况

电气与电子工程师学会（IEEE）的科学家们正在进行一项研究，以开发学生成绩评估系统。这一研究项目使用决策树分类和聚类技术构建所需的系统。研究数据由马来西亚国防大学计算机科学系（NDUM）提供。

知识检测点 5

1. 你打算构建一棵决策树以评估学生在学校中的表现。构建树时你必须考虑如下哪一个事实？
   a. 单棵树的预测精度往往达不到其他算法的平均水平
   b. 数据中的小变化可能造成树外观和表现的显著变化
   c. 有些树只适用于定性变量
   d. 决策树无法处理缺失数据
2. 在决策树中，对靠近树顶部的单个变量的修改可能改变整棵树。这导致树缺乏健壮性，有时候无法接受。下面哪一个是使决策树更可靠和健壮的正确方法？
   a. 重新定义拆分标准
   b. 修剪树
   c. 在一系列样本上构建树并用均值聚合它们
   d. 隔离不影响决策树整体的小节点

总体情况

Gerber Products 公司是前美资公司，生产儿童用品及食品。目前，该公司是雀巢集团的子公司。该公司正在使用决策树决定在其产品中采用塑料还是聚氯乙烯。这项研究仍在进行中。

4.7 在 R 中构建决策树

在本节中，读者将学习在 R 中构建决策树。

读者将使用在 R 中默认可以从 mcycle.cvs 文件中取得的摩托车加速度数据。mcycle 数据集展示了加速度和时间的关系。

交叉参考 我们已经在模块 4 第 1 讲中学习了有关回归模型的知识。

摩托车事故数据集包含模拟撞击之后的 133 个不同时点观测到的摩托车手头盔的加速度。这个数据由时间（撞击之后的毫秒数）和加速度（以 *g* 为单位）组成。

本节的目标是将加速度作为时间的函数加以预测。

加速度和时间的关系相当复杂，散点图难以描述一个参数化回归模型。

将加速度的时间序列加以平滑是一种方法。为了预测某一给定时间（如 10 ms）的加速度，可以求该时点周围的时间窗口中记录的所有加速度（例如，±3 ms 可以得到从 7～13 ms 的窗口）的平均值。这样得到的拟合曲线平滑性取决于窗口的长度，较长的窗口可以改善平滑性，但是有遗漏真正底层函数变化的危险。

在 R 中，rpart 包用于生成决策和回归树，进行分类。rpart 包以递归分区算法为基础，帮助识别数据结构，开发决策树的决策规则。

rpart 包允许用户以如下两阶段过程构建决策树。

（1）识别将数据分隔为两组的最佳变量。

（2）对每个子组应用以上过程，直到子组达到最小尺寸（基于样本数据）或者子组没有发现任何改进。

让我们为给定的场景构建决策树：mcycle 数据的屏幕截图如图 4-4-13 所示。

执行如下步骤为给定数据构建决策树。

（1）用如下命令加载 rpart 库：

```
library(rpart)
```

（2）用如下命令加载 mcycle 文件的数据：

```
data(mcycle)
```

（3）用如下命令生成加速度与时间点的散点图：

```
plot(accel~times,data=mcycle)
```

上述命令生成的图形如图 4-4-14 所示。

（4）用如下命令生成树并将结果保存在 mct 对象中：

```
mct <- rpart(accel ~ times, data=mcycle)
```

（5）打印树的输出结果。命令的输出如下：

```
printcp(mct)
mct
node), split, n, deviance, yval
* denotes terminal node
1) root 133 308200.0 -25.550
2) times < 27.4 84 160500.0 -47.320
4) times < 16.5 43 18020.0 -16.480
8) times < 15.1 28 724.1 -4.357 *
9) times > 15.1 15 5494.0 -39.120 *
5) times > 16.5 41 58660.0 -79.660
10) times < 24.4 27 17040.0 -98.940
20) times < 19.5 15 9045.0 -86.310 *
```

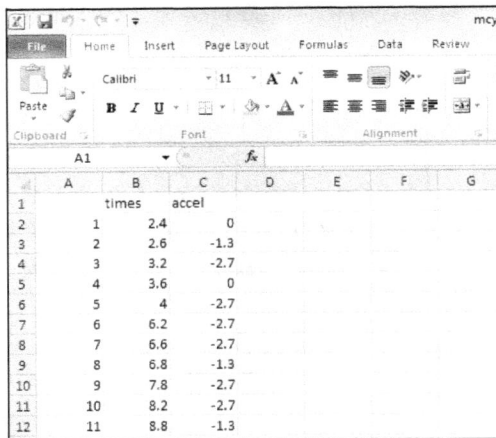

图 4-4-13　显示 mcycle 数据集

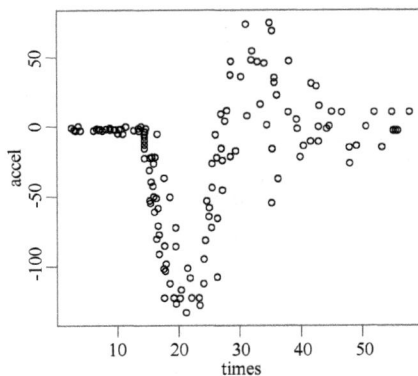

图 4-4-14　加速度和时间的散点图

```
21) times > 19.5 12 2616.0 -114.700 *
11) times > 24.4 14 12240.0 -42.490 *
3) times > 27.4 49 39670.0 11.780
6) times < 35 16 13300.0 29.290
12) times < 29.8 6 3900.0 10.250 *
13) times < 29.8 10 5919.0 40.720 *
7) times > 35 33 19080.0 3.291 *
```

（6）用如下命令绘制树的图形：

```
Plot(mct)
```

（7）用如下命令在图形上添加文本：

```
text(mct)
```

在上述命令中，cex=.75 表示文本的大小。

以上命令生成的树如图 4-4-15 所示。

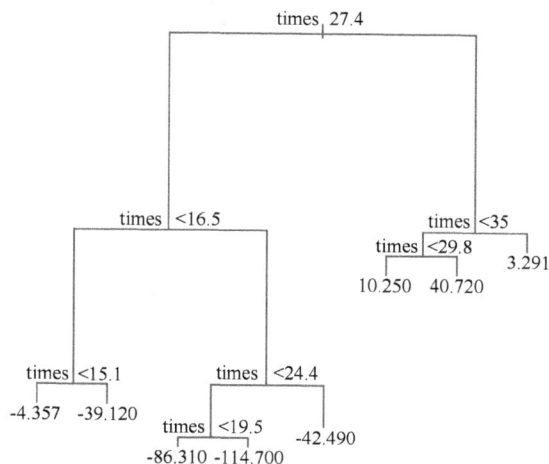

图 4-4-15　摩托车加速度数据生成的树

在图 4-4-15 中，可以看到根节点按照条件（time<27.4）分为两个节点。这一分割表明加速度分割为两类，一个是时间大于 27.4 时的加速度，另一个是小于 27.4 时的加速度。其他加速度类中也可以看到类似的分割。

多项选择题

选择正确的答案。在下面给出的"标注你的答案"里将正确答案涂黑。

1. 下面哪些是决策树的常用领域？

   a. 教育　　　　b. 国防　　　　c. 直接营销　　　　d. 科学研究

2. 下列关于 χ^2 的陈述中哪一个是正确的？

   a. 拆分标准用于所有类型的自变量

   b. 拆分标准用于定性或者离散自变量

   c. 拆分标准用于具有 $k \geqslant 3$ 个类别的因变量

   d. 拆分标准用于具有 $k \leqslant 3$ 个类别的因变量

3. 下表展示了与由 100 个个体组成的一个群体相关的数据。

	1 类	2 类	合　计
观测到的频率			
A	35	30	65
B	15	20	35
合计	50	50	100
变量独立于类时的预期频率			
A	30	30	60
B	20	20	40
合计	50	50	150

   下面哪一个是给定数据的正确 χ^2 值？

   a. 1.570　　　　b. 2.083　　　　c. 2.167　　　　d. 2.243

4. 为给定数据集构建决策树时，你首先选择如下的哪一个步骤？

   a. 评估将给定数据拆分为两个或者更多分组的最佳途径

   b. 评估给定数据中的可能层数

   c. 评估给定数据中的可能节点数

   d. 确定给定数据的根节点

5. 在下列哪一种树中，使用 χ^2 确定每个节点的最显著变量，因此只能用于离散或者定性自变量？

   a. CHAID　　　　b. C4.5　　　　c. C5.0　　　　d. CART

6. 考虑如下陈述：决策树本质上是非参数化的。

   下面哪一个陈述解释了上述陈述的意义？

   a. 决策树的结果可以表达为原始变量上的明确条件

   b. 不假定自变量遵循任何特定概率分布

   c. 决策树相对不受极端个体的影响

   d. 决策树不能处理缺失值

7. 你将要为一家汽车制造公司根据某些特性评估客户流失率而创建决策树。在创建树时必须考虑如下哪些事实，才能得到最有效的结果？
   a. 修改靠近树顶部的一个变量不会修改整棵树
   b. $n+1$ 层节点的不依赖于 n 层的定义
   c. 树的某一层节点的分隔选择在以后不会修订
   d. 决策树可以前向或者后向选择方法开发
8. 你打算在 R 中为给定数据构建决策树。你将使用如下哪一种方法？
   a. 添加 tree 库，使用 tree()命令生成树并将得到的树对象传递给 plot()命令
   b. 使用 library()命令添加 tree 库，用 plot()命令生成散点图
   c. 用 data()命令加载数据并用 tree()命令生成树
   d. 用 data()命令加载数据，并用 plot()命令构建散点图
9. 下面哪一个不是决策树算法？
   a. CART   b. CHAID   c. Variance & SD   d. ID3
10. 如果样本完全同质，熵为：
   a. 1   b. 0   c. 0.5   d. 无穷大

标注你的答案（把正确答案涂黑）

1. (a) (b) (c) (d)   6. (a) (b) (c) (d)
2. (a) (b) (c) (d)   7. (a) (b) (c) (d)
3. (a) (b) (c) (d)   8. (a) (b) (c) (d)
4. (a) (b) (c) (d)   9. (a) (b) (c) (d)
5. (a) (b) (c) (d)   10. (a) (b) (c) (d)

测试你的能力

1. 在 R 中为 pollute.txt 文件给出的数据构建一棵决策树。这个文件包含如下变量：
   Pollution（污染）、Temp（温度）、Industry（工业）、Population（人口）、Wind（风力）、Rain（降雨）、Wet days（潮湿天数）。
   pollute.txt 文件在 R 中默认可用。安装 R 之后，可以在如下位置找到这个文件：
   c:\temp\folder
2. 描述决策树中使用的拆分标准。

○ 决策树技术是最直观和流行的数据挖掘技术，特别是能够为分类提供明确的规则，很好地处理异构数据、确实数据和非线性效应。

○ 决策树用于统计分析中，以检测将一个群体中的个体分为 n 个预先确定的类的标准。

○ 为了构建旨在将群体中的个体分为 n 类的决策树，你必须知道如何选择将个体分割为每个类的最佳变量：变量选择的精确条件（C1）和这一变量的分割条件取决于树的类型。

○ 可以使用一系列标准（C1）选择节点的最佳分隔。最广泛使用的标准如下：
  • χ^2 标准，用于定性或者离散自变量；
  • 基尼标准，用于所有类型自变量。

○ χ^2 检验常用于检验两个变量 X 和 Y 的独立性（零假设 H_0）。

○ 节点的基尼指数是一个纯度函数，用如下公式计算

$$\text{Gini(node)}=1-\sum_i f_i^2 = \sum_{i \neq j} f_i f_j$$

○ 许多软件工具可用于创建决策树，并在决策树上进行多种运算。大部分软件在创建决策树时有以下一些共同的选项：
  • 最大深度；
  • 终端节点中的最小记录数；
  • 父节点中的最小记录数；
  • Bonferroni 校正。

○ 下面是 3 种重要的决策树算法。
  • CART，用于研究所有类型的变量；
  • C5.0，适合研究所有类型的变量；
  • CHAID（卡方自动交互检测）：为研究离散和定性自变量及因变量保留。

○ 为分类设计的决策树通常也可改变节点拆分标准（C1），用于预测。新标准假设：
  • 因变量在子节点中的方差必然大于父节点中的方差；
  • 子节点中的因变量均值尽可能互不相同。

R 和 Hadoop 的集成及 Hive 介绍

模块目标

学完本模块的内容，读者将能够：

▶▶ 将 R 与 Hadoop 集成，用于统计分析

本讲目标

学完本讲的内容，读者将能够：

▶▶	将 R 与 Hadoop 平台集成
▶▶	用 RHadoop 执行文本挖掘
▶▶	解释 Hive 接口在数据分析中的作用

> "Hadoop 已经成为事实标准，随之产生了在其基础上构建开源项目的想法。"
>
> ——Edd Dumbill

在过去几年中，许多组织已经开始积极地开展大数据分析。它们从不同来源收集了大量数据（PB 级）。为了在海量数据中得到有意义的信息，它们使用了多种复杂的统计分析方法。保存和处理这样大的数据量对于现有的统计计算机应用和数据管理工具来说是很有挑战性的任务。有些统计应用（如 R 和 SAS）具备处理大数据的高效算法；但是，即使这些应用也无法处理如此大的数据量。另一方面，今天的数据管理工具具备高效处理 PB 级数据的伸缩性，但是缺乏分析和计算功能。

处理这类海量数据的方法之一是集成领先的统计工具的统计环境，例如集成 R **和 Hadoop 平台**。

在前几讲中，你已经学习了在 R 中执行高级分析的方法。和 R 一样，Hadoop 也是一个统计计算机应用，提供了处理和保存分布式**数据**的高效算法。但是，两个应用都有自己的环境；因此，为了集成 R 和 Hadoop，重要的是填补两个应用之间的鸿沟。

Hadoop 有两个主要组件：用于保存分布式数据的 Hadoop **分布文件系统（HDFS）**和用于处理保存在分布式环境中的数据的 MapReduce。R 与 Hadoop 的集成应该使 R 的函数能够直接访问 HDFS 组件中保存的数据，所有函数应该按照 MapReduce 模式处理分布式数据；因此，这一集成将使程序员能够处理分布式数据并利用并行处理。

集成 R 与 Hadoop 的方法之一是使用 rmr 程序包。本讲首先复习 Hadoop 平台，解释 Hadoop 的 HDFS 和 MapReduce 组件。接下来，你将学习 R 与 Hadoop 集成的相关知识，这是本讲的核心部分。在本讲的最后，你将学习文本挖掘的概念及其在大数据分析中的应用。

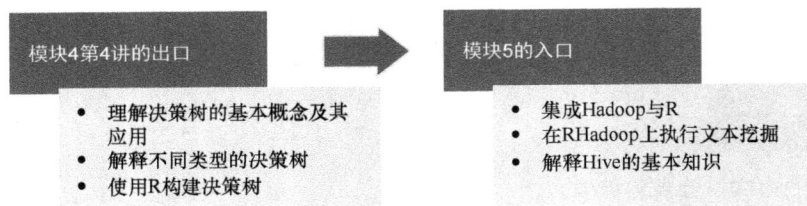

模块4第4讲的出口	模块5的入口
• 理解决策树的基本概念及其应用 • 解释不同类型的决策树 • 使用R构建决策树	• 集成Hadoop与R • 在RHadoop上执行文本挖掘 • 解释Hive的基本知识

5.1　Hadoop

Hadoop 是一个开放源码软件应用，提供处理大量数据所需的分布式存储和计算能力。它基于分布式文件系统，使用户能够在一组计算机上并行执行程序，这组计算机也称为 Hadoop **集群**。Hadoop 已经被多家大公司（如 Yahoo!、Facebook 和 Twitter）用于存储和处理海量数据。这一工具常用于大部分行业的大数据分析中。

预备知识 　了解 Hadoop 用于统计分析的方式。

图 4-5-1 展示了 Hadoop 平台的架构。

Hadoop 平台的存储和计算能力随着集群中节点数量的增加而提高。

现在，我们来讨论 HDFS 和 MapReduce。

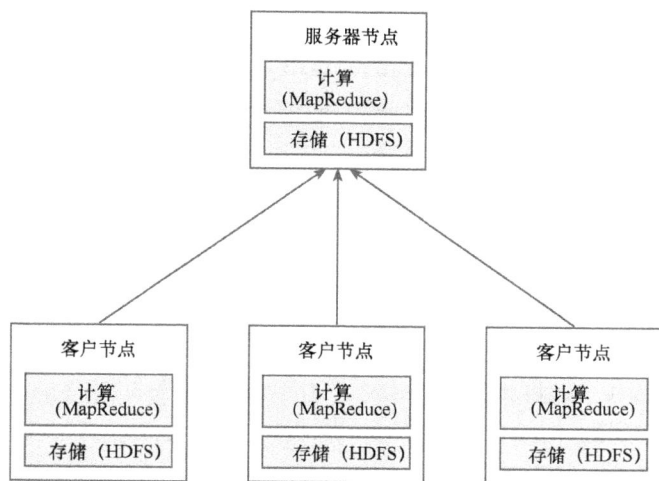

图 4-5-1　Hadoop 架构

5.1.1　HDFS

Hadoop 分布式文件系统（HDFS）是 Hadoop 平台的**存储组件**。这个组件为处理大量数据做了优化。它可以高效地读写从几个 GB 到几个 PB 的大型文件。HDFS 使用大内存块和数据局部性优化技术减少网络输入/输出。

HDFS 组件实现了**数据复制**和**容错**功能，确保了数据的可伸缩性和可用性。该组件允许软件和硬件故障，自动地在不同节点上按照指定次数复制文件以确保数据可用性。

HDFS 组件包含如下两个子组件。

○　**名称节点**：记录数据节点和文件块，以管理数据节点。

○　**数据节点**：包含文件块，与其他数据节点通信以管理文件读写操作。

图 4-5-2 展示了 HDFS 组件的构成。

在图 4-5-2 中，Hadoop 文件系统客户端是与名称节点通信以读写文件的应用程序。名称节点包含 3 个数据节点以及由这些节点管理的文件块的记录。在我们的例子中，data.txt 文件被分为两块——A 和 B。这些文件块在 3 个数据节点（数据节点 1、数据节点 2 和数据节点 3）上复制。

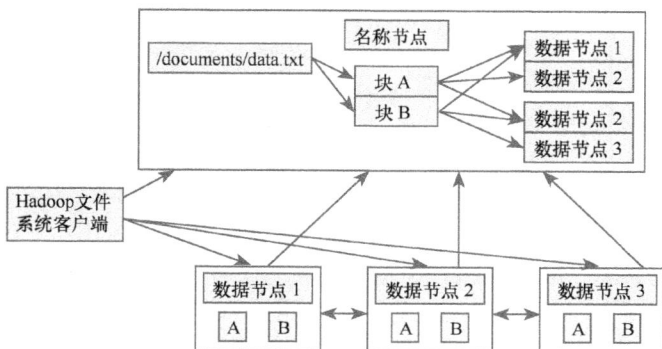

图 4-5-2　HDFS 架构

这种复制改善了数据的可用性，降低了读写文件失败的可能性。

接下来，我们将学习 Hadoop 平台的处理组件——MapReduce。

5.1.2　MapReduce

　　MapReduce 为 Hadoop 平台提供了一个**基于批的分布式计算环境**。这个组件在大量原始数据（如来自社交网络的数据、来自数据库的关系数据和互联网用户交互生成的数据）上执行并行处理。常规编程技术处理这样大的数据量可能要花费几个小时。但是，利用 MapReduce，这些数据可以在几分钟之内完成处理。

　　MapReduce 模型通过抽象分布式系统的复杂性（如并行处理、分布式数据处理以及软硬件故障），增强了并行处理。这种抽象使程序员可以将焦点放在特定的业务需求上，无需应对分布式系统的复杂性。

　　MapReduce 在处理作业时将其分为小型、并行的**映射函数**（map）和**归约函数**（reduce）。图 4-5-3 展示了 MapReduce 处理工作的方式。

　　使用 MapReduce 时，程序员必须定义映射函数和归约函数。映射函数的输出形式是键/值二元组。这些元组再由归约函数处理，生成最终输出。

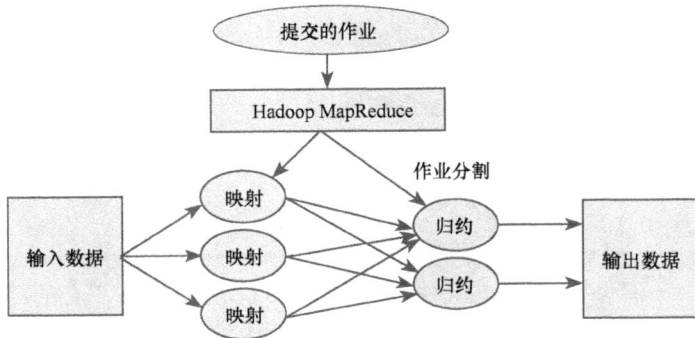

图 4-5-3　MapReduce 处理的作业

　　现在，你对 Hadoop 工具的两个组件已经有了基本的概念，而且知道了这些组件在 Hadoop 中执行的功能。在下一个小节，将学习大型组织使用 Hadoop 的方式。

知识检测点 1

　　下列关于 Hadoop 平台 MapReduce 组件的陈述中，哪一个是正确的？
　　a.　将作业划分为小的映射函数和归约函数处理
　　b.　将作业划分为小的映射函数和一个或者多个归约函数
　　c.　将作业划分为小的映射函数和一个归约函数
　　d.　将作业划分为一个小的映射函数和一个归约函数

5.1.3　Hadoop 的应用

　　Hadoop 是一个开源大数据分析工具，它有同时运行数百个任务的能力，可以在一两分钟之内读取 TB 级别的数据。包括 Ebay、Twitter、Yahoo!、LinkedIn、Amazon 和 IBM 在内的多家跨国 IT 公司使用这一工具处理大型数据库。在多家其他机构中（如**美国航空航天局**和 **Booz Allen Hamilton**），使用 Hadoop 存储和处理数据的趋势也在快速上升。

总体情况

流行的社交网络 Facebook 使用 Hadoop 平台处理其数百万用户的数据。Hadoop 为 Facebook 用户生成的大量数据提供数据仓库和实时处理能力。这些数据的大小在数百 GB 到几个 PB 之间，保存在数千个 Hadoop 节点中。

结合 Pig 和 HBase，Twitter 使用 Hadoop 分析其用户生成的大数据。

流行的搜索引擎 Yahoo!也使用 Hadoop 进行用户数据分析、机器学习、网站排名、垃圾邮件检查和广告优化。Yahoo!有大约 4 000 台服务器，有能力保存运行 Hadoop 集群所用的 170PB 数据。

其他组织，包括 eBay、LinkedIn、三星和摩根大通也使用 Hadoop 保存和处理数据。Microsoft 也开始与 Hartonworks 公司合作，使其平台兼容于 Hadoop。

搜索引擎 Google 使用 Hadoop，从其大量数据中对网站进行排名。它还使用 MapReduce 分析统一资源定位符（URL）访问频率和互联网上的关键词流行度。

这些例子说明了 Hadoop 平台在知名大公司中不断增长的流行度，Hadoop 的使用率在未来还可能增加。

在下一节中，我们将学习 Hadoop 与 R 的集成。

5.2　集成 R 和 Hadoop——RHadoop

预备知识　了解集成 R 和 Hadoop 的基础知识。

因为 R 是最著名的统计软件之一，使用 Hadoop 的分析师也可能想要使用现有的 R 程序包与 Hadoop 结合，以分析大数据。R 程序包非常强大且支持并行处理，广泛地用于数据分析。它们可用于在多个核心和集群中并行计算。

但是，对于复杂的大数据分析，这些程序包是不够的。R 的程序包还缺乏 Hadoop 的高效计算能力。重新编写 R 现有的程序包是费时而乏味的工作。为了利用 Hadoop 和 R 的能力，你必须将两者集成起来。这一集成可以利用 R 和 Hadoop 的处理能力，使其足以应对大数据分析。

RHadoop 是集成 R 和 Hadoop 的一种方法。它是一个开源项目，使程序员可以定义自己的映射和归约函数，在 R 代码中直接使用 MapReduce 的功能。

附加知识

RHadoop 项目由开源统计软件开发厂商 Revolution Analytics 开发，该公司创建于 2007 年，原名 Revolution Computing，为 R 提供支持和服务。2010 年，公司改名为 Revolution Analytics，开始为学术和商业用户开发 R 的开源版本。

R 与 Hadoop 的集成使程序员可以用 R 在 MapReduce 中编写自己的程序。**换言之，RHadoop 使程序员可以利用 R 的全部功能和现有环境，同时利用 Hadoop 平台。**

RHadoop 包含如下一些程序包。

- ○ **rhdfs**：提供 HDFS 的基本连接性。在这个程序包的帮助下，程序员可以访问、读取、创建和修改保存在 HDFS 中的文件。这个程序包包含如下一些重要函数。
  - ● **文件操纵函数**，包括 `hdfs.copy`、`hdfs.rename`、`hdfs.move`、`hdfs.delete`、`hdfs.rm`、`hdfs.del`、`hdfs.chown`、`hdfs.put` 和 `hdfs.get` 函数。
  - ● **文件读写函数**，包括 `hdfs.write`、`hdfs.close`、`hdfs.flush` 和 `hdfs.read` 函数。
  - ● **目录函数**，包括 `hdfs.dircreate` 和 `hdfs.mkdir` 函数。
  - ● **实用工具函数**，包括 `hdfs.list.files` 和 `hdfs.file.info` 函数。
  - ● **初始化函数**，包括 `hdfs.init` 和 `hdfs.defaults` 函数。
- ○ **rhbase**，这个程序包提供操纵表的功能。在它的帮助下，程序员可以访问、读取、创建和修改保存在 Hadoop 平台中的表。这个程序包包含如下一些重要函数。
  - ● **表操纵函数**，包括 `hb.new.table`、`hb.delete.table` 和 `hb.set.table.mode` 函数。
  - ● **表读写函数**，包括 `hb.insert`、`hb.insert.data.frame`、`hb.get.data.frame` 和 `hb.scan` 函数。
  - ● **实用工具函数**，包括 `hb.list.tables` 函数。
  - ● **初始化函数**，包括 `hb.defaults` 和 `hb.init` 函数。
- ○ **rmr**：这个程序包使程序员可以直接编写由 Hadoop MapReduce 组件执行的代码。在这个包的帮助下，分析师可以用 R 语言代替 Java 编写 MapReduce 算法。要安装这个程序包，分析师必须在 Hadoop 集群上的每个节点安装。此外，所有程序包都被安装在所有用户可以访问的默认位置。

附加知识 ✚

RHadoop 平台提供如下两种图形引擎，用于生成给定数据的图形。
- ○ **数据库图形引擎**：这类图形引擎支持在单一服务器上开发实时、基于遍历的链表图算法。提供这类图形的供应商包括 Neo4j、InfiniteGraph 和 DEX 等。
- ○ **批处理图形引擎**：这类图形引擎用于表现一组计算机上的批处理算法。这些图形引擎包含在 Hama、Golden Orb 和 Pregel 图形处理应用中。

5.2.1 安装 RHadoop

要安装 RHadoop，首先必须安装某些 R 程序包，供 RHadoop 使用的程序包有以下几种：
- ○ `install.packages("rJava")`
- ○ `install.packages("Rcpp")`
- ○ `install.packages("RJSONIO")`
- ○ `install.packages("bitops")`
- ○ `install.packages("digest")`
- ○ `install.packages("functional")`

○ install.packages("stringr")

○ install.packages("plyr")

○ install.packages("reshape2")

图 4-5-4 展示了 R 程序包安装过程的屏幕截图。

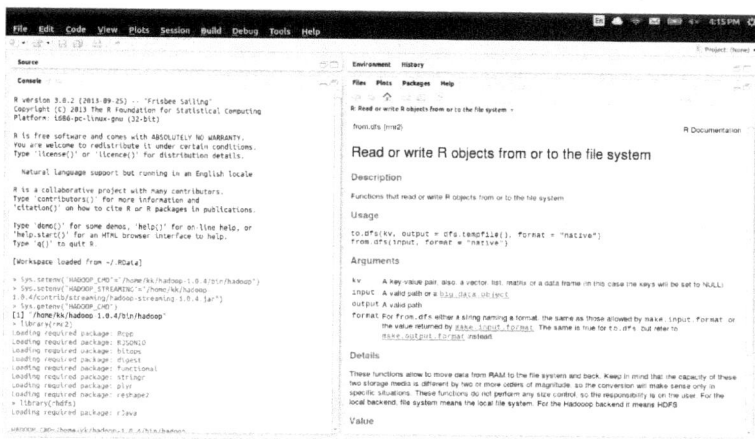

图 4-5-4　安装 R 程序包

安装程序包之后，你必须安装 RHadoop 的 rhdfs、rhbase 和 rmr2 程序包，以集成 R 和 Hadoop。安装这些程序包的命令如下：

```
install.packages("<path>/rhdfs_1.0.6.tar.gz", repos = NULL, type="source")
install.packages("<path>/rhbase_1.2.0.tar.gz", repos = NULL, type="source")
install.packages("<path>/rmr2_2.2.2.tar.gz", repos = NULL, type="source")
```

接下来，必须下载这些程序包的 tar 文件，链接如下：

https://github.com/RevolutionAnalytics/RHadoop/wiki

图 4-5-5 展示了这些程序包安装过程的屏幕截图。

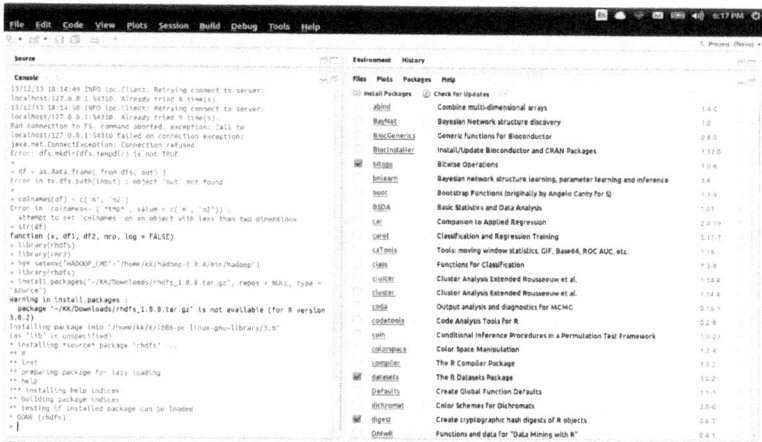

图 4-5-5　安装 RHadoop 的程序包

安装 **RHadoop** 程序包之后，你需要在 R 函数中设置 Hadoop 环境变量。可以使用如下命令设置环境变量：

```
Sys.setenv("HADOOP_CMD"="<Path>/home/kk/hadoop-1.0.4/bin/hadoop")
Sys.setenv("HADOOP_STREAMING"="<path>/home/kk/hadoop-1.0.4/contrib/
streaming/hadoop-streaming-1.0.4.jar ")
Sys.getenv("HADOOP_CMD")
[1] "/home/kk/hadoop-1.0.4/bin/hadoop"
```

RHadoop 现在已经安装在你的系统上。下面是使用 **RHadoop** 的一个例子：

```
Sys.setenv("HADOOP_HOME"="<path>/home/kk/hadoop-1.0.4/bin/hadoop")
```

用 `library()` 命令加载 `rmr2` 和 `rhdfs` 程序包：

```
small.ints = to.dfs(1:500)
out = mapreduce( input = small.ints, map = function(k, v) keyval(v, v^2))
df = as.data.frame( from.dfs( out) )
colnames(df) = c( n , n2 )
str(df)
```

最后的输出

弃用：用这个脚本执行 `hdfs` 命令的做法已经被弃用。

用 `hdfs` 命令代替：

```
data.frame/: 500 obs. of 2 variables:
$ n : int 1 2 3 4 5 6 7 8 9 10 ...
$ n2: num 1 4 9 16 25 36 4 9 64 81 100 ...
```

5.2.2   在 R 中使用 RHadoop

已经安装了 **RHadoop**，下面我们来看一个结合使用 R 和 Hadoop 能力的例子。

> **技术材料**
>
> stock.cvs 文件将在本书配套下载资源中提供。

假定想要计算股票的 **CMA**（累积移动平均数）。数据保存在 **stock.cvs** 文件，包含每个股票的如下变量：

Symbol、Date、Open、High、Low、Close、Volume、Adj Close

下面是保存在 `stock.cvs` 文件中的数据的一个子集：

```
$ head -6 test-data/stock.txt
AAPL, 2009-01-02, 85.88, 91.04, 85.16, 90.75, 2664300, 90.75
AAPL, 2008-01-02, 199.27, 200.26, 192.55, 194.84, 38542100, 194.84
APPL, 2007-01-03, 86.29, 86.58, 81.90, 83.80, 44225700, 83.80
```

在 **RHadoop** 中，程序员可以定义由 **MapReduce** 调用的映射与归约函数。

代码清单 4-5-1 提供了在 **RHadoop** 中计算给定股票 **CMA** 的代码。

代码清单 4-5-1   在 RHadoop 中计算 CMA 的代码

```
1 | #! / usr/bin/env Rscript
    install.packages("rmr")
    library(rmr)
```

2	`map <- function(k,v){ fields <-unlist(strsplit(v,","))`
	`keyval(fields[1], mean(as.double(c(fields[3], fields [6]))))`
	`}`

3	`reduce <- function(k,v){keyval(k,mean(as.numeric(unlist(vv))))` `}`
4	`Kvtextoutputformat=function(k,v){ paste(c(k,v,"\n"), collapse =` `"\t")`

5	`mapreduce(`
	`input = stocks_input.txt`
	`output="stock_output",`
	`textinputformat=rawinputtextformat,`
	`textoutputformat=kvtextoutputformat,`
	`map = map,`
	`reduce = reduce)`

代码清单 4-5-1 解释

1	安装和加载 rmr 库
2	定义 map 函数。这个函数以一个键值对作为输入。map 函数对每个键值输出元组调用
3	定义 reduce 函数。这个函数对每个单独映射的键调用一次。k 是键，v 是值列表
4	定义归约输出键值分隔符
5	运行 MapReduce

为了执行代码清单 4-5-1 中的代码，必须运行如下命令：

```
$ HADOOP_HOME=<Hadoop installation directory>
$ HADOOP_HOME/bin/hadoop fs - put test-data/stocks.txt stocks_input.txt
$ src/Home/R/Rcode/caclulate_stock.R
$ hadoop fs - cat stock_output/part*
CSCO 30.8985
MSFT 44.6725
AAPL 68.997
GOOG 419.943
YHOO 70.971
```

图 4-5-6 展示了 MapReduce 执行代码清单 4-5-1 中代码的方式。

rmr 程序包为 MapReduce 创建一个客户端环境，以执行映射和归约函数，使得这些函数可以访问作用域之外的变量。rmr 程序包还使程序员能够无缝地使用 MapReduce 的输入和输出。程序员还可以将 R 变量写入 HDFS，使用那些变量作为 MapReduce 的输入，在完成作业之后将其加载到 R 的数据结构中。

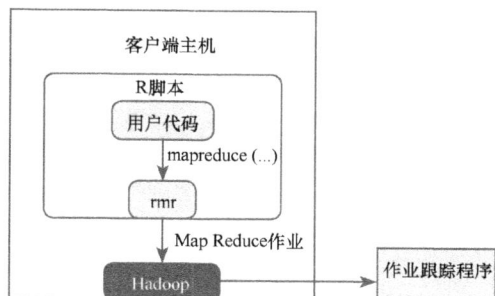

图 4-5-6　R 与 Hadoop 的集成

这个简单的例子只是说明了如何使用 RHadoop 工具计算股票的 CMA，但是，这个工具通常用于文本挖掘，处理大量文本数据以得出有用的信息。因此，我们将学习文本挖掘的有关知识，以及如何使用 RHadoop 从原始文本数据中得到有用信息。

1. 你正在使用 RHadoop 处理保存在表中的大量数据。为了操纵数据，你将使用如下哪一个 RHadoop 程序包？
    a. rhdfs   b. rhbase   c. rmr   d. rmr2
2. 描述 R 与 Hadoop 平台的集成，还要列出 RHadoop 相对 R 的一些优势。

5.3 通过文本挖掘得到有用信息

文本挖掘是用于自动处理大量存在的自然语言文本的一组技术和方法。这些文本可能以计算机文件的形式存在。文本挖掘的目标是提取文本的结构进行快速（非文学性）分析，以便发现用于自动决策的隐藏数据。文本挖掘不同于文体学，后者研究的是文本的风格，以识别作品的作者或者年代，而文本挖掘与**词汇研究**或者**词汇统计学**（也称作语言统计学或者量化语言学）有很多共同点。它用高级的多维统计学方法扩展了后面两种科学研究。

技术材料

词汇研究（lexicometry）这一术语指的是计量给定文本文档中某个词语的出现频率。

可以用如下形式表示上述关系：

文本挖掘 = 词汇研究+数据挖掘

文本挖掘的概念一部分来源于对社会中创建和扩散的海量文本数据（例如，想象一下法律、命令、规章、合同的数量）的应对，另一部分则来源于这些系统在计算机系统中准广义输入及存储的目的。它被人们所接受还要归功于统计和数据处理工具的发展，近年来，这些工具的能力已经大大增强。

定　义

文本挖掘是一种高级分析方法，可以揭示非结构化的文本数据中新颖、不熟悉和实用的信息。文本分析方法分析非结构化文本、加以分类、执行情感分析和语义搜索匹配，并检查客户反馈，以提取有意义的信息。

文本挖掘找出大量文本中的模式和趋势，以得出一些有用的信息。

典型的文本挖掘过程包括：

○ 文本分类；
○ 聚类；
○ 提取概念/实体关系；
○ 生成分类；

○　执行情感分析；

○　文档汇总；

○　建立实体关系模型。

简言之，文本挖掘过程包含如下步骤：

（1）结构化输入文本；

（2）添加语言规则；

（3）删除无用项；

（4）在数据库中插入结构化数据；

（5）识别保存的数据中的模式；

（6）分析模式；

（7）生成有用信息。

以上只是文本挖掘的极简介绍。现在让我们来了解 RHadoop 平台上文本挖掘的实现。

在 RHadoop 上实现文本挖掘

RHadoop 的常见应用之一是文本挖掘。R 的 tm 程序包用于文本挖掘。这个程序包包含大约 50 篇新文章以及以 21578XML 数据集形式存在的附加元数据信息。它的开发是为了处理普通文本、文章、论文、调查以及 HTM（超文本标记语言）、XML（可扩展标记语言）和 SGML（标准广义标记语言）形式的 Web 文档。

可以执行如下步骤，进行文本挖掘。

（1）用如下命令加载 tm 包：

```
Library ("tm")
```

运行上述命令时，显示如下消息：

```
Loading required package: slam
```

（2）用如下命令从 reuters_xml 文件中加载输入，该文件在 tm 包中：

```
> input <-"~ / Data/Reuters/reuters_xml"
```

（3）使用如下命令将输入保存在 co 对象中：

```
>co<-Corpus(DirSource(input), [...])
```

（4）使用如下命令查看 co 对象的详情：

```
>co
```

运行上述命令时，屏幕上将显示如下消息：

```
A corpus with 21578 text documents
```

（5）用如下命令显示 co 对象的大小（以 MB 为单位）：

```
>print(object.size(co), units ="Mb")
```

运行上述命令时，co 对象的大小将以 Mb 为单位显示：

```
65.5 Mb
```

已经加载了一个语料库并访问其大小。这是简单的文本挖掘示例。也可以从多个位置加载文件，这一过程称为分布式文本挖掘，下面我们就来看一个分布式文本挖掘的示例。

假定你想要加载两个文件并访问其大小，可以执行如下步骤。

（1）用如下命令定义源文件 corpus.r：

```
> source("corpus.R")
```

（2）用如下命令定义另一个源文件 reader.r：

```
> source ( "reader.R")
```

（3）使用如下命令，以两个文件为输入：

```
> dc<-DistributedCorpus(DirSource(input), [...])
```

（4）使用如下命令访问关于 dc 对象的信息：

```
>dc
```

运行上述命令将在屏幕上显示如下消息：

```
A corpus with 21578 text documents
```

（5）用如下命令访问 dc 对象的第一行内容：

```
> dc[[1]]
```

运行上述命令将在屏幕上显示如下文本行：

```
Showers continued throughout the week in
```

（6）用如下命令打印以 Mb 为单位的 dc 对象大小：

```
>print(object.size(dc), units ="Mb")
```

运行上述命令时，将显示以 Mb 为单位的 dc 对象大小：

```
1.9 Mb
```

在 Hadoop 中使用 R 进行分布式文本挖掘时，可以采用上述步骤。

为了将文本文件保存在 HDFS 中，必须通过 R 访问这些文件。但是，这是一件困难的工作，因为 Hadoop 在调用映射函数之后提供随机的输出。该输出以块的形式存在，自动更名为 part-xxxxx。这一问题的解决方案之一是对每个块更新元数据信息，如块中的名称和位置，然后在调用映射函数之后更新分布式语料库。

知识检测点 3

1. 描述文本挖掘的基本概念。
2. 你正在 RHadoop 中执行文本挖掘，已经将数据保存在名为 dataset1 的对象中。为了显示以 MB 为单位的 dataset1 对象大小，你将使用如下哪一条命令？
   a. >print(dataset1, units ="Mb")
   b. >print(size(dataset1), units ="Mb")
   c. >print(object (dataset1), units ="Mb")
   d. >print(object.size(dataset1), units ="Mb")

已经学习了在 RHadoop 中实现文本挖掘的相关知识，还有其他一些 Hadoop 的扩展可供使用。其他常用的 Hadoop 扩展之一是 Hive，这是 Hadoop InteractiVE 的缩写。Hive 提供了简单易用的 MapReduce 和 HDFS 接口，我们将简短地讨论它。

5.4　Hive 简介

Hive 是使用 MapReduce 功能性的最简单接口之一。它允许用户编写类似于 SQL（结构化查询语言）查询的语法，以执行 MapReduce 作业。Hive 可以作为 Hadoop 数据仓库工具使用，在 Facebook 等组织中，它已经取代了关系数据库管理系统。但是，Hive 使用关系数据库保存记录的元数据。这个存储空间称为**元存储**（metastore）。Hive 的架构如图 4-5-7 所示。

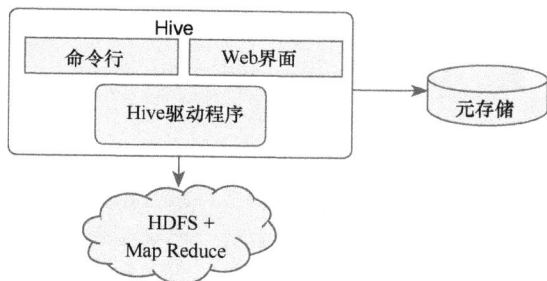

图 4-5-7　Hive 架构

> **附加知识**
>
> 最初，Hive 是由 Facebook 开发的，作为保存和操纵 Facebook 用户数据的内部项目。后来，它以 Apache 项目的形式出现，使用基于 SQL 的语言简化 MapReduce 和 HDFS 的访问。

下面我们来研究 Hive 的基本概念。

5.4.1　元存储

元存储（Metastore）是关系数据库中用于保存元数据的存储空间。元数据中的信息包括现有表、表的列名和用户权限。Hive 支持不同的关系数据库，默认情况下使用 **Derby** 保存元数据，这是一种基于 Java 的嵌入式关系数据库。

5.4.2　数据库

Hive 可以同时支持多个数据库，这有助于避免表名的冲突。在 Hive 中，两个用户可以有相同名称的表或者单独的数据库。表被看作保存在 HDFS 中的一些文件。这些表可分为以下两类。

- ○ **内部表**：内部表在一个目录中，由 Hive 管理。这个目录通过名为 hive.metastore.warehouse.dir 的属性访问。该属性默认值为/user/hive/warehouse。
- ○ **外部表**：外部表保存在 Hive 环境之外。这些文件由外部数据库管理，文件保存在这些数据库中，而不是保存在 Hive 中。

内部表在用户希望 Hive 管理数据时很有用，而外部表在需要访问保存在 Hive 环境之外的数据时有用。

5.4.3　数据类型

可以在 Hive 中保存不同类型的数据。Hive 支持的基本数据类型如下。

○ **有符号整数**：Hive 支持下列有符号整数类型。
- BIGINT（8 个字节）。
- INT（4 个字节）。
- SMALLINT（2 个字节）。
- TINYINT（1 个字节）。

○ **浮点数**：Hive 支持如下浮点数类型。
- FLOAT（单精度）。
- DOUBLE（双精度）。

○ **字符串**：Hive 支持字符串数据类型以保存字符序列。
○ **数组**：Hive 支持数组以保存相同类型的元素，如数值或者字符。
○ **结构**：Hive 支持结构，用户可以创建自己的数据类型。
○ **布尔型**：Hive 支持布尔数据类型，可保存两个值中的一个——TRUE 或者 FALSE。

5.4.4　查询语言

Hive 支持大部分 SQL 规范和 Hive 规范扩展结合。但是，Hive 不支持完整的 SQL 语句。它缺乏对多表插入、用 select 语句创建表以及事务功能的支持，对子查询的支持也有限。在其内部，有一个编译器将 SQL 语句翻译为 MapReduce 作业，供 Hadoop 执行。

5.4.5　Hive 命令

Hive 命令是非 SQL 语句。这些命令可以由用户从命令提示符下直接使用。表 4-5-1 列出了一些常用的 Hive 命令及其说明。

表 4-5-1　Hive 命令

命　　令	描　　述
quit, exit	关闭交互式 Hive 命令行解释程序
reset	重置默认值配置
set <key>=<value>	为配置变量（键）指定一个值
set	显示用户修改的配置变量列表
set -v	显示所有 Hadoop 和 Hive 配置变量的列表
add FILE[S] <filepath> <filepath>*	在资源中添加一个或者多个文件
add JAR[S] <filepath> <filepath>*	在资源中添加一个或者多个 jar 文件
add ARCHIVE[S] <filepath> <filepath>*	在资源中添加一个或者多个档案
list FILE[S] <filepath>* list JAR[S] <filepath>* list ARCHIVE[S] <filepath>*	列出保存在分布式缓存中的资源
delete FILE[S] <filepath>* delete JAR[S] <filepath>* delete ARCHIVE[S] <filepath>*	从分布式缓存中删除资源
! <command>	从 Hive 命令行运行一个命令

命　　令	描　　述
`dfs <dfs command>`	从 Hive 命令行运行一个 DFS 命令
`<query string>`	运行 Hive 查询并在输出屏幕上显示结果
`source FILE <filepath>`	运行脚本文件

5.4.6　Hive 交互和非交互模式

非交互 Hive 可以运行包含 Hive 命令的脚本，而交互 Hive 使分析师可以使用 SQL 命令与 Hive 平台交互。我们既可以按交互模式也可以按非交互模式使用 Hive。下面是一个使用 Hive 交互模式的例子：

```
$ hive
hive> SHOW DATABASES;
OK
default
Time taken: 0.756 seconds
```

技术材料

交互和非交互 Hive：
- 在非交互模式中，可以运行包含 Hive 命令的脚本。
- 在交互模式中，使用 Hive 命令行解释程序运行 SQL 命令。

要将执行命令的输出写入输出屏幕，可以在命令中使用 S 选项。下面是一个在非交互模式下执行 Hive 命令的例子：

```
$ cat -S -f script.ql
default
```

在这个例子中，-f 选项运行指定文件中的命令。我们的例子中该文件是 `script.ql`。

快速提示　在非交互模式中，你可以使用-e 选项，以一条 Hive 命令作为参数。下面是一个使用-e 选项的例子：

```
$ hive -S -e "SHOW TABLES"
```

知识检测点 4

1. 假定你使用 Hive 进行分析，发现某些配置变量已经被另一位用户更改。现在，为了列出另一位用户修改的配置变量，你将使用如下哪一条命令？
   a. reset
   b. set <key>=<value>
   c. set
   d. set -v
2. 你正在 Hive 上执行数据分析，希望创建自己的变量，以单一名称保存一组不同类型的数据。在这种情况下，你将使用下面哪一种数据类型？
   a. 字符串
   b. 数组
   c. 结构
   d. 布尔

练习

选择正确的答案。在下面给出的"标注你的答案"里将正确答案涂黑。

1. 下面哪一个 Hadoop 平台组件用于存储数据？
   a. MapReduce
   b. rmr
   c. HDFS
   d. rhbase

2. 下面关于 Hadoop 分布式文件系统中数据节点的陈述中，哪一个是正确的？
   a. 记录其他数据节点
   b. 记录文件块
   c. 包含文件块
   d. 包含文件块并与其他数据节点通信

3. 在 RHadoop 平台上工作时，你将使用下面哪一个程序包访问、读取、创建和修改保存于 Hadoop 分布式文件系统中的文件？
   a. rhdfs
   b. rhbase
   c. rmr
   d. rmr2

4. 你正在 RHadoop 中执行文本挖掘，用于保存内容的数据集名称为 dataset1。你将使用下列哪一条命令访问内容的第 1 行？
   a. > dataset1 [[1]]
   b. > dataset1 [1]
   c. > dataset1 (1)
   d. > dataset1

5. 下列关于 RHadoop 平台 rmr 程序包的陈述中，哪一个是正确的？
   a. 只允许程序员从 HDFS 读取
   b. 只允许程序员向 HDFS 写入数据
   c. 允许程序员读写 HDFS 中的数据
   d. 允许程序员将一个 Hadoop 平台连接到另一个

6. 为什么常见的统计应用（如 R 和 SAS）不能有效地用于大数据分析？
   a. 这些应用没有高效的算法
   b. 这些应用不提供快速的处理
   c. 这些应用没有高效的存储能力
   d. 这些应用依赖于平台

7. Smith 正在 RHadoop 中进行文本挖掘。他应该用下面哪一条命令从不同来源取得多个输入？
   a. DistributedCorpus
   b. source
   c. input
   d. Corpus

8. RHadoop 平台中使用的初始化函数是：
   a. hdfs.rm
   b. hdfs.flush
   c. hdfs.defaults
   d. hdfs.dircreate

9. 下面关于 Hadoop 集群映射与归约函数的陈述中，哪一个是正确的？
   a. 映射函数生成键/值元组形式的输出，供归约函数处理

b. 归约函数生成键/值元组形式的输出，供映射函数处理

c. 映射函数将处理后数据的输出重定向到归约函数，以便用紧凑的形式存储输出

d. 归约函数将处理后数据的输出重定向到映射函数，后者以紧凑的形式存储输出

10. Bob 正在使用 RHadoop 平台执行文本分析。下面哪一个 R 程序包能够帮助他执行文本挖掘？

　　a. rmr

　　c. rJava

　　b. rhbase

　　d. tm

标注你的答案（把正确答案涂黑）

1. ⓐ ⓑ ⓒ ⓓ
2. ⓐ ⓑ ⓒ ⓓ
3. ⓐ ⓑ ⓒ ⓓ
4. ⓐ ⓑ ⓒ ⓓ
5. ⓐ ⓑ ⓒ ⓓ

6. ⓐ ⓑ ⓒ ⓓ
7. ⓐ ⓑ ⓒ ⓓ
8. ⓐ ⓑ ⓒ ⓓ
9. ⓐ ⓑ ⓒ ⓓ
10. ⓐ ⓑ ⓒ ⓓ

测试你的能力

1. 在 Hadoop 平台上安装 R。

2. 用 RHadoop 执行 wiki 数据的文本分析。

3. 用 RHadoop 执行栈溢出数据的文本分析。

○ R 的统计环境可以与 Hadoop 平台集成，高速处理大量数据。

○ Hadoop 有两个主要组件。即用于存储分布式数据的 Hadoop 分布式文件系统（HDFS）和用于处理保存在分布式环境中的数据的 MapReduce。

○ HDFS 组件实现数据复制和容错功能，确保了数据的可伸缩性和可用性。

○ HDFS 组件包含以下两个子组件：
  ● 名称节点；
  ● 数据节点。

○ MapReduce 提供基于批的分布式计算环境，在大量原始数据（如来自社交网络的数据、来自数据库的关系数据和互联网用户交互生成的数据）上执行并行处理。

○ Hadoop 是一个开源大数据分析工具。它具备同时运行数百项任务的能力，可以在几分钟内读取 1 TB 数据。

○ eBay、LinkedIn、三星和摩根大通等组织使用 Hadoop 存储和处理数据。微软也已经开始与 Hortonworks 公司合作，使其平台与 Hadoop 兼容。

○ RHadoop 可以成为集成 R 与 Hadoop 的一种方法。它是一个开源项目，使程序员能够定义自己的映射和归约函数，直接在 R 代码中使用 MapReduce 功能。

○ RHadoop 包含如下 3 个程序包。
  ● rhdfs：这个程序包提供基本的 HDFS 连接性。在它的帮助下，程序员可以访问、读取、创建和修改 HDFS 中存储的文件。
  ● rhbase：这个程序包提供操纵表的功能。在其帮助下，程序员可以创建、删除和修改保存在 Hadoop 平台中的表。
  ● rmr：这个程序包使程序员可以直接编写由 Hadoop MapReduce 组件执行的代码，在它的帮助下，程序员可以用 R 语言代替 Java 编写 MapReduce 算法。
  ● rmr 程序包为 MapReduce 创建一个客户端环境，以执行映射和归约函数。

○ 文本挖掘是用于自动处理大量存在的自然语言文本的一组技术和方法。

○ 文本挖掘是在大量文本数据中寻找模式和趋势以提取有用信息的一种方法。

○ 文本挖掘过程包含如下步骤：
  ● 结构化输入文本；
  ● 添加语言规则；
  ● 删除无用项；
  ● 在数据库中插入结构化数据；
  ● 识别保存数据中的模式；
  ● 分析模式；
  ● 生成有用信息。

○ R 中的 tm 程序包用于文本挖掘，这个程序包包含大约 50 篇新闻报道以及 21578XML 数据集形式的附加元数据信息。

○ Hive 是使用 MapReduce 功能的最简易接口。它使用户可以编写类似 SQL（结构化查询语言）查询的语法，以执行 MapReduce 作业。

○ Hive 支持不同的关系数据库。默认情况下，Hive 使用 Derby 保存元数据，这是一个基于 Java 的嵌入式关系数据库。

○ 在 Hive 中，表被视为在 HDFS 中存储的一些文件。这些表可以分为如下两类：
  ● 内部表；
  ● 外部表。

○ 下面列出 Hive 支持的一些基本数据类型：
  ● 有符号整数；
  ● 浮点数；
  ● 字符串；
  ● 数组；
  ● 结构；
  ● 布尔。

○ Hive 支持大部分 SQL 规范与 Hive 规范扩展的结合。

○ Hive 使用编译器将 SQL 语句翻译为 Hadoop 执行的 MapReduce 作业。

○ Hive 可以按以下两种模式使用。
  ● 交互模式：用于执行 SQL 语句。
  ● 非交互模式：用于运行 Hive 命令。

在 R 中可以完成的 10 件 Microsoft Excel 工作

电子表格可能是最广泛使用的 PC 应用之一——理由很充分：电子表格使表格数据的计算和其他操作变得非常容易。但是电子表格也有一些风险：它们很容易损坏且非常难以调试。

好消息是，可以使用 R 进行许多过去在电子表格中完成的工作。在 R 中，使用数据帧表示表格数据。R 有许多函数、运算符和方法，可以在数据帧上进行操纵和运算。这意味着，可以在 R 中完成 Microsoft Excel、LibreOffice Calc 或者你喜欢的电子表格应用中所能完成的所有（甚至更多）工作。

在本附录中，我们将学到一些可在 R 中探索的要点和功能。在大部分情况下，我们都提供了代码示例，读者可以自己尝试。读者还可以使用 R 的帮助文档寻找更多 R 函数的说明。

A.1　添加行和列总和

在电子表格中你可能经常做的工作之一是计算行或者列总和。最简单的方法是使用 rowSums() 和 colSums() 函数。类似地，使用 rowMeans() 和 colMeans() 计算均值。

我们在内置的 iris 上尝试，首先，删除第 5 列，因为它包含描述鸢尾花种类的文本：

```
> iris.num <- iris[, -5]
```

然后，计算每列的总和与均值：

```
> colSums(iris.num)
> colMeans(iris.num)
```

这两个函数非常方便，但是你可能想要计算每个列或者行的其他一些统计量。有一个遍历数组或者数据帧的行或者列的简单方法：apply() 函数。例如，获得某列的最小值就是对数据的第二维应用 min() 函数：

```
> apply(iris.num, 2, min)
> apply(iris.num, 2, max)
```

交叉参考　我们已经在模块 3 第 2 讲中学习了 apply() 函数。

快速提示　当数据保存在数组中时，apply() 函数很理想，很容易在行和列上应用。对于数据处于数据帧且想要得到列总和的特殊情况，更好的方法是使用 sapply() 而不是 apply()。所以，要得到 iris 列总和，可以尝试用如下命令替代：

```
> sapply(iris.num, min)
> sapply(iris.num, max)
```

A.2　格式化数值

制作报表时，所有数值应该是以整齐的格式显示的。例如，你可能希望数值按照小数点对齐，或者指定列宽，你也可能希望在数值前加上货币符号（$100.00）或者在后面加上百分号（35.7%）。

可以使用 format() 将数值转换为漂亮的文本，为打印做好准备。这个函数以数值为参数，控制结果格式，下面是几种格式选项。

○　**trim**：逻辑值，如果为 FALSE，加入空格以右对齐结果。如果为 TRUE，则去除前导空格。

○ **digits**：数值显示的有效位数。
○ **nsmall**：小数点后的最少位数。

此外，可以用 decimal.mark 控制小数点，用 big.mark 控制小数点之前的间隔标记，用 small.mark 控制小数点之后的间隔标记。

例如，可以以逗号为小数点，空格为大数间隔标记，点为小数间隔标记打印数值 12 345.678 9：

```
> format(12345.6789, digits=9, decimal.mark=",",
+ big.mark=" ",small.mark=".", , small.interval=3) [1] "12 345,678.9"
```

举一个更实用的例子，计算 mtcars 中某些列的均值，然后打印结果，保留两位小数：

```
> x <- colMeans(mtcars[, 1:4])
> format(x, digits=2, nsmall=2)
mpg cyl disp hp " 20.09" " 6.19" "230.72" "146.69"
```

注意，结果不再是数值而是一个字符串。所以，使用数值格式化要小心——这应该是报告工作流的最后一步。

如果你熟悉类似于 C 或者 C++的编程语言，可能觉得 sprintf() 函数很有用，因为 sprintf() 封装了 C 的 printf() 函数。这个封装器使你可以将格式化后的数值直接粘贴到一个字符串。

下面是将数值转换为百分数的一个例子：

```
> x <- seq(0.5, 0.55, 0.01)
> sprintf("%.1f %%", 100*x)
[1] "50.0 %" "51.0 %" "52.0 %" "53.0 %" "54.0 %" "55.0 %"
```

这种"魔法"对于 C 程序员来说应该很熟悉，对于其他人来说，它所做的就是：sprintf() 的第一个参数表示格式——在这个例子中是"%.1f %%"。格式参数使用特殊字面量，表示该函数应该用一个变量代替字面量，并应用某种格式。字面量总是以%符号开始。.1f 表示将所提供的第一个值格式化为小数点之后有一位数字的定点值，%%表示打印一个%符号。

用如下命令可以将数值格式化为货币形式——例子中是美元：

```
> set.seed(1)
> x <- 1000*runif(5)
> sprintf("$ %3.2f", x)
[1] "$ 265.51" "$ 372.12" "$ 572.85" "$ 908.21" "$ 201.68"
```

在前面已经看到，字面量%3.2f 表示将数值格式化为小数点前 3 位、小数点后 2 位的定点值。

sprintf() 函数比这强大得多：它为你提供了将任何变量值粘贴到一个字符串的替代方法：

```
> stuff <- c("bread", "cookies")
> price <- c(2.1, 4)
> sprintf("%s costed $ %3.2f ", stuff, price)
[1] "bread costed $ 2.10 " "cookies costed $ 4.00 "
```

这里发生的情况是：因为你向 sprintf() 提供了两个向量（每个有两个元素），结果是一个有两个元素的向量。R 在该元素中循环，将它们放入 sprintf() 字面量中。因此，%s（表示将值格式化为字符串）第一次得到值"bread"，第二次得到"cookies"。

你可以用 paste() 和 format() 完成 sprintf() 所能完成的功能，所以不总是需要使用它。但是在需要时，它可以简化代码。

A.3 排序数据

交叉参考 你已经在模块 3 的第 2 讲中学习了 sort() 函数。

要在 R 中排序数据，可以使用 sort() 或者 order() 函数。

用如下命令，可以以列的升序或者降序排列数据帧 mtcars：

```
> with(mtcars, mtcars[order(hp), ])
> with(mtcars, mtcars[order(hp, decreasing=TRUE), ])
```

A.4 用 if 选择

电子表格提供了执行各种假设分析的能力。方法之一是在电子表格中使用 if() 函数。

R 也有 if() 函数，但是它主要用于脚本中的流程控制。因为通常希望在 R 中执行整个向量上的计算，使用 ifesle() 函数更合适。

下面是使用 ifelse() 识别数据集 mtcars 中高燃油效率汽车的一个例子：

```
> mtcars <- within(mtcars,
+ mpgClass <- ifelse(mpg < mean(mpg), "Low", "High"))
> mtcars[mtcars$mpgClass == "High", ]
```

A.5 计算条件总和

你在 Excel 可能做得很多的另一件事是用 sumif() 函数和 countif() 函数计算条件总和及计数。

可以按以下两种方式在 R 中完成相同的工作：

○ 使用 ifelse()（参见上一节）；

○ 在数据的一个子集上进行汇总统计。

假定你想要计算 mtcars 中燃油效率的条件均值，可以使用 mean() 函数。现在，试着用如下命令求得阈值为 150 马力两侧的汽车燃油效率：

```
> with(mtcars, mean(mpg)) [1] 20.09062
> with(mtcars, mean(mpg[hp < 150])) [1] 24.22353
> with(mtcars, mean(mpg[hp >= 150])) [1] 15.40667
```

统计向量中的元素个数等价于求取其长度。这意味着，Excel 函数 countif() 在 R 中等价于 length()：

```
> with(mtcars, length(mpg[hp > 150])) [1] 13
```

A.6 转置行或列

有时候，你需要转置数据，使行变成列，反之亦然。在 R 中，转置矩阵的函数是 t()：

```
> x <- matrix(1:12, ncol=3)
> x
     [,1] [,2] [,3]
[1,]    1    5    9
[2,]    2    6   10
[3,]    3    7   11
[4,]    4    8   12
```

技术材料

你还可以使用 t() 转置数据帧，但是这样做时要小心。转置的结果总是一个矩阵（或者数组）。因为数组总是只有一类变量，如数值或者字符，结果的变量类型可能不是你所预期的。

使用 t() 得到矩阵的转置：

```
> t(x)
     [,1] [,2] [,3] [,4]
[1,]    1    2    3    4
[2,]    5    6    7    8
[3,]    9   10   11   12
```

看看汽车数据帧的转置是如何变成一个字符数组的：

```
t(mtcars[1:4, ])
         Mazda RX4    Mazda RX4    Wag Datsun 710    Hornet 4 Drive mpg
         "21.0"       "21.0"       "22.8"            "21.4"
cyl      "6"          "6"          "4"               "6"
disp     "160"        "160"        "108"             "258"
hp       "110"        "110"        " 93"             "110"
drat     "3.90"       "3.90"       "3.85"            "3.08"
wt       "2.620"      "2.875"      "2.320"           "3.215"
qsec     "16.46"      "17.02"      "18.61"           "19.44"
vs       "0"          "0"          "1"               "1"
am       "1"          "1"          "1"               "0"
gear     "4"          "4"          "4"               "3"
carb     "4"          "4"          "1"               "1"
mpgClass "High"       "High"       "High"            "High"
```

A.7 找出独特或者重复值

要找出数据中的所有独特值，可以使用 unique() 函数。试着找出 mtcars() 中气缸数量的独特值：

```
> unique(mtcars$cyl) [1] 6 4 8
```

有时候，用户想知道数据中有哪些值重复。根据用户的情况，这些重复可能是正常的，但有时候重复项可能指出数据输入问题。

识别重复项的函数是 duplicate()。在内置数据集 iris 中，第 143 行有一个重复，你可以自己尝试：

```
> dupes <- duplicated(iris)
> head(dupes)
[1] FALSE FALSE FALSE FALSE FALSE FALSE
> which(dupes) [1] 143
> iris[dupes, ]
     Sepal.Length Sepal.Width Petal.Length Petal.Width   Species
143           5.8         2.7          5.1         1.9 virginica
```

因为 duplicated() 的结果是一个逻辑向量，可以将其作为索引，删除数据中的行。为此，可以使用逻辑非运算符——感叹号（如! dupes）：

```
> iris[!dupes, ]
> nrow(iris[!dupes, ]) [1] 149
```

A.8　使用查找表

在 Excel 等电子表格应用中，你可以用函数 vlookup 或者组合 index 和 match，创建查找表。

在 R 中，可以方便地使用 merge() 或者 match()。match() 函数返回一个向量，包含匹配查找值的元素位置。

例如，要在 mtcars 的行名中找出元素"Toyota Corolla"的位置，可以尝试如下命令：

```
> index <- match("Toyota Corolla", rownames(mtcars))
> index [1] 20
> mtcars[index, 1:4]
                mpg  cyl  disp  hp
Toyota Corolla 33.9    4  71.1  65
```

A.9　使用透视表

在 Excel 中，透视表是操纵和分析数据的实用工具。

对于 R 中的简单表，可以使用 tapply() 函数实现类似的结果。下面是使用 tapply() 计算不同气缸数和不同传动装置车辆的平均功率（hp）的一个例子：

```
> with(mtcars, tapply(hp, list(cyl, gear), mean))
         3          4          5
4  97.0000       76.0      102.0
6 107.5000      116.5      175.0
8 194.1667         NA      299.5
```

快速提示　　如果你经常在 Excel 中使用表，绝对应该研究 CRAN 上的 plyr 和 reshape2 程序包。这些程序包提供了许多用于常见数据操纵问题的函数。

对于稍微复杂的表——也就是有两个以上交叉分类因素的表——可以使用 **aggregate()** 函数：

```
> aggregate(hp~cyl+gear+am, mtcars, mean)
    cyl   gear    am    hp
1    4     3      0     97.00000
2    6     3      0     107.50000
3    8     3      0     194.16667
4    4     4      0     78.50000
5    6     4      0     123.00000
6    4     4      1     75.16667
7    6     4      1     110.00000
8    4     5      1     102.00000
9    6     5      1     175.00000
10   8     5      1     299.50000
```

A.10　使用单变量求解和规划求解

Excel 有一个非常强大的功能，就是非常易用的规划求解程序，可以找出某些条件约束下的函数最小值和最大值。

求解各类最优化问题是数学中非常重要的一个方向。在 R 中，optimize() 函数为最优化问题提供了相当简单的机制。

想象你是一家公司的销售总监，需要为产品设定最佳的价格，换言之，找到最大化收入的产品价格。

在经济学中，一个简单的定价模型是：随着价格的提高，人们购买的产品数量越来越少。下面是表示这一行为的简单函数：

```
> sales <- function(price) { 100 - 0.5 * price }
```

预期收入就是价格和预期销售量的乘积：

```
> revenue <- function(price) { price * sales(price) }
```

可以使用 curve() 函数绘制连续函数的图形。它以一个函数为输入，产生一个图形。下面尝试用 curve() 函数绘制价格从 50 到 150 美元的销售量与收入表现图：

```
> par(mfrow=c(1, 2))
> curve(sales, from=50, to=150, xname="price", ylab="Sales",
main="Sales")
> curve(revenue, from=50, to=150, xname="price", ylab="Revenue",
main="Revenue")
> par(mfrow=c(1, 1))
```

结果看上去与图 A-1 类似。

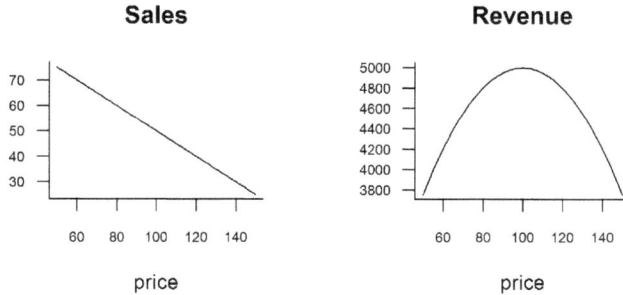

图 A-1 预期销售量与收入模型

假设有一个销售量和收入的可用模型。在图 A-1 中，可以立即看到最大收入的点。接下来，就可使用 R 的 optimize() 函数求出最大值。为了使用 optimize()，需要告诉它所使用的函数（在例子中是 revenue()），以及区间（例子中是价格区间 50～150）。默认情况下，optimize() 搜索一个最小值，所以在这种情况下，必须告诉它搜索最大值：

```
> optimize(revenue, interval=c(50, 150), maximum=TRUE)
$maximum [1] 100
$objective [1] 5000
```

也就是说，采用 100 美元的价格，可以预期得到 5 000 美元的收入。

技术材料

Excel 规划求解使用广义简约梯度算法优化非线性问题。R 的 optimize() 函数结合使用黄金分割搜索和连续抛物线插值，这明显和 Excel 规划求解不是一回事。幸运的是，大量程序包提供了求解优化问题的各种不同算法。实际上，CRAN 上有一个用于优化和数学编程的特殊任务视图，可以前往 http://cran.r- project.org/ web/views/Optimization.html，在那里可以找到超出你想象的知识！

欢迎来到异步社区！

异步社区的来历

异步社区（www.epubit.com.cn）是人民邮电出版社旗下 IT 专业图书旗舰社区，于 2015 年 8 月上线运营。

异步社区依托于人民邮电出版社 20 余年的 IT 专业优质出版资源和编辑策划团队，打造传统出版与电子出版和自出版结合、纸质书与电子书结合、传统印刷与 POD 按需印刷结合的出版平台，提供最新技术资讯，为作者和读者打造交流互动的平台。

社区里都有什么？

购买图书

我们出版的图书涵盖主流 IT 技术，在编程语言、Web 技术、数据科学等领域有众多经典畅销图书。社区现已上线图书 1000 余种，电子书 400 多种，部分新书实现纸书、电子书同步出版。我们还会定期发布新书书讯。

下载资源

社区内提供随书附赠的资源，如书中的案例或程序源代码。

另外，社区还提供了大量的免费电子书，只要注册成为社区用户就可以免费下载。

与作译者互动

很多图书的作译者已经入驻社区，您可以关注他们，咨询技术问题；可以阅读不断更新的技术文章，听作译者和编辑畅聊好书背后有趣的故事；还可以参与社区的作者访谈栏目，向您关注的作者提出采访题目。

灵活优惠的购书

您可以方便地下单购买纸质图书或电子图书，纸质图书直接从人民邮电出版社书库发货，电子书提供多种阅读格式。

对于重磅新书，社区提供预售和新书首发服务，用户可以第一时间买到心仪的新书。

用户帐户中的积分可以用于购书优惠。100 积分 =1元，购买图书时，在 使用积分 里填入可使用的积分数值，即可扣减相应金额。

纸电图书组合购买

社区独家提供纸质图书和电子书组合购买方式，价格优惠，一次购买，多种阅读选择。

社区里还可以做什么？

提交勘误

您可以在图书页面下方提交勘误，每条勘误被确认后可以获得100积分。热心勘误的读者还有机会参与书稿的审校和翻译工作。

写作

社区提供基于 Markdown 的写作环境，喜欢写作的您可以在此一试身手，在社区里分享您的技术心得和读书体会，更可以体验自出版的乐趣，轻松实现出版的梦想。

如果成为社区认证作译者，还可以享受异步社区提供的作者专享特色服务。

会议活动早知道

您可以掌握 IT 圈的技术会议资讯，更有机会免费获赠大会门票。

加入异步

扫描任意二维码都能找到我们：

| 异步社区 | 微信服务号 | 微信订阅号 | 官方微博 | QQ群：436746675 |

社区网址： www.epubit.com.cn

投稿 & 咨询： contact@epubit.com.cn